普通高等教育“十一五”国家级规划教材

# 新编基础物理学

## （上 册）

主　编　王少杰　顾　牡

副主编　罗时军　赵安庆　施昌勇

参　编　邱明辉　杨桂娟　刘传先

科 学 出 版 社

北 京

## 内 容 简 介

本书是普通高等教育“十一五”国家级规划教材.本书依照教育部高等学校物理学与天文学教学指导委员会物理基础课程教学指导分委会编制的《理工科类大学物理课程教学基本要求、理工科类大学物理实验课程教学基本要求(2008版)》编写,其中不仅融入作者多年教学经历所积累的成功经验,而且考虑到目前学生学习和教师教学的新特点,还为本书配备了习题解答、学习指导和电子教案等教学资源.全书分为两册,本书是上册,包括力学篇、机械振动、机械波篇和热学篇.

本书适合于普通高等学校工科各专业学生学习使用,也可作为教师或相关人员的参考用书.

**图书在版编目(CIP)数据**

新编基础物理学.上册/王少杰,顾牡主编.—北京:科学出版社,2009
普通高等教育“十一五”国家级规划教材
ISBN 978-7-03-023190-1

Ⅰ.新… Ⅱ.①王… ②顾… Ⅲ.物理学-高等学校-教材 Ⅳ.O4

中国版本图书馆CIP数据核字(2008)第159867号

责任编辑:胡云志 昌 盛/责任校对:赵燕珍
责任印制:张克忠/封面设计:耕者设计工作室

科学出版社 出版
北京东黄城根北街16号
邮政编码:100717
http://www.sciencep.com

北京市文林印务有限公司 印刷
科学出版社发行 各地新华书店经销

*

2009年1月第 一 版 开本:787×1092 1/16
2013年11月第十三次印刷 印张:17 1/2
印数:114 301—137 300 字数:455 000

**定价: 27.00元**

(如有印装质量问题,我社负责调换)

# 前　言

本教材是参照教育部高等学校物理学与天文学教学指导委员会物理基础课程教学指导分委会于2008年颁布的《理工科类大学物理课程教学基本要求》(以下简称《教学基本要求》),在原教材《基础物理学》(获2007年度上海市优秀教材奖)基础上重新改编而成的.改编时在基本保留原有特色和风格的基础上,结合当前高等教育新形势,对全书的内容作了重新审视及必要的调整和增删,以使本教材成为一本既符合大学物理《教学基本要求》,又适应教育发展趋势,适合大多数普通高等院校各类专业的物理教学需要的优秀教材.

非物理类专业的大学生学习物理学的目的在于:使学生对物理学的基本概念、基本理论和基本方法有比较系统的认识和正确的理解,并为进一步学习打下必要而坚实的基础.同时,着力培养学生树立科学的世界观,增强学生分析问题和解决问题的能力,培养学生的探索精神和创新意识,以实现学生知识、能力、素质的协调发展.

基于以上认识,我们作了以下工作:

(1) 根据"保证宽度(A类)、加强近代、联系实际、涉及前沿"的选材原则,在内容选取上,将《教学基本要求》中A类知识点作为核心教学内容的同时,对B类知识点有选择性地作适当拓展,既保证基本知识结构、系统完整,又使学生有一个进一步了解当代科学技术进展的良好基础.

(2) 在保证传统教学内容框架下,将原教材《基础物理学》上册中第2~第7章(含流体力学简介)合并为第2章质点动力学,在下册中重新改写了几何光学,删去了第22章核物理与粒子物理简介,舍去了"阅读材料"这一栏目,采用"融合和点睛"的方法充实于各章教学内容之中,从而压缩了篇幅,使全书更紧凑而实用.

(3) 改正了原教材中出现的印刷错误和个别表达欠确切的内容和词句,对文字作了进一步润色,力求语言通畅,好读易懂,并按全国自然科学名词审查委员会公布的《物理学名词》,对全书重新进行了核实.

(4) 对全书的例题和习题作了适当调整和增删.

(5) 适当考虑双语教学需要,对全书第一次出现的物理量和物理学名词加了英文注释,并在书后备以索引.

改编后,全书共6篇17章,分上、下两册出版,上册包括第1篇力学,第2篇机械振动、机械波和第3篇热学,下册包括第4篇电磁学、第5篇光学和第6篇量子物理基础.书中凡冠以"*"号的章、节、习题供教师根据课时数和专业需求选用.经适当选择后,本书可作为100~

140学时理工科大学物理课程的教材，也可供相关专业的师生选用和参考.

参加本书改编工作的有同济大学顾牡、王少杰，大连交通大学邱明辉，大连水产学院杨桂娟，湖北汽车工业学院罗时军，河南农业大学赵安庆，北京服装学院施昌勇和上海第二工业大学刘传先、滕琴等.上述各位老师分工合作，对各人所承担的章、节内容和习题，逐字逐句精心审视、提炼，提出了许多有价值的改编意见和建议，最后由主编王少杰、顾牡统稿核定.

本书改编、出版过程中，始终得到同济大学教务处，同济大学国家工科物理课程教学基地和科学出版社数理分社的关注、帮助和支持，昌盛、胡云志担任本书责任编辑，为本书的出版，付出了辛勤的汗水，并作了出色的工作，在此一并表示诚挚的谢意.

限于时间紧迫，编著水平有限，虽经多次审校，教材中缺点、错误及不当之处在所难免，恳请专家、同行和读者斧正.

编　者

2008年10月

# 目录

# 第1篇 力学

自然界中一切物质都在永不停息地运动着，这是所有物质的一个共同特征，而运动的形式多种多样，如机械运动、分子热运动、电磁运动、原子和原子核运动以及其他微观粒子的运动等，但其中最简单、最基本而又最常见的运动形式是机械运动. 所谓**机械运动**(mechanical motion)是指，物体相对于其他物体的位置(距离和方向)的变化以及物体各部分之间的相对运动(如形变). 在物理学中，专门研究物体的机械运动及其规律的学科分支就是**力学**(mechanics).

力学的历史悠久，是人类最早建立的学科之一. 英国物理学家牛顿(Isaac Newton, 1642～1727)总结、分析了亚里士多德、伽利略、开普勒、笛卡儿和惠更斯等的实验和理论后，于 1687 年发表了《自然哲学的数学原理》一书，提出了著名的运动三定律和万有引力定律，从而奠定了经典力学的基础. 至此，力学进入了所谓的牛顿力学时代，这是力学发展史上的一个重要里程碑. 此后，牛顿建立的力学体系又经过伯努利、拉格朗日和达朗贝尔等的推广和完善，形成了系统的理论，取得了广泛的应用并发展出了流体力学、弹性力学和分析力学等分支. 随着科技的发展，到了 20 世纪初，相继建立了研究物体在高速运动时规律的相对论力学和研究微观客体运动规律的量子力学，使牛顿力学得以进一步扩展和修正. 近代物理学的研究揭示了经典力学只适用于宏观低速的情况，尽管如此，经典力学仍然能在相当广阔的尺度和速率范围内使用. 在自然科学和工程技术领域，牛顿力学仍然能够较精确地解决许多理论和实际问题.

力学的研究内容是力与物体运动的关系. 通常我们把力学分成**运动学**(kinematics)、**动力学**(dynamics)和**狭义相对论**(special relativity)三部分. 运动学研究的是物体在运动过程中位置和时间的关系，不追究运动发生的原因；而动力学研究的是物体的运动与物体间相互作用的内在联系和规律；狭义相对论主要介绍相对论时空观、运动学基本问题和狭义相对论质点动力学的初步知识，从而使读者尽早感受到经典物理和近代物理的适当融合，以拓展视野.

力学是物理学的起点，也是整个物理学的“基石”，因此，掌握力学对学好物理学的其他部分是极其重要的.

# 第1章 质点运动学

质点运动学的任务是研究和描述做机械运动的物体在空间的位置随时间变化的关系，并不追究运动发生的原因. 本章在引入参考系、坐标系、质点等概念的基础上，定义描述质点运动的物理量，如位置矢量、位移、速度和加速度等，进而讨论这些量随时间的变化以及相互关系，然后讨论曲线运动中的切向加速度和法向加速度，最后将介绍相对运动.

## 1.1 参考系 时间和空间的测量

### 1.1.1 参考系 坐标系

自然界中所有的物体都在不停地运动着，绝对静止的物体是没有的，这就是运动的绝对性. 同时，运动还具有相对性. 描述一个物体的运动时，首先要选定某一物体作为参考物体，选定的参考物体不同，运动的描述也就可能不同，这种被选作参考的物体称为参考物. 与参考物固连的空间称为参考空间. 而参考空间和与之固连的时间组合称为**参考系**(reference system). 但习惯上，常把参考物简称为参考系，并不特别指出与之相连的参考空间和钟. 参考系选定后，为了定量地描述物体相对于参考系的位置，还必须在参考系上建立适当的**坐标系**(coordinate system). 因此，坐标系是参考系的数学表示. 尽管坐标系的选取是完全任意的，然而一旦选定坐标系，物体运动的描述便随之确定. 常用的坐标系有直角坐标系(又称笛卡儿坐标系)、平面极坐标系、球坐标系和柱坐标系等. 今后若不特别指明，我们均采用直角坐标系. 需要说明的是，**物体的运动状态与选择的参考系密切相关**(运动是相对的)，**而与选取何种类型的坐标系无关**. 同时必须注意，**求解运动学问题时，需将各类物理量变换到同一参考系中分析求解**.

通常按惯例约定：若不明确指出选用什么物体为参考系，就是选取地面为参考系.

### 1.1.2 时间的测量

描写物体的运动，要用到**时间**(time)和**空间**(space)这两个概念.

虽然在生活中我们对时间和空间已经比较熟悉，但是要问你什么是时间、什么是空间，却又不容易找到恰当的答案. 所谓时间，是用以表述事件之间的先后顺序性和持续性；空间是用以表述事物相互之间的位形和广延性. 尽管对时间和空间没有满意的“严格”的理论定义，但这并不影响二者在物理学中的使用. 因为，物理学是一门基于实验的科学，首要应考虑的问题不是它们的定义，而是了解它们是怎样度量的.

一切周期运动都可以用来度量时间. 太阳的升起和降落表示天(日)，四季的循环表示年，月亮的盈亏是农历的月，这些均已为我们所熟悉，因而年、月、日一直是世界各民族计量时间的单位和标准. 为了更精细地量度时间，我国古代将 1 日分为 12 个时辰，1 个时辰又分为 4 刻；近代将 1 日分为 24 个小时，1 小时分为 60 分钟，1 分钟分为 60 秒.

目前，国际通用的时间单位是秒(s). 1967 年 10 月在第十三届国际度量衡会议上决定采用原子的跃迁辐射作为计时标准，**规定 1 秒为位于海平面上的 $^{133}$Cs 原子的基态的两个超精细能级在零磁场中跃迁辐射的周期 $T$ 的 9 192 631 770 倍**. 此时间标准称为原子时.

在自然界中，任何现象都有一个时间尺度. 如宇宙的年龄大约是 $6\times10^{17}$ s，即 200 亿年；地球自转一周约为 $8.64\times10^{4}$ s；$\mu$ 子的寿命是 $2\times10^{-6}$ s；一个分子里的一个原子完成一次典型的振动需要 $10^{-14}\sim10^{-13}$ s. 目前，物理学中涉及的最长的时间是 $10^{38}$ s，它是质子寿命的下限；涉及的最小的时间是 $10^{-43}$ s，称为普朗克时间. 普朗克时间被认为是最小的时间，比普朗克时间还要小的范围内，时间的概念可能就不再适用了.

在物体的运动描述中，**通常我们把某一瞬时称为时刻，用 $t$ 表示. 选定的计时起点为 $t=0$ 时刻，同时把两个时刻间的一段时间 $\Delta t=(t_2-t_1)$ 称为时间间隔，简称为时间**. 显然，时刻与物体的某一空间位置相对应，时间与物体运动的空间位移相对应.

### 1.1.3　长度的测量

**长度**(length)是空间的一个基本性质. 对于长度的测量，在古代常常以人体的某部分作为单位和标准，这显然不能取作统一的标准. 以客观存在的不变事物作为长度的标准是一种必然的趋势. 目前国际通用的长度单位是米(m). 1960 年以前，用铂铱米尺作为标准尺，规定米的大小. 1960 年以后，改用光的波长作为标准. 在第十一届国际计量大会上规定 1 米等于 $^{86}$Kr 原子 $2p_{10}$ 和 $5d_5$ 能级之间跃迁时所对应的辐射在真空中的波长的 1 650 763. 73 倍. 1983 年，第十七届国际计量大会上又通过了米的新定义：**米是光在真空中经历 1/299 792 458s 的时间间隔内所传播的路程长度**. 按这种新的定义，光速是一个固定的常数，从而将长度标准和时间标准统一了起来，并使长度计量的精度提高到与时间计量相同的精度.

目前,物理学中涉及的最大长度是 $10^{28}$ m,它是宇宙曲率半径的下限;已达到的最小长度为 $10^{-20}$ m,它是弱电统一的特征尺度.普朗克长度约为 $10^{-35}$ m,被认为是最小的长度,意思是说,在比普朗克长度更小的范围内,长度的概念可能就不再适用了.

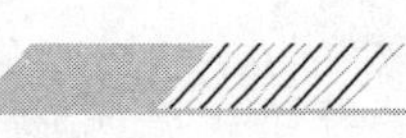

## 1.2 质点运动的矢量描述

### 1.2.1 质点

牛顿力学中的运动学,就是研究如何描述物体位置随时间的变化.研究问题往往总是从简单的情况入手,我们首先讨论一种被称为**质点**(mass point,particle)的物体,即**具有质量而大小为几何点的物体**.我们知道,任何实际物体都有一定的大小、形状和内部结构,没有任何一个真实物体与质点等价.但是,当我们仅考察物体的整体运动,物体本身的大小比所考察运动的线度又小得多时,就可以不计物体各部分运动情况的差别而把它看作一个质点.

质点是一种理想的力学模型,它突出了物体具有质量和占有空间位置这两个主要因素,而忽略了形状、大小及内部运动等次要因素.在物理上,这种突出研究对象的主要特征而忽略其次要特征的理想模型是常用的,如刚体、点电荷、理想气体、理想流体等.

### 1.2.2 位矢 运动方程和轨迹方程

设质点做曲线运动,在坐标系建立以后,物体的运动情况便可以进行定量描述.如图 1-1 所示,设某时刻质点在 $P$ 点,在中学里我们已经学过 $P$ 点的位置可以用直角坐标$(x,y,z)$来确定,现在我们将学习确定质点位置的另一种方法——位置矢量法.定义 $P$ 点的**位置矢量**(position vector)$\boldsymbol{r}$ 的大小为有向线段$\overrightarrow{OP}$的长度,而方向是从原点 $O$ 指向 $P$,位置矢量又简称为**位矢**或**径矢**(radius vector).用这样一个矢量 $\boldsymbol{r}$ 就完全确定了该时刻质点的位置.于是位置矢量 $\boldsymbol{r}$ 的矢端在直角坐标系三个坐标轴上的坐标就是 $x,y,z$,于是 $\boldsymbol{r}$ 可以写为

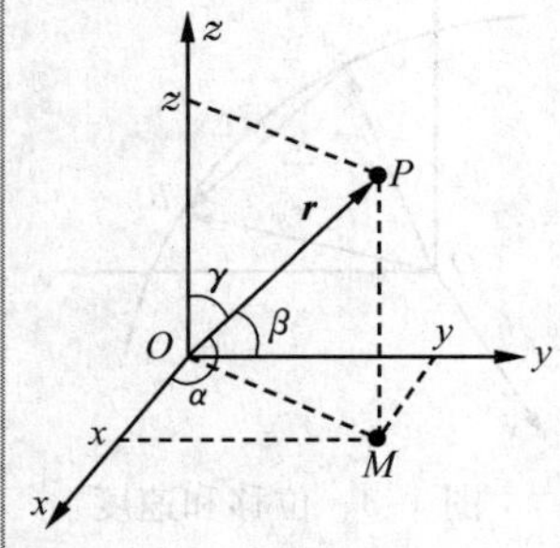

图 1-1 位置矢量

$$\boldsymbol{r}=x\boldsymbol{i}+y\boldsymbol{j}+z\boldsymbol{k} \tag{1-1}$$

式中,$\boldsymbol{i},\boldsymbol{j},\boldsymbol{k}$ 分别为 $x,y,z$ 轴上的单位矢量.

当质点运动时,它相对于坐标原点 $O$ 的位矢 $\boldsymbol{r}$ 是随时间变化的,因此,$\boldsymbol{r}$ 是时间 $t$ 的函数,即

$$\boldsymbol{r}=\boldsymbol{r}(t)=x(t)\boldsymbol{i}+y(t)\boldsymbol{j}+z(t)\boldsymbol{k} \tag{1-2}$$

或

$$\begin{cases} x = x(t) \\ y = y(t) \\ z = z(t) \end{cases}$$

这就是质点的**运动学方程**(kinematical equation);而 $x(t)$,$y(t)$ 和 $z(t)$ 则是运动方程的分量式,从中消去参数 $t$ 便可得到质点运动的轨迹方程或轨道方程. 若轨迹为直线,则称质点做直线运动,若轨迹为曲线则称质点做曲线运动.

位矢的大小、方向分别为

$$r = |\boldsymbol{r}| = \sqrt{x^2 + y^2 + z^2} \tag{1-3}$$

$$\cos\alpha = \frac{x}{r},\quad \cos\beta = \frac{y}{r},\quad \cos\gamma = \frac{z}{r} \tag{1-4}$$

**例 1-1**　已知某质点的运动学方程为 $\boldsymbol{r}(t) = t\boldsymbol{i} + (t^2 - 4t)\boldsymbol{j}$(m),求该质点的轨迹方程.

**解**　由题意可知

$$\begin{cases} x = x(t) = t \\ y = y(t) = t^2 - 4t \end{cases}$$

消去参数 $t$,可得轨迹方程为 $y = (x-2)^2 - 4$,不难看出该质点做的是抛物线运动(图 1-2).

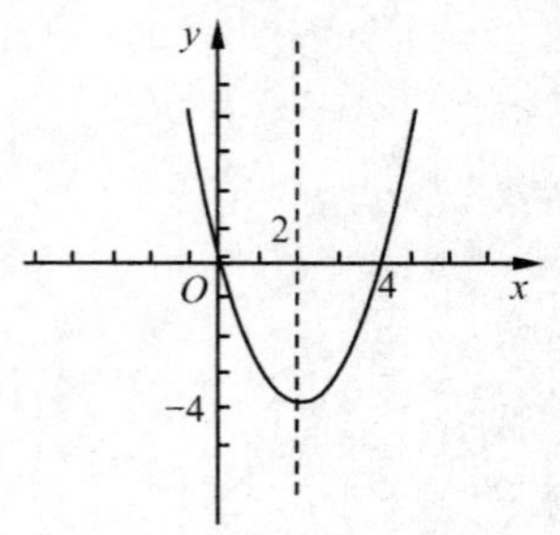


图 1-2　质点的轨迹

### 1.2.3　速度　加速度

1. 位移

有了位置矢量就可以确定质点在某时刻的位置,为了进一步描述质点的位置变化,需引入另一个重要物理量——**位移矢量**. 如图 1-3 所示,设质点在 $t$ 时刻位于 $A$ 点,在 $t + \Delta t$ 时刻位于 $B$ 点,我们将从始点 $A$ 指向终点 $B$ 的有向线段 $\overrightarrow{AB}$ 称为点 $A$ 到点 $B$ 的**位移矢量**,简称**位移**(displacement). 位移常用 $\Delta \boldsymbol{r}$ 表示,于是有 $\Delta \boldsymbol{r} = \boldsymbol{r}_B - \boldsymbol{r}_A$,即质点在 $t \sim t + \Delta t$ 内的位移就等于质点位置矢量的增量.

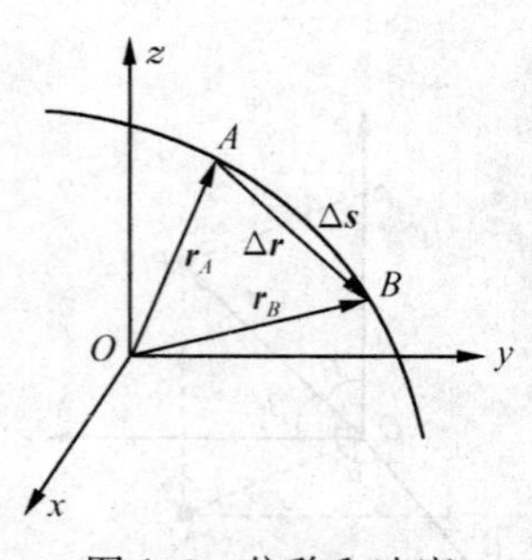


图 1-3　位移和速度

在直角坐标系下,有

$$\Delta \boldsymbol{r} = \boldsymbol{r}_B - \boldsymbol{r}_A = (x_B - x_A)\boldsymbol{i} + (y_B - y_A)\boldsymbol{j} + (z_B - z_A)\boldsymbol{k} \tag{1-5}$$

位移的大小为

$$|\Delta \boldsymbol{r}| = \sqrt{(x_B - x_A)^2 + (y_B - y_A)^2 + (z_B - z_A)^2} \tag{1-6}$$

其方向为从 $A$ 指向 $B$.

为了正确理解,我们对位移作以下说明:

(1) 位置矢量与坐标原点的选取有关,而位移与坐标原点的选取无关.

(2) 位移与**路程**(path)$\Delta s$ 不同. 位移是矢量,它只取决于质点的始末位置，与**路径**(path)的形状无关；而路程为**标量**(scalar)，它表示质点运动的实际路径的长度.

(3) 只有当 $\Delta t$ 趋于零时或单向直线运动时，位移的大小才与路程相等.

2. 速度

现在我们介绍描述质点运动状态的另一个物理量——**速度**(velocity). 我们将质点在 $t\sim t+\Delta t$ 的位移 $\Delta\boldsymbol{r}$ 与产生这位移的时间间隔 $\Delta t$ 的比值称为该时间间隔内质点的**平均速度**(average velocity)，用 $\bar{\boldsymbol{v}}$ 表示

$$\bar{\boldsymbol{v}}=\frac{\boldsymbol{r}(t+\Delta t)-\boldsymbol{r}(t)}{\Delta t}=\frac{\Delta\boldsymbol{r}}{\Delta t} \tag{1-7}$$

平均速度也是矢量，方向与 $\Delta\boldsymbol{r}$ 相同，大小是 $\left|\frac{\Delta\boldsymbol{r}}{\Delta t}\right|$.

平均速度只是对质点在时间 $\Delta t$ 内位置随时间变化情况的粗略描述，并不能反映在这段时间间隔内质点运动快慢和方向的细致差别. 当 $\Delta t$ 趋于零时，上述平均速度的极限就可以精确描述 $t$ 时刻质点运动的快慢与方向，此极限称为 $t$ 时刻质点的**瞬时速度**(instantaneous velocity)，简称速度，用 $\boldsymbol{v}$ 表示

$$\boldsymbol{v}=\lim_{\Delta t\to 0}\frac{\Delta\boldsymbol{r}}{\Delta t}=\lim_{\Delta t\to 0}\frac{\boldsymbol{r}(t+\Delta t)-\boldsymbol{r}(t)}{\Delta t}$$

根据微积分的知识可知，这一极限就是位矢 $\boldsymbol{r}$ 对时间的导数，即

$$\boldsymbol{v}=\frac{\mathrm{d}\boldsymbol{r}}{\mathrm{d}t}=\dot{\boldsymbol{r}} \tag{1-8}$$

由图 1-3 可知，当 $\Delta t\to 0$ 时，$\boldsymbol{r}_B\to\boldsymbol{r}_A$，$\Delta\boldsymbol{r}$ 方向趋近 $A$ 点的切线方向，即 $A$ 点处瞬时速度的方向是沿质点运动路径的**切向**(tangential)并指向前进方向. 通常，我们把速度的大小称为**速率**(speed)，它就是速度矢量的模 $|\boldsymbol{v}|$.

在国际单位制中，速度大小的单位为米·秒$^{-1}$($\mathrm{m\cdot s^{-1}}$).

在直角坐标系中有

$$\boldsymbol{v}=\frac{\mathrm{d}\boldsymbol{r}}{\mathrm{d}t}=\frac{\mathrm{d}x}{\mathrm{d}t}\boldsymbol{i}+\frac{\mathrm{d}y}{\mathrm{d}t}\boldsymbol{j}+\frac{\mathrm{d}z}{\mathrm{d}t}\boldsymbol{k}=v_x\boldsymbol{i}+v_y\boldsymbol{j}+v_z\boldsymbol{k} \tag{1-9}$$

$$v=|\boldsymbol{v}|=\sqrt{v_x^2+v_y^2+v_z^2} \tag{1-10}$$

3. 加速度

在一般情况下，质点沿某一轨迹运动时，其速度随时间也会有变化，即 $\boldsymbol{v}=\boldsymbol{v}(t)$. 我们将质点在 $t\sim t+\Delta t$ 的速度增量 $\Delta\boldsymbol{v}=\boldsymbol{v}(t+\Delta t)-\boldsymbol{v}(t)$ 与 $\Delta t$ 的比值称为该时间间隔内质点的**平均加速度**(average acceleration)，用 $\bar{\boldsymbol{a}}$ 表示

$$\bar{\boldsymbol{a}} = \frac{\Delta \boldsymbol{v}}{\Delta t} = \frac{\boldsymbol{v}(t+\Delta t) - \boldsymbol{v}(t)}{\Delta t} \tag{1-11}$$

平均加速度 $\bar{\boldsymbol{a}}$ 是矢量，其方向与 $\Delta\boldsymbol{v}$ 相同.

平均加速度仅粗略描写了质点速度在 $\Delta t$ 时间间隔内的变化情况. 当 $\Delta t$ 趋于零时，平均加速度的极限称为**瞬时加速度**(instantaneous acceleration)，简称加速度，用 $\boldsymbol{a}$ 表示. 即

$$\boldsymbol{a} = \lim_{\Delta t\to 0}\frac{\Delta \boldsymbol{v}}{\Delta t} = \lim_{\Delta t\to 0}\frac{\boldsymbol{v}(t+\Delta t) - \boldsymbol{v}(t)}{\Delta t} = \frac{\mathrm{d}\boldsymbol{v}}{\mathrm{d}t} = \frac{\mathrm{d}^2\boldsymbol{r}}{\mathrm{d}t^2} = \ddot{\boldsymbol{r}} \tag{1-12}$$

在直角坐标系中，有

$$\boldsymbol{a} = \frac{\mathrm{d}\boldsymbol{v}}{\mathrm{d}t} = \frac{\mathrm{d}^2 x}{\mathrm{d}t^2}\boldsymbol{i} + \frac{\mathrm{d}^2 y}{\mathrm{d}t^2}\boldsymbol{j} + \frac{\mathrm{d}^2 z}{\mathrm{d}t^2}\boldsymbol{k} = a_x\boldsymbol{i} + a_y\boldsymbol{j} + a_z\boldsymbol{k} \tag{1-13}$$

$$a = |\boldsymbol{a}| = \sqrt{a_x^2 + a_y^2 + a_z^2} \tag{1-14}$$

加速度精确地描述了质点在某时刻速度随时间的变化率，它也是矢量，其方向是 $\Delta\boldsymbol{v}$ 的极限方向，通常指向轨道凹侧. 一般而言与速度方向并不相同.

在国际单位制中，加速度的单位为米·秒$^{-2}$($\mathrm{m\cdot s^{-2}}$).

在前述位置矢量 $\boldsymbol{r}$、位移 $\Delta\boldsymbol{r}$、速度 $\boldsymbol{v}$ 和加速度 $\boldsymbol{a}$ 等物理量描述中，可以看出我们既采用了矢量描述法，又采用了矢量的直角坐标分量描述法. 它说明根据**运动独立性原理**，任一曲线运动都可看成沿 $x,y,z$ 三个方向各自独立的直线运动的叠加.

质点的运动状态通常用位矢 $\boldsymbol{r}$ 和速度 $\boldsymbol{v}$ 表示，所以也称 $\boldsymbol{r},\boldsymbol{v}$ 为质点运动的状态量，而将 $\Delta\boldsymbol{r},\boldsymbol{a}$ 称为状态变化量.

### 4. 运动学中的两类问题

在质点运动中，一般归纳为下述两类运动学问题.

**1) 已知运动方程，求质点的速度和加速度**

这类问题可通过求导解决.

设已知

$$\boldsymbol{r} = x(t)\boldsymbol{i} + y(t)\boldsymbol{j} + z(t)\boldsymbol{k}$$

则

$$\boldsymbol{v} = \frac{\mathrm{d}\boldsymbol{r}}{\mathrm{d}t} = \frac{\mathrm{d}x}{\mathrm{d}t}\boldsymbol{i} + \frac{\mathrm{d}y}{\mathrm{d}t}\boldsymbol{j} + \frac{\mathrm{d}z}{\mathrm{d}t}\boldsymbol{k} = v_x\boldsymbol{i} + v_y\boldsymbol{j} + v_z\boldsymbol{k}$$

$$\begin{aligned}\boldsymbol{a} &= \frac{\mathrm{d}\boldsymbol{v}}{\mathrm{d}t} = \frac{\mathrm{d}v_x}{\mathrm{d}t}\boldsymbol{i} + \frac{\mathrm{d}v_y}{\mathrm{d}t}\boldsymbol{j} + \frac{\mathrm{d}v_z}{\mathrm{d}t}\boldsymbol{k} = \frac{\mathrm{d}^2 x}{\mathrm{d}t^2}\boldsymbol{i} + \frac{\mathrm{d}^2 y}{\mathrm{d}t^2}\boldsymbol{j} + \frac{\mathrm{d}^2 z}{\mathrm{d}t^2}\boldsymbol{k}\\ &= a_x\boldsymbol{i} + a_y\boldsymbol{j} + a_z\boldsymbol{k}\end{aligned}$$

**2) 已知速度 $\boldsymbol{v}$ 或加速度 $\boldsymbol{a}$ 及初始条件($t=0$ 时的初位置和初速度)，求质点的运动方程**

这类问题可通过积分法解决. 下面通过实例剖析两类问题的

解法.

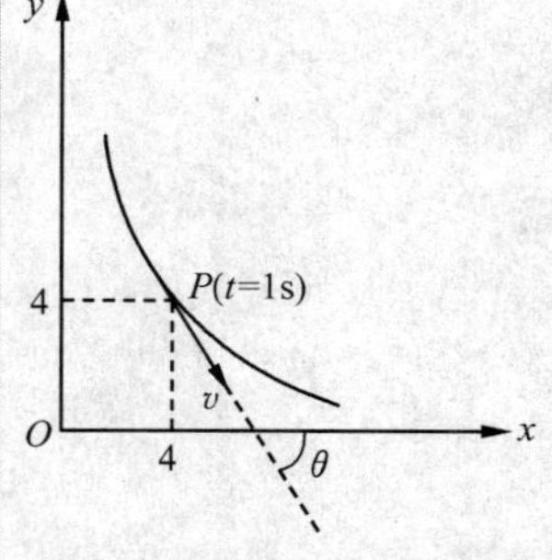

图 1-4 质点的轨迹

**例 1-2** 如图 1-4 所示，一质点在坐标系 $xOy$ 平面内运动，轨道方程为 $xy=16$，且 $x=4t^2$ $(t\neq 0)$，其中，$x$，$y$ 以 m 计，$t$ 以 s 计，求质点在 $t=1\text{s}$ 时的速度.

**解** 由题意求得运动方程为

$$\begin{cases} x=4t^2 \\ y=4t^{-2} \end{cases}$$

即

$$\boldsymbol{r}=4t^2\boldsymbol{i}+4t^{-2}\boldsymbol{j}$$

对上式求导便可求得任一时刻的速度，即

$$\boldsymbol{v}=\frac{\mathrm{d}\boldsymbol{r}}{\mathrm{d}t}=\frac{\mathrm{d}x}{\mathrm{d}t}\boldsymbol{i}+\frac{\mathrm{d}y}{\mathrm{d}t}\boldsymbol{j}=8t\boldsymbol{i}+(-8t^{-3})\boldsymbol{j}$$

当 $t=1\text{s}$ 时，$x=4$，$y=4$ 并求得 $v_x=8\text{m}\cdot\text{s}^{-1}$，$v_y=-8\text{m}\cdot\text{s}^{-1}$. 此时，质点在 $P$ 点的速度 $\boldsymbol{v}$ 的大小为

$$v=\sqrt{v_x^2+v_y^2}=\sqrt{8^2+(-8)^2}=8\sqrt{2}(\text{m}\cdot\text{s}^{-1})$$

速度 $\boldsymbol{v}$ 的方向可用它与 $Ox$ 轴夹角 $\theta$ 表示，即

$$\theta=\arctan\frac{v_y}{v_x}=\arctan(-1)=-45°$$

**例 1-3** 已知一质点沿 $x$ 轴方向运动，其速度与时间的关系为 $v=2t+\pi\cos\left(\frac{\pi}{6}t\right)$. 在 $t=0$ 时，质点的位置 $x_0=-2\text{m}$. 试求：

(1) $t=2\text{s}$ 时质点的位置；

(2) $t=3\text{s}$ 时质点的加速度.

**解** 根据 $x-x_0=\int_0^t v\mathrm{d}t$ 和 $a=\frac{\mathrm{d}v}{\mathrm{d}t}$，得

$$\begin{cases} x=x_0+\int_0^t v\mathrm{d}t=x_0+t^2+6\sin\left(\frac{\pi}{6}t\right) \\ a=\frac{\mathrm{d}v}{\mathrm{d}t}=2-\pi\cdot\frac{\pi}{6}\sin\left(\frac{\pi}{6}t\right) \end{cases}$$

将初始条件代入可得，$t=2\text{s}$ 时质点位于 $(2+3\sqrt{3})\text{m}$；$t=3\text{s}$ 时，质点的加速度为 $\left(2-\frac{\pi^2}{6}\right)\text{m}\cdot\text{s}^{-2}$.

**例 1-4** 一质点沿 $x$ 轴运动，其加速度与位置的关系为 $a=2x+1$. 已知质点在 $x=0$ 处的速度为 $2\text{m}\cdot\text{s}^{-1}$，试求质点在 $x=5\text{m}$ 处的速度.

**解** 这道题乍看起来似乎无从下手，这是因为我们前面介绍的位矢、速度或者加速度都是时间的函数，而没有见过加速度和位置间的关系. 其实这里面存在着一点儿数学技巧，只要利用复合函数求导，题目就变得简单多了.

首先

$$a=\frac{\mathrm{d}v}{\mathrm{d}t}=\frac{\mathrm{d}v}{\mathrm{d}x}\cdot\frac{\mathrm{d}x}{\mathrm{d}t}=\frac{\mathrm{d}v}{\mathrm{d}x}\cdot v$$

将该关系式代入 $a=2x+1$,变形得

$$v\mathrm{d}v=a\mathrm{d}x=(2x+1)\mathrm{d}x$$

两边积分,并利用初始条件确定积分的上下限得

$$\int_2^v v\mathrm{d}v=\int_0^5(2x+1)\mathrm{d}x$$

最后通过计算,求得质点在 $x=5\mathrm{m}$ 处的速度为 $v=8\mathrm{m}\cdot\mathrm{s}^{-1}$.

### 1.2.4　自然坐标系　切向加速度和法向加速度

在实际生活中,物体通常做一般的**曲线运动**(curvilinear motion).本节我们重点介绍已知运动轨迹条件下的平面曲线运动以及在自然坐标系下质点的切向加速度和法向加速度,并通过特例——**圆周运动**(circular motion),进一步理解加速度的物理意义.

1. 自然坐标系中的速度和加速度

在质点的平面曲线运动中,当运动轨迹已知时,常用自然坐标系表述质点的位置、路程、速度和加速度.如图 1-5 所示,在某质点运动的轨迹线上任取一点 $O$ 为自然坐标原点,以质点所在位置 $P$ 点与 $O$ 点间轨迹的长度 $s$ 来确定质点的位置,则称 $s$ 为质点的自然坐标,即

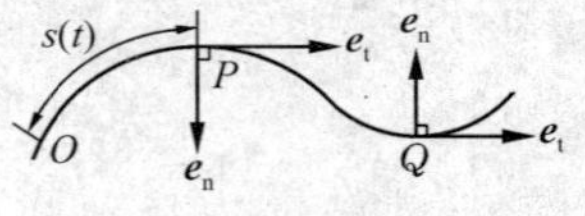

图 1-5　自然坐标

$$s=s(t) \tag{1-15}$$

当质点经 $\Delta t$ 从 $P$ 点到达 $Q$ 点时,$\Delta t$ 内质点运动的路程为

$$\Delta s=s(t+\Delta t)-s(t) \tag{1-16}$$

设 $t$ 时刻质点处于 $P$ 点,在质点上作相互垂直的两个坐标轴,一个轴沿**轨道**(orbit)切向指向质点前进方向,其单位矢量用 $\boldsymbol{e}_\mathrm{t}$ 表示;另一轴沿轨道**法向**(normal)指向轨道凹侧,其单位矢量用 $\boldsymbol{e}_\mathrm{n}$ 表示.由于切向和法向坐标轴随质点沿轨道的运动自然变换位置和方向,通常称这种坐标系为**自然坐标系**(natural coordinates).

当质点沿平面曲线运动时,其速度矢量的大小可以写为

$$v=\lim_{\Delta t\to 0}\frac{\Delta s}{\Delta t}=\frac{\mathrm{d}s}{\mathrm{d}t} \tag{1-17}$$

考虑其速度方向为轨道的切向,则速度矢量可表示为

$$\boldsymbol{v}=\frac{\mathrm{d}s}{\mathrm{d}t}\boldsymbol{e}_\mathrm{t} \tag{1-18}$$

式中,当$\frac{\mathrm{d}s}{\mathrm{d}t}>0$ 时,$\boldsymbol{v}$ 与 $\boldsymbol{e}_\mathrm{t}$ 同向;当$\frac{\mathrm{d}s}{\mathrm{d}t}<0$ 时,$\boldsymbol{v}$ 与 $\boldsymbol{e}_\mathrm{t}$ 反向.

下面我们对质点加速度 $\boldsymbol{a}$ 进行深入的探讨.

如图 1-6 所示,设某质点沿一曲线轨迹运动,在 $t$ 时刻位于 $P$

点，速度为$\boldsymbol{v}(t)$，用$\overrightarrow{PP_1}$代表，在$t+\Delta t$时刻质点到达$Q$点，速度为$\boldsymbol{v}(t+\Delta t)$，用$\overrightarrow{PP_2}$代表，则$\overrightarrow{P_1P_2}$代表速度增量$\Delta\boldsymbol{v}=\boldsymbol{v}(t+\Delta t)-\boldsymbol{v}(t)$. 很显然，$\Delta\boldsymbol{v}$既包含了速度大小的变化，又包含了速度方向的变化. 现在我们在$\overrightarrow{PP_2}$上取$PP_3=|\boldsymbol{v}(t)|$，于是$\Delta\boldsymbol{v}$可以看成两部分之和，即

$$\Delta\boldsymbol{v}=\Delta\boldsymbol{v}_1+\Delta\boldsymbol{v}_2$$

式中，$\Delta\boldsymbol{v}_1=\overrightarrow{P_1P_3}$，$\Delta\boldsymbol{v}_2=\overrightarrow{P_3P_2}$.

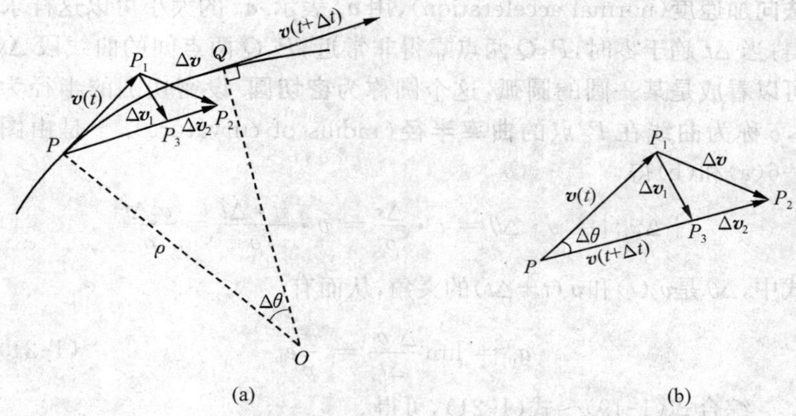


图 1-6 切向加速度和法向加速度

在$t\sim t+\Delta t$内的平均加速度$\bar{\boldsymbol{a}}=\dfrac{\Delta\boldsymbol{v}}{\Delta t}$可以进一步写为

$$\bar{\boldsymbol{a}}=\frac{\Delta\boldsymbol{v}}{\Delta t}=\frac{\Delta\boldsymbol{v}_1}{\Delta t}+\frac{\Delta\boldsymbol{v}_2}{\Delta t}$$

再令时间间隔$\Delta t$趋于零，那么加速度

$$\boldsymbol{a}=\lim_{\Delta t\to 0}\frac{\Delta\boldsymbol{v}_1}{\Delta t}+\lim_{\Delta t\to 0}\frac{\Delta\boldsymbol{v}_2}{\Delta t} \tag{1-19}$$

当$\Delta t$趋于零时，$\boldsymbol{v}(t+\Delta t)$和$\boldsymbol{v}(t)$二者趋于平行，$\Delta\boldsymbol{v}_2$与$\boldsymbol{v}(t)$也几乎平行，这就是说，$\Delta\boldsymbol{v}_2$反映了在$\Delta t$时间间隔内速度大小的变化. 于是

$$\lim_{\Delta t\to 0}\frac{\Delta\boldsymbol{v}_2}{\Delta t}=\lim_{\Delta t\to 0}\frac{\Delta v}{\Delta t}\boldsymbol{e}_{\mathrm{t}}=\frac{\mathrm{d}v}{\mathrm{d}t}\boldsymbol{e}_{\mathrm{t}}$$

这就是加速度的切向分量，称为**切向加速度**(tangential acceleration)，用$\boldsymbol{a}_{\mathrm{t}}$表示为

$$\boldsymbol{a}_{\mathrm{t}}=\frac{\mathrm{d}v}{\mathrm{d}t}\boldsymbol{e}_{\mathrm{t}} \tag{1-20}$$

式中 $\boldsymbol{a}_t$ 反映的是速度大小的变化. 当 $\frac{dv}{dt}>0$ 时，$\boldsymbol{a}_t$ 与切向单位矢量 $\boldsymbol{e}_t$ 方向一致，表示质点的速率将随时间的增大而增大；当 $\frac{dv}{dt}<0$ 时，$\boldsymbol{a}_t$ 与切向单位矢量 $\boldsymbol{e}_t$ 方向相反，表示质点的速率将随时间的增大而减小.

$\Delta\boldsymbol{v}_1$ 反映的是在 $t\sim t+\Delta t$ 内速度方向的变化. 当 $\Delta t$ 趋于零时，$\Delta\boldsymbol{v}_1$ 与 $\boldsymbol{v}(t)$ 趋于垂直，此时 $\lim\limits_{\Delta t\to 0}\frac{\Delta\boldsymbol{v}_1}{\Delta t}$ 代表了加速度的法向部分，称为**法向加速度**(normal acceleration)，用 $\boldsymbol{a}_n$ 表示. $\boldsymbol{a}_n$ 的大小可以这样求得：当 $\Delta t$ 趋于零时，$P,Q$ 两点靠得非常近，$P,Q$ 两点间的曲线段 $\Delta s$ 可以看成是某一圆的圆弧，这个圆称为**密切圆**. 设密切圆的半径为 $\rho$，$\rho$ 称为曲线在 $P$ 点的**曲率半径**(radius of curvature). 于是由图 1-6(a)和(b)得

$$|\Delta v_1| = v\cdot\Delta\theta = v\cdot\frac{\Delta s}{\rho} = v\cdot\frac{v\cdot\Delta t}{\rho} = \frac{v^2\Delta t}{\rho}$$

式中，$\Delta\theta$ 是 $\boldsymbol{v}(t)$ 和 $\boldsymbol{v}(t+\Delta t)$ 的夹角，从而有

$$\boldsymbol{a}_n = \lim\frac{\Delta\boldsymbol{v}_1}{\Delta t} = \frac{v^2}{\rho}\boldsymbol{e}_n \tag{1-21}$$

综合式(1-19)～式(1-21)，可得

$$\boldsymbol{a} = \boldsymbol{a}_t + \boldsymbol{a}_n = \frac{dv}{dt}\boldsymbol{e}_t + \frac{v^2}{\rho}\boldsymbol{e}_n \tag{1-22}$$

加速度 $\boldsymbol{a}$ 的大小为

$$a = \sqrt{a_t^2 + a_n^2} = \sqrt{\left(\frac{dv}{dt}\right)^2 + \left(\frac{v^2}{\rho}\right)^2} \tag{1-23}$$

加速度方向可用它与切线方向的夹角 $\alpha$ 表示，即

$$\alpha = \arctan\frac{a_n}{a_t} \tag{1-24}$$

由此可见，在曲线运动中，加速度一般有切向和法向两个分量，切向加速度表示质点速度大小的变化，法向加速度则反映了速度方向的变化.

**例 1-5**　某质点以初速度 $v_0$、仰角 $\theta$ 做斜上抛运动，忽略空气阻力时，求在抛出点 $A$ 和最高点 $B$ 的曲率半径.

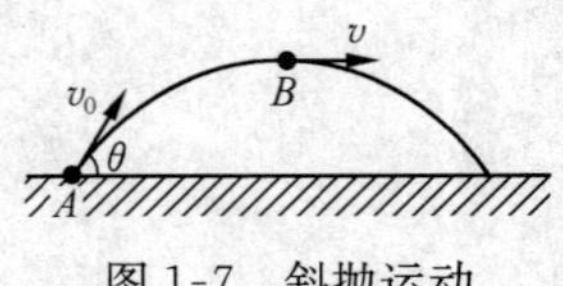

图 1-7　斜抛运动

**解**　由 $a_n=\frac{v^2}{\rho}$ 知，曲率半径 $\rho$ 由 $a_n$ 和 $v$ 决定，即 $\rho=\frac{v^2}{a_n}$.

在抛出点 $A$，$a_n=g\cdot\cos\theta$，$v=v_0$，曲率半径为 $\rho=\frac{v_0^2}{g\cos\theta}$；

在最高点 $B$，$a_n=g$，$v=v_0\cdot\cos\theta$，曲率半径 $\rho=\frac{v_0^2\cos^2\theta}{g}$.

2. 圆周运动

圆周运动是曲线运动的一个重要特例，圆周运动对研究刚体的转动也有重要的意义.

1）圆周运动的角量描述

质点做圆周运动，常用角位移、角速度、角加速度等角量来表述.

如图 1-8 所示，规定质点在 $xOy$ 平面内沿逆时针方向做圆周运动，圆心为 $O$ 点，半径为 $R$. 我们把质点在 $A$ 点的位矢和 $x$ 轴正方向的夹角 $\theta$ 称为**角位置**. 经过 $\Delta t$ 时间后，质点到达 $B$ 点，位矢转过 $\Delta\theta$ 角，$\Delta\theta$ 称为质点对 $O$ 的**角位移**(angular displacement). 于是在 $\Delta t$ 时间内质点经过的路程 $\Delta s$ 与角位移的关系为

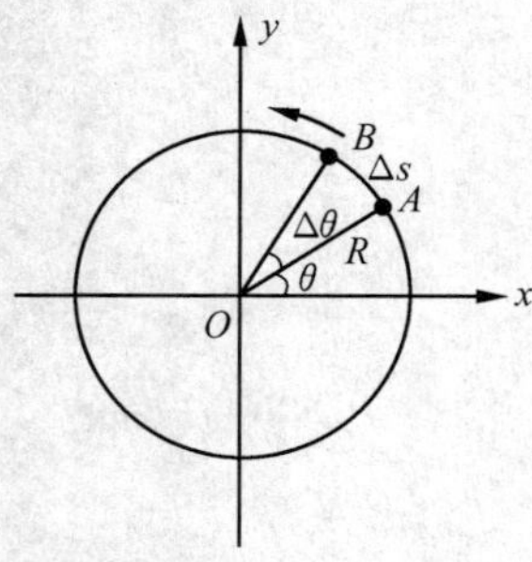

图 1-8 圆周运动角量描述

$$\Delta s = R \cdot \Delta\theta$$

为了描述质点做圆周运动的情况，引入角速度 $\omega$ 和角加速度 $\beta$ 的概念，**角速度**(angular velocity)表示的是质点做圆周运动的快慢，其定义为

$$\omega = \lim_{\Delta t \to 0} \frac{\Delta\theta}{\Delta t} = \frac{d\theta}{dt} \tag{1-25}$$

在国际单位制中，角速度单位为弧度·秒$^{-1}$(rad·s$^{-1}$).

在质点做圆周运动时，其线速度和角速度存在如下的关系：

$$v = \frac{ds}{dt} = \frac{R \cdot d\theta}{dt} = R\omega \tag{1-26}$$

类似于线加速度，**角加速度**(angular acceleration)反映的是质点做圆周运动时角速度随时间的变化率，其定义为

$$\beta = \frac{d\omega}{dt} = \frac{d^2\theta}{dt^2} \tag{1-27}$$

角加速度单位为弧度·秒$^{-2}$(rad·s$^{-2}$).

在质点做圆周运动时，其加速度可表示为

$$\boldsymbol{a} = \boldsymbol{a}_n + \boldsymbol{a}_t = \frac{v^2}{R}\boldsymbol{e}_n + \frac{dv}{dt}\boldsymbol{e}_t = \omega^2 R\boldsymbol{e}_n + R\beta\boldsymbol{e}_t \tag{1-28}$$

虽然有限的角位移不符合矢量相加的**平行四边形定则**(parallelogram rule)，即不满足加法交换律，因此有限角位移是不能看成矢量的；但是无限小角位移满足加法交换律，因此可以看成矢量. 而角速度、角加速度又总是与无限小的角位移相联系，所以在刚体定点转动中，角速度 $\boldsymbol{\omega}$ 和角加速度 $\boldsymbol{\beta}$ 也都可作为矢量.

角速度的方向用右手定则来确定：让右手的四指顺着转动的方向，大拇指的指向即为矢量 $\boldsymbol{\omega}$ 的方向. 当角速度 $\boldsymbol{\omega}$ 增大时，$\boldsymbol{\beta}$ 和 $\boldsymbol{\omega}$ 方向相同，当角速度减小时，$\boldsymbol{\beta}$ 和 $\boldsymbol{\omega}$ 方向相反. 于是式(1-26)中角速度

和线速度的关系用矢量可表示为

$$\boldsymbol{v}=\boldsymbol{\omega}\times\boldsymbol{r} \tag{1-29}$$

对上式求导可得线加速度为

$$\boldsymbol{a}=\boldsymbol{\beta}\times\boldsymbol{r}+\boldsymbol{\omega}\times\boldsymbol{v} \tag{1-30}$$

式中，$\boldsymbol{r}$ 为质点的径向矢量，大小为 $R$，方向从 $O$ 指向质点所在位置.

对于给定的平面圆周运动，上述相对圆心 $O$ 的角量（角位置 $\Delta\theta$、角速度 $\boldsymbol{\omega}$、角加速度 $\boldsymbol{\beta}$）都可视作标量. 其大小即为相应标量的绝对值，而方向通常规定正值表示沿圆周逆时针转向，负值表示沿圆周顺时针转向.

2）圆周运动

圆周运动通常分为匀速圆周运动和变速圆周运动.

匀速圆周运动是“匀速率圆周运动”的一种习惯叫法，此时运动质点速度保持大小不变，而方向却不断变化. 不难发现，匀速圆周运动切向加速度为零，只有指向圆心的法向加速度，因此又称为**向心加速度**（centripetal acceleration），其大小为$\dfrac{v^2}{R}$或$\omega^2R$. 其运动方程为

$$\theta=\theta_0+\omega_0 t \tag{1-31}$$

匀变速圆周运动也是一种常见的运动. 例如，车床上转动的砂轮在接触工件而受固定大小的阻力矩作用时，会慢慢停下来，其转动的角速度是均匀变小的，飞轮上任一质点的运动都做匀减速圆周运动.

质点做匀变速圆周运动时，角加速度 $\beta$ 是恒量. 通过与中学学过的匀变速直线运动方程比较，运动方程如下：

$$\begin{cases}\omega=\omega_0+\beta t\\ \theta=\theta_0+\omega_0 t+\dfrac{1}{2}\beta t^2\\ \omega^2-\omega_0^2=2\beta(\theta-\theta_0)\end{cases} \tag{1-32}$$

显然，质点做变速圆周运动时，角加速度 $\beta$ 是变量，读者可根据实际问题分析求得运动方程.

## 1.3　相对运动

同一物体的运动描述，在不同的参考系看来，一般并不相同. 若已知物体相对某一参考系 $K'$ 的运动，现在希望知道该物体相对另一参考系 $K$ 的运动，而 $K'$ 又相对 $K$ 在运动时，那么我们就要考察在两个参考系间物体运动的内在联系.

通常，把相对观察者静止的参考系称为**定参考系**或**静参考系**，把

相对观察者运动的参考系称为**动参考系**;把物体相对于动参考系的运动称为**相对运动**(relative motion)(相应地有相对速度和相对加速度),物体相对于定参考系的运动称为**绝对运动**(absolute motion)(相应地有绝对速度和绝对加速度).动参考系 $K'$相对定参考系 $K$ 的运动称为**牵连运动**(convected motion)(相应地有牵连速度和牵连加速度).动参考系 $K'$相对定参考系 $K$ 的运动可以是平动、转动或更一般的运动,本节我们仅介绍 $K'$相对 $K$ 做平动且两参考系坐标轴始终保持平行这种最简单的情况.

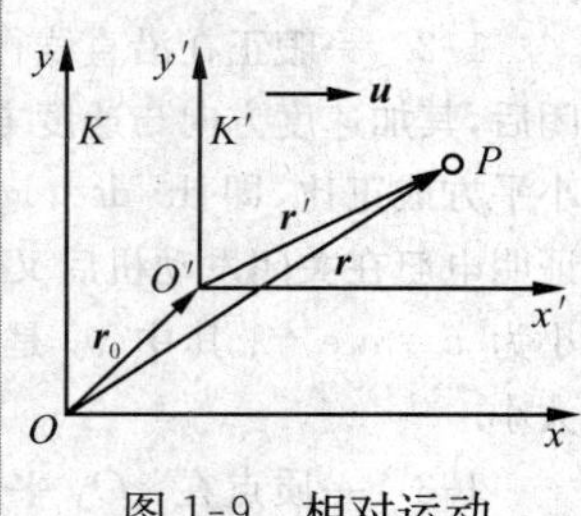

图 1-9 相对运动

设动参考系 $K'$相对静参考系 $K$ 做匀速直线运动,速度为 $\boldsymbol{u}$,且两参考系中直角坐标的对应坐标轴的相对取向相互平行(图 1-9).设两坐标的原点分别为 $O$ 和 $O'$,在 $t$ 时刻质点位于 $P$ 点,它相对于 $K$ 系的位矢是 $\boldsymbol{r}$,相对于 $K'$系的位矢为 $\boldsymbol{r}'$,而 $K'$的原点 $O'$相对于 $K$ 系原点 $O$ 的位矢为 $\boldsymbol{r}_0$,于是有

$$\boldsymbol{r} = \boldsymbol{r}' + \boldsymbol{r}_0 \tag{1-33}$$

对时间求导,可得

$$\frac{\mathrm{d}\boldsymbol{r}}{\mathrm{d}t} = \frac{\mathrm{d}\boldsymbol{r}'}{\mathrm{d}t} + \frac{\mathrm{d}\boldsymbol{r}_0}{\mathrm{d}t} \tag{1-34}$$

因为$\frac{\mathrm{d}\boldsymbol{r}}{\mathrm{d}t}=\boldsymbol{v}$,$\frac{\mathrm{d}\boldsymbol{r}'}{\mathrm{d}t}=\boldsymbol{v}'$,$\frac{\mathrm{d}\boldsymbol{r}_0}{\mathrm{d}t}=\boldsymbol{u}$,所以有

$$\boldsymbol{v} = \boldsymbol{v}' + \boldsymbol{u} \tag{1-35}$$

这说明**绝对速度**(absolute velocity)等于**相对速度**(relative velocity)与**牵连速度**(convected velocity)的矢量和.

式(1-35)再对时间求导,得

$$\boldsymbol{a} = \boldsymbol{a}' \tag{1-36}$$

这一结果说明在相互做匀速直线运动的两参考系中,物体的加速度相同.该结论我们将在第 2 章详述.

**例 1-6** 某人在静水中游泳的速度为 $4\mathrm{km \cdot h^{-1}}$,若现在他在流速为 $2\mathrm{km \cdot h^{-1}}$ 的河水中游泳.若此人想与河岸垂直地游到对岸,试问他应向什么方向游?

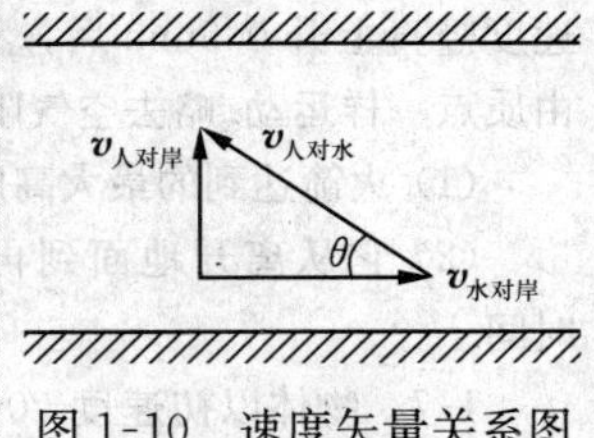

图 1-10 速度矢量关系图

**解** 该题中河岸为静参考系,水流为动参考系.如图 1-10 所示,设人垂直对河岸的速度为$\boldsymbol{v}_{人对岸}$,人对水的速度为$\boldsymbol{v}_{人对水}$,水相对河岸的速度为$\boldsymbol{v}_{水对岸}$,则有

$$\boldsymbol{v}_{人对岸} = \boldsymbol{v}_{人对水} + \boldsymbol{v}_{水对岸}$$

此人若想与河岸垂直地游到对岸,则必须$\boldsymbol{v}_{人对岸}$与河岸垂直.所以他游泳的方向应与河岸的夹角为 $\theta=\arccos\dfrac{2}{4}=60°$,即人需与河岸成 60°夹角,逆流水方向游向对岸.

此例说明,求解相对运动问题时,若按题意辅以速度矢量关系图,就能简便地求出结果.

## 习　题　1

1-1　质点运动学方程为 $\boldsymbol{r}=a\cos(\omega t)\boldsymbol{i}+a\sin(\omega t)\boldsymbol{j}+bt\boldsymbol{k}$，其中，$a,b,\omega$ 均为正常数. 求质点速度和加速度与时间的关系式.

1-2　一艘正在沿直线行驶的电艇，在发动机关闭后，其加速度方向与速度方向相反，大小与速度大小平方成正比，即 $\mathrm{d}v/\mathrm{d}t=-kv^2$，式中 $k$ 为常量. 试证明电艇在关闭发动机后又行驶 $x$ 距离时的速度大小为 $v=v_0\mathrm{e}^{-kx}$. 其中 $v_0$ 是发动机关闭时的速度大小.

1-3　一质点在 $xOy$ 平面内运动，运动函数为 $x=2t, y=4t^2-8$.

(1) 求质点的轨道方程并画出轨道曲线；

(2) 求 $t=1\mathrm{s}$ 和 $t=2\mathrm{s}$ 时质点的位置、速度和加速度.

1-4　一质点的运动学方程为 $x=t^2$，$y=(t-1)^2$，$x$ 和 $y$ 均以 m 为单位，$t$ 以 s 为单位. 求：

(1) 质点的轨迹方程；

(2) 在 $t=2\mathrm{s}$ 时质点的速度和加速度.

1-5　一质点沿半径为 $R$ 的圆周运动，运动学方程为 $s=v_0t-\frac{1}{2}bt^2$，其中，$v_0,b$ 都是常量. 求：

(1) $t$ 时刻质点的加速度大小及方向；

(2) 在何时加速度大小等于 $b$；

(3) 到加速度大小等于 $b$ 时质点沿圆周运行的圈数.

1-6　一枚从地面发射的火箭以 $20\mathrm{m\cdot s^{-2}}$ 的加速度竖直上升 0.5min 后，燃料用完，于是像一个自由质点一样运动. 略去空气阻力，试求：

(1) 火箭达到的最大高度；

(2) 它从离开地面到再回到地面所经过的总时间.

1-7　物体以初速度 $20\mathrm{m\cdot s^{-1}}$ 被抛出，抛射仰角 60°，略去空气阻力，问：

(1) 物体开始运动后的 1.5s 末，运动方向与水平方向的夹角是多少？2.5s 末的夹角又是多少？

(2) 物体抛出后经过多少时间，运动方向才与水平成 45°角？这时物体的高度是多少？

(3) 在物体轨迹最高点处的曲率半径有多大？

(4) 在物体落地点处，轨迹的曲率半径有多大？

1-8　应以多大的水平速度 $v$ 把一物体从高 $h$ 处抛出，才能使它在水平方向的射程为 $h$ 的 $n$ 倍？

1-9　汽车在半径为 400m 的圆弧弯道上减速行驶，设在某一时刻，汽车的速率为 $10\mathrm{m\cdot s^{-1}}$，切向加速度的大小为 $0.2\mathrm{m\cdot s^{-2}}$. 求汽车的法向加速度和总加速度的大小和方向.

1-10　质点在重力场中做斜上抛运动，初速度的大小为 $v_0$，与水平方向成 $\alpha$ 角. 求质点到达抛出点的同一高度时的切向加速度、法向加速度以及该时刻质点所在处轨迹的曲率半径（忽略空气阻力）. 已知法向加速度与轨迹曲率半径之间的关系为 $a_{\mathrm{n}}=v^2/\rho$.

1-11　火车从 A 地由静止开始沿着平直轨道驶向 B 地，A，B 两地相距为 $S$. 火车先以加速度 $a_1$ 做匀加速运动，当速度达到 $v$ 后再匀速行驶一段时间，然后刹车，并以加速度大小为 $a_2$ 做匀减速行驶，使之刚好停在 B 地. 求火车行驶的时间.

1-12　一小球从离地面高为 $H$ 的 $A$ 点处自由下落. 当它下落了距离 $h$ 时，与一个斜面发生碰撞，并以原速率水平弹出，问 $h$ 为多大时，小球弹得最远？

1-13　离水面高度为 $h$ 的岸上有人用绳索拉船靠岸. 人以恒定速率 $v_0$ 拉绳子，求当船离岸的距离为 $s$ 时，船的速度和加速度的大小.

1-14　A 船以 $30\mathrm{km\cdot h^{-1}}$ 的速度向东航行，B 船以 $45\mathrm{km\cdot h^{-1}}$ 的速度向正北航行. 求 A 船上的人观察到的 B 船的速度和航向.

1-15　一个人骑车以 $18\mathrm{km\cdot h^{-1}}$ 的速率自东向西行进时，看见雨滴垂直落下，当他的速率增加至 $36\mathrm{km\cdot h^{-1}}$ 时，看见雨滴与他前进的方向成 120°角下落，求雨滴对地的速度.

1-16　如题 1-16 图所示，一汽车在雨中以速率 $v_1$ 沿直线行驶，下落雨滴的速度方向偏于竖直方向向车后方 $\theta$ 角，速率为 $v_2$. 若车后有一长方形物体，问车速为多大时，此物体刚好不会被雨水淋湿？

1-17　渔人在河中乘舟逆流航行，经过某桥下

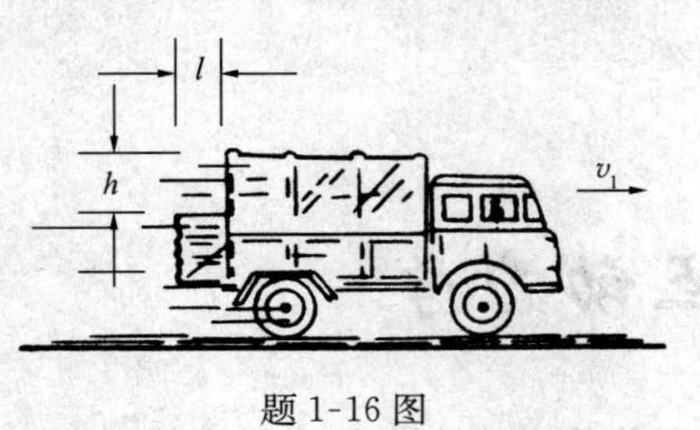


题 1-16 图

时，一只水桶落入水中，0.5h 后他才发觉，即回头追赶，在桥的下游 5.0km 处赶上．设渔人顺流及逆流相对水划行速率不变，求水流速率．

1-18 一升降机以 $2g$ 的加速度从静止开始上升，在 2.0s 末时有一小钉从顶板下落，若升降机顶板到底板的距离 $h=2.0\text{m}$，求钉子从顶板落到底板的时间 $t$，它与参考系的选取有关吗？

# 第2章 质点动力学

在第1章中，我们讨论了物体运动的描述，并没有涉及运动的原因. 实际上，运动是物质本身的属性，而运动又是千差万别的. 物体如何运动则取决于物体之间的相互作用. 研究物体之间的相互作用，以及由于这种相互作用所引起的物体运动状态变化的规律，则是动力学的任务. 动力学是力学理论的重要内容，而质点动力学阐述的运动规律又是进一步研究一般物体复杂运动的基础.

在将物体抽象为质点及物体的运动速度远小于光速的前提下，本章将讨论牛顿运动定律以及物体间相互作用的空间累积效应和时间累积效应，从而引出相关的动量守恒定律和机械能守恒定律. 最后将介绍质点的角动量和角动量守恒定律.

## 2.1 牛顿运动定律

牛顿针对物体在力的作用下如何运动提出了三大运动定律，它是整个经典力学的基础. 下面我们就对这三个定律逐一介绍.

### 2.1.1 牛顿第一定律

牛顿继承并发展了伽利略关于物体在无加速或减速因素作用时将保持其运动速度的观点，并给出了如下的描述：**任何物体都将保持其静止或匀速直线运动状态，直到外力迫使它改变状态为止**，这就是**牛顿第一定律**(Newton first law).

下面我们对牛顿第一定律作几点说明：

(1) 牛顿第一定律表明，任何物体都具有保持其运动状态不变的性质，我们把这个性质叫做**惯性**(inertia). 因此，牛顿第一定律常常被称为**惯性定律**(law of inertia). 惯性是物体本身的固有属性，在经典物理范围，惯性的大小与物体是否运动无关.

(2) 牛顿第一定律还指出，由于任何物体都具有惯性，要使物体的运动状态发生变化就必须有外力作用. 因此该定律给出了力的概念，力就是物体与物体之间的相互作用.

(3) 牛顿第一定律是大量观察与实验事实的抽象与概括. 它无法用实验来证明，因为完全不受其他物体作用的孤立物体是不存在的.力的作用规律表明,物体间相互作用力的大小都随着物体间距离的增加而减小,那么远离其他所有物体的该物体就可以看成是孤立物体,那么该物体的运动状态的确就非常接近于匀速直线运动状态,如远离星体的彗星的运动.这一事实使我们相信牛顿第一定律是正确的,是客观事实的概括和总结.

(4) 牛顿第一定律定义了惯性系.我们把牛顿第一定律在其中严格成立的参考系称为**惯性系**(inertial system).而牛顿第一定律不成立的参考系称为非惯性系.在一般精度范围内,地球可看成是惯性系.

### 2.1.2 牛顿第二定律

牛顿给出的第二运动定律的内容为:运动的改变与所加的动力成正比,并发生在所加力的直线方向上.在这个描述中,运动是指运动量,后来叫动量,即速度与质量的乘积.其实,牛顿给出的这个关于运动量的改变与动力成正比的说法是不够确切的,确切的表述应该是:**动量的变化率与外力成正比**,这是经欧拉(L. Euler,1707～1783)改进后的表述.

若取比例系数为1,则牛顿第二定律的数学表达式为

$$\boldsymbol{F}=\frac{\mathrm{d}}{\mathrm{d}t}(m\boldsymbol{v}) \tag{2-1}$$

在牛顿力学范围内,质量是与运动状态无关的常量.于是式(2-1)可写成

$$\boldsymbol{F}=m\frac{\mathrm{d}\boldsymbol{v}}{\mathrm{d}t}=m\boldsymbol{a} \tag{2-2}$$

这就是我们所熟悉的牛顿第二定律数学表达式.

下面关于牛顿第二定律作几点说明:

(1) 第二定律所表示的外力和加速度的关系是瞬时关系.也就是说,加速度只有在有外力作用时才产生,外力改变了,加速度也随之改变.

(2) 第二定律给出的是矢量式,具体应用的时候可以写成适当的分量形式.例如,在直角坐标系中,分量式为

$$F_x=m\frac{\mathrm{d}^2x}{\mathrm{d}t^2},\quad F_y=m\frac{\mathrm{d}^2y}{\mathrm{d}t^2},\quad F_z=m\frac{\mathrm{d}^2z}{\mathrm{d}t^2} \tag{2-3}$$

在自然坐标系中,分量式为

$$F_{\mathrm{t}}=ma_{\mathrm{t}}=m\frac{\mathrm{d}v}{\mathrm{d}t},\quad F_{\mathrm{n}}=ma_{\mathrm{n}}=m\frac{v^2}{r} \tag{2-4}$$

### 2.1.3 牛顿第三定律

牛顿给出了相互作用的两物体间作用力的性质,具体地说就是:

**两物体之间的作用力 $\boldsymbol{F}$ 和反作用力 $\boldsymbol{F}'$ 总是大小相等，方向相反，沿同一直线，分别作用在两个物体上**，这就是**牛顿第三定律**(Newton third law). 其数学表达式为

$$\boldsymbol{F}=-\boldsymbol{F}' \tag{2-5}$$

牛顿第三定律实际上是关于力的性质的定律. 正确理解第三定律，对分析物体受力情况是很重要的，下面对其作几点说明：

(1) **作用力**(acting force)和**反作用力**(reacting force)总是成对出现的，同时产生，同时消失.

(2) 作用力和反作用力是分别作用在两个相互作用的物体上的，不能相互抵消.

(3) 作用力和反作用力总是属于同种性质的力.

在求解力学问题时，要注意将作用力和反作用力与平衡力相区别. 平衡力是作用在同一物体上的一对大小相等、方向相反的力，这一对力通常都不是同时产生和消失的，且性质一般不同.

### 2.1.4　国际单位制　量纲

通过前面对时间和长度的学习，已经知道它们都有好几个单位. 对于质量，也是这样，如千克(kg)、克(g)、毫克(mg)等. 为了规范和使用方便，在力学中人们把长度、时间和质量三个物理量称为**基本量**(国际单位制中，规定 7 个物理量为基本量)，它们的单位称为**基本单位**. 其他物理量都可以通过相应的物理公式用以上三个基本物理量来表示，因此把其余的物理量称为**导出量**，相应的单位为**导出单位**.

在基本单位确定以后，整个一系列单位就都被规定了，因此说，一组基本单位就决定了一个**单位制**(system of units). 目前规定使用的是**国际单位制**(Le Systèm International d'Unités, SI)，它规定长度以米为单位，质量以千克为单位，时间以秒为单位. 国际单位制又称米・千克・秒制(MKS).

另一种常用的单位制，是采用厘米为长度单位，克为质量单位，秒为时间单位，称为厘米・克・秒制(CGS).

如果我们把上面的讨论更一般化，取 L 为长度“单位”，M 为质量“单位”，T 为时间“单位”，在力学中，我们称 L，M，T 为基本量纲，则导出量的“单位”也可以用 L，M，T 表示，称导出量纲. 我们就把这个由 L、M 和 T 组成的式子称为该物理量的**量纲**(dimension)或**量纲式**. 因此，所谓量纲就是指某一物理量单位的类别. 我们习惯用一个方括号表示括号中的物理量的量纲式，于是，速度的量纲式就是 $[v]=\mathrm{LT}^{-1}$，加速度的量纲式是 $[a]=\mathrm{LT}^{-2}$，力的量纲式是 $[F]=\mathrm{MLT}^{-2}$.

在处理具体问题时，我们可以用物理量的量纲来检验公式的正

确性,在基本量相同的单位制之间进行单位换算,还可以通过量纲分析为探求某些复杂物理现象和规律提供线索.

### 2.1.5 常见的力

1. 力的基本类型

我们已经知道,力就是物体间的相互作用.从基本性质上说,力有三种类型:**引力相互作用、电磁相互作用和核力相互作用.**

引力相互作用是存在于自然界中一切物体之间的一种作用.传说是牛顿一次看到苹果落在地上而发现的这种引力作用.它是一种弱力,只有在大质量物体(如地球、太阳、月亮等天体)附近这种作用才有明显的效应.电磁相互作用是存在于一切带电体之间的作用.带电粒子间的电磁力比引力强得多,如电子和质子之间的静电力比引力大 $10^{39}$ 倍.引力和电磁力均为长程力.核力相互作用是一种只在 $10^{-15}$ m 的范围内起作用的相互作用,是**短程力.**

2. 引力 重力

1) 万有引力定律与宇宙速度

牛顿在开普勒关于行星运动三定律(轨道定律、面积定律和周期定律)的基础上提出了著名的万有引力定律,这个定律指出,星体之间、地球与地球表面附近的物体之间、甚至所有物体与物体之间,都存在着一种相互吸引的力,这种相互吸引的力叫做**万有引力.万有引力定律**(law of universal gravitation)的内容为:**在两个相距为 $r$,质量分别为 $m_1$、$m_2$ 的质点间的万有引力,其大小与它们的质量之积成正比,与它们的距离 $r$ 的二次方成反比,其方向沿它们的连线.**用数学式可表示为

$$\boldsymbol{F}_{21} = -G\frac{m_1 m_2}{r^2}\boldsymbol{e}_r \tag{2-6}$$

式中,$\boldsymbol{F}_{21}$ 为 $m_1$ 对 $m_2$ 的万有引力,$\boldsymbol{e}_r$ 为由 $m_1$ 指向 $m_2$ 的单位矢量,$G$ 为普适常数,叫做万有引力常数.1798 年,英国物理学家卡文迪许(H. Cavendish,1731~1810)通过实验用扭称法测得了万有引力常数的数值,他得到的数值为 $6.754\times10^{-11}\text{N}\cdot\text{m}^2\cdot\text{kg}^{-2}$.目前公认的数值是

$$G = 6.672\times10^{-11}\text{N}\cdot\text{m}^2\cdot\text{kg}^{-2}$$

应该注意,万有引力定律是对质点而言的,但是可以证明,对于两个质量均匀分布的球体,它们之间的万有引力也可以用这一定律计算,只需将距离 $\boldsymbol{r}$ 取为两球球心的距离即可.

在地球上向远离地球方向抛出一物体,物体都将落回地面,这是

万有引力造成的. 但是当抛出物体的速度达到某一定值时，它就会绕着地球做匀速圆周运动，不再落回地面，成为地球的卫星. 这个速度称为第一宇宙速度. 它可以通过牛顿第二定律和万有引力定律得到

$$v_1=\sqrt{\frac{GM_{地}}{R_{地}}}\approx 7.9\mathrm{km\cdot s^{-1}}$$

式中，$M_{地}$ 为地球质量，$R_{地}$ 为地球半径.

若物体摆脱地球引力对其的束缚，逃离地球不再返回，它的速度要比第一宇宙速度更高. 第二宇宙速度可以通过万有引力定律和动能定理求得

$$v_2=\sqrt{\frac{2GM_{地}}{R_{地}}}\approx 11.2\mathrm{km\cdot s^{-1}}$$

2）重力

**重力**(gravity)是地球对物体万有引力的一个分力，另一分力为物体随地球绕地轴转动提供的**向心力**(centripetal force). 重力的大小和万有引力近似相等，方向为竖直向下，并非指向地心.

在地球表面的物体，质量为 $m$，那么它受到的重力为

$$G\frac{M_{地}\,m}{R_{地}^2}=mg$$

式中，$g$ 为地球表面的**重力加速度**(acceleration of gravity). 因此

$$g=G\frac{M_{地}}{R_{地}^2}$$

重力加速度的大小通常因纬度高低、离地面高低等因素而异，在赤道重力加速度为 $9.78\mathrm{m\cdot s^{-2}}$，在长沙(北纬 30°附近)为 $9.791\mathrm{m\cdot s^{-2}}$，在北京(北纬 40°附近)为 $9.801\mathrm{m\cdot s^{-2}}$，在北极为 $9.832\mathrm{m\cdot s^{-2}}$. 在一般计算中 $g$ 取 $9.8\mathrm{m\cdot s^{-2}}$.

### 3. 弹性力

当两物体相互接触并挤压时，物体将发生形变，这时物体间就会产生因形变而欲使其恢复原来形状的力，称为**弹性力**(elastic force). 常见的弹性力有弹簧被压缩或拉伸时产生的弹性力、绳子被拉紧时内部出现的弹性**张力**(tension)、物体放在支撑面上产生的正压力和支持力等.

对弹簧，当形变不太大时，其恢复力与形变成正比，这就是**胡克定律**(Hooke law). 当形变为压缩或拉伸时，弹性力 $f$ 和伸长(或压缩)量 $x$ 成正比

$$f=-kx \tag{2-7}$$

式中，$k$ 为正常数，称为弹簧的劲度系数，负号表示弹性力和形变方

向相反.

4. 摩擦力

当两个互相接触的物体有相对运动或有相对运动的趋势时,就会产生一种阻碍相对运动或相对运动趋势的力,我们把它称为**摩擦力**(friction force). 若两物体有相对运动,则称为**滑动摩擦力**(sliding friction force),通常简称**动摩擦力**;若两物体间仅有相对运动的趋势,则称为**静摩擦力**(static friction force). 摩擦力的起因非常复杂,除了两个接触面的凹凸不平而互相嵌合外,还与分子间的引力及静电作用有关.

1) 库仑摩擦定律

库仑(C. A. de Coulomb,1736～1806)发现两块干燥固体之间的摩擦力服从以下的规律:

(1) 动摩擦力 $f_k$ 与正压力 $N$ 成正比,与两物体的表观接触面积无关;

(2) 当相对速度不很大时,动摩擦力与速度无关;

(3) 静摩擦力可在零与一个最大值(称为最大静摩擦力)之间变化,视相对滑动趋势的程度而定. 最大静摩擦力 $f_s$ 也与正压力 $N$ 成正比,它一般情况下大于动摩擦力.

这三条规律通常称为库仑摩擦定律. 其中第一和第三定律可以表示为

$$f_k = \mu_k N \tag{2-8}$$

$$f_s = \mu_s N \tag{2-9}$$

式中,$\mu_k$、$\mu_s$ 分别为动摩擦系数和静摩擦系数,$f_k$、$f_s$ 分别为动摩擦力和最大静摩擦力.

2) 黏滞阻力

流体(液体或气体)不同层之间由于相对运动而造成的阻力,称为**黏滞阻力**或**湿摩擦力**. 当相对速度不很大时,黏滞阻力与速度的横向变化率、接触面积及黏度成正比. 固体与流体接触并发生相对运动时,也会产生黏滞阻力,不过这种湿摩擦阻力比干摩擦阻力要小得多. 这就是通常利用润滑油减少固体间摩擦的原因.

### 2.1.6 牛顿运动定律的应用

牛顿运动定律是物体做机械运动时遵从的基本定律,它在实践中有着广泛的应用. 本节将通过举例来说明如何应用牛顿运动定律分析和解决问题.

应用牛顿运动定律解题时一般分以下几个步骤:

(1) 隔离物体,分析受力. 首先根据题意确定研究对象,并分别把每个研究对象与其他物体隔离开来,然后分析它们的受力情况,单独画出每个研究对象的受力示意图.

(2) 建立坐标系,列方程. 选择合适的坐标系,将给计算带来很大方便. 坐标轴的方向尽可能地与多数矢量平行或垂直. 根据牛顿第二和第三定律列出方程式. 所列的方程式个数应与未知量的数量相等. 若方程式的数目少于未知量的个数,则应由运动学和几何学的知识列出补充的方程式.

(3) 求解方程. 在解方程代入数据时,一定要注意统一单位,解得结果后通常还应进行必要的验算、分析和讨论.

(4) 当物体受的力为变力时,就应该用牛顿第二定律的微分方程形式求解.

**例 2-1**　如图 2-1(a)所示,在倾角 30°的光滑斜面(固定于水平地面)上有两物体通过滑轮相连,已知 $m_1=3\text{kg}$,$m_2=2\text{kg}$,且滑轮和绳子质量可略. 试求每一物体的加速度 $a$ 及绳子的张力 $F_T$(重力加速度 $g$ 取 $9.80\text{m}\cdot\text{s}^{-2}$).

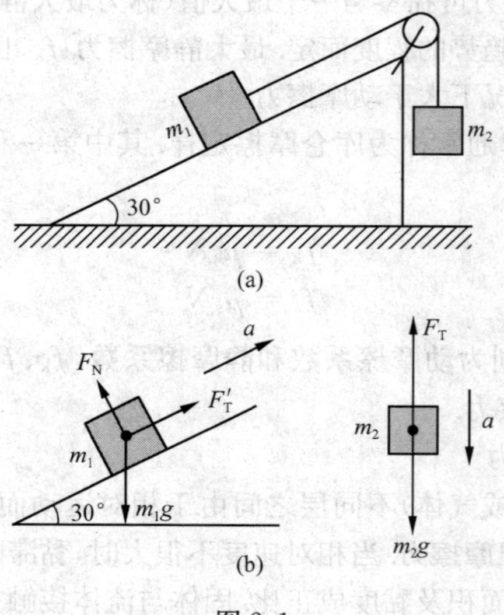


图 2-1

**解**　分别取 $m_1$ 和 $m_2$ 为研究对象,受力分析如图 2-1(b)所示. 利用牛顿第二定律列方程得

$$\begin{cases} m_2g - F_T = m_2a \\ F'_T - m_1g\sin30° = m_1a \end{cases}$$

绳子中的张力

$$F_T = F'_T$$

解以上方程组,得加速度 $a=0.98\text{m}\cdot\text{s}^{-2}$,张力 $F_T=17.64\text{N}$.

**例 2-2** 如图 2-2 所示，将质量分别为 $m_1$、$m_2$、$m_3$ 和 $m$ 的四个物体连接，桌面与这些物体之间的摩擦系数都是 $\mu$. 设绳子不变，桌子与滑轮位置不变，绳子质量、滑轮质量及绳与滑轮间的摩擦可忽略不计. 求该系统的加速度以及各物体之间的张力 $F_{T1}$、$F_{T2}$、$F_{T3}$.

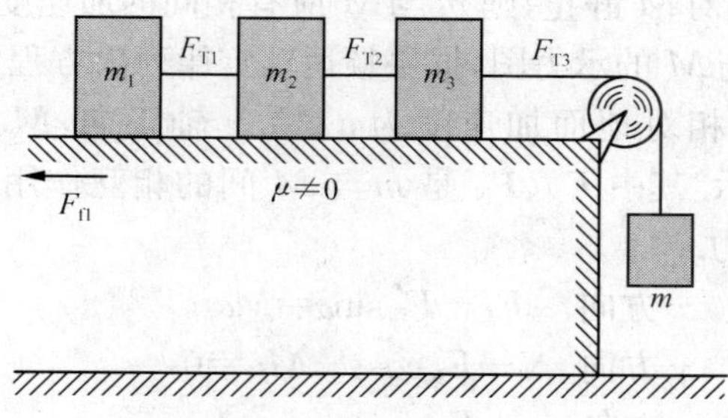


图 2-2

**解** 若求整个系统的加速度，在受力分析时可以先将 $m_1$、$m_2$、$m_3$ 三物体看成是一个整体，并设 $F_N$ 为三物体共同对桌面的总压力，于是利用牛顿第二定律和第三定律可得

$$\begin{cases} mg - F_{T3} = ma \\ F_{T3} - \mu F_N = (m_1 + m_2 + m_3)a \\ F_N = (m_1 + m_2 + m_3)g \end{cases}$$

解方程组得

$$\begin{cases} a = \dfrac{m - \mu(m_1 + m_2 + m_3)}{m + m_1 + m_2 + m_3} g \\ F_{T3} = \dfrac{m(1+\mu)(m_1 + m_2 + m_3)}{m + m_1 + m_2 + m_3} g \end{cases}$$

当要求 $F_{T1}$ 和 $F_{T2}$ 时，必须隔离物体，分别取 $m_1$、$m_2$、$m_3$ 为研究对象. 首先取 $m_1$ 为研究对象. $m_1$ 水平方向只受到绳子拉力 $F_{T1}$ 和摩擦力 $F_{f1}$，利用牛顿第二定律得

$$F_{T1} - F_{f1} = m_1 a$$

将 $F_{f1} = \mu m_1 g$ 代入上式，得

$$F_{T1} = m_1(a + \mu g) = \frac{(1+\mu)mm_1 g}{m + m_1 + m_2 + m_3}$$

类似地，取 $m_2$ 或 $m_3$ 为研究对象，利用牛顿第二定律和第三定律，均可求得

$$F_{T2} = \frac{(1+\mu)(m_1 + m_2)mg}{m + m_1 + m_2 + m_3}$$

**例 2-3** 在图 2-3(a)中，质量为 $M$ 的斜面装置，可在水平面上

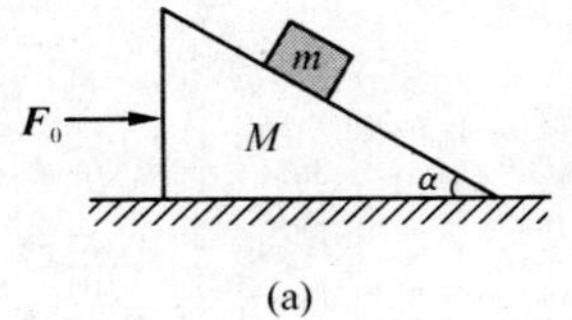


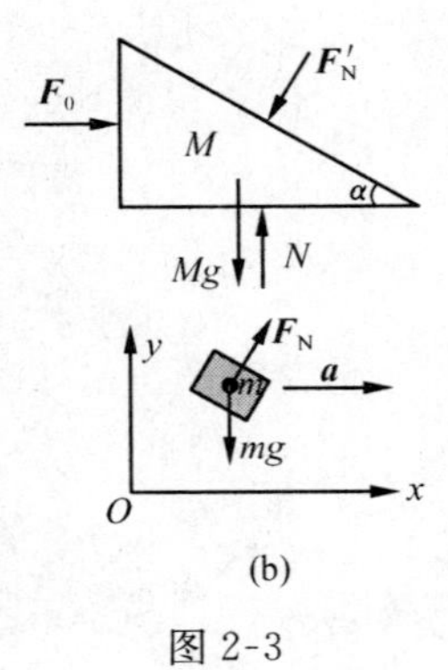


图 2-3

做无摩擦的滑动，斜面倾角为 $\alpha$，斜面上放一质量为 $m$ 的木块，也可做无摩擦的滑动. 现要保证木块 $m$ 相对于斜面静止不动，问对 $M$ 需作用的水平力 $F_0$ 有多大？此时 $m$ 与 $M$ 间的正压力为多大？$M$ 与水平面间的正压力为多大？

**解**　$m$ 相对 $M$ 静止，则 $m$ 与 $M$ 应有相同的加速度. 用隔离体法分别画出 $m$ 与 $M$ 的示力图，据牛顿运动定律列出方程可解之.

设 $M, m$ 相对地面加速度为 $\boldsymbol{a}$，沿 $x$ 轴正向，$M$、$m$ 示力图如图 2-3(b)所示. 其中 $\boldsymbol{F}'_{\mathrm{N}}$、$\boldsymbol{F}_{\mathrm{N}}$ 是 $m$ 与 $M$ 间的相互作用力，$\boldsymbol{N}$ 是地面对 $M$ 的作用力.

对于 $M$：　$x$ 方向　$F_0 - F'_{\mathrm{N}}\sin\alpha = Ma$　①

　　　　　$y$ 方向　$N - F'_{\mathrm{N}}\cos\alpha - Mg = 0$　②

对于 $m$：　$x$ 方向　$F_{\mathrm{N}}\sin\alpha = ma$　③

　　　　　$y$ 方向　$F_{\mathrm{N}}\cos\alpha - mg = 0$　④

且　$F_{\mathrm{N}} = F'_{\mathrm{N}}$　⑤

由式①～式⑤解得

$m$ 与 $M$ 间的正压力

$$F'_{\mathrm{N}} = F_{\mathrm{N}} = \frac{mg}{\cos\alpha}$$

$M$ 与水平面间的正压力

$$N = (M+m)g$$

所需水平力

$$F_0 = (M+m)g\tan\alpha$$

**例 2-4**　如图 2-4(a)所示，这是一个圆锥摆. 摆长为 $l$，小球质量为 $m$，欲使小球在锥顶角为 $\theta$ 的圆周内做匀速圆周运动，给予小球的速率应为多大？此时绳子的张力 $F_{\mathrm{T}}$ 有多大？

**解**　小球在水平面内运动，则作用在小球上的张力 $F_{\mathrm{T}}$ 和重力 $mg$ 均在竖直平面内，设某一任意时刻，在 $F_{\mathrm{T}}$ 和 $mg$ 所在平面内，如图 2-4(b)所示将力进行分解. 由于小球在竖直方向没有运动，则有

$$F_{\mathrm{T}}\cos\theta - mg = 0 \quad ①$$

在水平方向的分力恰好是小球做圆周运动的向心力，即

$$F_{\mathrm{T}}\sin\theta = m\frac{v^2}{r} = m\frac{v^2}{l\sin\theta} \quad ②$$

解式①和式②，得

$$\begin{cases} v = \sin\theta\sqrt{\dfrac{lg}{\cos\theta}} \\ F_{\mathrm{T}} = \dfrac{mg}{\cos\theta} \end{cases}$$

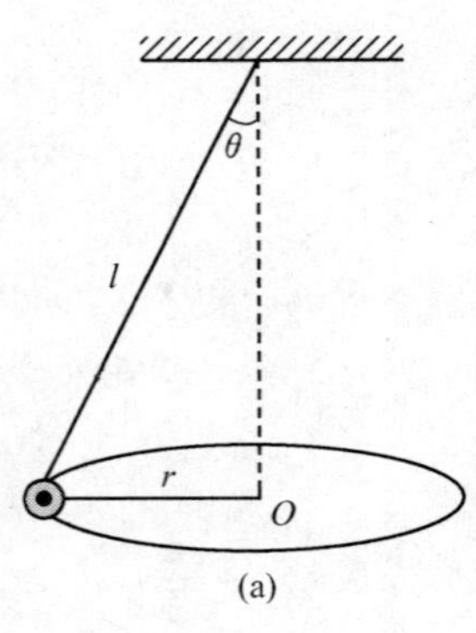


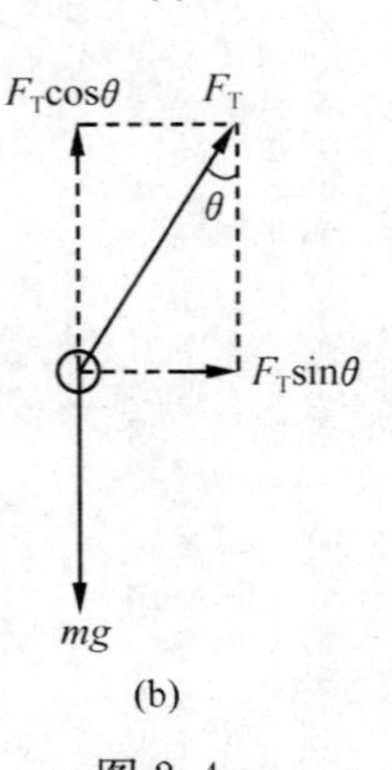


图 2-4

**例 2-5** 如图 2-5 所示，一质量为 $m$ 的物体在流体中下落，物体所受到的黏滞阻力与物体运动速率成正比，即 $f=-kv$. 设物体受到的浮力为 $F'$，求该物体在下落过程中下落速率 $v$ 和时间 $t$ 的关系式，以及终极速率 $v_t$（设 $t=0$ 时，$v=0$）.

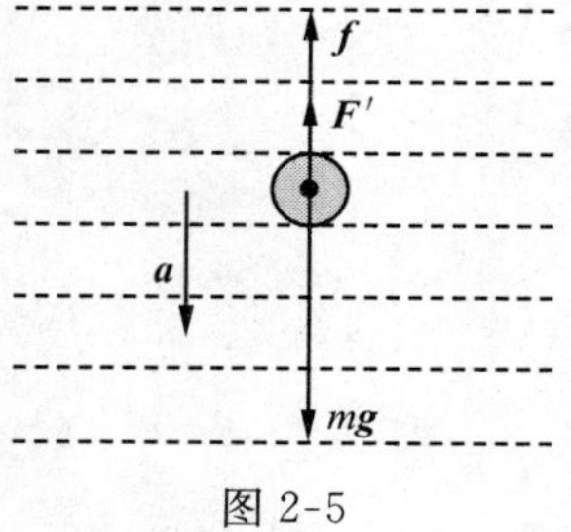

图 2-5

**解** 取竖直向下为正方向，由牛顿第二定律得

$$mg-F'-kv=ma=m\frac{\mathrm{d}v}{\mathrm{d}t}$$

于是有

$$\frac{\mathrm{d}v}{mg-F'-kv}=\frac{\mathrm{d}t}{m}$$

两边取定积分

$$\int_0^v\frac{\mathrm{d}v}{mg-F'-kv}=\int_0^t\frac{\mathrm{d}t}{m}$$

解得

$$v=\frac{mg-F'}{k}\left(1-\mathrm{e}^{-\frac{k}{m}t}\right)$$

终极速率就是在物体下落过程中合力为零时的速率. 在上式中令 $t\to\infty$，得终极速率 $v_t=\dfrac{mg-F'}{k}$.

例如，在空气中，雨滴下落的终极速率约为 $7.6\mathrm{m\cdot s^{-1}}$，人在空气中自由下落的终极速率约为 $76\mathrm{m\cdot s^{-1}}$，张开降落伞下降时的终极速率约为 $6\mathrm{m\cdot s^{-1}}$.

### *2.1.7 非惯性系 惯性力

1. 伽利略相对性原理

1）伽利略相对性原理

伽利略在 1632 年出版的《关于托勒密和哥白尼两大世界体系的对话》中，详细记载了在做匀速直线运动的封闭船舱里所观察到的运动现象："……只要运动是匀速的，……你无法根据其中任何一个力学现象来确定船是运动的还是静止的. 当你在地板上向各个方向跳跃时，你能跳出的距离和你在静止的船上跳跃时跳出的距离完全相同，……从天花板上的水瓶中滴下来的水将滴进正下方的水罐中……"

概括而言，在一个相对于惯性系做匀速直线运动的参考系内部，所发生的一切力学过程都不受系统做匀速直线运动的影响. 因而，任一相对已知惯性系做匀速直线运动的参考系都是惯性系. **一切惯性系在力学上都是等价的**，也就是说**在任何惯性系中，力学定律具有相**

**同的形式**，这一原理称为**力学相对性原理**或**伽利略相对性原理**(Galilean principle of relativity).

2）伽利略变换

伽利略相对性原理指出，在所有的惯性系中力学定律具有相同的形式，但是这并不是说在不同的惯性系中所看到的现象都是相同的. 例如，在不同的惯性系来看，同一物体的运动轨道和速度就可能是不同的. 因此，我们有必要建立关于一个事件在两个惯性系中的两组**时空坐标间**的变换关系. 这里说的事件是指某一时刻发生在空间某点的一个事例，它对应于一个**时空点**.

在前面讨论相对运动时，我们已经给出了两个相互做平移运动的参考系 $K'$和 $K$ 中位矢之间的变换关系，现在我们把时间关系也加进来，于是可得如下的时空坐标变换关系式：

$$\begin{cases} x' = x - vt \\ y' = y \\ z' = z \\ t' = t \end{cases} \tag{2-10}$$

该变换称为**伽利略变换**(Galilean transformation).

伽利略变换要求长度和时间间隔具有绝对性，这一点正体现了经典力学是建立在绝对时空观基础上的. 但是当涉及运动速度接近或等于光速时，必须用相对论及其时空观取代经典力学和绝对时空观，要用洛伦兹变换来取代伽利略变换. 关于这部分内容，我们将在第 4 章作进一步阐述.

2. 平动加速参考系　平动惯性力

牛顿运动定律只在惯性系中成立. 但是在有的时候，我们考察物体运动时所选取的参考系是非惯性系. 如相对于加速行驶的汽车，或相对于转动着圆盘的运动等. 此时，在这些非惯性系中就不能直接用牛顿运动定律处理力学问题. 若希望能用牛顿运动定律处理这些问题，则必须引入一个假想的作用于物体的**惯性力**(inertial force).

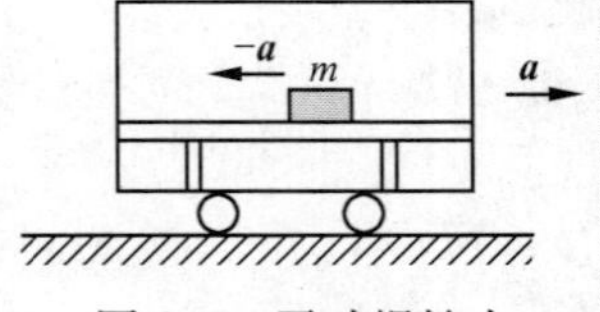

图 2-6　平动惯性力

首先，我们来讨论非惯性系相对于惯性系做变速直线运动的情形. 如图 2-6 所示，设固定在车厢里面的光滑水平桌面上，放着一个质量为 $m$ 的物体. 当车厢以加速度 $\boldsymbol{a}$ 由静止开始做加速直线运动时，在地面参考系看来，物体因在水平方向不受任何力，它将保持静止；但是在车厢这个参考系来看，这个水平方向不受力的物体是以加速度 $-\boldsymbol{a}$ 在桌面上运动，这显然和牛顿运动定律相违背. 为了能在这个加速直线运动的参考系中仍能用牛顿定律处理问题，可以引入作用于物体的**平动惯性力**

$$\boldsymbol{F}_0 = -m\boldsymbol{a} \tag{2-11}$$

上式表示，**在平动加速直线运动的参考系中，惯性力的方向与非惯性系相对于惯性系的加速度的方向相反，大小等于所研究物体的质量和加速度的乘积.**

**惯性力是一种虚拟的力**，它没有施力物体，也没有反作用力，因而它与真实力明显不同. 但是在非惯性系中，惯性力是可以用弹簧秤等测力器测量出来的，加速上升电梯中的人们可以确实地感受到惯性力的“压迫”，从这个意义上说惯性力又是“实在”的力. 实质上，在非惯性系中惯性力的这种效应，从惯性系来看则完全是惯性的一种表现形式.

### 3. 匀速转动参考系　惯性离心力

匀速转动参考系也是常见的非惯性系. 静止在匀速转动的参考系 $K'$ 中的质量为 $m$ 的物体，在惯性系 $K$ 中看来，它具有向心加速度，必定受到其他物体对它的作用力

$$\boldsymbol{F} = -m\omega^2 r\boldsymbol{e}_r$$

式中，$\omega$ 为转动参考系的角速度，$r$ 为物体离转轴的距离，$\boldsymbol{e}_r$ 为从转轴引向物体的矢径的单位矢量. 但是，在转动参考系内的人看来该物体是静止的，为了也能够在转动参考系中用牛顿运动定律来解释物体的运动规律，也需要引入一虚拟的惯性力

$$\boldsymbol{F}_0 = m\omega^2 r\boldsymbol{e}_r \tag{2-12}$$

由于这种惯性力的方向总是背离轴心，故又称为惯性**离心力**(centrifugal force). 引入惯性离心力后，物体受力满足如下关系：

$$\boldsymbol{F} + \boldsymbol{F}_0 = 0$$

所以，物体保持静止，牛顿运动定律依然成立. 于是我们得出这样的结论：**若质点在匀速转动的非惯性系中保持静止，则作用于该质点的外力与惯性离心力的合力为零.**

上面讨论的是物体在匀速转动的非惯性系中保持静止的情形，如果物体相对于该非惯性系在运动，这时物体除了受到作用于物体的惯性离心力外，还会受到另一种惯性力——**科里奥利力**(Coriolis force)的作用. 这已超出本书的范围，有兴趣的读者可以阅读相关书籍.

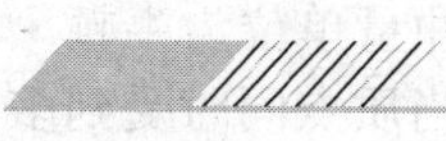

## 2.2 动量和动量守恒定律

在经典力学范围内，有了牛顿运动定律，物体的运动问题似乎只

是求解运动方程的数学问题.但是,情况并非完全如此.牛顿运动定律只适用于质点,不能直接用于质点系,这给求解涉及多质点的运动问题带来极大的困难.为了解决这个问题,人们从牛顿运动定律出发导出了一些定理和推论,然后用这些定律或推论来分析、研究有关力学问题,从而使问题大为简化.本节我们将从考察力对时间的累积出发,引入冲量和动量的概念,从而得出动量定理和动量守恒定律,然后把它们分别推广到质点系.

### 2.2.1　质点和质点系的动量定理

#### 1. 冲量　质点的动量定理

在前面表述牛顿第二定律时已经引入了动量这一物理量,一物体的动量(momentum)被定义为其质量与速度的乘积,用 $\boldsymbol{p}$ 表示,可写为

$$\boldsymbol{p} = m\boldsymbol{v} \tag{2-13}$$

动量是矢量、状态量.它是讨论机械运动量的转移和传递时的重要物理量.

牛顿第二定律表明:在任一时刻,质点动量的时间变化率等于该质点所受的合外力,可表示为 $\boldsymbol{F}=\dfrac{\mathrm{d}\boldsymbol{p}}{\mathrm{d}t}$.现在我们把它作一变形,即

$$\boldsymbol{F}\mathrm{d}t = \mathrm{d}\boldsymbol{p} \tag{2-14}$$

此式的物理意义是,力 $\boldsymbol{F}$ 在 $\mathrm{d}t$ 时间内的累积效应等于质点动量的增量.一般情况下,作用在质点上的力是随时间的变化而改变的,即力是时间的函数,$\boldsymbol{F}=\boldsymbol{F}(t)$.对式(2-14)两边积分,得

$$\int_{t_0}^{t} \boldsymbol{F}(t)\mathrm{d}t = \int_{\boldsymbol{p}_0}^{\boldsymbol{p}} \mathrm{d}\boldsymbol{p} = \boldsymbol{p} - \boldsymbol{p}_0 \tag{2-15}$$

式中,$\boldsymbol{p}$ 和 $\boldsymbol{p}_0$ 分别为质点在 $t$ 和 $t_0$ 时刻的动量.$\int_{t_0}^{t} \boldsymbol{F}(t)\mathrm{d}t$ 为力 $\boldsymbol{F}(t)$ 在 $t_0 \sim t$ 内对时间 $t$ 的积分,称为力的**冲量**(impulse),用 $\boldsymbol{I}$ 表示.即

$$\boldsymbol{I} = \int_{t_0}^{t} \boldsymbol{F}(t)\mathrm{d}t \tag{2-16}$$

式(2-15)的物理意义是,**质点在运动过程中,所受合外力在给定时间内的冲量等于质点在此时间内动量的增量**,这就是**质点的动量定理**(theorem of momentum).还可以表示为

$$\boldsymbol{I} = \Delta\boldsymbol{p} \tag{2-17}$$

不难发现,冲量 $\boldsymbol{I}$ 也是矢量,而且是过程量.冲量单位为牛顿·秒(N·s),它具有和动量相同的量纲式 $\mathrm{MLT}^{-1}$.当质点同时受到多个力作用时,那么作用于该质点的合力在一段时间内的冲量等于各个分力在同一段时间内冲量的矢量和,可表示为

$$I=\int_{t_0}^{t}\sum_{i=1}^{n}\boldsymbol{F}_i\mathrm{d}t=\int_{t_0}^{t}\boldsymbol{F}_1\mathrm{d}t+\int_{t_0}^{t}\boldsymbol{F}_2\mathrm{d}t+\cdots+\int_{t_0}^{t}\boldsymbol{F}_n\mathrm{d}t$$
$$=\boldsymbol{I}_1+\boldsymbol{I}_2+\cdots+\boldsymbol{I}_n \tag{2-18}$$

式(2-15)和式(2-17)是动量定理的矢量式.在处理具体问题时,我们常使用其在直角坐标系下的分量式

$$\begin{cases} I_x=\int_{t_0}^{t}F_x\mathrm{d}t=p_x-p_{0x}=mv_x-mv_{0x} \\ I_y=\int_{t_0}^{t}F_y\mathrm{d}t=p_y-p_{0y}=mv_y-mv_{0y} \\ I_z=\int_{t_0}^{t}F_z\mathrm{d}t=p_z-p_{0z}=mv_z-mv_{0z} \end{cases} \tag{2-19}$$

上式表明,合外力冲量在某个方向上的分量等于质点的动量在该方向上分量的增量.

动量定理关系式是从牛顿第二定律出发推导得来的,它们反映了质点运动状态的变化与力的作用的关系.因此,人们常常把牛顿第二定律的表达式 $\boldsymbol{F}=\dfrac{\mathrm{d}\boldsymbol{p}}{\mathrm{d}t}$ 称为动量定理的微分形式;而把动量定理的表达式(2-15)称为牛顿第二定律的积分形式.然而,动量定理和牛顿第二定律还是有区别的,牛顿第二定律所表示的是在力的作用下质点动量的瞬间变化规律,而动量定理则表示在力的持续作用下质点动量连续变化的结果,即在一段时间内合外力对质点作用的累积效应.

动量定理在处理碰撞、冲击等问题时很方便,因为在这类问题中,作用于物体上的力是时间极短、数值很大而且变化很快的一种力,这种力称为**冲击力**(impulsive force).冲力一般很难用确切的函数形式表示,通常我们用平均冲力 $\overline{\boldsymbol{F}}$ 来描述它,平均冲力定义为

$$\overline{\boldsymbol{F}}=\frac{\int_{t_0}^{t}\boldsymbol{F}(t)\mathrm{d}t}{t-t_0}=\frac{\boldsymbol{p}-\boldsymbol{p}_0}{t-t_0} \tag{2-20}$$

2. 质点系的动量定理

上面我们讨论了质点的动量定理,然而在许多实际问题中,还需要研究质点系的动量变化与作用在质点系上的力之间的关系.所谓**质点系**,是指**由若干个相互作用的质点组成的系统**.质点系内各个质点之间的相互作用力称为**内力**(internal force),质点系以外的其他物体对其中的任一质点的作用力称为**外力**(external force).现在我们来研究一下由 $n$ 个质点组成的质点系在力的作用下动量的变化遵从什么样的规律.

一个由 $n$ 质点组成的质点系，一般情况下每个质点既受外力作用又受内力作用. 我们不妨设第 1 个质点在初始时刻 $t_0$ 的动量为 $m_1\boldsymbol{v}_{10}$，所受的系统外合力为 $\boldsymbol{F}_1$，而系统中其他质点对它的作用力分别为 $\boldsymbol{f}_{21}, \boldsymbol{f}_{31}, \cdots, \boldsymbol{f}_{n1}$，到末时刻 $t$，动量变为 $m_1\boldsymbol{v}_1$；对于第 2 个质点，在初始时刻 $t_0$ 的动量为 $m_2\boldsymbol{v}_{20}$，所受的系统外合力为 $\boldsymbol{F}_2$，而系统中其他质点对它的作用力分别为 $\boldsymbol{f}_{12}, \boldsymbol{f}_{32}, \cdots, \boldsymbol{f}_{n2}$，到末时刻 $t$，其动量变为 $m_2\boldsymbol{v}_2$；该质点系内其余的 $n-2$ 个质点的情形依此类推. 现在对质点系内 $n$ 个质点分别应用质点的动量定理，可得

$$\begin{cases} \displaystyle\int_{t_0}^{t}\left(\boldsymbol{F}_1 + \sum_{i=2}^{n}\boldsymbol{f}_{i1}\right)\mathrm{d}t = m_1\boldsymbol{v}_1 - m_1\boldsymbol{v}_{10} \\ \displaystyle\int_{t_0}^{t}\left(\boldsymbol{F}_2 + \sum_{\substack{i=1\\ i\neq 2}}^{n}\boldsymbol{f}_{i2}\right)\mathrm{d}t = m_2\boldsymbol{v}_2 - m_2\boldsymbol{v}_{20} \\ \qquad\qquad\cdots\cdots \\ \displaystyle\int_{t_0}^{t}\left(\boldsymbol{F}_n + \sum_{i=1}^{n-1}\boldsymbol{f}_{in}\right)\mathrm{d}t = m_n\boldsymbol{v}_n - m_n\boldsymbol{v}_{n0} \end{cases}$$

将这 $n$ 个方程相加，得

$$\int_{t_0}^{t}\left(\sum_{i=1}^{n}\boldsymbol{F}_i\right)\mathrm{d}t + \int_{t_0}^{t}\left(\sum_{i=1}^{n}\sum_{\substack{j=1\\ j\neq i}}^{n}\boldsymbol{f}_{ji}\right)\mathrm{d}t = \sum_{i=1}^{n}m_i\boldsymbol{v}_i - \sum_{i=1}^{n}m_i\boldsymbol{v}_{i0} \qquad (2\text{-}21)$$

式中，$\sum\limits_{i=1}^{n}\sum\limits_{\substack{j=1\\ j\neq i}}^{n}\boldsymbol{f}_{ji}$ 为所有 $i\neq j$（$i$ 和 $j$ 都从 1 变化到 $n$）的 $\boldsymbol{f}_{ji}$ 之和. 根据牛顿第三定律，作用力 $\boldsymbol{f}_{ji}$ 和反作用力 $\boldsymbol{f}_{ij}$ 大小相等、方向相反，又考虑到内力总是成对出现，因此 $\sum\limits_{i=1}^{n}\sum\limits_{\substack{j=1\\ j\neq i}}^{n}\boldsymbol{f}_{ji} = 0$，于是有

$$\int_{t_0}^{t}\left(\sum_{i=1}^{n}\boldsymbol{F}_i\right)\mathrm{d}t = \sum_{i=1}^{n}m_i\boldsymbol{v}_i - \sum_{i=1}^{n}m_i\boldsymbol{v}_{i0} = \boldsymbol{p} - \boldsymbol{p}_0 \qquad (2\text{-}22)$$

上式表明，**在一段时间内，作用于质点系的外力的矢量和的冲量等于质点系总动量的增量**. 这就是**质点系的动量定理**.

从以上的讨论可以看出，内力只能改变质点系中单个质点的动量，但不能改变质点系的总动量，只有外力才能改变质点系的总动量.

**例 2-6**　一辆运沙车以 $2\mathrm{m}\cdot\mathrm{s}^{-1}$ 的速率从卸沙漏斗正下方驶过，沙子落入运沙车厢的速率为 $400\mathrm{kg}\cdot\mathrm{s}^{-1}$. 要使车厢速率保持不变，需要多大的牵引力拉车厢？（设车厢和地面钢轨的摩擦力可略.）

**解**　设在 $t$ 时刻车厢和厢内沙子总质量为 $m$，在接下来的 $\Delta t$ 时间内落入车厢的沙子质量为 $\Delta m$，且车厢速率为 $v$，则在 $t+\Delta t$ 时刻其总质量变为 $m+\Delta m$，$m$ 和 $\Delta m$ 组成的系统在水平方向上动量增

量为

$$\Delta p = (m + \Delta m)v - mv = \Delta m \cdot v$$

根据动量定理，有

$$F\Delta t = \Delta p$$

即

$$F = \frac{\Delta p}{\Delta t} = \frac{\Delta m}{\Delta t} \cdot v$$

将 $v = 2\text{m} \cdot \text{s}^{-1}$，$\frac{\Delta m}{\Delta t} = 400\text{kg} \cdot \text{s}^{-1}$ 代入上式，得 $F = 800\text{N}$.

**例 2-7** 一质量为 1kg 的质点在变力 $F = 6t$ N 作用下沿 $x$ 轴运动，设 $t = 0$ 时，质点速率 $v_0 = 2\text{m} \cdot \text{s}^{-1}$，质点位置 $x_0 = 0\text{m}$，试求质点在 1s 末的速率和坐标位置.

**解** 根据动量定理微分形式，有

$$F\text{d}t = \text{d}p = m\text{d}v$$

得

$$v - v_0 = \int_0^t \frac{F}{m}\text{d}t \qquad ①$$

又由 $v = \frac{\text{d}x}{\text{d}t}$，得

$$x - x_0 = \int v\text{d}t = \int\left[v_0 + \frac{1}{m}\int_0^t F\text{d}t\right]\text{d}t \qquad ②$$

根据式①，得 1s 末的速率为

$$v_1 = v_0 + \int_0^1 6t\text{d}t = 2 + 3t^2\Big|_0^1 = 5\text{m} \cdot \text{s}^{-1}$$

同理，根据式②得 1s 末的坐标位置为

$$x = 0 + \int_0^1\left[2 + \int_0^1 6t\text{d}t\right]\text{d}t = (2t + t^3)\Big|_0^1 = 3\text{m}$$

### 2.2.2 动量守恒定律

1. 动量守恒定律

从式(2-22)可以看出，当系统不受合外力或所受合外力的矢量和为零时，系统的总动量不变，即

$$\boldsymbol{p} = \boldsymbol{p}_0 = \text{恒矢量} \qquad (2\text{-}23)$$

这就是**动量守恒定律**(law of conservation of momentum).

对动量守恒定律的几点说明：

(1) 动量守恒定律和动量定理一样，只有在惯性系中才成立，而

且运用它们求解问题时，各质点必须要选定同一惯性系作参考系.

(2) 动量守恒定律是指系统所受合外力为零时，总动量不变. 但是，由于内力的作用，系统内各个质点的分动量还是可能发生变化的.

(3) 在一些实际问题中，如果作用于系统的外力矢量和不为零，但是在某一方向上为零，或者外力在该方向上的代数和为零，那么该系统在这一方向的动量的分量也是守恒的.

(4) 有时在某些过程(如爆炸、碰撞等)中，系统所受的合外力不为零，但是远小于系统的内力，这时可以略去外力对系统的作用，认为系统的动量仍是守恒的.

(5) 动量守恒定律是物理学中最普遍、最基本的定律之一. 它不仅适用于宏观的物体，而且适用于微观粒子. 对于微观领域的某些过程，牛顿运动定律也许不再成立，而动量守恒定律仍然成立. 从这个意义上说，动量守恒定律比牛顿运动定律更普遍.

**例 2-8**　一辆静止在水平光滑轨道上且质量为 $M$ 的平板车上站着两个人，设人的质量均为 $m$，试求他们从车上沿同方向以相对于平板车水平速率 $u$ 同时跳下和依次跳下时平板车的速率.

**解**　(1) 两个人同时跳下. 取两个人和平板车为一个系统，该体系在水平方向不受力，故动量守恒. 设两人跳下后平板车的速率为 $v$，于是有

$$0 = Mv + 2m(v - u)$$

解得

$$v = \frac{2mu}{M + 2m}$$

(2) 两个人依次跳下. 先取两个人和平板车为一个系统，该体系在水平方向不受力，故动量守恒. 设第一个人跳下后平板车的速率为 $v_1$，于是有

$$0 = (M + m)v_1 + m(v_1 - u)$$

解得

$$v_1 = \frac{mu}{M + 2m}$$

当第二个人跳下时，取平板车和第二个人为一个系统，显然，也满足动量守恒定律，设第二个人跳下后平板车的速率为 $v'$，于是有

$$(M + m)v_1 = Mv' + m(v' - u)$$

解得

$$v' = \frac{mu}{M + m} + \frac{mu}{M + 2m}$$

比较这两种情况可以发现，两个人依次跳下时平板车获得的速率更大些，这是由于两个人在依次跳下时，第二个人跳下的对地速率比同时跳下时要大些.

**例 2-9**　一炮弹以速率 $v_0$ 沿仰角 $\alpha$ 的方向发射出去后，在达到最高点处爆炸为质量相等的两块，一块以 45°仰角向上飞，一块以 30°的俯角向下冲，求刚爆炸后这两块碎片的速率各为多大(炮弹飞行时的空气阻力不计)?

**解**　设炮弹质量为 $2m$，爆炸后的两块中向上飞的速率为 $v_1$，向下冲的速率为 $v_2$，由于在炮弹爆炸前后在水平方向上不受外力作用，于是其在水平方向动量守恒，故

$$2mv_0\cos\alpha = mv_1\cos45^\circ + mv_2\cos30^\circ$$

在爆炸的瞬间，炮弹受的重力相对于爆炸内力可忽略，因此也可以认为在竖直方向上动量亦守恒，因此有

$$mv_1\sin45^\circ - mv_2\sin30^\circ = 0$$

联立以上两式，可得

$$v_1 = \frac{4v_0\cos\alpha}{\sqrt{2}+\sqrt{6}}$$

$$v_2 = \frac{4v_0\cos\alpha}{1+\sqrt{3}}$$

### *2. 火箭的运动

火箭是利用燃料燃烧后喷出的大量气体产生的反冲推力向前飞行的，它可以把人造卫星、宇宙飞船、航天飞机或导弹等运送到目的地.火箭在飞行的过程中，燃料燃烧后产生的气体不断地从后端喷出，其质量也随时间不断减少，因此，火箭的飞行过程是一个典型的变质量物体的运动过程.下面我们就详细讨论一下火箭运动的基本原理.

我们把某时刻 $t$ 时的火箭(包括箭体和剩余的燃料)看作一个系统，设其总质量为 $M$，速率为 $v$；在此后的 $\Delta t$ 时间内，设火箭喷出了质量为 $\mathrm{d}m$ 的气体，气体相对火箭体的喷出速率为定值 $u$，在 $t+\Delta t$ 时刻的火箭速率比 $t$ 时刻增加了 $\mathrm{d}v$.为了讨论起来简单，设火箭是在外层高空飞行，那里空气的阻力和重力比火箭系统的强大内力小得多，于是可以认为整个系统满足动量守恒定律.则有

$$Mv = (M-\mathrm{d}m)(v+\mathrm{d}v) + (v+\mathrm{d}v-u)\mathrm{d}m$$

将上式化简并舍去 $\mathrm{d}m\mathrm{d}v$ 二级小量，可得

$$M\mathrm{d}v = u\mathrm{d}m$$

由于喷出气体的质量 $\mathrm{d}m$ 等于火箭系统减少的质量，即有 $\mathrm{d}m=-\mathrm{d}M$，所以上式又可以表示为

$$\mathrm{d}v=-u\frac{\mathrm{d}M}{M}$$

设初时刻火箭的质量为 $M_0$，末时刻的质量为 $M_t$，对上式积分可得在这段时间内火箭速率的增量为

$$\Delta v=u\ln\frac{M_0}{M_t}\tag{2-24}$$

这表明，火箭在高空飞行过程中，某时间段内速率的增量与喷气速率 $u$ 成正比，与火箭的始末质量比（简称质量比）的自然对数成正比.

我们再来研究一下火箭的推力. 取在 $\mathrm{d}t$ 时间内喷出的气体 $\mathrm{d}m$ 为研究对象，利用动量定理

$$\bar{F}\mathrm{d}t=[(v-u)-v]\mathrm{d}m=-u\mathrm{d}m$$

将上式变形得

$$\bar{F}=-u\frac{\mathrm{d}m}{\mathrm{d}t}\tag{2-25}$$

式中，$\frac{\mathrm{d}m}{\mathrm{d}t}$为火箭燃料的燃烧速率. 根据牛顿运动定律，可知这个平均力 $\bar{F}$ 就等于喷出气体对火箭体的推力，通常这个推力为 $10^6\sim10^7\mathrm{N}$.

在火箭发射过程中，我们都希望获得尽可能大的末速度，根据式(2-24)可知，应该需要尽可能大的质量比，但是由于火箭上需装备仪器设备，存放燃料也需要容器，所以，末质量 $M_f$ 也不可能太小，质量比也不可能太大，同时喷气速度一般只能达到 $2\sim3\mathrm{km\cdot s^{-1}}$. 因此，用一级火箭发射人造卫星或宇宙飞船，其末速度是达不到第一宇宙速度的. 对此，人们的解决办法是采用多级火箭，就是让火箭的加速过程分几次进行. 当一级火箭的燃料烧完后，就将一级火箭外壳卸掉，尽量减小初始质量，提高质量比；然后再让二级火箭开始点火工作，使火箭加速前进，如此下去. 从而使火箭获得很大的最终速度.

## 2.3　功、机械能和机械能守恒定律

2.2 节我们从牛顿运动定律出发研究了力对时间的累积效应，并引出冲量、动量等重要概念，最后得到自然界普遍适用的动量守恒定律. 本节将进一步从研究力对空间的累积效应，引出功、能量等重要概念，最后将导出机械能守恒定律并简要介绍能量守恒定律.

### 2.3.1 功 功率

1. 功

1) 恒力对直线运动质点的功

设质点 $M$ 在恒力 $\boldsymbol{F}$ 作用下，沿直线运动，如图 2-7 所示，当质点从 $a$ 点运动到 $b$ 点时，产生的位移为 $\boldsymbol{s}$，若力与位移之间的夹角为 $\theta$，则力 $\boldsymbol{F}$ 在该段位移 $\boldsymbol{s}$ 上对物体所做的**功**(work)$W$ 定义为

$$W = Fs\cos\theta \tag{2-26}$$

**即力对物体所做的功，等于力的大小 $F$、力作用点位移的大小 $s$ 以及力与位移之间夹角余弦 $\cos\theta$ 的乘积.**

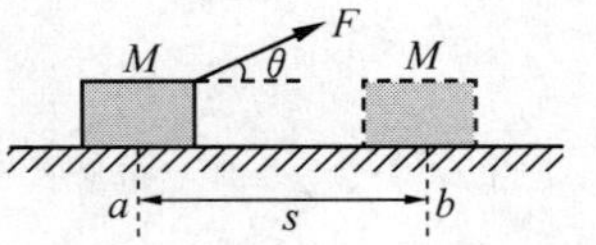

图 2-7 恒力对直线运动质点的功

根据矢量标积的定义，式(2-26)可以改写为

$$W = \boldsymbol{F} \cdot \boldsymbol{s} \tag{2-27}$$

式(2-27)表明恒力 $\boldsymbol{F}$ 对物体所做的功，等于力 $\boldsymbol{F}$ 和位移 $\boldsymbol{s}$ 的标积. 功是标量(代数量)，只有大小和正负，没有方向. 当 $0<\theta<\frac{\pi}{2}$ 时，$W>0$，称力对物体做正功，如重力对下落物体做正功；当 $\frac{\pi}{2}<\theta<\pi$ 时，$W<0$，称力对物体做负功，或者说物体反抗外力做功，如物体从粗糙斜面上下滑过程中摩擦力对物体做负功；当 $\theta=\frac{\pi}{2}$ 时，力对物体不做功，如物体做圆周运动时绳中的张力或轨道对物体的支持力对物体不做功.

在国际单位制中，功的单位是焦耳(N·m)，符号是 J.

应当注意，式(2-26)和式(2-27)仅当恒力作用在沿直线运动的质点上时才适用.

2) 变力的功

如图 2-8 所示，设变力 $\boldsymbol{F}$ 作用在做曲线运动的质点 $M$ 上，质点沿曲线轨迹由 $A$ 运动到 $B$. 在计算变力 $\boldsymbol{F}$ 在路径 $AB$ 上所做的功时，就不能再直接利用式(2-26)或式(2-27)，但只要应用微积分的概

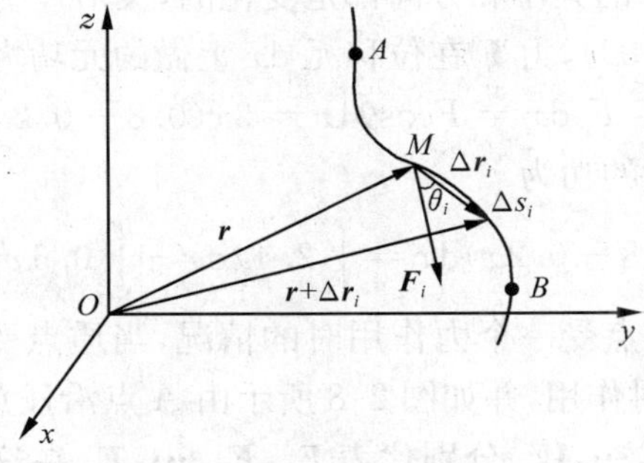

图 2-8 变力的功

念,变力的功就可以求得. 我们可把 $AB$ 分割成许多微小路程 $\Delta s_i$ $(i=1,2,\cdots,n)$,与 $\Delta s_i$ 相应的微小位移为 $\Delta \boldsymbol{r}_i$. 当 $\Delta s_i$ 足够小时,每一段微小路程均可近似地看成直线,且与相应的微小位移 $\Delta \boldsymbol{r}_i$ 的大小相等;力 $\boldsymbol{F}_i$ 的大小和方向也均可近似地看作不变. 根据恒力做功的定义,力 $\boldsymbol{F}_i$ 在 $\Delta \boldsymbol{r}_i$ 上做的功可近似写成

$$\Delta W_i = F_i \mid \Delta \boldsymbol{r}_i \mid \cos\theta_i \tag{2-28}$$

式中,$\theta_i$ 为 $\boldsymbol{F}_i$ 和 $\Delta \boldsymbol{r}_i$ 之间的夹角. 根据标积的定义,式(2-28)可表示为

$$\Delta W_i = \boldsymbol{F}_i \cdot \Delta \boldsymbol{r}_i \tag{2-29}$$

当 $\Delta \boldsymbol{r}_i \to \mathrm{d}\boldsymbol{r}$ 时,$\mathrm{d}W$ 可看作力 $\boldsymbol{F}$ 在位移元 $\mathrm{d}\boldsymbol{r}$ 上做的元功. 式中,$\theta$ 为力 $\boldsymbol{F}$ 与位移元 $\mathrm{d}\boldsymbol{r}$ 之间的夹角. 力 $\boldsymbol{F}$ 在路径 $AB$ 上做的功 $W$ 等于力 $\boldsymbol{F}$ 在路径 $AB$ 上各段元功的和,即

$$W = \sum_{i=1}^{n} \Delta W_i = \sum_{i=1}^{n} \boldsymbol{F}_i \cdot \Delta \boldsymbol{r}_i \tag{2-30}$$

在 $n\to\infty$,$\Delta s_i \to 0$(即 $\Delta \boldsymbol{r}_i \to 0$)时的情况下,上式即为积分

$$W = \int_{A(L)}^{B} \boldsymbol{F} \cdot \mathrm{d}\boldsymbol{r} \tag{2-31}$$

在直角坐标系中,$\boldsymbol{F}$ 和 $\mathrm{d}\boldsymbol{r}$ 可以分别写成

$$\boldsymbol{F} = F_x \boldsymbol{i} + F_y \boldsymbol{j} + F_z \boldsymbol{k}$$

$$\mathrm{d}\boldsymbol{r} = \mathrm{d}x \boldsymbol{i} + \mathrm{d}y \boldsymbol{j} + \mathrm{d}z \boldsymbol{k}$$

故有

$$\mathrm{d}W = F_x \mathrm{d}x + F_y \mathrm{d}y + F_z \mathrm{d}z \tag{2-32}$$

$$W = \int_{A(L)}^{B} (F_x \mathrm{d}x + F_y \mathrm{d}y + F_z \mathrm{d}z) \tag{2-33}$$

式(2-31),式(2-33)中的 $L$ 表示积分是沿曲线路径 $L$ 从 $A$ 到 $B$ 进行的曲线积分. 一般来说,曲线积分的值与积分路径有关.

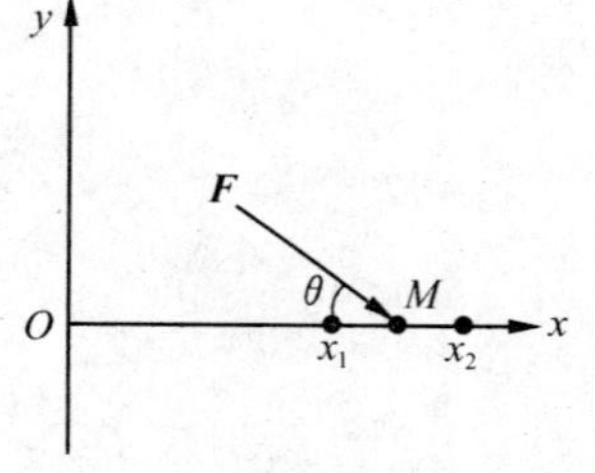


图 2-9

**例 2-10**　质点 $M$ 在力 $\boldsymbol{F}$ 作用下沿坐标轴 $Ox$ 运动,如图 2-9 所示. 力 $\boldsymbol{F}$ 的大小和方向角 $\theta$ 随 $x$ 变化的规律分别为 $F=3x$,$\cos\theta=0.8-0.2x$. 其中,$F$ 的单位为 N,$x$,$y$ 的单位为 m. 试求质点从 $x_1=2\mathrm{m}$ 处运动到 $x_2=3\mathrm{m}$ 处的过程中,力 $\boldsymbol{F}$ 所做的功.

**解**　因为 $\boldsymbol{F}$ 的大小和方向都是变化的,又沿 $y$ 方向的位移始终为零,根据式(2-32),力 $\boldsymbol{F}$ 在位移元 $\mathrm{d}x$ 上做的元功为

$$\mathrm{d}W = F_x \mathrm{d}x = F\cos\theta \mathrm{d}x = 3x(0.8-0.2x)\mathrm{d}x$$

在全部路程上做的功为

$$W = \int_{x_1}^{x_2} 3x(0.8-0.2x)\mathrm{d}x = \int_2^3 2.4x\mathrm{d}x - \int_2^3 0.6x^2 \mathrm{d}x = 2.2(\mathrm{J})$$

前述均是质点受一个力作用时的情况,当质点受到 $n$ 个力 $\boldsymbol{F}_1$,$\boldsymbol{F}_2$,$\cdots$,$\boldsymbol{F}_n$ 的同时作用,并如图 2-8 所示由 $A$ 点沿任意路径运动到 $B$ 时. 若用 $\boldsymbol{W}_1$,$\boldsymbol{W}_2$,$\cdots$,$\boldsymbol{W}_n$ 分别代表 $\boldsymbol{F}_1$,$\boldsymbol{F}_2$,$\cdots$,$\boldsymbol{F}_n$ 在这一过程中分别对质点所做的功. 由于功是标量,故在这一过程中,这些力对质点所

做的总功应等于这些力分别对质点所做功的代数和，即

$$\begin{aligned} W &= W_1 + W_2 + \cdots + W_n \\ &= \int_{A(L)}^{B} \boldsymbol{F}_1 \cdot \mathrm{d}\boldsymbol{r} + \int_{A(L)}^{B} \boldsymbol{F}_2 \cdot \mathrm{d}\boldsymbol{r} + \cdots + \int_{A(L)}^{B} \boldsymbol{F}_n \cdot \mathrm{d}\boldsymbol{r} \\ &= \int_{A(L)}^{B} (\boldsymbol{F}_1 + \boldsymbol{F}_2 + \cdots + \boldsymbol{F}_n) \cdot \mathrm{d}\boldsymbol{r} \end{aligned}$$

用 $\boldsymbol{F}$ 代表这些力的合力，即

$$\boldsymbol{F} = \boldsymbol{F}_1 + \boldsymbol{F}_2 + \cdots + \boldsymbol{F}_n$$

则有

$$W = \int_{A(L)}^{B} \boldsymbol{F} \cdot \mathrm{d}\boldsymbol{r} \tag{2-34}$$

这就是说，**当 $n$ 个力同时作用在质点上时，这些力在某一过程中分别对质点做功的代数和，等于这 $n$ 个力的合力在同一过程中对质点所做的功.**

3）功率

在实际工作中，不仅需要了解某力做功的多少，往往还需了解某力做功的快慢. 为此，我们引入描述做功快慢的物理量——功率的概念.

**力在单位时间内所做的功，称为功率**(power).

设在 $t \sim t+\Delta t$ 内，力 $\boldsymbol{F}$ 对质点所做的功为 $\Delta W$，则该力在这段时间内的平均功率为

$$\overline{P} = \frac{\Delta W}{\Delta t}$$

当 $\Delta t \to 0$ 时，平均功率的极限值即为 $t$ 时刻的瞬时功率，简称功率. 即

$$P = \lim_{\Delta t \to 0} \frac{\Delta W}{\Delta t} = \frac{\mathrm{d}W}{\mathrm{d}t}$$

由于 $\mathrm{d}W = \boldsymbol{F} \cdot \mathrm{d}\boldsymbol{r}$，故上式可写为

$$P = \frac{\boldsymbol{F} \cdot \mathrm{d}\boldsymbol{r}}{\mathrm{d}t} = \boldsymbol{F} \cdot \boldsymbol{v} = Fv\cos\theta \tag{2-35}$$

**即瞬时功率等于力在速度方向的投影和速度大小的乘积，或者说瞬时功率等于力矢量与速度矢量的标积.**

当力的方向和力作用点速度的方向一致时，则式(2-35)变为

$$P = Fv \tag{2-36}$$

即瞬时功率等于力的大小与力作用点速度大小的乘积. 通常，动力机械的输出功率都有一定的限度，其最大的输出功率就称为**额定功率**. 在额定功率一定时，要使牵引力越大，速度就越小. 这就是为什么负载的车辆在上坡时要慢速前进的原因.

在国际单位制中,功率的单位是瓦[特]($J\cdot s^{-1}$),符号为 W.

2. 常见力的功

1) 重力的功

如图 2-10 所示,设一质量为 $m$ 的质点处在地面附近的重力场中,从起始位置 $M_1(x_1, y_1, z_1)$,沿路径 $L_1$ 运动到位置 $M_2(x_2, y_2, z_2)$. 那么,根据式(2-33)可得重力对该质点在这段曲线路径 $M_1M_2$ 上所做的功为

$$W = \int_{M_1(L_1)}^{M_2} \boldsymbol{mg} \cdot \mathrm{d}\boldsymbol{r} = \int_{z_1(L_1)}^{z_2} (-mg)\mathrm{d}z = mg(z_1 - z_2) \quad (2\text{-}37)$$

即重力所做的功等于重力的大小乘以质点始末位置的竖直高度差.

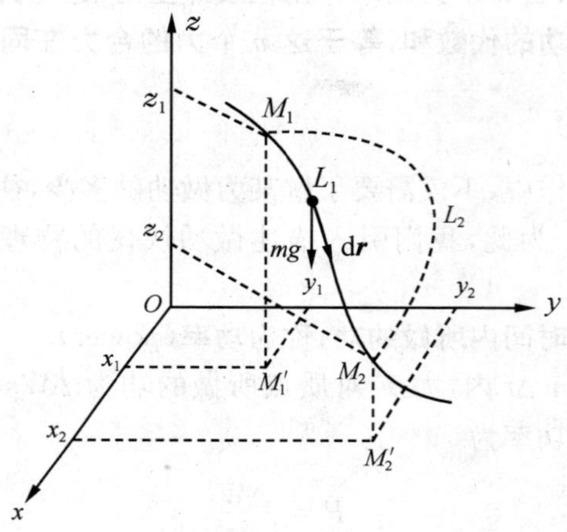


图 2-10　重力的功

式(2-37)表明,重力的功只与物体的始末位置有关,而与路径无关. 因此积分号中的"$L_1$"也可以略去. 现在我们再让质点沿曲线 $L_2$ 回到 $M_1$,根据式(2-37)可知,重力做功为 $mg(z_2 - z_1)$. 那么质点沿任意曲线 $L_1$ 和 $L_2$ 组成的闭合路径运动一周后,重力对该质点所做的功就为沿 $L_1$ 和 $L_2$ 曲线做功的代数和,即为零. 由曲线 $L_1$ 和 $L_2$ 的任意性知,质点沿任意一闭合路径运动回到初始位置后,重力做的总功必为零.

在一些实际情况中,物体运动时质量是不断变化的,所受重力为变力,在这种情况下,重力的功就应该按照求变力功的方法进行.

**例 2-11**　如图 2-11 所示,一条长为 $l$、质量为 $M$ 的匀质软绳,其 $A$ 端挂在屋顶的钩子上,自然下垂. 再将 $B$ 端沿竖直方向提高到与 $A$ 端同一高度处,求该过程中重力所做的功.

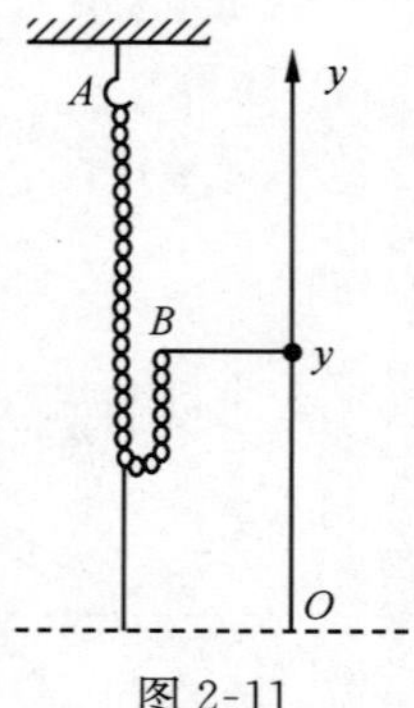


图 2-11

**解**　由于在绳子 $B$ 端提高的过程中,提起部分的重力不断增大,故属变力做功问题. 取绳自然下垂时 $B$ 端位置为坐标原点 $O$,竖

直向上为 $Oy$ 轴正方向. 当 $B$ 端坐标为 $y$ 时,绳提起部分所受重力为 $\frac{M}{l}\frac{1}{2}yg$. 重力在位移元 $dy$ 上做的元功为

$$dW = -\frac{1}{2}\frac{M}{l}yg\,dy$$

该过程中重力所做的总功为

$$W = \int dW = \int_0^l -\frac{M}{l}\frac{1}{2}yg\,dy = -\frac{1}{4}Mgl$$

读者还可以取绳的上端 $A$ 点为坐标原点,竖直向下为 $Oy$ 轴正向,再解此题. 显然,会得到相同的结果.

2）弹性力的功

设一轻弹簧一端固定,另一端系一质点 $M$,置于光滑水平桌面上. 弹簧原长为 $l_0$,劲度系数为 $k$. 现计算当质点 $M$ 在弹性力作用下沿水平直线由起始位置 $x_1$ 移动到位置 $x_2$ 的过程中弹性力做的功.

如图 2-12 所示,取弹簧原长时质点所在位置为坐标原点 $O$,沿质点运动直线作 $Ox$ 坐标轴. 质点始、末位置坐标分别为 $x_1$ 和 $x_2$,假定弹簧作用于质点的弹性力服从胡克定律 $F_x = -kx$,显然,力 $F_x$ 在位移元 $dx$ 上做的元功为

$$dW = F_x dx = -kx\,dx$$

在由 $x_1$ 到 $x_2$ 路程上弹力的功为

$$W = \int_{x_1}^{x_2}(-kx)dx = \frac{1}{2}kx_1^2 - \frac{1}{2}kx_2^2 \qquad (2\text{-}38)$$

式中,$x_1$,$x_2$ 分别为质点在起始位置 $M_1$ 和末位置 $M_2$ 时弹簧的形变量.

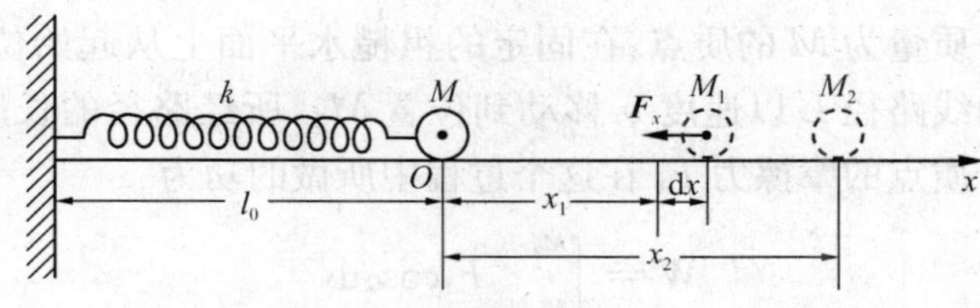

图 2-12　弹性力的功

从式(2-38)看出,弹性力的功也只与始末位置有关,而与具体路径无关. 因此,在弹性力作用下沿闭合路径运动一周又回到初始位置时,弹性力对该质点所做的功也必为零.

3）万有引力的功

如图 2-13 所示,设有一质量(较小)为 $m$ 的质点处在固定不动

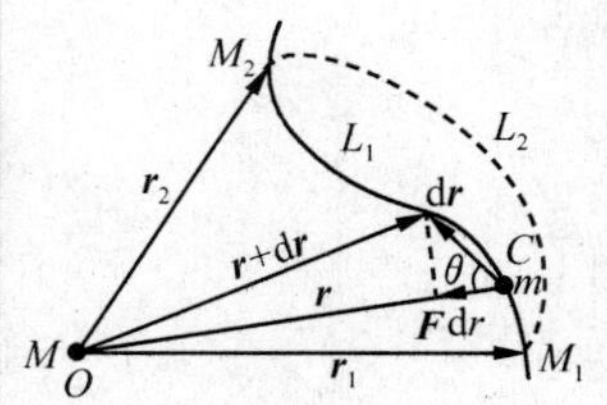

图 2-13　万有引力的功

的质量(较大)为 $M$ 的引力场中,若质点 $m$ 在质点 $M$ 的万有引力 $\boldsymbol{F}$ 作用下,从起始位置 $M_1$(离 $M$ 点距离 $r_1$)沿任意曲线 $L_1$ 运动到位置 $M_2$(离 $M$ 点距离 $r_2$). 设 $C$ 为曲线上任意一点,从质点 $M$ 所在位置 $O$ 点向 $C$ 点作位矢 $\boldsymbol{r}$,根据万有引力定律,质点 $m$ 在 $C$ 点受到的万有引力的大小为

$$F = G\frac{Mm}{r^2}$$

$\boldsymbol{F}$ 的方向指向 $O$ 点(即质点 $M$ 所在点),力 $\boldsymbol{F}$ 与位移元 $\mathrm{d}\boldsymbol{r}$ 之间的夹角为 $\theta$,则力 $\boldsymbol{F}$ 在位移元 $\mathrm{d}\boldsymbol{r}$ 上的元功为

$$\mathrm{d}W = F\cos\theta \mid \mathrm{d}\boldsymbol{r} \mid$$

由图 2-13 可以看出

$$\mathrm{d}r = \mid \boldsymbol{r} + \mathrm{d}\boldsymbol{r} \mid - \mid \boldsymbol{r} \mid = - \mid \mathrm{d}\boldsymbol{r} \mid \cos\theta$$

于是 $\mathrm{d}W$ 可写为

$$\mathrm{d}W = -G\frac{Mm}{r^2}\mathrm{d}r$$

万有引力 $\boldsymbol{F}$ 在全部路程中对 $m$ 所做的功为

$$W = \int_{r_1(L_1)}^{r_2}\left(-G\frac{Mm}{r^2}\right)\mathrm{d}r = -GMm\left(\frac{1}{r_1} - \frac{1}{r_2}\right) \tag{2-39}$$

上式表明,万有引力的功,也是只与质点 $m$ 的始末位置有关,而与质点所经历的路径无关. 质点沿任意闭合路径运动一周,如从 $M_1$ 沿曲线 $L_1$ 到 $M_2$,再沿曲线 $L_2$ 回到 $M_1$ 时,万有引力所做的总功也必为零. 我们可以看到,万有引力做功、重力做功和弹性力做功有着共同的一个重要特点. 我们把这种做功只和始末位置有关,而与路径无关的力称为保守力(conservative force).

4) 摩擦力的功

设一质量为 $M$ 的质点,在固定的粗糙水平面上从起始位置 $M_1$ 沿任意曲线路径 $L$ 以速度 $v$ 移动到位置 $M_2$,所经路径的长度为 $s$,则作用于质点的摩擦力 $F_{\mathrm{f}}$ 在这个过程中所做的功为

$$W = \int_{M_1(L)}^{M_2} F_{\mathrm{f}}\cos\alpha\mathrm{d}s$$

由于摩擦力 $F_{\mathrm{f}}$ 方向始终与质点速度的方向相反,而力的大小为 $F_{\mathrm{f}} = -\mu mg$($\mu$ 为滑动摩擦系数),则有

$$W = -\mu mgs \tag{2-40}$$

上式表明,摩擦力的功,不仅与始、末位置有关,而且与质点运动的具体路径有关. 当质点从某位置沿任意闭合路径一周再回到原位置时,摩擦力所做的总功并不为零. 故摩擦力为非保守力.

### 2.3.2 动能和质点动能定理

我们通常将力学系统做机械运动而具有的能量称为动能(kinetic energy). 当质点的质量为 $m$,速度为 $v$ 时,它的动能表达式为

$$E_k = \frac{1}{2}mv^2 \tag{2-41}$$

当力对质点做功时,质点的运动状态将会发生变化,质点的动能也会发生变化. 如图 2-14 所示,设一质量为 $m$ 的质点在合外力 $\boldsymbol{F}$ 作用下,由 $M_1$ 点(速度为$\boldsymbol{v}_1$)沿曲线轨迹运动到 $M_2$ 点(速度为$\boldsymbol{v}_2$). 设 $t$ 时刻,质点运动到 $M$ 点,于是根据牛顿第二定律的自然坐标分量式,有

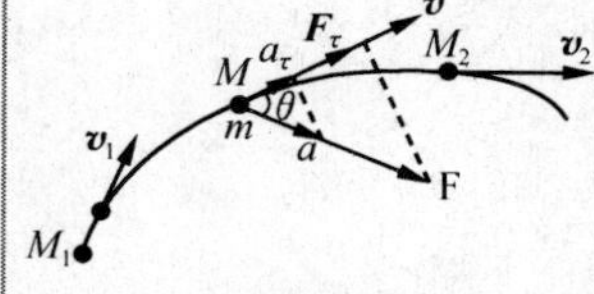

图 2-14 质点动能定理推导

$$F_\tau = ma_\tau = m\frac{dv}{dt}$$

或

$$F\cos\theta = m\frac{dv}{dt}$$

式中,$\theta$ 为合外力 $\boldsymbol{F}$ 与速度$\boldsymbol{v}$ 之间的夹角. 上式两边同乘以路程微元 $ds$,可得

$$F\cos\theta ds = mdv\frac{ds}{dt}$$

容易看出,上式左端即为合力 $\boldsymbol{F}$ 在路程元 $ds$ 上的元功 $dW$,又因$\frac{ds}{dt}=v$,故有

$$dW = mvdv$$

或

$$dW = d\left(\frac{1}{2}mv^2\right) \tag{2-42}$$

式(2-42)表明,质点动能的微分,等于作用于质点合外力的元功. 将式(2-42)在质点经过的全部路径 $M_1M_2$ 上进行积分,有

$$W = \int_{M_1}^{M_2} d\left(\frac{1}{2}mv^2\right) \tag{2-43}$$

即

$$W = \frac{1}{2}mv_2^2 - \frac{1}{2}mv_1^2$$

式(2-43)表明,**合外力对质点所做的功,等于质点动能的增量,**这就是**质点的动能定理**(theorem of kinetic energy). 式(2-42)和

式(2-43)分别称为质点动能定理的微分形式和积分形式.

从质点动能定理可以看出:若合外力做正功,即 $W>0$,则质点动能将增加;反之,若合外力做负功(即物体反抗外力做功),即 $W<0$,则质点动能将减小.这表示物体反抗外力做功必须以减少自己的动能为代价,而外力对物体做正功可使物体的动能增加.**动能反映了运动物体的做功本领.**

另外,**质点动能定理说明了做功与质点运动状态变化(动能变化)的关系**,指出了质点动能的任何改变都是作用于质点的合外力对质点做功所引起的.同时说明了作用于质点的合外力,在某一过程中对质点所做的功,只与运动质点在该过程的始、末两状态的动能有关,而与质点在运动过程中动能变化的细节无关.只要知道了质点在某过程的始、末两状态的动能,就知道了作用于质点的合外力在该过程中对质点所做的功.

质点动能定理是质点动力学中重要的定理之一,其表达式是一个标量关系式,它为我们分析、研究某些动力学问题提供了方便.

**例 2-12**　如图 2-15 所示,一个质量为 $m$ 的小球系在轻绳的一端,绳的另一端固定在 $O$ 点,绳长为 $l$.若先拉动小球使绳保持水平静止,然后松手使小球下落.求当绳与水平夹角为 $\theta$ 时小球的速率.

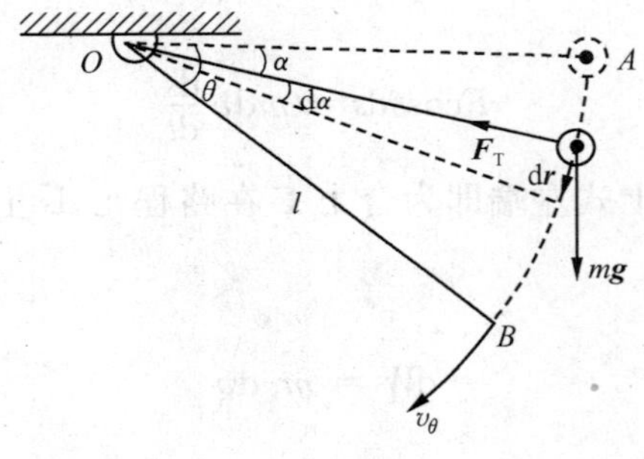


图 2-15

**解**　小球从 $A$ 落到 $B$ 的过程中,合外力 $\boldsymbol{F}_\mathrm{T}+m\boldsymbol{g}$ 对它做的功为

$$W_{AB}=\int_A^B(\boldsymbol{F}_\mathrm{T}+m\boldsymbol{g})\cdot\mathrm{d}\boldsymbol{r}=\int_A^B m\boldsymbol{g}\cdot\mathrm{d}\boldsymbol{r}=\int_A^B mg\mid\mathrm{d}\boldsymbol{r}\mid\cos\alpha$$

由于 $|\mathrm{d}\boldsymbol{r}|=l\mathrm{d}\alpha$,所以

$$W_{AB}=\int_0^\theta mg\cos\alpha l\,\mathrm{d}\alpha=mgl\sin\theta$$

对小球应用动能定理,由于 $v_A=0$,$v_B=v_\theta$,得

$$mgl\sin\theta=\frac{1}{2}mv_\theta^2$$

由此得

$$v_\theta = \sqrt{2gl\sin\theta}$$

**例 2-13** 一质量为 10kg 的物体沿 $x$ 轴无摩擦地滑动，$t=0$ 时物体静止于原点.

(1) 若物体在力 $F=3+4t$(N)的作用下运动了 3s，它的速率增为多大？

(2) 物体在力 $F=3+4x$(N)的作用下移动了 3m，它的速率增为多大？

**解** (1) 由动量定理 $\int_0^t F\mathrm{d}t = mv-0$，得

$$v = \int_0^t \frac{F}{m}\mathrm{d}t = \int_0^3 \frac{3+4t}{10}\mathrm{d}t = 2.7(\mathrm{m \cdot s^{-1}})$$

(2) 由动能定理 $\int_0^x F\mathrm{d}x = \frac{1}{2}mv^2 - 0$，得

$$v = \sqrt{\int_0^x \frac{2F}{m}\mathrm{d}x} = \sqrt{\int_0^3 \frac{2(3+4x)}{10}\mathrm{d}x} \approx 2.3(\mathrm{m \cdot s^{-1}})$$

### 2.3.3 质点系动能定理

质点动能定理不难推广到质点系. 设一质点系由 $n$ 个质点组成，其中，第 $i(i=1,2,\cdots,n)$ 个质点的质量为 $m_i$，在某一过程中其初始状态速率为 $v_{i1}$，末状态速率为 $v_{i2}$，对该质点系内所有质点应用质点动能定理，并把所得方程相加，有

$$\sum_i W_i = \sum_i \frac{1}{2}m_i v_{i2}^2 - \sum_i \frac{1}{2}m_i v_{i1}^2 \tag{2-44}$$

式中，$\sum_i W_i$ 表示作用在 $n$ 个质点上的合外力所做功之和，$\sum_i \frac{1}{2}m_i v_{i2}^2$ 和 $\sum_i \frac{1}{2}m_i v_{i1}^2$ 分别表示质点系内 $n$ 个质点的末动能之和与始动能之和，若分别以 $E_{k2}$ 和 $E_{k1}$ 表示它们，即

$$E_{k2} = \sum_i \frac{1}{2}m_i v_{i2}^2, \quad E_{k1} = \sum_i \frac{1}{2}m_i v_{i1}^2$$

则式(2-44)可写为

$$\sum_i W_i = E_{k2} - E_{k1} \tag{2-45}$$

式(2-45)表明，**作用于质点系的合力所做的功，等于该质点系的动能增量**. 这就是**质点系动能定理**.

根据对质点系系统概念的理解，可以知道系统内的质点所受的力，既有来自系统外的外力，也有来自系统内各质点间相互作用的内力. 因此，作用于质点系的合力做的功 $\sum_i W_i$ 将等于外力对系统所

做的功 $\sum W_{外}$ 和质点系内一切内力所做的功 $\sum W_{内}$ 之和. 即

$$\sum_i W_i = \sum W_{内} + \sum W_{外}$$

于是,式(2-45)又可改写成

$$\sum W_{外} + \sum W_{内} = E_{k2} - E_{k1} \tag{2-46}$$

上式是质点系动能定理的另一数学表达式,它表明**质点系的动能增量,等于作用于质点系各质点的外力和内力做功之和.**

在质点系内部,内力总是成对出现的,且每一对内力都满足牛顿第三定律,故作用在质点系内所有质点上的一切内力的矢量和恒等于零. 但是应该注意的是,**质点系内所有内力做功之和并不一定为零,因此可以改变系统的总动能.**

例如,两个彼此相互吸引的质点 $M_1$、$M_2$ 组成一个质点系,如图 2-16 所示. $M_1$ 作用于 $M_2$ 的力为 $\boldsymbol{F}_{21}^{i}$,$M_2$ 作用于 $M_1$ 的力为 $\boldsymbol{F}_{12}^{i}$. 显然,这一对内力的矢量和 $\boldsymbol{F}_{21}^{i} + \boldsymbol{F}_{12}^{i} = 0$,但 $M_1$、$M_2$ 相向移动时,这两个力都做正功,即这里一对内力做功的和并不为零,可见内力做功的总和一般并不为零. 又如炮弹爆炸后,弹片向各处飞散,它们的总动能显然比爆炸前增加了,这就是内力(火药的爆炸力)对各弹片做正功的结果. 再如在荡秋千时,人靠内力做功使人和秋千组成的系统的动能增大,秋千越荡越高. 所有这些,都是内力做功的总和不等于零的常见例子. 因此,在应用质点系动能定理分析力学问题时,外力的功和内力的功都需考虑在内,因为外力和内力的功都可以改变质点系的动能.

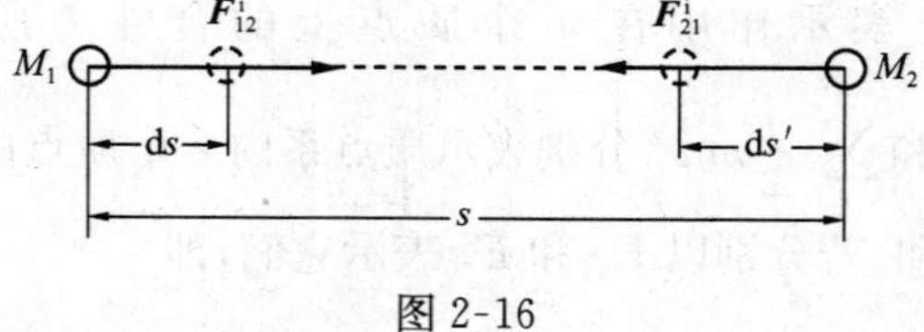


图 2-16

### 2.3.4 势能和势能曲线

1. 保守力与保守力场

我们在讨论重力、万有引力和弹性力做功时,发现它们具有一个共同的重要特点——重力、万有引力和弹性力的功均只与质点的始末位置有关,而与质点所经过的具体路径无关. 我们把具有这种性质的力称为**保守力.**

根据保守力的定义,不难得出,保守力做功与路径无关必然导致沿任一闭合路径一周保守力做功为零的结论. 因此,保守力定义的数

学表达式可表示为

$$W = \oint_L \boldsymbol{F} \cdot \mathrm{d}\boldsymbol{r} = 0 \tag{2-47}$$

若质点在某一部分空间内的任何位置，都受到一个大小和方向完全确定的保守力的作用. 我们称这部分空间存在着**保守力场**. 例如，质点在地球表面附近空间中任何位置，都将受到一个大小和方向完全确定的重力作用，因而这部分空间中就存在着**重力场**(gravity field)，重力场便是保守力场. 类似地，还可以定义万有引力场和弹性力场. 它们也都是保守力场. 如果由多个质点组成的体系内各个质点间的作用力都是保守力，则称该体系为**保守体系**.

然而，并非所有的力都具有做功和具体路径无关这一特点，如常见的摩擦力，它所做的功就与路径有关. 因此，我们把凡是做功不仅与质点始末位置有关，而且与具体路径有关的力称为非保守力. 显然，非保守力沿闭合路径一周做功不为零. 摩擦力就是非保守力. 若质点在某力的作用下，沿闭合路径一周做功小于零，我们称该力为**耗散力**. 摩擦力便是耗散力.

2. 势能

1) 质点系的势能

我们考察由两个质点 $m_1$、$m_2$ 组成的保守体系，当它们从初始位置 $A$、$B$ 移动到末位置 $A'$、$B'$时，它们之间相互作用的保守力必定做一定量的功，也即 $m_1$、$m_2$ 组成的保守体系具有一定的做功本领. 由保守力的性质可知它们之间的保守力在这一过程中所做的功仅仅取决于始末位置，而与具体路径无关. 我们就把该两质点体系的这种与相对位置有关的做功本领称为该保守体系的**势能**(potential energy)或位能. 通常用 $E_p$ 表示势能.

若以 $E_p$ 和 $E_{p0}$ 分别表示两质点在末位置和初始位置时体系的势能，则它们之间的保守力所做的功与势能的关系可表示为

$$W = E_{p0} - E_p = -\Delta E_p \tag{2-48}$$

式(2-48)表示保守体系内的质点由初始位置移动到末位置过程中，其间的保守力所做的功等于该体系势能的减少(或势能增量的负值). 这一结论显然也适用于多质点组成的保守体系.

必须说明：

(1) **势能具有相对性**. 即保守体系在任一给定位置的势能值都与势能零点的选取有关. 势能零点理论上可以任意选取，不过为了研究问题方便，通常引力势能的零点取在无限远处，弹性势能的零点取在弹簧的平衡位置处. 但是势能差是绝对的、确定的，它与参考系和势能零点的选取均无关.

(2) **势能是属于整个质点系的.** 势能是由于体系内各个质点间具有保守力作用而产生的,因此它是属于整个质点系的. 势能实质上是一种相互作用能. 严格来说,单独谈单个质点的势能是没有意义的. 然而,平常叙述时,我们常将地球和物体这一系统的重力势能说成物体的势能,显然,这仅是习惯的说法.

2) 几种势能

对于两质点体系的势能的计算比较简单,只要知道相互作用力的形式,势能便可以求得. 根据式(2-48)保守力做功与势能的关系,体系处于某位置 $\boldsymbol{r}$ 时势能的大小等于体系内质点从位置 $\boldsymbol{r}$ 移到零势能点 $\boldsymbol{r}_0$ 过程中保守力所做的功,即

$$E_{\mathrm{p}} = \int_{r}^{r_0} \boldsymbol{F} \cdot \mathrm{d}\boldsymbol{r} \tag{2-49}$$

必须明确,**功是过程量,而势能是状态量,是位置的单值函数.**

下面就利用式(2-49)来计算重力势能、弹性势能和万有引力势能.

(1) **重力势能**

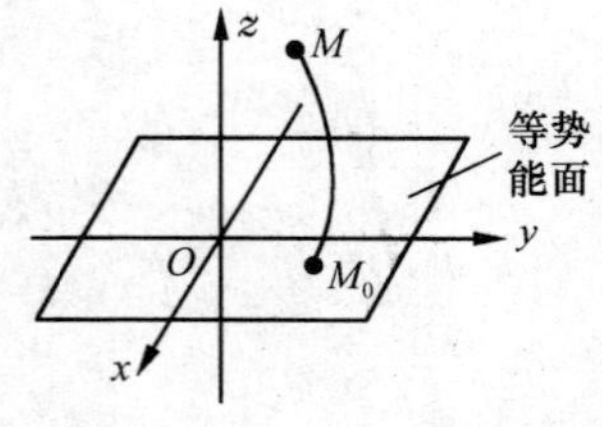

图 2-17　重力势能

重力势能是指地球表面的质点与地球组成的体系(体系内保守力为重力)的势能. 设质量为 $m$ 的质点位于地球表面附近的 $M$ 点,取 $z$ 轴正向为竖直向上,在地面上建立 $xOy$ 平面直角坐标系($M_0$ 为 $xOy$ 平面内任意一点),如图 2-17 所示,若取质点位于地面 $M_0$ 处时重力势能为零,则根据式(2-49)可得体系的重力势能为

$$E_{\mathrm{p}} = \int_{z}^{0} (-mg)\mathrm{d}z = mgz \tag{2-50}$$

即重力势能等于重力 $mg$ 与质点和零势能点间的高度差 $z$ 的乘积.

不难看出,把质点从 $M$ 点移动到 $xOy$ 平面内任何一点的过程中重力的功都相等,故 $xOy$ 平面可以看作等势能面,由于我们前面设 $M_0$ 点势能为零,所以,$xOy$ 平面也是零势能面. 还可以看出,质点处在包含 $M$ 点在内并与 $xOy$ 平面平行的平面内任何一点所具有重力势能均相等(均为 $mgz$),故可以说所有与地面平行的水平平面都是一个重力势能等势面.

(2) **弹性势能**

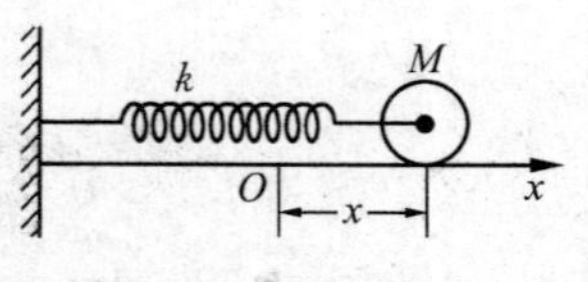

图 2-18　弹性势能

如图 2-18 所示,把劲度系数为 $k$ 的弹簧一端固定,取弹簧伸长方向为 $x$ 轴,并取弹簧原长处 $O$ 点作为坐标原点. 若取弹性势能零点在 $O$ 点,则当质点处于位置为 $x$ 的 $M$ 点时体系所具有的弹性势能为

$$E_{\mathrm{p}} = \int_{x}^{0} (-kx)\mathrm{d}x = \frac{1}{2}kx^2 \tag{2-51}$$

即弹性势能等于弹簧的劲度系数与其形变量平方乘积的一半.

(3) **万有引力势能**

如图 2-19 所示，设一质量为 $m$ 的质点，处在质量为 $M$ 的质点的万有引力场中的 $C$ 点，$m$ 与 $M$ 的距离为 $r$，当选无穷远处为万有引力势能的零势能位置时，根据式(2-49)，质点 $m$ 在 $C$ 点时体系所具有的万有引力势能为

$$E_{\mathrm{p}}=\int_{r}^{\infty}\left(-G\frac{Mm}{r^{2}}\right)\mathrm{d}r=-G\frac{Mm}{r} \tag{2-52}$$

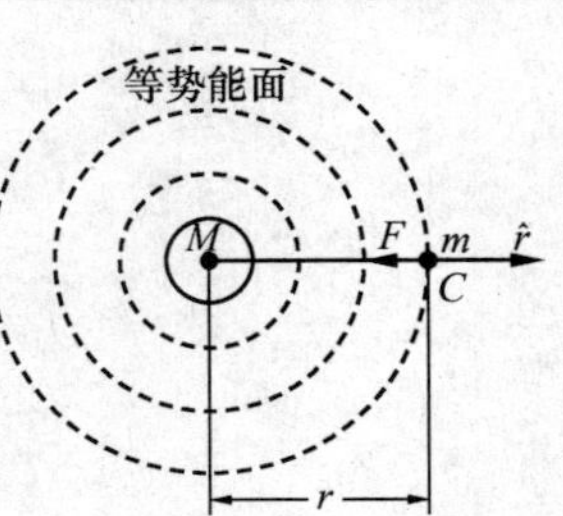

图 2-19 万有引力势能的等势面

引力势能为负值是选无穷远处万有引力势能为零的结果. 从式(2-52)不难得出，万有引力势能的等势能面是以 $M$ 质点为球心的一系列同心球面.

3. 势能曲线

体系的势能大小取决于质点系内部各质点的相对位置，因此，体系的势能可以表示为质点间相对位置的函数 $E_{\mathrm{p}}(x,y,z)$. 按此函数画出的势能随坐标变化的曲线，称为**势能曲线**. 图 2-20(a)、(b)和(c)分别给出了重力、弹性力和万有引力的势能曲线.

在许多实际问题中，特别是在微观领域内，我们可以从势能与相对位置的关系曲线求出保守力，这往往比直接测量力更显得方便.

由式(2-33)和式(2-48)可知，保守力的功等于相应势能增量的负值，即

$$W=\int \boldsymbol{F}\cdot\mathrm{d}\boldsymbol{r}=-\Delta E_{\mathrm{p}}$$

其微分形式为

$$\mathrm{d}W=\boldsymbol{F}\cdot\mathrm{d}\boldsymbol{r}=-\mathrm{d}E_{\mathrm{p}}$$

由此得

$$F(r)=-\frac{\mathrm{d}E_{\mathrm{p}}}{\mathrm{d}r} \tag{2-53}$$

在直角坐标系中保守力 $F(r)$ 为

$$\boldsymbol{F}=-\left(\frac{\partial E_{\mathrm{p}}}{\partial x}\boldsymbol{i}+\frac{\partial E_{\mathrm{p}}}{\partial y}\boldsymbol{j}+\frac{\partial E_{\mathrm{p}}}{\partial z}\boldsymbol{k}\right) \tag{2-54}$$

即保守力是势能函数对坐标导数的负值.

另外，利用势能曲线还可以求平衡位置及判断平衡的稳定性.

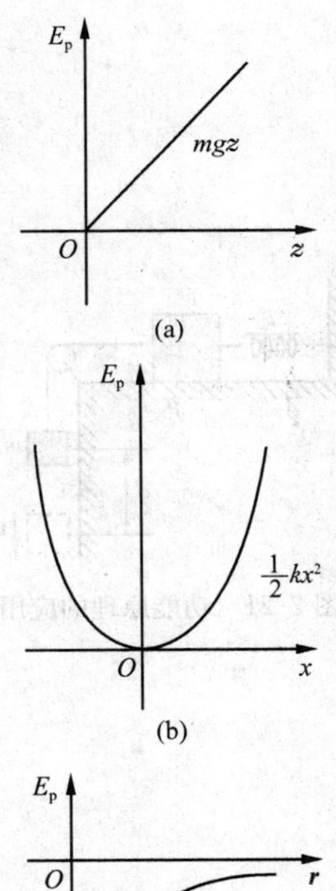


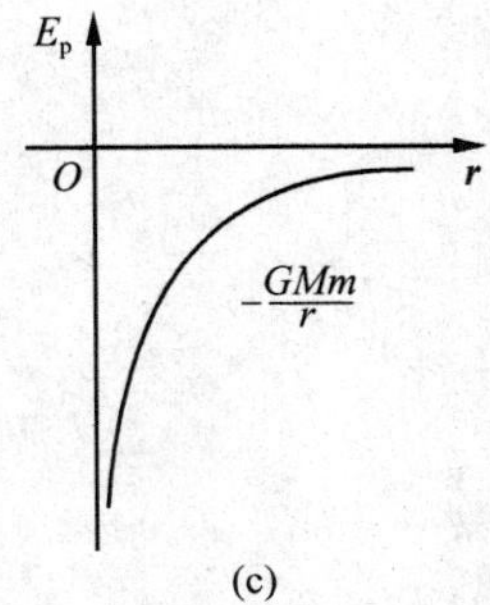

图 2-20 势能曲线

### 2.3.5 功能原理 机械能守恒定律

1. 质点系的功能原理

由质点系动能定理式(2-45)，有

$$\sum W_{外}+\sum W_{内}=E_{\mathrm{k2}}-E_{\mathrm{k1}}$$

一般情况下，质点系内部既存在保守内力，也存在非保守内力.

因此,内力所做功 $\sum W_{内}$ 也可以分为保守内力所做的功 $\sum W_{保内}$ 和非保守内力所做功 $\sum W_{非保内}$ 两部分,于是上式又可写成

$$\sum W_{外} + \sum W_{保内} + \sum W_{非保内} = E_{k2} - E_{k1} \tag{2-55}$$

考虑到一切保守内力做功之和等于该质点系势能增量的负值,即

$$\Delta E_p = E_{p2} - E_{p1} = -\sum W_{保内}$$

式中,$E_{p1}$、$E_{p2}$ 分别为质点系处于始、末位置时的势能. 将上式代入式(2-55)得

$$\begin{aligned}\sum W_{外} + \sum W_{非保内} &= (E_{k2} + E_{p2}) - (E_{k1} + E_{p1}) \\ &= \Delta(E_k + E_p) = \Delta E\end{aligned} \tag{2-56}$$

式中,$E_{k1}+E_{p1}$ 和 $E_{k2}+E_{p2}$ 分别表示质点系的始、末状态的机械能. 式(2-56)表示**外力和非保守内力所做功之和等于质点系机械能的增量**,这就是**质点系的功能原理**.

为了加深对功能原理的理解,我们通过具体实例来说明如何运用功能原理来求解力学问题.

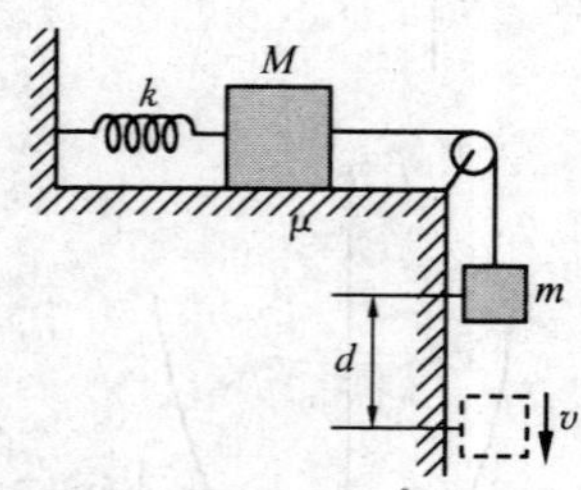

图 2-21　功能原理的应用

如图 2-21 所示,在水平桌面上放置一质量为 $M$ 的木块,$M$ 的一端与劲度系数为 $k$ 的轻弹簧相连,并固定在墙上,另一端经轻滑轮与下垂的重物 $m$ 相连,设 $M$ 与桌面间摩擦系数为 $\mu$,其余为光滑接触,开始时 $M$ 静止于平衡位置,求当 $m$ 下降距离为 $d$ 时的速率 $v$ 有多大? 试分别列出以下列物体为系统时的功能关系式:①$M,m$;②$M,m,k$,地球;③$M,m,k$;④$M,m$,地球.

根据式(2-56)功能原理和题目所要求的四类系统,可分别得出如下关系式:

$$mgd - \mu Mgd - \frac{1}{2}kd^2 = \frac{1}{2}(M+m)v^2 - 0 \qquad ①$$

$$-\mu Mgd = \frac{1}{2}(M+m)v^2 + \frac{1}{2}kd^2 - mgd \qquad ②$$

$$mgd - \mu Mgd = \frac{1}{2}(M+m)v^2 + \frac{1}{2}kd^2 \qquad ③$$

$$-\frac{1}{2}kd^2 - \mu Mgd = \frac{1}{2}(M+m)v^2 - mgd \qquad ④$$

从上例的解答我们可得下述结论:

(1) 内力和外力的确定与所选取的系统有关. 显然在式①中,重力和弹性力均为外力,而在式②中,重力和弹性力均以内力的角色出现.

(2) 系统内某保守力做功的量值与其相应的势能增量是相同的,在功能关系中绝不可重复计入. 如在式④中,重力作为内力角色

其势能变化已在等式右方考虑，等式左方就不得计入. 而同在式④中，弹性力作为外力做功已在等式左方考虑，等式右方就不得重复计入.

(3) 等式两边的位移、速度等物理量必须相对(或换算到)同一惯性参考系进行运算.

(4) 在机械运动范围内，我们所讨论的只是机械能(或动能和势能). 由式(2-56)可知，只有外力的功 $\sum W_{外}$ 和非保守内力的功 $\sum W_{非保内}$ 才会引起机械能的改变.

2. 机械能守恒定律

由式(2-56)知，若$\sum W_{外}+\sum W_{非保内}>0$，则质点系的机械能增加；若$\sum W_{外}+\sum W_{非保内}<0$，则质点系的机械能减少；若$\sum W_{外}+\sum W_{非保内}=0$，则质点系始末两态的机械能保持不变. **仅当外力和非保守内力都不做功或其元功的代数和为零时，质点系内各质点间动能和势能可以相互转换，但它们的总和(即总机械能)保持不变. 这就是质点系的机械能守恒定律.**

在实际问题中，机械能守恒的条件是无法严格满足的. 这是因为物体运动时，总要受到空气阻力和摩擦力等非保守力的作用，并始终做功，因而系统的机械能要改变. 但是当摩擦力等非保守内力的功同系统的机械能相比可忽略不计时，仍可用机械能守恒定律来处理问题.

需要特别指出的是，**机械能守恒定律只适用于惯性参考系，且物体的位移、速度必须相对同一惯性参考系.**

**例 2-14** 如图 2-22 所示，一轻绳跨过一个定滑轮，两端分别拴有质量为 $m$ 及 $M$ 的物体，$M$ 离地面的高度为 $h$，若滑轮质量及摩擦力不计，$m$ 与桌面的摩擦也不计，开始时两物体均为静止，求 $M$ 落到地面时的速率 $v_1$($m$ 始终在桌面上). 若物体 $m$ 与桌面的静摩擦系数与动摩擦系数均为 $\mu$，结果如何?

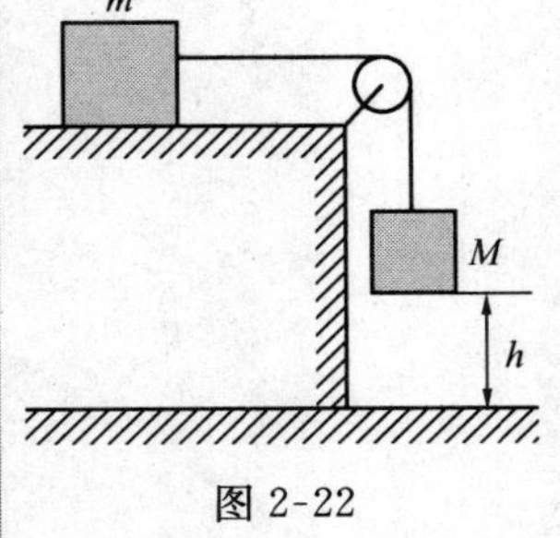

图 2-22

**解** 以 $m$ 和 $M$ 及地球作为系统，在整个下落过程中，这个系统外力做功之和等于零，也没有非保守内力做功，系统的机械能守恒. 设物体开始下落时为状态 A，$M$ 落到地面前瞬间为状态 B，取地面为重力势能零点，根据系统的机械能守恒，状态 A 时机械能 $Mgh$ 与状态 B 时机械能$\left(\frac{1}{2}mv^2+\frac{1}{2}Mv_1^2\right)$两态相等，即

$$\frac{1}{2}mv^2+\frac{1}{2}Mv_1^2=Mgh$$

式中，$v$ 和 $v_1$ 分别为状态 B 时两物体的运动速率，由于下落时两物

体的运动速率相同，即 $v=v_1$，得

$$v_1=\sqrt{\frac{2Mgh}{m+M}}$$

如果物体 $m$ 与桌面有摩擦，那么对于上述所取的系统，这个摩擦力做的功可视为系统的外力负功（若将桌面看作地球的一部分，则摩擦力为非保守内力），根据功能原理得

$$-mg\mu h=\frac{1}{2}mv^2+\frac{1}{2}Mv_1^2-Mgh$$

代入 $v=v_1$，得

$$v_1=\sqrt{\frac{2(M-m\mu)gh}{m+M}}$$

由上式可以看出，当 $M\leqslant m\mu$ 时，$M$ 将保持静止不会下落.

**例 2-15**　如图 2-23 所示，一劲度系数为 $k$ 的弹簧上端固定，下端挂一质量为 $m$ 的物体. 先用手托住，使弹簧保持原长. 设 $x$ 轴向下为正，取弹簧原长处为坐标原点 $O$.

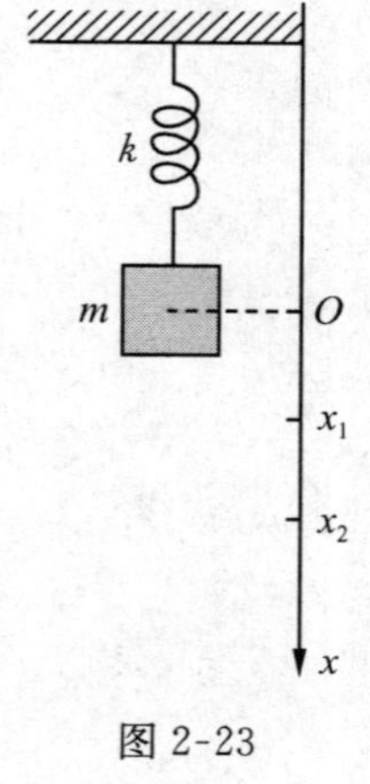

图 2-23

(1) 若将物体托住而缓慢放下，达静止时，弹簧的最大伸长量 $x_1$ 是多少？

(2) 若将物体突然放手，物体到达最低位置时，弹簧的伸长 $x_2$ 是多少？

**解**　取物体、弹簧和地球为系统.

(1) 由于是缓慢放下，物体在整个下落过程中，可以近似认为是受力平衡的. 到达平衡位置时静止，物体受向下的重力和向上的弹簧的弹性力作用，且

$$mg-kx_1=0$$

所以

$$x_1=\frac{mg}{k}$$

(2) 若突然放手，系统在物体下落的过程中外力做功和非保守内力做功都为零，系统机械能守恒. 设弹簧原长处为重力势能和弹性势能的零点，且此时物体静止，因此，该状态系统的机械能为零. 到达最低位置这一状态时，弹性势能为 $\frac{1}{2}kx_2^2$，重力势能为 $-mgx_2$，动能为零. 根据机械能守恒，两状态机械能相等，即

$$0=\frac{1}{2}kx_2^2-mgx_2$$

所以

$$x_2=\frac{2mg}{k}$$

**例 2-16**　要使飞船脱离地球的引力范围，问从地面发射该飞船

的速度最小值(第二宇宙速度)为多大?

**解**　选飞船和地球为研究对象.如忽略空气阻力,飞船飞出之后只受万有引力(保守力)作用,系统机械能应守恒,以 $v$ 表示飞船刚离开地面时的速度,$v_\infty$ 表示飞船远离地球时的速度,当选取无限远处为万有引力势能的零点时,由机械能守恒定律有

$$\frac{1}{2}mv^2+\left(-G\frac{Mm}{R}\right)=\frac{1}{2}mv_\infty^2+0$$

式中,$M$ 为地球质量,$m$ 为飞船质量.当飞船离地球越来越远时,引力势能→0,$v_\infty$→0,由此可求得

$$v=\sqrt{\frac{2GM}{R}}$$

代入 $R=6.4\times10^6\text{m}$,$M=5.977\times10^{24}\text{kg}$,可求得第二宇宙速度为

$$v\doteq 11.2\text{km}\cdot\text{s}^{-1}=1.12\times10^4\text{m}\cdot\text{s}^{-1}$$

上述速度又称为脱离地球的逃逸速度.

同理,可求得任一天体的逃逸速度均为$\sqrt{\frac{2GM}{R}}$,其中,$M$ 为该天体的质量,$R$ 为该天体的半径,如果某一天体的密度非常大(即 $M$ 为非常大,而 $R$ 又非常小),那么,脱离该天体的逃逸速度就非常大,如逃逸速度接近光速,则从该天体上发射的光线仍将被天体吸引而不得逃逸,这样我们就不能观察到该天体所发射的光,而且一切物体经过该天体时都将被它的引力所吸引,这样的天体称为“黑洞”.黑洞已成为科学上一个有待研究的课题.

3. 能量守恒定律

对一个封闭系统来说,系统内的各种形式的能量可以相互转换,也可以从系统的一部分转移到另一部分,但无论发生何种变化,能量既不能产生也不能消失,能量总和总是一个常量.这就是能量守恒定律.

能量守恒定律是从大量事实中综合归纳出来的结论,可以适用于任何变化的过程,不论是机械的、热的、电磁的、原子和原子核的、化学的以至生物的过程等,它是自然界具有最大普适性的基本定律之一.

在能量守恒定律中,系统的能量是不变量、守恒量.系统内的能量在发生转换时,常用功来量度.在机械运动范围内,功是机械能变化的唯一量度.同时必须指出的是,决不能把功和能看成是等同的,功总是和系统能量的改变和转换过程相联系,而能量则只和系统的状态有关,是系统状态的函数.

## 2.4　质点的角动量和角动量守恒定律

在前面讨论质点运动时,我们用速度 $\boldsymbol{v}$ 来描述质点的运动状态.当产生机械运动量的传递和转移时,又引进了动量 $\boldsymbol{p}$ 来描述质点的运动状态,并进而导出动量守恒定律.然而,当我们讨论质点绕空间某定点转动时,仅仅用 $\boldsymbol{v}$、$\boldsymbol{p}$ 来描述状态是不够的.本节将引进描述机械运动的又一个物理量——**角动量**(angular momentum).角动量是从动力学角度描述质点或质点系转动状态的物理量.和动量一样,角动量也是由于它的守恒性而被发现的.例如,行星绕太阳运动,行星的动量是时刻变化的,但行星绕太阳的角动量在运动过程中却保持不变.因此,大到天体、星系,小到微观粒子,角动量都扮演着重要的角色.角动量守恒定律也是自然界最普适的守恒定律之一.

为了研究质点绕空间固定点的转动问题,必须首先引入力对某固定点的力矩的概念,然后再引进角动量的概念.

### 2.4.1　力对参考点的力矩

一个物体在外力的作用下,可能会发生转动,也可能不发生转动,这就取决于外力是否对物体产生了力矩(moment of force).从一般意义上讲,力矩是对某一参考点而言的.

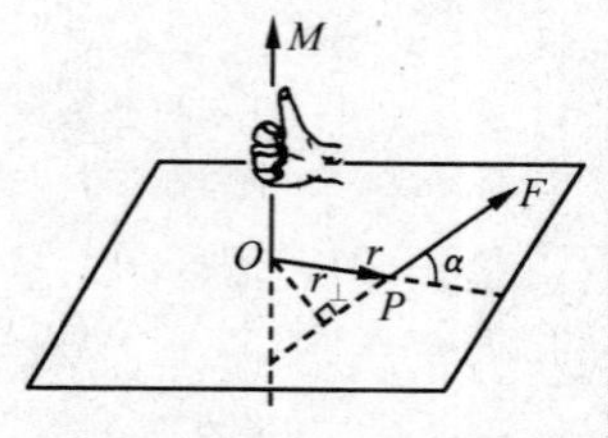

图 2-24　力矩的大小和方向

如图 2-24 所示,我们定义力 $\boldsymbol{F}$ 对参考点 $O$ 的力矩 $\boldsymbol{M}$ 的大小等于此力和力臂(从参考点到力的作用线的垂直距离)的乘积,即

$$M = Fr_{\perp} = Fr\sin\alpha \tag{2-57}$$

式中,$r$ 为由 $O$ 点指向 $\boldsymbol{F}$ 作用点 $P$ 的径矢 $\boldsymbol{r}$ 的大小,$\alpha$ 为 $\boldsymbol{r}$ 与 $\boldsymbol{F}$ 的夹角.根据矢积的定义,力矩 $\boldsymbol{M}$ 的定义式又可以表示为

$$\boldsymbol{M} = \boldsymbol{r} \times \boldsymbol{F} \tag{2-58}$$

力矩是矢量,其方向可用右手螺旋法则确定,即右手四指指向 $\boldsymbol{r}$ 方向经小于 180°的角 $\alpha$ 弯向 $\boldsymbol{F}$ 方向,则大拇指方向即为力矩 $\boldsymbol{M}$ 的方向,所以 $\boldsymbol{M}$ 的方向垂直于 $\boldsymbol{r}$ 和 $\boldsymbol{F}$ 所决定的平面.

在国际单位制中,力矩的单位是牛[顿]·米(N·m).

当力 $\boldsymbol{F}$ 的作用线与径矢 $\boldsymbol{r}$ 共线(即力 $\boldsymbol{F}$ 的作用线穿过 $O$ 点),此时,$\sin\alpha=0$.如果一个物体所受的力指向或背离某一固定点,我们把这种力称为有心力(central force),这个固定点叫做力心(centre of force).显然有心力 $\boldsymbol{F}$ 与径矢 $\boldsymbol{r}$ 是共线的,因此,有心力对力心的力矩恒为零.

由力矩的定义式(2-57)可以看出,力矩 $\boldsymbol{M}$ 与径矢 $\boldsymbol{r}$ 有关,也就是与参考点 $O$ 的选取有关.对于同样的力 $\boldsymbol{F}$,选取的参考点不同,力

矩 $\boldsymbol{M}$ 的大小和方向都会不同，因此，一般在画图时总是把力矩 $\boldsymbol{M}$ 画在参考点 $O$ 上，而不是质点 $P$ 上. 如图 2-24 所示.

当质点受到 $n$ 个力，如 $\boldsymbol{F}_1,\boldsymbol{F}_2,\cdots,\boldsymbol{F}_n$ 力同时作用时，则 $n$ 个力对参考点 $O$ 的力矩为

$$\begin{aligned}\boldsymbol{M} &= \boldsymbol{r}\times\boldsymbol{F} = \boldsymbol{r}\times(\boldsymbol{F}_1+\boldsymbol{F}_2+\cdots+\boldsymbol{F}_n)\\ &= \boldsymbol{r}\times\boldsymbol{F}_1+\boldsymbol{r}\times\boldsymbol{F}_2+\cdots+\boldsymbol{r}\times\boldsymbol{F}_n\\ &= \boldsymbol{M}_1+\boldsymbol{M}_2+\cdots+\boldsymbol{M}_n \end{aligned} \tag{2-59}$$

上式表明，合力对参考点的力矩等于各分力对同一参考点力矩的矢量和.

### 2.4.2 质点角动量

我们已经学习了用动量 $\boldsymbol{v}$、$\boldsymbol{p}$ 来描写质点运动状态，它们可以反映出质点运动速度的大小及方向. 当我们从一参考点来考察质点的运动时，发现质点与参考点的距离会发生变化，质点与参考点连线扫过的角度也是随时间的变化在变化的. 于是，为了描述质点相对于某一参考点的运动，我们引入动量矩的概念，动量矩（moment of momentum）又称角动量.

如图 2-25 所示，设一质量为 $m$ 的质点以速度 $\boldsymbol{v}$（即动量为 $\boldsymbol{p}=m\boldsymbol{v}$）运动，其相对于固定参考点 $O$ 的位矢为 $\boldsymbol{r}$. 我们定义质点相对于参考点 $O$ 的角动量为

$$\boldsymbol{L}=\boldsymbol{r}\times\boldsymbol{p}=\boldsymbol{r}\times m\boldsymbol{v} \tag{2-60}$$

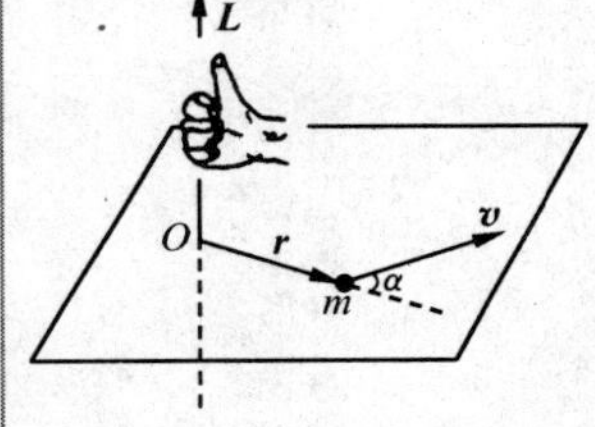

图 2-25 质点的角动量

质点的角动量 $\boldsymbol{L}$ 是矢量，它是 $\boldsymbol{r}$ 和 $\boldsymbol{p}$ 的矢积，因此，它垂直于 $\boldsymbol{r}$ 和 $\boldsymbol{v}$（或 $\boldsymbol{p}$）所组成的平面，其指向由右手定则决定. 根据矢积定义，$\boldsymbol{L}$ 的大小为

$$L=rmv\sin\alpha \tag{2-61}$$

式中，$\alpha$ 为 $\boldsymbol{r}$ 和 $\boldsymbol{v}$（或 $\boldsymbol{p}$）间的夹角. 当质点做圆周运动时，$\alpha=\pi/2$，这时质点对圆心 $O$ 点的角动量大小为

$$L=rmv=mr^2\omega \tag{2-62}$$

由角动量定义式(2-60)可知，质点的角动量与质点对参考点 $O$ 的位矢 $\boldsymbol{r}$ 有关，也就是与参考点 $O$ 的选取有关. 因此在讲述质点的角动量时，必须指明是对哪一点而言的.

在国际单位制中，角动量的单位是千克·米$^2$·秒$^{-1}$（$\mathrm{kg\cdot m^2\cdot s^{-1}}$）.

### 2.4.3 质点的角动量定理

设某质量为 $m$ 的质点对参考点 $O$ 的角动量为 $\boldsymbol{L}=\boldsymbol{r}\times\boldsymbol{p}=\boldsymbol{r}\times m\boldsymbol{v}$，则其时间变化率为

$$\frac{\mathrm{d}\boldsymbol{L}}{\mathrm{d}t}=\frac{\mathrm{d}}{\mathrm{d}t}(\boldsymbol{r}\times m\boldsymbol{v})=\boldsymbol{r}\times\frac{\mathrm{d}(m\boldsymbol{v})}{\mathrm{d}t}+\frac{\mathrm{d}\boldsymbol{r}}{\mathrm{d}t}\times m\boldsymbol{v} \tag{2-63}$$

由于

$$\boldsymbol{F}=\frac{\mathrm{d}(m\boldsymbol{v})}{\mathrm{d}t},\quad \boldsymbol{v}=\frac{\mathrm{d}\boldsymbol{r}}{\mathrm{d}t} \tag{2-64}$$

因此,上式可写成

$$\frac{\mathrm{d}\boldsymbol{L}}{\mathrm{d}t}=\boldsymbol{r}\times\boldsymbol{F}+\boldsymbol{v}\times m\boldsymbol{v} \tag{2-65}$$

根据矢积性质,$\boldsymbol{v}\times m\boldsymbol{v}$ 为零,而又因 $\boldsymbol{r}\times\boldsymbol{F}=\boldsymbol{M}$,于是式(2-65)又可写为

$$\boldsymbol{M}=\frac{\mathrm{d}\boldsymbol{L}}{\mathrm{d}t} \tag{2-66}$$

上式说明,**质点对任一参考点的角动量的时间变化率等于合外力对该点的力矩**. 这就是**质点角动量定理**(theorem of angular momentum)的微分形式. 其积分形式为

$$\int_{t_0}^{t}\boldsymbol{M}\mathrm{d}t=\boldsymbol{L}-\boldsymbol{L}_0 \tag{2-67}$$

式中,$\int_{t_0}^{t}\boldsymbol{M}\mathrm{d}t$ 称为外力矩的冲量矩(也称角冲量),它等于相应时间内质点的角动量的增量.

关于质点角动量定理的两点说明:

(1) 质点角动量定理是从牛顿定律导出的,因而它只适用于惯性系.

(2) 在质点角动量定理中,描述质点角动量的参考点必须固定在惯性系中. 因为若参考点运动,则$\frac{\mathrm{d}\boldsymbol{r}}{\mathrm{d}t}\neq\boldsymbol{v}$,$\frac{\mathrm{d}\boldsymbol{r}}{\mathrm{d}t}\times\boldsymbol{p}\neq 0$,就得不到式(2-65).

### 2.4.4　质点角动量守恒定律

由式(2-66)可知,若 $\boldsymbol{M}=0$,则

$$\boldsymbol{L}=\boldsymbol{r}\times\boldsymbol{p}=\boldsymbol{r}\times m\boldsymbol{v}=\text{常矢量} \tag{2-68}$$

即当质点所受合外力对某固定参考点(简称定点)的力矩为零时,质点对该点的角动量保持不变,这就是**质点的角动量守恒定律**(law of conservation of angular momentum).

外力矩等于零有两种情况:一种可能是合力 $\boldsymbol{F}=0$(注意,$\sum\boldsymbol{F}=0$ 时 $\boldsymbol{M}$ 不一定为零);另一种可能是合力 $\boldsymbol{F}$ 作用线过参考点 $O$. 例如,地球和其他行星绕太阳转动时,太阳可看作不动,而地球和其他行星所受太阳的引力是有心力(力心在太阳),外力矩为零,因此,地球、行星对太阳的角动量守恒. 又如带电微观粒子射到质量较大的原子核附近时,该粒子所受的电场力就是有心力(力心在原子核),所以,微

观粒子在与原子核的碰撞过程中对力心的角动量守恒.

由于角动量是矢量,当外力对定点的力矩不为零,但是其某一方向的分量为零时,则角动量在该方向上的分量定恒.

**例 2-17** 试利用角动量守恒定律证明关于行星运动的开普勒第二定律:在太阳系中一行星对太阳的位矢在相等的时间内扫过的面积相等即掠面速度不变.

**证** 如图 2-26 所示,任一行星在太阳(位于 $O$ 点)的万有引力场中做椭圆轨道运动.行星对太阳的角动量守恒,即

$$\boldsymbol{L}=\boldsymbol{r}\times m\boldsymbol{v}=\boldsymbol{L}_0$$

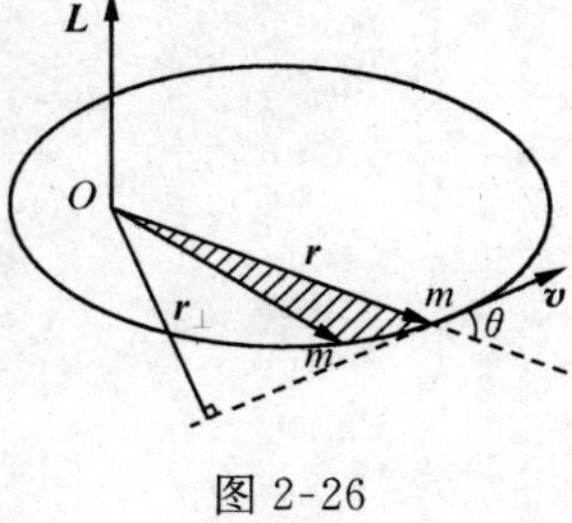

图 2-26

设行星任一时刻 $t$ 在椭圆轨道上的位矢为 $\boldsymbol{r}$,速度为 $\boldsymbol{v}$,在 $\mathrm{d}t$ 时间内走过的路程 $\mathrm{d}s=v\mathrm{d}t$,则它的位矢 $\boldsymbol{r}$ 在 $\mathrm{d}t$ 时间内扫过的面积为

$$\mathrm{d}S_{面积}=\frac{1}{2}r_{\perp}\,\mathrm{d}s=\frac{1}{2}r\sin\theta v\mathrm{d}t$$

式中,$\theta$ 为位矢 $\boldsymbol{r}$ 与速度 $\boldsymbol{v}$ 的夹角,$r_{\perp}$ 为 $O$ 点到 $\boldsymbol{v}$ 的垂直距离.于是行星的掠面速度为

$$\frac{\mathrm{d}S_{面积}}{\mathrm{d}t}=\frac{1}{2}r\sin\theta v=\frac{1}{2}\mid\boldsymbol{r}\times\boldsymbol{v}\mid=\frac{\mid\boldsymbol{L}\mid}{2m}=\frac{\mid\boldsymbol{L}_0\mid}{2m}=常量$$

这就证明了开普勒第二定律.

**例 2-18** 在光滑的水平桌面上,放着质量为 $M$ 的木块,木块与一弹簧相连,弹簧的另一端固定在 $O$ 点,弹簧的劲度系数为 $k$,设有一质量为 $m$ 的子弹以初速度 $\boldsymbol{v}_0$ 垂直于 $OA$ 射向 $M$ 并嵌入木块内,如图 2-27 所示,弹簧原长为 $l_0$,子弹击中木块,木块 $M$ 运动到 $B$ 点时刻,弹簧长度变为 $l$,此时 $OB$ 垂直于 $OA$,求在 $B$ 点时,木块的运动速度 $\boldsymbol{v}_2$.

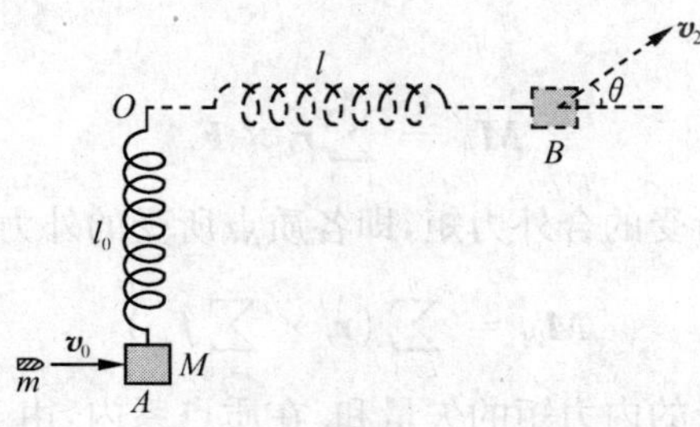

图 2-27

**解** 击中瞬时,在水平面内,子弹和木块组成的系统沿 $\boldsymbol{v}_0$ 方向动量守恒,若设 $v_1$ 为子弹嵌入木块时的速率,即有

$$mv_0=(m+M)v_1 \quad ①$$

在 $A$ 到 $B$ 的过程中,外力不做功,非保守内力不做功,子弹、木块和弹簧组成的系统机械能守恒,$A$ 态和 $B$ 态机械能相等,即

$$\frac{1}{2}(m+M)v_1^2=\frac{1}{2}(m+M)v_2^2+\frac{1}{2}k(l-l_0)^2 \quad ②$$

在由 $A$ 到 $B$ 的过程中木块在水平面内只受到指向 $O$ 点的弹性有心力，故木块对 $O$ 的角动量守恒，设 $\boldsymbol{v}_2$ 与 $OB$ 方向成 $\theta$ 角，则有

$$l_0(m+M)v_1 = l(m+M)v_2\sin\theta \quad ③$$

由式①，式②联立求得 $\boldsymbol{v}_2$ 的大小为

$$v_2 = \sqrt{\left(\frac{mv_0}{m+M}\right)^2 - \frac{k(l-l_0)^2}{m+M}}$$

由式③求得 $\boldsymbol{v}_2$ 与 $OB$ 的夹角为

$$\theta = \arcsin\frac{l_0 m v_0}{l\sqrt{m^2v_0^2 - k(l-l_0)^2(m+M)}}$$

### 2.4.5 质点系的角动量定理和角动量守恒定律

1. 质点系角动量定理

质点系对定点的角动量等于体系内各质点对该定点的角动量的矢量和，即

$$\boldsymbol{L} = \sum_{i=1}^{n}\boldsymbol{L}_i = \sum_{i=1}^{n}\boldsymbol{r}_i\times\boldsymbol{p}_i \tag{2-69}$$

对上式求导，并利用质点的角动量定理，得

$$\frac{\mathrm{d}\boldsymbol{L}}{\mathrm{d}t} = \sum_{i=1}^{n}\frac{\mathrm{d}\boldsymbol{L}_i}{\mathrm{d}t} = \sum_{i=1}^{n}\boldsymbol{r}_i\times\left(\boldsymbol{F}_i + \sum_{j\neq i}\boldsymbol{f}_{ij}\right) \tag{2-70}$$

式中，$\boldsymbol{F}_i$ 为第 $i$ 个质点受到的来自体系外的力，$\boldsymbol{f}_{ij}$ 为体系内第 $j$ 个质点对该质点的内力. 上式还可以写为

$$\frac{\mathrm{d}\boldsymbol{L}}{\mathrm{d}t} = \sum_{i=1}^{n}\boldsymbol{r}_i\times\boldsymbol{F}_i + \sum_{i=1}^{n}\left(\boldsymbol{r}_i\times\sum_{j\neq i}\boldsymbol{f}_{ij}\right) = \boldsymbol{M}_{外} + \boldsymbol{M}_{内} \tag{2-71}$$

其中

$$\boldsymbol{M}_{外} = \sum_{i=1}^{n}\boldsymbol{r}_i\times\boldsymbol{F}_i \tag{2-72}$$

它表示质点系所受的合外力矩，即各质点所受的外力矩的矢量和，而

$$\boldsymbol{M}_{内} = \sum_{i=1}^{n}\left(\boldsymbol{r}_i\times\sum_{j\neq i}\boldsymbol{f}_{ij}\right) \tag{2-73}$$

表示各质点所受的内力矩的矢量和. 在质点系内，由于 $i$ 和 $j$ 两个质点间的内力 $\boldsymbol{f}_{ij}$ 和 $\boldsymbol{f}_{ji}$ 总是成对出现的，而且大小相等、方向相反、内力沿两质点的连线方向，所以，它们之间相互作用的力矩之和

$$\boldsymbol{r}_i\times\boldsymbol{f}_{ij} + \boldsymbol{r}_j\times\boldsymbol{f}_{ji} = (\boldsymbol{r}_i - \boldsymbol{r}_j)\times\boldsymbol{f}_{ij} = 0 \tag{2-74}$$

因此由式(2-73)表示的所有内力矩之和 $\boldsymbol{M}_{内}$ 为零. 于是由式(2-71)可得出

$$\boldsymbol{M}_{外} = \frac{\mathrm{d}\boldsymbol{L}}{\mathrm{d}t} \tag{2-75}$$

上式表明，**质点系对定点的角动量的时间变化率等于作用在体**

**系上所有外力对该点力矩之和**.这就是**质点系角动量定理的微分形式**.对上式积分,可得**质点系角动量定理的积分形式**为

$$\boldsymbol{L}-\boldsymbol{L}_0=\int_0^t \boldsymbol{M}_{外}\,\mathrm{d}t \tag{2-76}$$

质点系角动量定理指出,只有外力矩才会对体系的角动量变化有贡献.内力矩对体系角动量变化无贡献,但是对角动量在体系内部的分配是有作用的.

2. 质点系的角动量守恒定律

当 $\boldsymbol{M}_{外}=0$ 时,由式(2-76)可得

$$\boldsymbol{L}=\boldsymbol{L}_0=常矢量 \tag{2-77}$$

即质点系对该定点的角动量守恒.这就是质点系角动量守恒定律.

$\boldsymbol{M}_{外}=0$ 有以下三种情况:①体系不受任何外力(即孤立体系);②所有的外力都通过参考点;③每个外力的力矩不为零,但外力矩的矢量和为零.

必须明确,**质点系角动量守恒的条件是质点系所受的外力矩的矢量和为零,但并不要求质点系所受的外力的矢量和为零**.这说明质点系的角动量守恒时,质点系的动量却不一定守恒.

**例 2-19** 如图 2-28 所示,质量分别为 $m_1$ 和 $m_2$ 的两个小钢球固定在一个长为 $a$ 的轻质硬杆的两端,杆的中点有一轴使杆可在水平面内自由转动,杆原来静止.另一小球质量为 $m_3$,以水平速度 $\boldsymbol{v}_0$ 沿垂直于杆的方向与 $m_2$ 发生碰撞,碰后二者粘在一起.设 $m_1=m_2=m_3$,求杆转动的角速度.

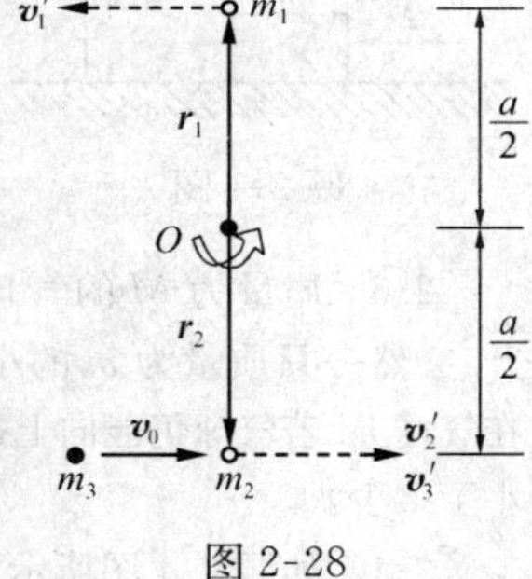

图 2-28

**解** 考虑这三个质点组成的系统.相对于杆的中点,在碰撞过程中合外力矩为零,因此,系统对 $O$ 点的角动量守恒.设碰撞后杆转动的角速度为 $\omega$,则碰撞后三质点的速率 $v_1'=v_2'=v_3'=\frac{1}{2}a\omega$.碰撞前,此系统的总角动量为 $m_3\boldsymbol{r}_2\times\boldsymbol{v}_0$.碰撞后,它们的总角动量为 $m_3\boldsymbol{r}_2\times\boldsymbol{v}_3'+m_2\boldsymbol{r}_2\times\boldsymbol{v}_2'+m_1\boldsymbol{r}_1\times\boldsymbol{v}_1'$.考虑到这些叉积的方向相同,角动量守恒给出下列标量关系:

$$m_3r_2v_0=m_3r_2v_3'+m_2r_2v_2'+m_1r_1v_1'$$

由于

$$m_1=m_2=m_3,\quad r_1=r_2=\frac{1}{2}a,\quad v_1'=v_2'=v_3'=\frac{1}{2}a\omega$$

可求得

$$\omega=\frac{2v_0}{3a}$$

## 习　题　2

2-1　两质量分别为 $m$ 和 $M(M\neq m)$ 的物体并排放在光滑的水平桌面上. 现有一水平力 $F$ 作用在物体 $m$ 上，使两物体一起向右运动，如题 2-1 图所示. 求两物体间的相互作用力. 若水平力 $F$ 作用在 $M$ 上，使两物体一起向左运动，则两物体间相互作用力的大小是否发生变化？

2-2　在一条跨过轻滑轮的细绳的两端各系一物体，两物体的质量分别为 $M_1$ 和 $M_2$，在 $M_2$ 上再放一质量为 $m$ 的小物体，如题 2-2 图所示. 若 $M_1=M_2=4m$，求 $m$ 和 $M_2$ 之间的相互作用力. 若 $M_1=5m, M_2=3m$，则 $m$ 与 $M_2$ 之间的作用力是否发生变化？

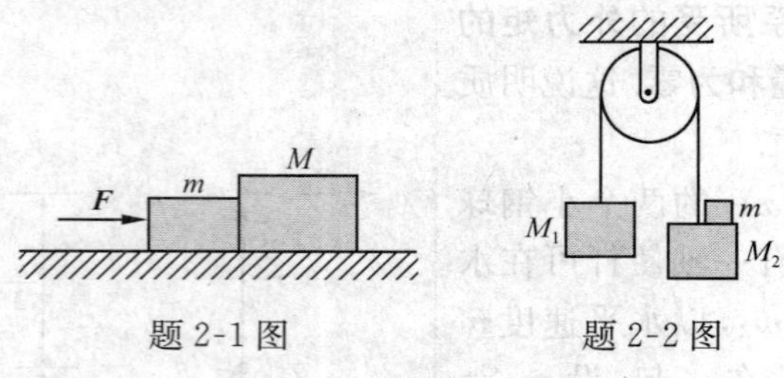

题 2-1 图　　题 2-2 图

2-3　质量为 $M$ 的气球以加速度 $\boldsymbol{a}$ 匀加速上升. 突然一只质量为 $m$ 的小鸟飞到气球上，并停留在气球上. 若气球仍能向上加速，求气球的加速度减小了多少？

2-4　如题 2-4 图所示，人的质量为 60kg，底板的质量为 40kg. 人若想站在底板上静止不动，则必须以多大的力拉住绳子？

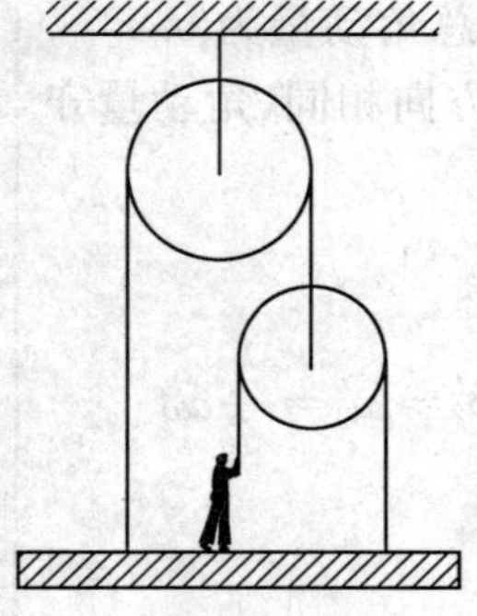
题 2-4 图

2-5　一质量为 $m$ 的物体静置于倾角为 $\theta$ 的固定斜面上. 已知物体与斜面间的摩擦系数为 $\mu$. 试问：至少要用多大的力作用在物体上，才能使它运动？并指出该力的方向.

2-6　一木块恰好能在倾角 $\theta$ 的斜面上以匀速下滑，现在使它以初速率 $v_0$ 沿这一斜面上滑，问它在斜面上停止前，可向上滑动多少距离？当它停止滑动时，是否能再从斜面上向下滑动？

2-7　5kg 的物体放在地面上，若物体与地面之间的摩擦系数为 0.30，至少要多大的力才能拉动该物体？

2-8　两个圆锥摆，悬挂点在同一高度，具有不同的悬线长度，若使它们运动时两个摆球离开地板的高度相同，试证这两个摆的周期相等.

2-9　质量分别为 $M$ 和 $M+m$ 的两个人，分别拉住定滑轮两边的绳子往上爬，开始时两人与滑轮的距离都有 $h$. 设滑轮和绳子的质量以及定滑轮轴承处的摩擦力均可忽略不计，绳长不变. 试证明，如果质量轻的人在 $t$ s 内爬到滑轮，这时质量重的人与滑轮的距离为

$$\frac{m}{M+m}\left(h+\frac{1}{2}gt^2\right)$$

2-10　质量为 $m_1=10\text{kg}$ 和 $m_2=20\text{kg}$ 的两物体，用轻弹簧连接在一起放在光滑水平桌面上，以 $F=200\text{N}$ 的力沿弹簧方向作用于 $m_2$，使 $m_1$ 得到加速度 $a_1=120\text{cm}\cdot\text{s}^{-2}$，求 $m_2$ 获得的加速度大小.

2-11　顶角为 $\theta$ 的圆锥形漏斗垂直于水平面放置，如题 2-11 图所示. 漏斗内有一个质量为 $m$ 的小物体，$m$ 距漏斗底的高度为 $h$. 问：

(1) 如果 $m$ 与锥面间无摩擦，要使 $m$ 停留在 $h$ 高度随锥面一起绕其几何轴以匀角速度转动，$m$ 的速率应是多少？

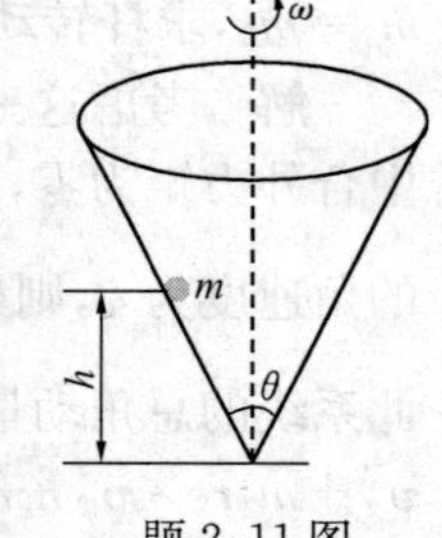

题 2-11 图

(2) 如果 $m$ 与锥面间的摩擦系数为 $\mu$，要使 $m$ 稳定在 $h$ 高度随锥面一起以匀角速度转动，但可以有向上或向下运动的趋势，则速率范围是什么？

2-12　如图 2-12 题所示，已知两物体 A，B 的质量均为 $m=3.0\text{kg}$，物体 A 以加速度 $1.0\text{m}\cdot\text{s}^{-2}$ 运动，求物体 B 与桌面间的摩擦力（滑轮与绳子的质量不计）.

2-13　一质量为 $m$ 的小球最初位于如题 2-13 图所示的 $A$ 点，然后沿半径为 $r$ 的光滑圆轨道 $ADCB$ 下滑，试求小球到达 $C$ 点时的角速度和对圆轨道的作用力.

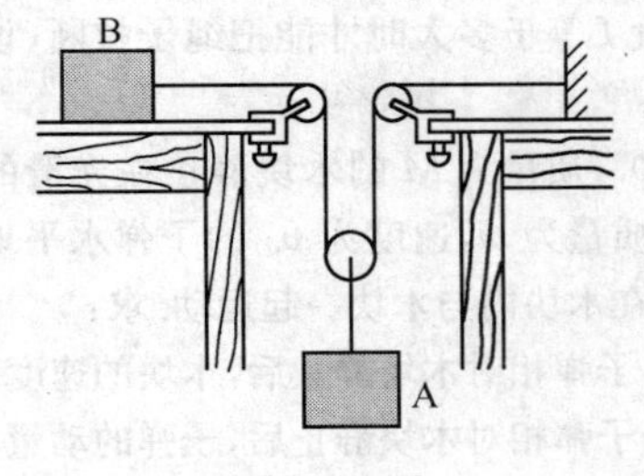


题 2-12 图

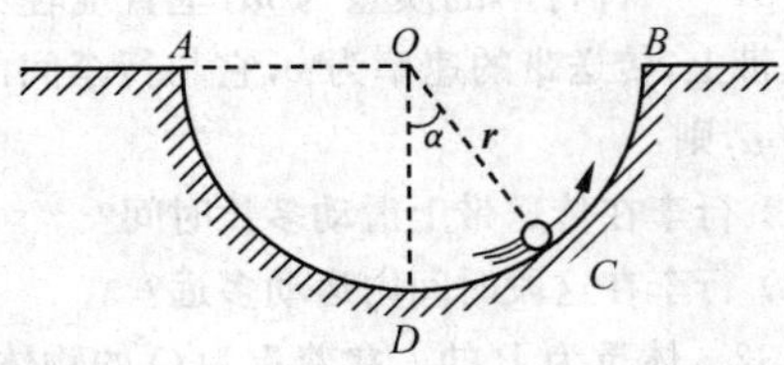


题 2-13 图

2-14 质量为 $m$ 的摩托车，在恒定的牵引力 $F$ 的作用下工作，它所受的阻力与其速率的平方成正比，它能达到的最大速率是 $v_m$. 试计算从静止加速到 $v_m/2$ 所需的时间以及所走过的路程.

2-15 如题 2-15 图所示，A 为定滑轮，B 为动滑轮，三个物体的质量分别为 $m_1=200\text{g}$, $m_2=100\text{g}$, $m_3=50\text{g}$.

(1) 求每个物体的加速度；

(2) 求两根绳中的张力 $F_{T1}$ 和 $F_{T2}$（滑轮和绳子质量不计，绳子的伸长和摩擦力可略）.

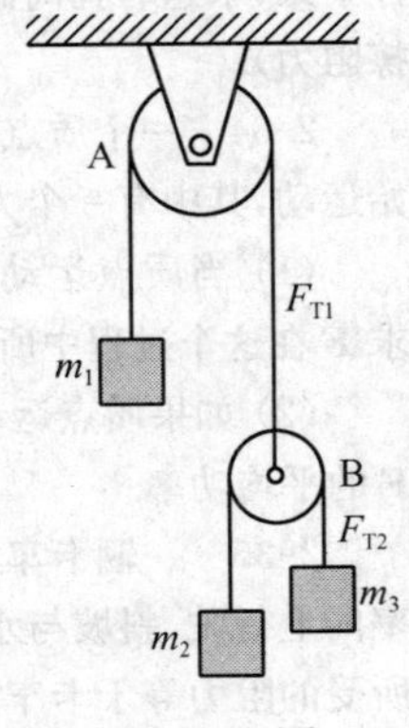


题 2-15 图

2-16 桌面上有一质量 $M=1.50\text{kg}$ 的板，板上放一质量为 $m=2.45\text{kg}$ 的另一物体，设物体与板、板与桌面之间的摩擦系数均为 0.25. 要将板从物体下面抽出，至少需要多大的水平力？

2-17 已知一个倾斜度可以变化但底边长 $L$ 不变的斜面：

(1) 求石块从斜面顶端无初速地滑到底所需时间与斜面倾角 $\alpha$ 之间的关系，设石块与斜面间的滑动摩擦系数为 $\mu$；

(2) 若斜面倾角为 60°和 45°时石块下滑的时间相同，问滑动摩擦系数 $\mu$ 为多大？

2-18 如题 2-18 图所示，用一穿过光滑桌面上小孔的轻绳，将放在桌面上的质点 $m$ 与悬挂着的质点 $M$ 连接起来，$m$ 在桌面上做匀速率圆周运动，问 $m$ 在桌面上圆周运动的速率 $v$ 和圆周半径 $r$ 满足什么关系时，才能使 $M$ 静止不动？

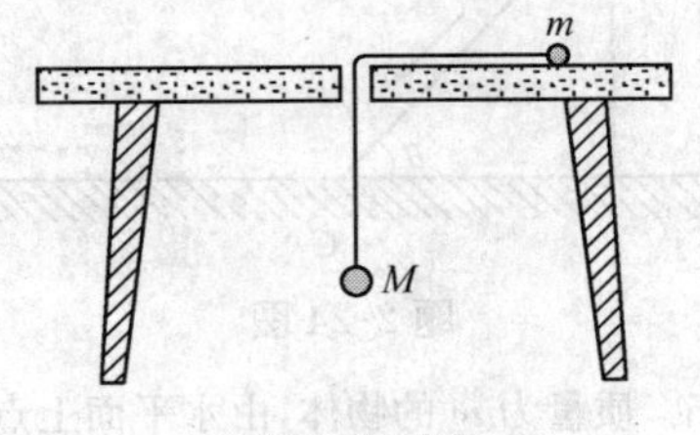


题 2-18 图

2-19 一质量为 0.15kg 的棒球以 $v_0=40\text{m}\cdot\text{s}^{-1}$ 的水平速度飞来，被棒打击后，速度仍沿水平方向，但与原来方向成 135°角，大小为 $v=50\text{m}\cdot\text{s}^{-1}$. 如果棒与球的接触时间为 0.02s，求棒对球的平均打击力大小及方向.

2-20 将一空盒放在秤盘上，并将秤的读数调整到零. 然后从高出盒底 $h$ 将小钢珠以每秒 $B$ 个的速率由静止开始掉入盒内，设每一个小钢珠的质量为 $m$. 若钢珠与盒底碰撞后即静止，试求自钢珠落入盒内起，经过时间 $t$ 后秤的读数.

2-21 两质量均为 $M$ 的冰车头尾相接地静止在光滑的水平冰面上. 一质量为 $m$ 的人从一车跳到另一车上，然后再跳回. 试证明，两冰车的末速度之比为 $(M+m)/M$.

2-22 质量为 3.0kg 的木块静止在水平桌面上，质量为 5.0g 的子弹沿水平方向射进木块. 两者合在一起，在桌面上滑动 25cm 后停止. 木块与桌面的摩擦系数为 0.20，试求子弹原来的速度.

2-23 光滑水平平面上有两个物体 A 和 B，质量分别为 $m_A$、$m_B$. 当它们分别置于一个轻弹簧的两端，经双手压缩后由静止突然释放，然后各自以 $v_A$、$v_B$ 的速度做惯性运动. 试证明分开之后，两物体的动能之比为 $\dfrac{E_{kA}}{E_{kB}}=\dfrac{m_B}{m_A}$.

2-24 如题 2-24 图所示，一个固定的光滑斜面，倾角为 $\theta$，有一个质量为 $m$ 小物体，从高 $H$ 处沿斜面自由下滑，滑到斜面底 $C$ 点之后，继续沿水平面平稳地滑行. 设 $m$ 所滑过的路程全是光滑无摩擦的，试求：

(1) $m$ 到达 $C$ 点瞬间的速度；

(2) $m$ 离开 $C$ 点的速度；

(3) $m$ 在 $C$ 点的动量损失.

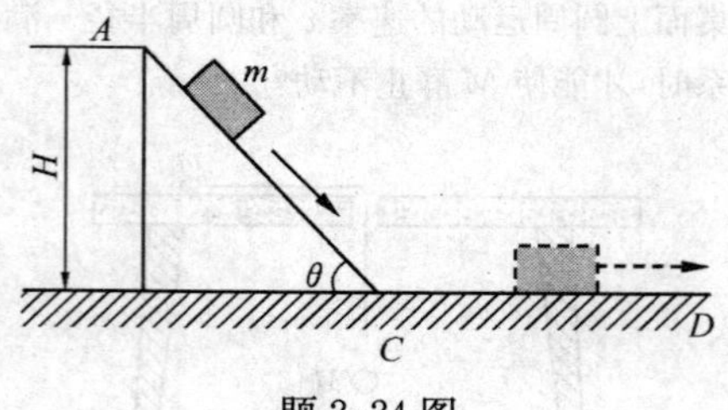


题 2-24 图

2-25　质量为 $m$ 的物体，由水平面上点 $O$ 以初速度 $v_0$ 抛出，$v_0$ 与水平面成仰角 $\alpha$. 若不计空气阻力，求：

(1) 物体从发射点 $O$ 到最高点的过程中，重力的冲量；

(2) 物体从发射点落回至同一水平面的过程中，重力的冲量.

2-26　如题 2-26 图所示，在水平地面上，有一横截面 $S=0.20\text{m}^2$ 的直角弯管，管中有流速为 $v=3.0\text{m}\cdot\text{s}^{-1}$ 的水通过，求弯管所受力的大小和方向.

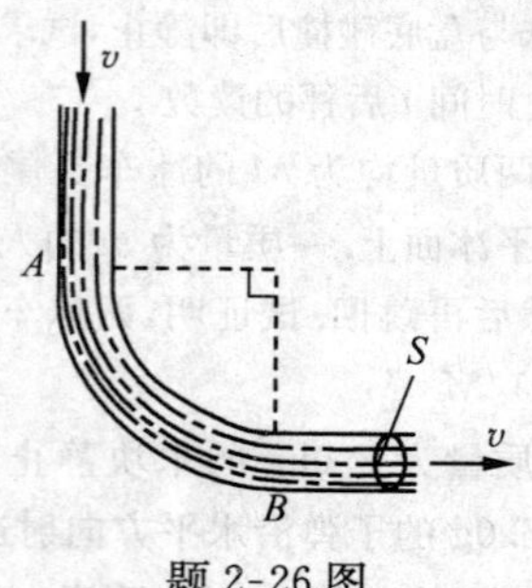


题 2-26 图

2-27　一个质量为 50g 的小球以速率 $20\text{m}\cdot\text{s}^{-1}$ 做平面匀速圆周运动，在 1/4 周期内向心力给它的冲量是多大？

2-28　自动步枪连续发射时，每分钟射出 120 发子弹，每发子弹的质量为 7.90g，出口速率 $735\text{m}\cdot\text{s}^{-1}$，求射击时枪托对肩膀的平均冲力.

2-29　如题 2-29 图所示，已知绳能承受的最大拉力为 9.8N，小球的质量为 0.5kg，绳长 0.3m，水平冲量 $I$ 等于多大时才能把绳子拉断（设小球原来静止）.

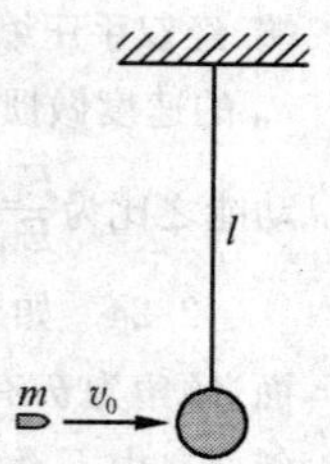


题 2-29 图

2-30　质量为 $M$ 的木块静止在光滑的水平面桌面上，质量为 $m$，速度为 $v_0$ 的子弹水平地射入木块，并陷在木块内与木块一起运动. 求：

(1) 子弹相对木块静止后，木块的速度和动量；

(2) 子弹相对木块静止后，子弹的动量；

(3) 在这个过程中，子弹施于木块的冲量.

2-31　一件行李的质量为 $m$，垂直地轻放在水平传送带上，传送带的速率为 $v$，它与行李间的摩擦系数为 $\mu$，则：

(1) 行李在传送带上滑动多长时间？

(2) 行李在这段时间内运动多远？

2-32　体重为 $P$ 的人拿着重为 $Q$ 的物体跳远，起跳仰角为 $\varphi$，初速度为 $v_0$. 到达最高点该人将手中的物体以水平向后的相对速度 $u$ 抛出，问跳远成绩因此增加多少？

2-33　质量为 $m$ 的一只狗，站在质量为 $M$ 的一条静止在湖面的船上，船头垂直指向岸边，狗与岸边的距离为 $s_0$. 这只狗向着湖岸在船上走过 $l$ 的距离停下来，求这时狗离湖岸的距离 $s$（忽略船与水的摩擦阻力）.

2-34　一个质点在几个力同时作用下从原点开始运动，其中有一个力为 $\boldsymbol{F}=7\boldsymbol{i}-6\boldsymbol{j}\text{N}$.

(1) 当质点运动到位置 $\boldsymbol{r}=6\boldsymbol{i}+4\boldsymbol{j}-16\boldsymbol{k}\text{m}$ 时，求 $\boldsymbol{F}$ 在这个过程中所做的功；

(2) 如果质点运动到位置 $\boldsymbol{r}$ 处时需 0.6 秒，试求 $\boldsymbol{F}$ 的平均功率.

2-35　一辆卡车能沿着斜坡以 $15\text{km}\cdot\text{h}^{-1}$ 的速率向上行驶，斜坡与水平面夹角的正切 $\tan\alpha=0.02$，所受的阻力等于卡车重量的 0.04，如果卡车以同样的功率匀速下坡，则卡车的速率是多少？

2-36　某物块重量为 $P$，用一与墙垂直的压力 $F_N$ 使其压紧在墙上，墙与物块间的滑动摩擦系数为 $\mu$. 试计算物块沿题 2-36 图所示的不同路径：弦 $AB$，劣弧 $AB$，折线 $AOB$ 由 $A$ 移动到 $B$ 时，重力和摩擦力的功. 已知圆弧半径为 $r$.

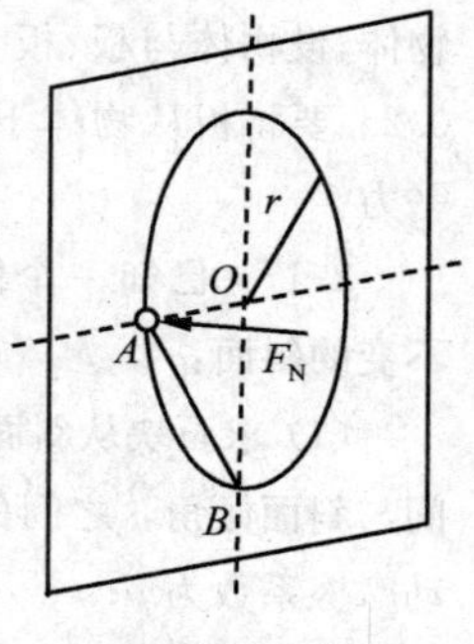


题 2-36 图

2-37　求把水从面积

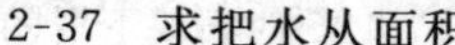

为 $50\text{m}^2$ 的地下室中抽到街道上来所需做的功. 已知水深为 1.5m,水面至街道的竖直距离为 5m.

2-38 质量为 $m$ 的物体置于桌面上并与轻弹簧相连,最初 $m$ 处于使弹簧既未压缩也未伸长的位置,并以速度 $v_0$ 向右运动,弹簧的劲度系数为 $k$,物体与支撑面间的滑动摩擦系数为 $\mu$,求物体能达到的最远距离.

2-39 一质量为 $m$、总长为 $l$ 的匀质铁链,开始时有一半放在光滑的桌面上,而另一半下垂. 试求铁链滑离桌面边缘时重力所做的功.

2-40 一辆小汽车,以 $\boldsymbol{v}=v\boldsymbol{i}$ 的速度运动,受到的空气阻力近似与速率的平方成正比,$\boldsymbol{F}=-Av^2\boldsymbol{i}$,$A$ 为常数. 且 $A=0.6\text{N}\cdot\text{s}^2\cdot\text{m}^{-2}$.

(1) 如小汽车以 $80\text{km}\cdot\text{h}^{-1}$ 的恒定速率行驶 1km,求空气阻力所做的功;

(2) 问保持该速率,必须提供多大的功率?

2-41 一沿 $x$ 轴正方向的力作用在一质量为 3.0kg 的质点上. 已知质点的运动方程为 $x=3t-4t^2+t^3$,这里 $x$ 以 m 为单位,时间 $t$ 以 s 为单位. 试求:

(1) 力在最初 4.0s 内做的功;

(2) 在 $t=1\text{s}$ 时,力的瞬时功率.

2-42 以铁锤将一铁钉击入木板,设木板对铁钉的阻力与铁钉进入木板内的深度成正比,若铁锤击第一次时,能将小钉击入木板内 1cm,问击第二次时能击入多深(假定铁锤两次打击铁钉时的速度相同)?

2-43 从地面上以一定角度发射地球卫星,发射速度 $v_0$ 应为多大才能使卫星在距地心半径为 $r$ 的圆轨道上运转?

2-44 一轻弹簧的劲度系数为 $k=100\text{N}\cdot\text{m}^{-1}$,用手推一质量 $m=0.1\text{kg}$ 的物体 A 把弹簧压缩到离平衡位置为 $x_1=0.02\text{m}$ 处,如题 2-44 图所示. 放手后,物体沿水平面移动距离 $x_2=0.1\text{m}$ 而停止. 求物体与水平面间的滑动摩擦系数.

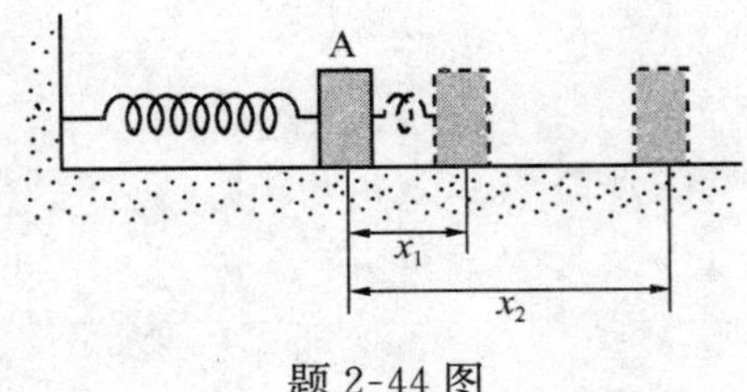


题 2-44 图

2-45 一质量 $m=80\text{kg}$ 的物体 A,自 $h=2\text{m}$ 处落到弹簧上. 当弹簧从原长向下压缩 $x_0=0.2\text{m}$ 时,物体再被弹回. 试求弹簧下压 0.1m 时物体的速度.

2-46 长度为 $l$ 的轻绳一端固定,一端系一质量为 $m$ 的小球,绳的悬挂点正下方距悬挂点的距离为 $d$ 处有一钉子. 小球从水平位置无初速释放,欲使球在以钉子为中心的圆周上绕一圈,试证 $d$ 至少为 $0.6l$.

2-47 弹簧下面悬挂着质量分别为 $m_1$,$m_2$ 的两个物体,开始时它们都处于静止状态. 突然把 $m_1$ 与 $m_2$ 的连线剪断后,$m_1$ 的最大速率是多少? 设弹簧的劲度系数 $k=8.9\text{N}\cdot\text{m}^{-1}$,而 $m_1=500\text{g}$,$m_2=300\text{g}$.

2-48 一人从 10m 深的井中提水. 起始时桶中装有 10kg 的水,桶的质量为 1kg,由于水桶漏水,每升高 1m 要漏去 0.2kg 的水,求水桶匀速地从井中提到井口,人所做的功.

2-49 地球质量为 $6.0\times10^{24}\text{kg}$,地球与太阳相距 $1.5\times10^{11}\text{m}$,视地球为质点,它绕太阳做圆周运动,求地球对于圆轨道中心的角动量.

2-50 我国发射的第一颗人造地球卫星近地点高度 $d_{近}=439\text{km}$,远地点高度 $d_{远}=2\ 384\text{km}$,地球半径 $R_{地}=6\ 370\text{km}$,求卫星在近地点和远地点的速度之比.

2-51 一个具有单位质量的质点在力场 $\boldsymbol{F}=(3t^2-4t)\boldsymbol{i}+(12t-6)\boldsymbol{j}$ 中运动,式中 $t$ 为时间,设该质点在 $t=0$ 时位于原点,且速度为零. 求 $t=2$ 时该质点受到的对原点的力矩和该质点对原点的角动量.

2-52 一质量为 $m$ 的粒子位于 $(x,y)$ 处,速度为 $\boldsymbol{v}=v_x\boldsymbol{i}+v_y\boldsymbol{j}$,并受到一个沿 $x$ 方向的力 $f$. 求它相对于坐标原点的角动量和作用在其上的力矩.

2-53 电子的质量为 $9.1\times10^{-31}\text{kg}$,在半径为 $5.3\times10^{-11}\text{m}$ 的圆周上绕氢核做匀速率运动. 已知电子的角动量为 $\dfrac{h}{2\pi}$($h$ 为普朗克常量,$h=6.63\times10^{-34}\text{J}\cdot\text{s}$),求其角速度.

2-54 在光滑的水平桌面上,用一根长为 $l$ 的绳子把一质量为 $m$ 的质点联结到一固定点 $O$. 起初,绳子是松弛的,质点以恒定速率 $v_0$ 沿一直线运动. 质点与 $O$ 最接近的距离为 $b$,当此质点与 $O$ 的距离达到 $l$ 时,绳子就绷紧了,进入一个以 $O$ 为中心的圆形轨道.

(1) 求此质点的最终动能与初始动能之比. 能量到哪里去了?

(2) 当质点做匀速圆周运动以后的某个时刻,绳子突然断了,它将如何运动,绳断后质点对 $O$ 的角动量如何变化?

2-55　如题 2-55 图所示,质量分别为 $m_1$ 和 $m_2$ 的两只球,用弹簧连在一起,且以长为 $L_1$ 的线拴在轴 $O$ 上,$m_1$ 与 $m_2$ 均以角速度 $\omega$ 绕轴在光滑水平面上做匀速圆周运动. 当两球之间的距离为 $L_2$ 时,将线烧断. 试求线被烧断时的瞬时两球的加速度 $a_1$ 和 $a_2$(弹簧和线的质量忽略不计).

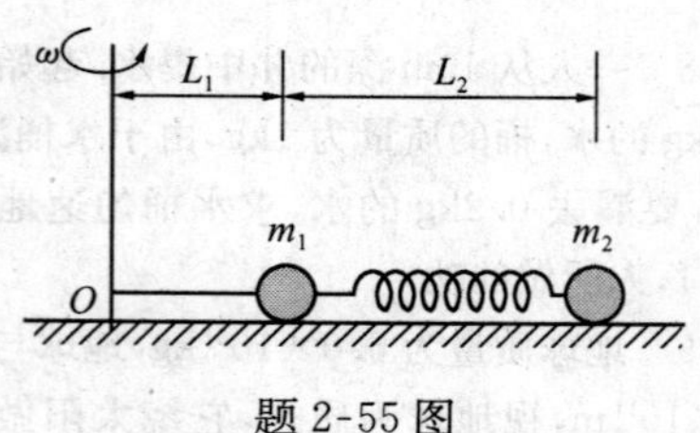


题 2-55 图

2-56　A,B 两个人溜冰,他们的质量各为 70kg,各以 $4\mathrm{m}\cdot\mathrm{s}^{-1}$ 的速率在相距 1.5m 的平行线上相对滑行. 当他们要相遇而过时,两人互相拉起手,因而绕他们的对称中心做圆周运动,如题 2-56 图所示. 将此二人作为一个系统,求:

(1) 该系统的总动量和总角动量;

(2) 开始做圆周运动时的角速度.

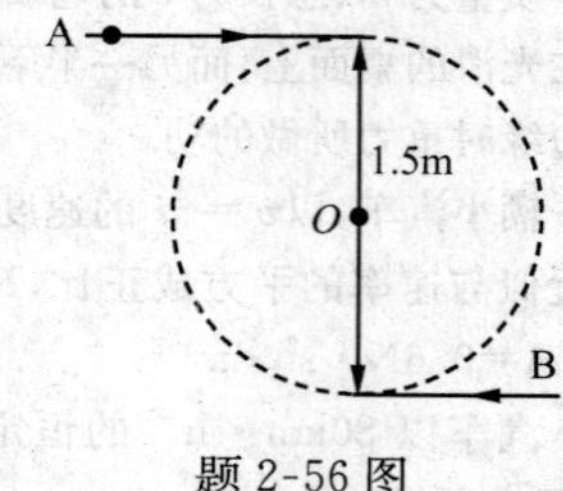


题 2-56 图

2-57　人造地球卫星绕地球做椭圆运动,若计空气阻力和其他星球的作用,在卫星运行过程中,卫星的动量和它对地心的角动量都守恒吗? 为什么?

# 第3章 刚体力学基础

前面我们已讨论了质点和质点系运动的一般规律，如牛顿运动三定律、动量守恒定律、角动量守恒定律、机械能守恒定律、能量守恒定律等. 上述的定理和定律都是就质点而提出的，同时应用于质点和离散型质点系的情形. 然而，在实际问题中，有许多情况下物体不能再看作质点，如要考察车轮滚动、电机转子转动、炮弹自旋等问题时，物体的形状、大小就不能再忽略. 此时，物体就只能看成是由无限多个连续质点(或质元)组成的质点系.

本章将首先介绍“刚体”这一特殊的质点系，然后从质点运动的知识出发，分析和介绍刚体转动的规律，重点讨论刚体的定轴转动，从而为进一步研究更复杂的机械运动奠定基础.

## 3.1 刚体运动的描述

### 3.1.1 刚体

一般情况下，任何物体在受到外力或外界作用时，都会发生不同程度的形变. 但是许多常见的固态物体，在外力作用下其形变很小，当考察该物体的运动时，该形变产生的影响也相当微小，完全可以忽略不计. 为了研究问题方便，我们就可以认为该物体的大小、形状在外力作用下均没有变化. 在物理学中，我们把这种在任何情况下形状和大小都保持不变的物体称为**刚体**(rigid body). 刚体是实际物体(固体)的一种抽象，是一种理想的力学模型. 由于物体都是由大量质点(或质元)组成的质点系，因此刚体又可以定义为：**各质点(或质元)间的距离均保持不变的质点系.**

### 3.1.2 刚体的自由度

**确定一个物体在空间的位置所需要的独立坐标数目称为该物体的自由度**(degree of freedom)**数.**

若一个质点在三维空间中运动，则需要三个独立坐标来确定它的空间位置. 例如，可以用直角坐标系中的 $x$、$y$、$z$ 三个坐标来描述，也可以用球坐标系的 $r$、$\theta$、$\varphi$ 来描述，还可以用柱坐标 $\rho$、$\varphi$、$z$ 来描述,所以它的自由度为 3. 一般来说,由 $n$ 个质点组成的体系有 $3n$ 个自由度. 但是当质点运动受到某种约束时,自由度就会减少. 若质点限制在平面上运动时,则只要两个独立坐标就可确定其位置,因而其自由度为 2,若质点沿一直线运动,则其自由度为 1. 对于两自由质点组成的体系,其自由度为 6. 但是,若这两个质点距离保持不变,则其自由度降为 5. 同样地,对于由 3 个距离保持不变的质点组成的体系,其自由度应为 6.

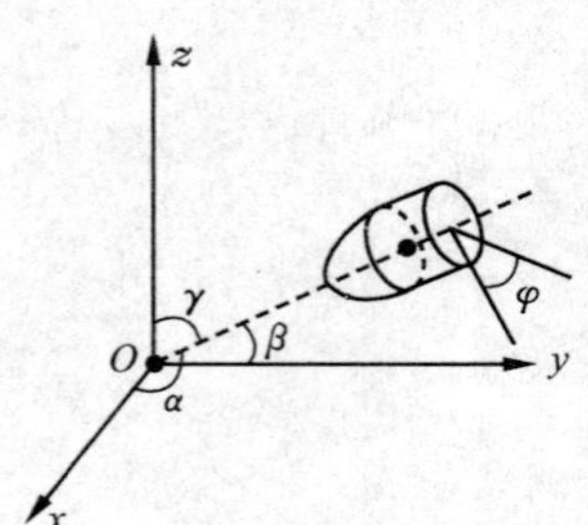

图 3-1　刚体的自由度

刚体的运动一般总可以分解为两个独立运动:质心的平动和绕质心的转动,如图 3-1 所示. 对于刚体质心的平动,一般需要用 3 个独立变量来描述,即有 3 个平动自由度;对于刚体绕其质心的转动,也需要 3 个独立变量才能充分描述:即确定通过质心的转轴的方位可用转轴与 $x$、$y$、$z$ 轴的三个夹角 $\alpha$、$\beta$、$\gamma$. 由于 $\cos^2\alpha+\cos^2\beta+\cos^2\gamma=1$. 因此,只需要用两个独立变量(如 $\alpha$、$\beta$)来确定通过质心的转轴的方位;再用另一个独立变量 $\varphi$ 来确定刚体绕该轴转动的角度. 因此刚体一般运动有 6 个自由度,当刚体的运动受到某些限制时,其自由度还要减少.

### 3.1.3　刚体运动的几种形式

由于受到不同的约束,刚体可以有各种运动的形式,每种运动形式对应的自由度也不同.

(1) 平动. 刚体做平动时,固连在刚体上的任一条直线在各个时刻的位置始终保持彼此平行,故刚体上每一点的运动情况完全相同,刚体的运动可用一质点来代表,因而这种运动的描述与质点相同,其自由度为 3,如图 3-2 所示.

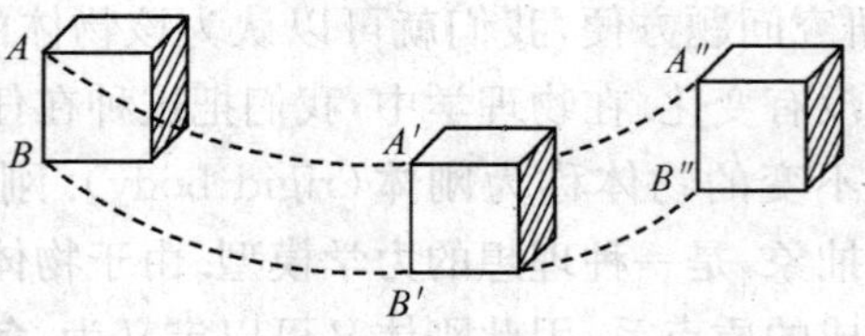

图 3-2　刚体的平动

(2) 定轴转动. 如果刚体上所有的质元都绕同一直线做圆周运动,这种运动称为刚体的转动,这条直线称为**转轴**. 如果整个转轴相对参考系静止,这种转动称为**定轴转动**(fixed-axis rotation). 如门窗、车床上工件的转动都属于定轴转动. 显然,定轴转动的刚体只有一个自由度.

(3) 平面平行运动. **刚体在运动过程中,其上每一点都在与某固定平面相平行的平面内运动**,这种运动称为**刚体的平面平行运动**

(plane-parallel motion).这时,刚体内任一与固定平面相垂直的直线上所有点的运动情况完全相同,因而刚体的运动可用与固定平面相平行的任一截面的运动来代表,而该截面的运动则可以看成是其上任一点在该平面上的平动与绕过该点且垂直于平面的轴线的转动的组合.显然,平面平行运动的刚体的自由度为3.

(4) 定点转动.当刚体上某一点固定时,刚体只能绕该点转动,这种运动称为刚体的**定点转动**(rotation around a fixed point).如火车车厢厢顶电风扇的转动、玩具陀螺的转动均属定点转动.不难看出,定点转动的刚体的自由度为3.

(5) 一般运动.刚体的一般运动可以看成是随刚体上某一点(如质心)的平动和绕该点的转动的组合.做一般运动的刚体的自由度为6.

由以上的分析可见,平动和定轴转动是刚体最基本的运动形式.平动与质点的运动相当,不必另加讨论.所以我们将在下节着重讨论刚体的定轴转动.

### 3.1.4 刚体定轴转动的描述

在刚体做定轴转动时,刚体上的各点都绕定轴以不同的半径做圆周运动,刚体上各个质点离轴的距离可能不同,在相同时间内转过的线位移也不尽相同,但转过的角位移却一定是相同的.因此可以**在刚体上任意选定一点,研究该点绕定轴的转动并以此来描述刚体的定轴转动.**

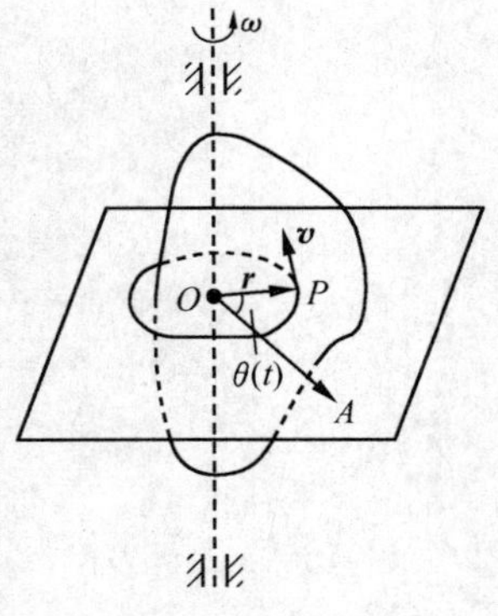

图 3-3 刚体定轴转动的描述

如图3-3所示,可在刚体上任取一质元作为代表点 $P$,过 $P$ 点向转轴作垂线,垂足为 $O$,称为 $P$ 的转心,过 $OP$ 并垂直于转轴的平面称为转动平面.我们通常选取与轴相固连的惯性系为参考系,相对参考系的任一固定方向 $\overrightarrow{OA}$ 作为参考方向,$P$ 点对 $O$ 的位矢 $\boldsymbol{r}$ 与 $\overrightarrow{OA}$ 夹角称为 $P$ 的角位置,记为 $\theta(t)$.如在第1章讲圆周运动时所提出的,以 $\mathrm{d}\theta$ 表示刚体在 $\mathrm{d}t$ 时间内转过的角位移,则刚体的角速度为

$$\omega = \frac{\mathrm{d}\theta}{\mathrm{d}t}$$

角速度可定义为矢量,以 $\boldsymbol{\omega}$ 表示.它的方向规定为沿转轴的方向,其指向用右手螺旋法则确定.

刚体的角加速度大小为

$$\beta = \frac{\mathrm{d}\omega}{\mathrm{d}t} = \frac{\mathrm{d}^2\theta}{\mathrm{d}t^2}$$

离转轴距离为 $r$ 的质元的线速度和刚体的角速度 $\omega$ 的关系为

$$v = r\omega$$

离转轴距离为 $r$ 的质元的线加速度与刚体的角加速度和角速度

的关系为

$$a_t = r\beta$$

$$a_n = r\omega^2$$

定轴转动的一种简单情况是匀变速转动. 在这一转动过程中,刚体的角加速度 $\beta$ 保持不变. 以 $\omega_0$ 表示刚体在 $t=0$ 时刻的角速度,以 $\omega$ 表示它在 $t$ 时刻的角速度,以 $\theta_0$ 和 $\theta$ 分别表示它在 $t=0$ 和 $t$ 时刻的角位置,则在 $0\sim t$ 时间内的角位移为 $\Delta\theta=\theta-\theta_0$. 仿照匀变速直线运动公式的推导可得匀变速转动的相应公式为

$$\omega = \omega_0 + \beta t$$

$$\Delta\theta = \omega_0 t + \frac{1}{2}\beta t^2$$

$$\omega^2 - \omega_0^2 = 2\beta\Delta\theta$$

## 3.2 刚体定轴转动定律　角动量守恒定律

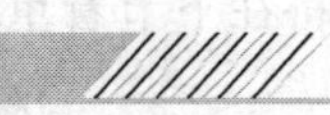

本节我们研究刚体定轴转动时的力学规律.

### 3.2.1　力矩

一个静止的刚体,要使其转动,必然离不开外力矩的作用. 因此,本节我们要在第 2 章力对参考点的力矩的基础上,再次讨论力矩的概念.

在定轴转动中,因为平行于转轴的外力对刚体绕轴转动是不起作用的,因此,如图 3-4 所示,通常我们将作用在刚体上的外力分解成平行于转轴的分力 $F_{/\!/}$ 和垂直于转轴的分力 $F_\perp$,其中只有在转动平面 $S$ 内的分力 $F_\perp$ 对刚体的转动起作用. 则根据力对参考点的力矩式(2-58),图 3-4 所示外力 $\boldsymbol{F}$ 对定轴转动的刚体作用的力矩大小则应为

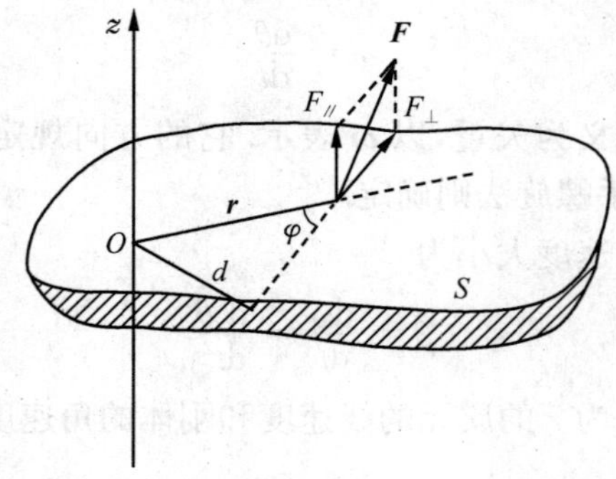


图 3-4　外力作用在定轴转动刚体上的力矩

$$M_z = r\sin\varphi F_{\perp} = F_{\perp} d \tag{3-1}$$

式中，$M_z$ 称为力 $\boldsymbol{F}$ 对定轴 $Oz$ 的力矩，$d=r\sin\varphi$ 称为力臂，$\varphi$ 为 $\boldsymbol{r}$ 与 $\boldsymbol{F}_{\perp}$ 的夹角. 可以证明，$M_z$ 仅仅只是外力 $\boldsymbol{F}$ 对刚体上定点 $O$ 的力矩 $M_O$ 在定轴 $Oz$ 上的一个分量. 而 $F_{\perp}$ 也只是外力 $\boldsymbol{F}$ 在转动平面 $S$ 内的一个分力. 显然，力矩 $M_z$ 的方向沿转轴 $Oz$. 通常，在定轴转动时，我们把力矩 $M_z$ 使刚体转动的转向与右手螺旋的前进方向一致时作为正值，反之则为负值.

当有 $n$ 个外力作用在定轴转动的刚体上时，其总力矩的量值应等于这 $n$ 个外力对转轴产生的分力矩的代数和，其和为正值时，表明总力矩方向和右手螺旋前进方向一致，反之则相反.

### 3.2.2 定轴转动定律 转动惯量

1. 定轴转动定律 转动惯量

现在我们来讨论刚体做定轴转动时的动力学关系.

刚体是一种特殊的质点系，在有外力矩 $\boldsymbol{M}$ 作用时，刚体的角动量 $\boldsymbol{L}$ 也会发生变化，根据式(2-75)，因而，对刚体也有

$$\boldsymbol{M} = \frac{\mathrm{d}\boldsymbol{L}}{\mathrm{d}t} \tag{3-2}$$

刚体做定轴转动时，转轴 $z$ 的方向是固定的，故该方向的角动量定理可以写成标量形式

$$M_z = \frac{\mathrm{d}L_z}{\mathrm{d}t} \tag{3-3}$$

下面就推导对于绕定轴(取为 $z$ 轴)转动的刚体 $L_z$ 的具体形式.

如图 3-5 所示，刚体绕 $O'z$ 轴做定轴转动，$O$ 为质元 $\Delta m_i$ 到转轴的垂足，$r_i$ 为 $\Delta m_i$ 至 $O'z$ 的垂距，对于参考点 $O'$(定点)，质元 $\Delta m_i$ 的角动量为

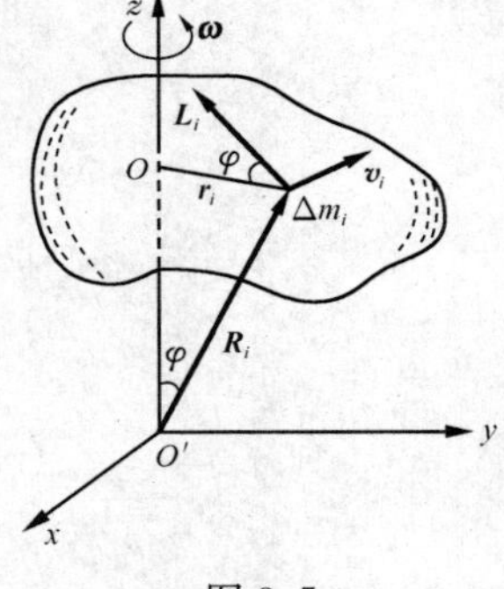

图 3-5

$$\boldsymbol{L}_i = \boldsymbol{R}_i \times \Delta m_i \boldsymbol{v}_i$$

式中，$\boldsymbol{R}_i$ 为定点 $O'$ 到 $\Delta m_i$ 的径矢，$\varphi$ 为 $\boldsymbol{R}_i$ 和 $OO'$ 的夹角. 由于 $\boldsymbol{R}_i$ 垂直于 $\boldsymbol{v}_i$，所以

$$L_i = R_i \Delta m_i v_i$$

而 $\boldsymbol{L}_i$ 在 $z$ 轴上的分量为

$$L_{iz} = R_i \Delta m_i v_i \sin\varphi = r_i \Delta m_i v_i = \Delta m_i r_i^2 \omega$$

则整个刚体的总的角动量沿 $z$ 轴的分量，亦即刚体沿 $z$ 轴的角动量为

$$L_z = \sum_i L_{iz} = \sum_i \Delta m_i r_i^2 \omega = \left(\sum_i \Delta m_i r_i^2\right)\omega \tag{3-4}$$

式中，$\sum_i \Delta m_i r_i^2$ 为由刚体的各个质元相对于固定转轴的分布所决定

的，显然与刚体的运动以及所受的外力无关. 我们把它称为刚体对于转轴的**转动惯量**(moment of inertia). 用 $J$ 表示，即

$$J=\sum_i \Delta m_i r_i^2 \tag{3-5}$$

这样式(3-4)又可写为

$$L_z=J\omega \tag{3-6}$$

将式(3-6)代入式(3-3)，于是得到

$$M_z=\frac{\mathrm{d}L_z}{\mathrm{d}t}=\frac{\mathrm{d}(J\omega)}{\mathrm{d}t}$$

当刚体绕固定转轴转动时，刚体的转动惯量 $J$ 为常量，故上式又可写成

$$M_z=J\frac{\mathrm{d}\omega}{\mathrm{d}t}=J\beta \tag{3-7}$$

式(3-7)表明，**刚体所受的对某一固定转轴的合外力矩等于刚体对此转轴的转动惯量与刚体在此合外力矩作用下所获得的角加速度的乘积. 这是质点系角动量定理用于刚体定轴转动的具体形式，叫做刚体定轴转动定律.**

将式(3-7)和牛顿第二定律 $\boldsymbol{F}=m\boldsymbol{a}$ 加以比较是很有启发性的. 前者中的合外力矩 $M_z$ 相当于后者中的合外力 $\boldsymbol{F}$，前者中的角加速度 $\beta$ 相当于后者中的线加速度 $\boldsymbol{a}$，而刚体的转动惯量 $J$ 则和质点的惯性质量 $m$ 相对应. 因此，转动惯量反映了刚体转动状态改变的难易程度，即刚体转动的惯性.

刚体的转动惯量由式(3-5)计算，对于质量连续分布的刚体，当 $\Delta m_i\to 0$，$i\to\infty$ 时，式(3-5)可用积分表示为

$$J=\int r^2\,\mathrm{d}m \tag{3-8}$$

在国际单位制中，转动惯量单位为千克·平方米，记为 $\mathrm{kg\cdot m^2}$，量纲为 $\mathrm{ML^2}$.

### 2. 刚体定轴转动定律的应用

应用刚体定轴转动定律式(3-7)解题，与应用牛顿第二定律解题的步骤是相似的. 不过要特别注意转轴的位置及力矩、角速度、角加速度的正负.

**例 3-1** 有一根长为 $l$，质量为 $m$ 的均匀细直棒，棒可绕上端光滑水平轴在竖直平面内转动. 最初棒静止在水平位置，求它由此下摆 $\theta$ 角时的角加速度和角速度(细棒对转轴的转动惯量为 $J=\frac{1}{3}ml^2$).

**解** 此棒的下摆运动，不能再把它看成质点绕上端的转动，而应

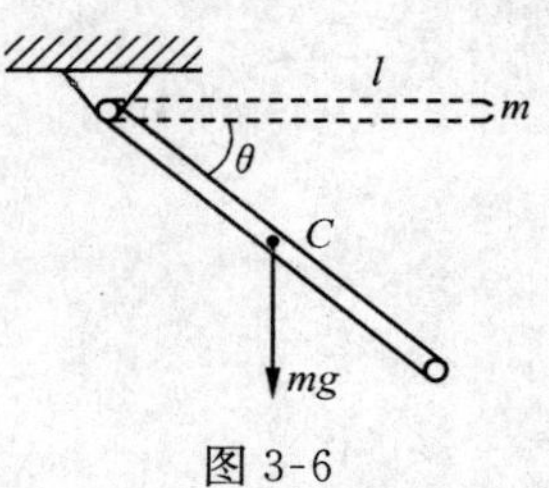

图 3-6

作为刚体的转动来处理.需要用刚体定轴转动定律求解.对棒作受力分析如图 3-6 所示.

轴对棒的作用力过轴心,因而轴对棒的作用力对转轴的力矩为零.另外棒受重力对转轴的合力矩与将重力集中作用于质心 $C$ 所产生的重力矩一样,因而棒所受合外力矩为

$$M=\frac{1}{2}mgl\cos\theta$$

代入定轴转动定律式(3-7)可得棒的角加速度为

$$\beta=\frac{M}{J}=\frac{\frac{1}{2}mgl\cos\theta}{\frac{1}{3}ml^2}=\frac{3g\cos\theta}{2l}$$

又因为

$$\beta=\frac{\mathrm{d}\omega}{\mathrm{d}t}=\frac{\mathrm{d}\omega}{\mathrm{d}\theta}\frac{\mathrm{d}\theta}{\mathrm{d}t}=\omega\frac{\mathrm{d}\omega}{\mathrm{d}\theta}$$

所以有

$$\omega\frac{\mathrm{d}\omega}{\mathrm{d}\theta}=\frac{3g\cos\theta}{2l}$$

即

$$\omega\,\mathrm{d}\omega=\frac{3g\cos\theta}{2l}\mathrm{d}\theta$$

考虑到初始条件 $\theta=0$ 时,$\omega=0$,而夹角为任意角 $\theta$ 时,棒的角速度为 $\omega$,由此确定积分上下限.并对上式两边积分,有

$$\int_0^{\omega}\omega\,\mathrm{d}\omega=\int_0^{\theta}\frac{3g\cos\theta}{2l}\mathrm{d}\theta$$

可解得

$$\omega=\sqrt{\frac{3g\sin\theta}{l}}$$

**例 3-2** 如图 3-7(a)所示,质量均为 $m$ 的两物体 A 和 B,A 放在

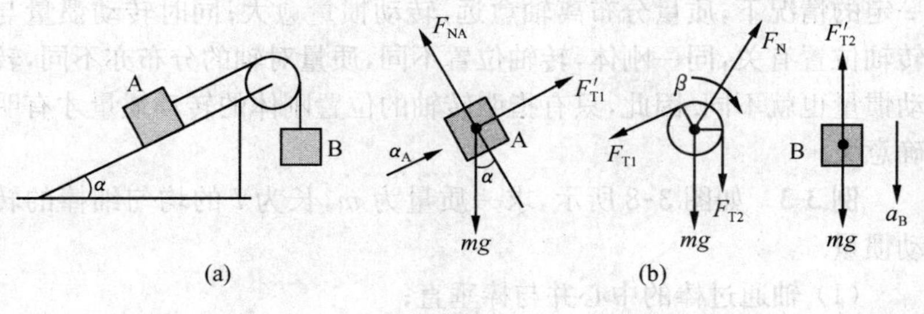

图 3-7

倾角为 $\alpha$ 的光滑斜面上，通过滑轮由不可伸长的轻绳与 B 相连. 定滑轮是半径为 $R$ 的圆盘，其质量也为 $m$. 物体运动时，绳与滑轮无相对滑动. 求绳中张力 $F_{T1}$ 和 $F_{T2}$ 及物体的加速度 $a$（设轮轴光滑，滑轮转动惯量为 $J=\frac{1}{2}mR^2$）.

**解**　对物体 A、B 和定滑轮作受力分析，如图 3-7(b)所示. 对于做平动的物体 A、B 分别应用牛顿定律得

$$F'_{T1}-mg\sin\alpha = ma_A \quad ①$$

$$mg - F'_{T2} = ma_B \quad ②$$

又

$$F'_{T1}=F_{T1},\quad F'_{T2}=F_{T2} \quad ③$$

对定滑轮，由定轴转动定律得

$$M = F_{T2}R - F_{T1}R = J\beta \quad ④$$

由于滑轮与绳无相对滑动及绳不可伸长，所以

$$a_A = a_B = R\beta \quad ⑤$$

又

$$J=\frac{1}{2}mR^2 \quad ⑥$$

联立式①～式⑥得

$$F_{T1} = \frac{2+3\sin\alpha}{5}mg$$

$$F_{T2} = \frac{3+2\sin\alpha}{5}mg$$

$$a_A = a_B = \frac{2(1-\sin\alpha)}{5}g$$

请读者思考，为什么此时 $F_{T1}\neq F_{T2}$？

3. 转动惯量的计算

从转动惯量定义式(3-5)和式(3-8)可知，刚体转动惯量 $J$ 的大小显然与刚体的总质量及质量相对于给定轴的分布有关，在总质量一定的情况下，质量分布离轴愈远，转动惯量愈大；同时转动惯量与转轴位置有关，同一刚体，转轴位置不同，质量对轴的分布亦不同，转动惯量也就不同. 因此，只有指明转轴的位置刚体的转动惯量才有明确意义.

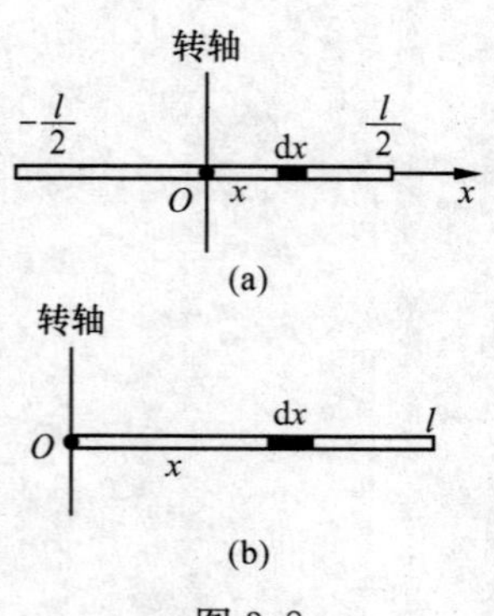

图 3-8

**例 3-3**　如图 3-8 所示，求一质量为 $m$，长为 $l$ 的均匀细棒的转动惯量.

(1) 轴通过棒的中心并与棒垂直；

(2) 轴通过棒的一端并与棒垂直.

**解** (1) 设棒置放于纸面内,转轴通过棒中心 $O$ 点并与棒垂直,如图 3-8(a)所示. 在棒上取一质元,长为 $\mathrm{d}x$,离轴 $O$ 距离为 $x$,棒的质量线密度为 $\lambda=\dfrac{m}{l}$,则质元 $\mathrm{d}m$ 对转轴的转动惯量为

$$\mathrm{d}J = x^2\,\mathrm{d}m = x^2\,\frac{m}{l}\mathrm{d}x$$

整个细棒对轴 $O$ 的转动惯量为

$$J=\int\mathrm{d}J=\int_{-\frac{l}{2}}^{\frac{l}{2}}\left(\frac{m}{l}x^2\right)\mathrm{d}x=\frac{1}{12}ml^2$$

(2) 如图 3-8(b)所示,当轴 $O$ 过棒一端并与棒垂直时,显然整个棒的转动惯量为

$$J=\int_0^l\left(\frac{m}{l}x^2\right)\mathrm{d}x=\frac{1}{3}ml^2$$

通过本例可见,同一均匀细棒,质量 $m$ 相同,由于转轴的位置不同,转动惯量也不同.

**例 3-4** 求质量为 $m$,半径为 $R$ 的细圆环和均匀薄圆盘分别绕通过各自中心并与圆面垂直的轴的转动惯量.

**解** (1) 对细圆环,如图 3-9(a)所示,设圆环放置于纸面上,转轴通过中心 $O$ 并与环平面垂直. 在圆环上取一质元为 $\mathrm{d}m$,则质元对转轴的转动惯量为

$$\mathrm{d}J = R^2\,\mathrm{d}m$$

考虑到所有质元到转轴的距离均为 $R$,所以细圆环对中心轴的转动惯量为

$$J=\int\mathrm{d}J=\int_m R^2\,\mathrm{d}m=R^2\int_m\mathrm{d}m=mR^2$$

(2) 对薄圆盘,如图 3-9(b)所示,整个圆盘可以看成是由许多半径不同的同心圆环构成. 因此,在离转轴的距离为 $r$ 处取一小圆环,环宽为 $\mathrm{d}r$,其面积为 $\mathrm{d}S=2\pi r\mathrm{d}r$,设圆盘的质量面密度(单位面积上的质量)$\sigma=\dfrac{m}{\pi R^2}$,则小圆环的质量 $\mathrm{d}m=\sigma\mathrm{d}S=\sigma 2\pi r\mathrm{d}r$,该小圆环对中心轴的转动惯量为

$$\mathrm{d}J = r^2\,\mathrm{d}m=\sigma 2\pi r^3\,\mathrm{d}r$$

则整个圆盘对中心轴的转动惯量为

$$J=\int\mathrm{d}J=\int_0^R\sigma 2\pi r^3\,\mathrm{d}r=\frac{1}{2}mR^2$$

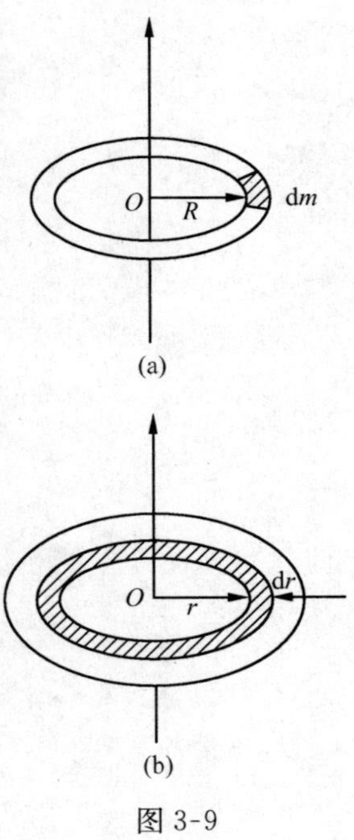

图 3-9

本例说明,对于质量、形状、转轴位置均相同的刚体,由于质量分布的不同,转动惯量也不同,质量分布离轴愈远,转动惯量愈大. 对于几何形状规则的刚体的转动惯量,我们可以应用定义式进行计算,而对于几何形状较复杂的刚体通常用实验测定. 表 3-1 列出了常见的几种几何形状简单、规则、密度均匀分布的物体对通过质心的不同转

轴的转动惯量.

表 3-1 列出的转轴均通过质心，为了在这个基础上求得这些刚体对其他的一些轴的转动惯量，下面简单介绍两个关于转动惯量的定理.

**表 3-1　几种常用刚体的转动惯量**

| 刚　体 | 转　轴 | 转动惯量 | 图 |
|---|---|---|---|
| 均质圆环（质量为 $M$，半径为 $R$） | 通过圆环中心与环面垂直 | $MR^2$ | 轴 R |
| 均质圆柱壳（质量为 $M$，半径为 $R$，宽度为 $W$） | 沿直径方向通过柱壳中心 | $\frac{1}{2}MR^2+\frac{1}{12}MW^2$ | 轴 R |
| 均质圆盘（质量为 $M$，半径为 $R$） | 通过圆盘中心与盘面垂直 | $\frac{1}{2}MR^2$ | 轴 R |
| 均质球体（质量为 $M$，半径为 $R$） | 沿直径 | $\frac{2}{5}MR^2$ | 轴 R |
| 均质球壳（质量为 $M$，半径为 $R$） | 沿直径 | $\frac{2}{3}MR^2$ | 轴 R |
| 均质圆柱体（质量为 $M$，半径为 $R$） | 沿几何轴 | $\frac{1}{2}MR^2$ | 轴 R |
| 均质细杆（质量为 $M$，长为 $L$） | 通过中心与杆垂直 | $\frac{1}{12}ML^2$ | 轴 L |
| 均质长方形板（质量为 $M$，长为 $L$，宽为 $W$） | 通过中心与板面垂直 | $\frac{1}{12}M(L^2+W^2)$ | 轴 W L |

如图 3-10 所示，若质量为 $m$ 的刚体对过其质心 $C$ 的某一转轴的转动惯量为 $J_C$，可以证明：这个刚体对于平行于该轴并和它相距 $d$ 的另一转轴的转动惯量 $J$ 为

$$J = J_C + md^2 \tag{3-9}$$

这就是**平行轴定理**(parallel axis theorem).

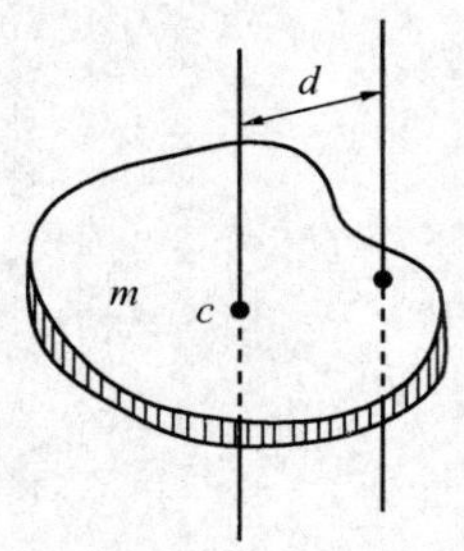

图3-10　平行轴定理

例如，在例 3-3 中，匀质细棒对通过中点并垂直于该棒的转轴的转动惯量为 $J_C=\dfrac{1}{12}ml^2$，则此棒对通过该棒一端(与中心相距 $d=\dfrac{l}{2}$)并垂直于棒长的转轴的转动惯量为

$$J = J_C + md^2 = \frac{1}{12}ml^2 + m\left(\frac{l}{2}\right)^2 = \frac{1}{3}ml^2$$

如图 3-11 所示，设刚体为一薄板，过其上一点 $O$ 作 $z$ 轴垂直于板面，$x$，$y$ 轴在板面内，若取一质元 $\Delta m_i$，则有

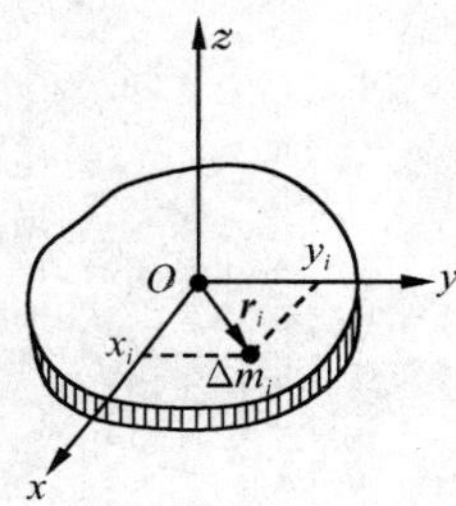

图3-11　垂直轴定理

$$\begin{aligned} J_z &= \sum \Delta m_i r_i^2 = \sum \Delta m_i (x_i^2 + y_i^2) \\ &= \sum \Delta m_i x_i^2 + \sum \Delta m_i y_i^2 = J_y + J_x \end{aligned}$$

即

$$J_z = J_x + J_y \tag{3-10}$$

上式说明，薄板形刚体对于板面内的两条正交轴的转动惯量之和等于过该两轴交点并垂直于板面的轴的转动惯量. 这就叫**垂直轴定理**(perpendicular axis theorem).

### 3.2.3　刚体定轴转动的角动量和角动量定理

从前面刚体定轴转动定律的推导中，我们已经得到刚体定轴转动时对转轴的角动量如式(3-4)所示，即

$$L_z = \sum_i L_{iz} = \sum_i \Delta m_i r_i^2 \omega = \left(\sum_i \Delta m_i r_i^2\right)\omega = J\omega$$

定轴转动中，取转轴为 $Oz$ 方向，因为 $\boldsymbol{L}_z$ 与 $\boldsymbol{\omega}$ 同方向，则我们将式(3-6)定义为刚体定轴转动的角动量，即

$$\boldsymbol{L} = J\boldsymbol{\omega} \tag{3-11}$$

如果我们再将式(3-7)变形，得

$$M_z \mathrm{d}t = J\mathrm{d}\omega = \mathrm{d}(J\omega) = \mathrm{d}L_z \tag{3-12}$$

式(3-12)称为**刚体定轴转动的角动量定理**. 通常我们也将式(3-12)称为**刚体定轴转动的角动量定理的微分形式**，若外力矩 $M_z$ 从 $t_1$ 到 $t_2$ 作用一段时间，则有

$$\int_{t_1}^{t_2} M_z \mathrm{d}t = \int_{L_1}^{L_2} \mathrm{d}L_z = J\int_{\omega_1}^{\omega_2} \mathrm{d}\omega = J\omega_2 - J\omega_1 \tag{3-13}$$

式中，$\int_{t_1}^{t_2} M_z \mathrm{d}t$ 称作该段时间内对定轴的**冲量矩之和**，或**力矩的冲量**，

又称**角冲量**. 我们称式(3-13)为刚体定轴转动的角动量定理的积分形式. 该式表示定轴转动刚体所受的力矩的冲量等于其角动量的增量.

### 3.2.4　定轴转动刚体的角动量守恒定律

由式(3-12)和式(3-13),当刚体所受的合外力矩 $M_z=0$ 时,有

$$L_z = J\omega = 常量 \tag{3-14}$$

上式说明,**若外力对刚体转轴的力矩之和为零,则刚体对该转轴的角动量守恒**(即角动量的大小和方向保持不变). 这就是**刚体定轴转动的角动量守恒定律**.

角动量守恒定律是自然界三大基本守恒定律(质能守恒定律、动量守恒定律、角动量守恒定律)之一,在日常生活中有很多这样的例子,对于刚体来说,刚体角动量守恒通常有以下几种情况.

1. 定轴转动的刚体

在转动过程中,若刚体所受合外力矩等于零,则刚体对固定轴的角动量守恒,包括角动量的大小和方向保持不变. 例如,直升机在螺旋桨叶片旋转时,为了防止机身的反向转动,必须在机尾装一个侧向旋叶. 如图 3-12 所示的用于轮船、飞机、导弹或宇宙飞船上作导航定向的回转仪就是利用角动量守恒原理制作的. 它的核心部分是装置在常平架上的一个质量较大的转子. 常平架由套在一起的、分别具有竖直轴和水平轴的两个圆环组成,转子装在内环上,其轴与内环的轴垂直. 转子是精确地对称于其转轴的圆柱,各轴承均高度润滑. 这样常平架无论如何移动或转动,转子都不会受到任何力矩的作用. 根据角动量守恒定律,一旦使转子高速转动起来,转子的轴在空间的指向将永远保持不变,从而起到导航的作用. 在导航的应用中,往往用 3 个这样的回转仪,并使它们转子的轴互相垂直,从而提供一套绝对的笛卡儿直角坐标系. 这些转子竟能在浩瀚的太空中认准一个确定的方向并且使自己的转轴的指向永远不变,科学的神奇力量真是不可思议啊!

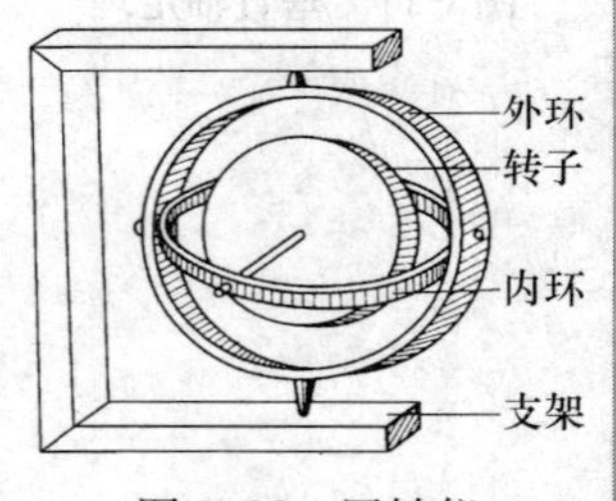


图 3-12　回转仪

上述惯性导航仪装置至今出现不过 100 年,然而常平架在我国早就出现了,那是西汉(公元 1 世纪)丁缓设计制造的后来失传的“被中香炉”(图 3-13). 他用两个套在一起的环形支架架住一个小香炉,香炉由于受到重力总是悬着,不管支架如何转动,香炉总不会倾倒. 遗憾的是这种装置只用来被中取暖,没有得到任何其他技术上的应用. 虽然如此,它也闪现了我们祖先的智慧之光.

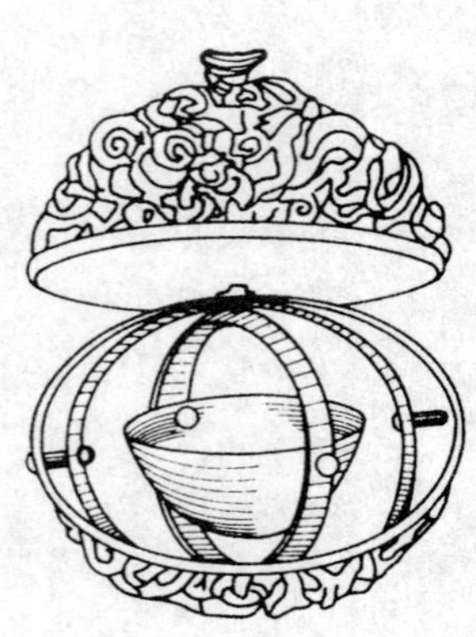

图 3-13　被中香炉

2. 定轴转动的非刚体

物体上各质元相对于转轴距离可变,因此相对于转轴的转动惯

量 $J$ 是可变的. 当转动系统所受合外力矩 $M=0$ 时, $L_z=J\omega=$常量, $J$ 和 $\omega$ 成反比关系. 这一现象可见于图 3-14 所示的实验演示. 设一人站在能绕竖直轴转动的转台上,两臂平伸,各握一个很重的哑铃,并让她转动起来. 当她收拢双臂时,人和转台转速加快. 如再伸出两臂,转速又将变慢. 在该过程中,由于没有外力矩作用(人的双臂用力时为内力,转轴摩擦力矩很小可略去),转台和人组成的系统角动量守恒. 同样的例子很多,如溜冰运动员、跳水运动员和芭蕾舞演员,经常运用角动量守恒的原理,做出许多动作优美,舞姿婀娜的精彩表演,如图 3-15 所示的跳水运动员的表演.

图 3-14 角动量守恒演示　　图 3-15 跳水表演

3. 物体系

当有多个相互关联的质点和刚体组成的系统时,若整个系统对同一转轴所受的合外力矩为零,则整个系统对该转轴的总角动量守恒. 如地球绕太阳转动的轨道处在同一平面内,地球不会落到太阳上便是因为地球对太阳的角动量是守恒的. 在太阳系形成之初,因为某种原因使得地球对太阳有了初始的角动量,而地球受到太阳的引力,这引力对太阳来说其力矩为零,因此,地球对太阳的角动量守恒. 这意味着地球对太阳的角动量大小和方向都不变. 角动量大小的不变,便使得地球对太阳的径矢在相等的时间内扫过的面积相等(即开普勒行星运动第二定律). 而角动量的方向不变,便使得地球只能在同一平面的轨道内运动. 如果,我们把目光放到整个太阳系,将会发现,在太阳系内所有的行星都在同一平面内运动,这也可从角动量守恒定律出发得到解释. 如果我们把目光放得更远,甚至可以认为,整个银河系(银河系厚度直径约 $10^{18}$ m,宽度直径约 $2\times10^{21}$ m,二者之比为 $5\times10^{-4}$)的星体几乎都在同一平面内运动.

## 3.3　刚体的能量

### 3.3.1　刚体定轴转动的动能和动能定理

1. 刚体定轴转动的动能

刚体是一种特殊的质点系，刚体的动能应等于各质点动能总和. 设刚体做定轴转动时，某时刻其角速度大小为 $\omega$，若刚体上一质元 $\Delta m_i$ 到转轴的距离为 $r_i$，其对轴转动的线速率为 $v_i$，则根据动能的定义，该质元 $\Delta m_i$ 的动能为

$$E_{ki}=\frac{1}{2}\Delta m_i v_i^2=\frac{1}{2}\Delta m_i r_i^2\omega^2$$

则刚体做定轴转动时的总动能为

$$E_k=\sum_i E_{ki}=\sum_i\frac{1}{2}\Delta m_i r_i^2\omega^2=\frac{1}{2}\left(\sum_i\Delta m_i r_i^2\right)\omega^2$$

由式(3-5)知 $J=\sum_i\Delta m_i r_i^2$，所以

$$E_k=\frac{1}{2}J\omega^2 \tag{3-15}$$

上式说明，**刚体绕定轴转动时的转动动能等于刚体的转动惯量与角速度平方乘积的一半**. 与物体平动动能(即质点的动能) $\frac{1}{2}mv^2$ 相比较，二者形式上十分相似. 其中转动惯量 $J$ 与惯性质量 $m$ 对应，角速度 $\boldsymbol{\omega}$ 与线速度 $\boldsymbol{v}$ 对应. 由于转动惯量与轴的位置有关，所以转动动能也与轴的位置有关.

2. 刚体定轴转动的动能定理

质点动能定理可由牛顿第二律导出，同样刚体定轴转动的动能定理也可由刚体定轴转动定律导出. 如果将转动定律式(3-7)写成如下形式：

$$M=J\frac{d\omega}{dt}=J\frac{d\omega}{d\theta}\frac{d\theta}{dt}=J\omega\frac{d\omega}{d\theta}$$

刚体在力矩 $M$ 下转动角位移 $d\theta$ 时，力矩的元功为

$$dW=Md\theta=J\omega d\omega$$

在外力矩作用下，当刚体从 $t_1$ 时刻的 $\theta_1$ 和 $\omega_1$ 变化到 $t_2$ 时刻的 $\theta_2$ 和 $\omega_2$ 时，对上式积分得

$$W=\int_{\theta_1}^{\theta_2}Md\theta=\int_{\omega_1}^{\omega_2}J\omega d\omega=\frac{1}{2}J\omega_2^2-\frac{1}{2}J\omega_1^2 \tag{3-16}$$

这一公式与质点的动能定理极为相似，我们称其为**刚体定轴转动的动能定理**. 它说明，**合外力矩对一个绕固定轴转动的刚体所做的**

功等于它对轴的转动动能的增量.

**例 3-5** 用刚体定轴转动的动能定理求例 3-1 中的细棒下摆 $\theta$ 角时的角速度 $\omega$.

**解** 对棒作出受力分析如图 3-6 所示,因为棒的重力对转轴的合外力矩与整个物体的重力集中作用于质心所产生的力矩一样,因而棒受合外力矩为

$$M=\frac{1}{2}mgl\cos\theta$$

刚开始时棒的角速度为 0,则棒对轴的转动动能亦为 0,对棒应用动能定理得

$$W=\int_{\theta_1}^{\theta_2}M\mathrm{d}\theta=\int_0^{\theta}\frac{1}{2}mgl\cos\theta\mathrm{d}\theta=\frac{1}{2}mgl\sin\theta$$
$$=\frac{1}{2}J\omega^2-\frac{1}{2}J\omega_0^2=\frac{1}{2}J\omega^2=\frac{1}{2}\times\frac{1}{3}ml^2\omega^2$$

解上式得

$$\omega=\sqrt{\frac{3g\sin\theta}{l}}$$

从解题的过程看,应用刚体定轴转动的动能定理求解要比例 3-1 中应用刚体定轴转动定律要更简明.

### 3.3.2 刚体的重力势能

如果刚体受到保守力的作用,也可以像质点一样引入势能的概念. 例如,重力场中的刚体就具有一定的重力势能,其重力势能的量值就是它的各质元重力势能的总和. 对于质量为 $m$ 的刚体(图 3-16),它的重力势能为

$$E_{\mathrm{p}}=\sum_i\Delta m_igh_i=g\sum_i\Delta m_ih_i$$

根据质心的定义,此刚体的质心的高度应为

$$h_C=\frac{\sum_i\Delta m_ih_i}{m}$$

所以,上式可以写成

$$E_{\mathrm{p}}=mgh_C \tag{3-17}$$

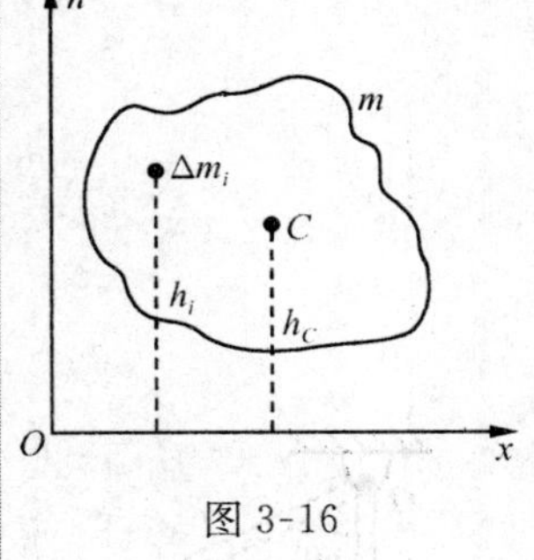

图 3-16

这一结果表明,刚体的重力势能和它的全部质量集中在质心时所具有的势能一样.

对于包括有刚体的系统,如果在运动过程中,只有保守内力做功,则这个系统的机械能也应该守恒. 下面举几个例题来应用前面所学的知识.

**例 3-6** 用机械能守恒定律求例 3-1 中的棒下摆 $\theta$ 角时的角速度 $\omega$.

**解** 选细棒和地球作为系统,棒和轴之间的力过轴心,力矩为

零，且对棒和地球组成的系统不做功. 因此系统中只有重力做功，整个系统的机械能守恒. 选细棒下摆 $\theta$ 角时质心位置作为势能的零点. 对细棒和地球应用机械能守恒定律，即棒在水平位置的机械能与下摆 $\theta$ 角时机械能两态相等，得

$$mgh_C = mg\,\frac{1}{2}l\sin\theta = \frac{1}{2}J\omega^2 = \frac{1}{2}\times\frac{1}{3}ml^2\omega^2$$

解上式得

$$\omega = \sqrt{\frac{3g\sin\theta}{l}}$$

从解题的过程看，应用机械能守恒定律要比例 3-5 中应用刚体定轴转动的动能定理更简明. 读者可能已经注意到，我们已经用了三种不同的方法来解例 3-1. 现在可以清楚地比较三种解法的不同. 在第一种方法中，我们直接应用刚体定轴转动定律，若将刚体定轴转动定律公式的左、右两侧，分别简称为"力矩侧"和"运动侧"，则该方法两侧都用了纯数学方法进行积分运算. 在第二种方法中，我们运用了功和能的概念，这时还需要对力矩侧进行积分来求功，但是运动侧已简化为只需要计算动能增量了. 这一简化是由于对运动侧用积分进行了预处理且引进刚体动能概念的结果. 现在，我们用了第三种解法，没有用任何积分，只是进行代数的运算，因而计算又大为简化了. 这是因为我们又用积分预处理了力矩侧即引进了刚体势能的结果. 大家可以看到，即使基本定律还是一个，但是引入新概念，建立新的定律形式，也能使我们在解决实际问题时获得很大的益处. 在此我们顺便指出，**如果能应用机械能守恒定律求解的，必定可以应用动能定理求解；能应用动能定理求解的，一定可以应用刚体转动定律求解.** 因此，我们在实际的问题当中，先考虑能否用机械能守恒定律，如不能，再考虑能否应用动能定理，最后再考虑应用刚体定轴转动定律.

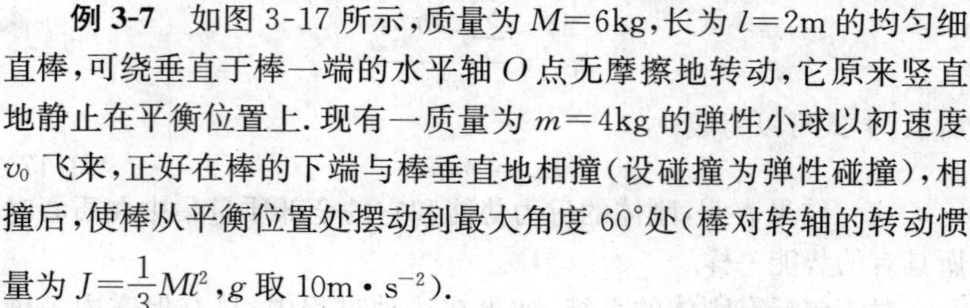

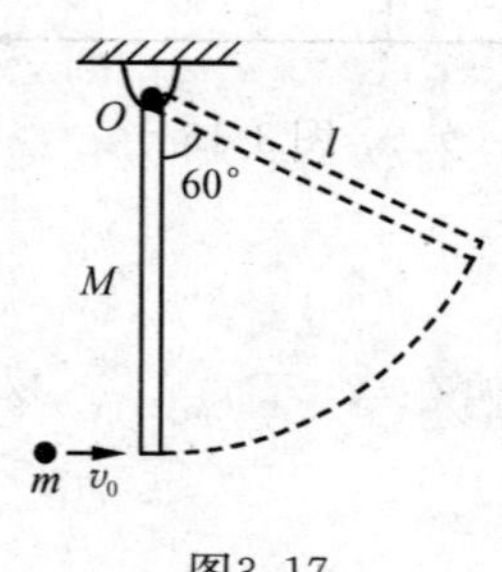

图3-17

**例 3-7**　如图 3-17 所示，质量为 $M=6\text{kg}$，长为 $l=2\text{m}$ 的均匀细直棒，可绕垂直于棒一端的水平轴 $O$ 点无摩擦地转动，它原来竖直地静止在平衡位置上. 现有一质量为 $m=4\text{kg}$ 的弹性小球以初速度 $v_0$ 飞来，正好在棒的下端与棒垂直地相撞（设碰撞为弹性碰撞），相撞后，使棒从平衡位置处摆动到最大角度 60°处（棒对转轴的转动惯量为 $J=\frac{1}{3}Ml^2$，$g$ 取 $10\text{m}\cdot\text{s}^{-2}$）.

（1）试计算小球初速度 $v_0$；

（2）碰撞前后小球动量的增量为多大？

**解**　（1）选小球和棒作为系统，则在碰撞瞬间，小球和棒所受的重力和轴 $O$ 给棒的作用力均过转轴，所以外力矩为零，因而系统的角动量守恒. 设小球碰撞后的速度为 $v$，棒的角速度为 $\omega$. 则碰撞前系

统对轴 $O$ 的角动量为 $mv_0 l$，碰撞后系统角动量为 $mvl+J\omega$，由角动量守恒定律得

$$mv_0 l = mvl + J\omega \quad ①$$

因碰撞为弹性碰撞，所以小球和棒组成的系统碰撞前后动能不变，得

$$\frac{1}{2}mv_0^2 = \frac{1}{2}mv^2 + \frac{1}{2}J\omega^2 \quad ②$$

又由系统机械能守恒，即球和细棒相碰后，棒在角速度为 $\omega$ 时的机械能与细棒上升至 $\theta$ 角时的机械能两态相等，得

$$\frac{1}{2}J\omega^2 = Mg\left(\frac{l}{2} - \frac{l}{2}\cos 60°\right) \quad ③$$

考虑到

$$J = \frac{1}{3}Ml^2 \quad ④$$

把数据代入式①～式④，解得

$$v_0 = \frac{3\sqrt{30}}{4}\text{m}\cdot\text{s}^{-1}, \quad v = \frac{\sqrt{30}}{4}\text{m}\cdot\text{s}^{-1}$$

(2) 小球动量增量为 $\Delta p = mv - mv_0 = -2\sqrt{30}\text{N}\cdot\text{s}$.

**例 3-8** 工程上，两飞轮常用摩擦耦合器使它们以相同的转速一起转动. 如图 3-18 所示，A 和 B 两飞轮的轴杆在同一中心线上，A 轮的转动惯量为 $J_A = 10\text{kg}\cdot\text{m}^2$，B 轮的转动惯量为 $J_B = 20\text{kg}\cdot\text{m}^2$. 开始时 A 轮的转速为 $600\text{r}\cdot\text{min}^{-1}$，B 轮静止. C 为摩擦耦合器.

(1) 求两轮耦合后的转速；

(2) 在耦合前后两轮的机械能有何变化?

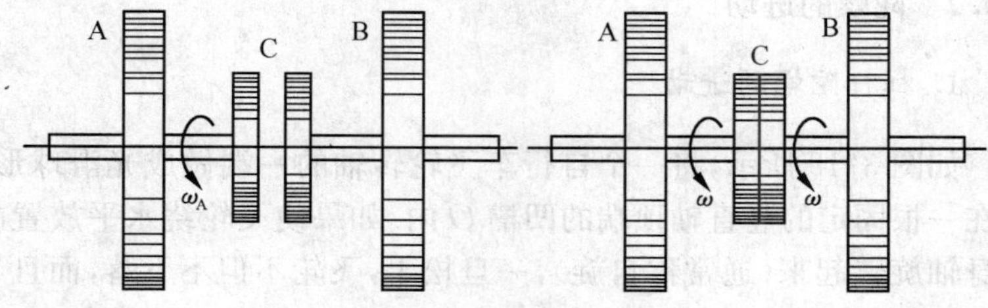


图 3-18

**解** (1) 以飞轮 A、B 和摩擦耦合器 C 作为一个系统来考虑，在耦合过程中，系统受到轴向的正压力和耦合器间的切向摩擦力的作用，前者对转轴的力矩为零，后者对转轴有力矩，但为系统的内力矩(一对相互作用力对同一转轴来说，其力矩之和为零). 系统没有受到其他力矩的作用，所以，系统的角动量守恒，得

$$J_A\omega_A + J_B\omega_B = (J_A + J_B)\omega$$

$\omega$ 为两轮耦合后共同的角速度,代入数据解得

$$\omega = 20.9\text{rad} \cdot \text{s}^{-1}$$

或共同转速为

$$n = 200\text{r} \cdot \text{min}^{-1}$$

(2) 在耦合过程中,摩擦力矩做功,所以机械能不守恒,部分机械能将转化为热量,损失的机械能为

$$\Delta E = \frac{1}{2}J_A\omega_A^2 + \frac{1}{2}J_B\omega_B^2 - \frac{1}{2}(J_A + J_B)\omega^2 \approx 1.32 \times 10^4 \text{J}$$

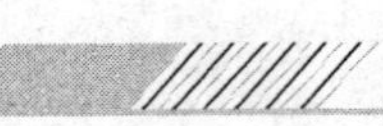

## * 3.4 陀螺的运动 进动

陀螺在运动过程中通常有一点保持固定不动,所以,其运动属刚体的定点运动. 陀螺有许多奇妙的性质. 如前面我们讨论的用于导航的回转仪,其转子高速旋转后,转子转轴永远指向一个方向不变. 另外,我们日常生活中常见的玩具陀螺,当它不旋转时,由于受到重力矩的作用,立即会倾倒在地. 但当陀螺绕自身对称轴高速旋转时,尽管同样受到重力矩的作用,却不会倒下来. 如果我们利用角动量和角速度的矢量性,不难解析陀螺运动的这种奇妙性. 下面我们举例解析几种常见陀螺的运动和应用.

### 3.4.1 不受外力矩作用的陀螺

关于这种陀螺的运动,也即导航回转仪,我们在 3.2 节角动量守恒定律中已经介绍,在此不再赘述.

### 3.4.2 陀螺的进动

1. 杠杆陀螺的进动

如图 3-19 所示,将一个自行车飞轮转轴的一端做成光滑球形,放在一根固定的竖直轴顶端的凹槽 $O$ 内. 如果使飞轮绕水平放置的自身轴旋转起来(通常称自旋),一旦松手,飞轮不但不下落,而且飞轮的轴还会在水平面内以竖直轴顶端的凹槽 $O$ 为中心旋转起来. 我们把这样的装置称为**杠杆陀螺**. **我们把陀螺高速自转的同时,其自身对称轴还绕竖直轴做回旋运动的现象称为进动.**

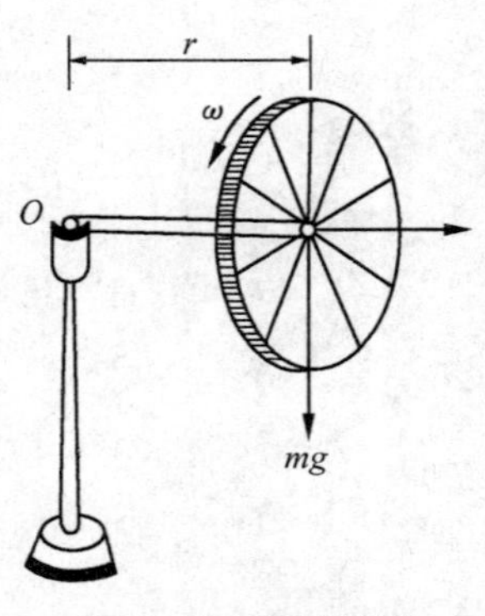

图 3-19 杠杆陀螺

为什么自行车飞轮的自旋轴既不下落而又能绕竖直轴顶端旋转呢? 我们可用角动量定理对这种进动现象加以解析. 在图 3-19 中,设飞轮的质量为 $m$(忽略自身轴质量). 对自身轴的转动惯量为 $J$,自身轴处于水平位置. 若飞轮自旋角速度为 $\omega$,则飞轮绕自身轴的自旋角动量为

$$\boldsymbol{L} = J\boldsymbol{\omega}$$

$\boldsymbol{L}$ 的方向沿自身轴向右. 当以竖直轴顶端凹槽 $O$ 点为参考点，飞轮所受重力矩为

$$\boldsymbol{M}=\boldsymbol{r}\times m\boldsymbol{g}$$

式中，$\boldsymbol{r}$ 为由 $O$ 点指向飞轮中心的径矢，$\boldsymbol{M}$ 的方向垂直于纸面向里. 当重力矩作用于飞轮 $\mathrm{d}t$ 时间后，飞轮自旋角动量 $\boldsymbol{L}$ 的增量为

$$\mathrm{d}\boldsymbol{L}=\boldsymbol{M}\mathrm{d}t$$

$\mathrm{d}\boldsymbol{L}$ 的方向同 $\boldsymbol{M}$ 方向，即垂直于纸面向里. 自旋角动量 $\boldsymbol{L}$ 和自旋角动量增量 $\mathrm{d}\boldsymbol{L}$ 均在水平面内，其三角形矢量合成图如图 3-20 所示. 可见自旋角动量 $\boldsymbol{L}$ 的方向将水平地转向 $\boldsymbol{L}+\mathrm{d}\boldsymbol{L}$ 方向. 并不沿竖直方向向下倾斜，而是继续不断地形成新的矢量三角形，产生自旋轴绕竖直轴的旋转. 这就是说，进动现象正是自旋物体在外力矩（这里是重力矩）的作用下沿外力矩方向不断改变其自旋角动量 $\boldsymbol{L}$ 的方向（$\boldsymbol{L}$ 的大小不变）的结果.

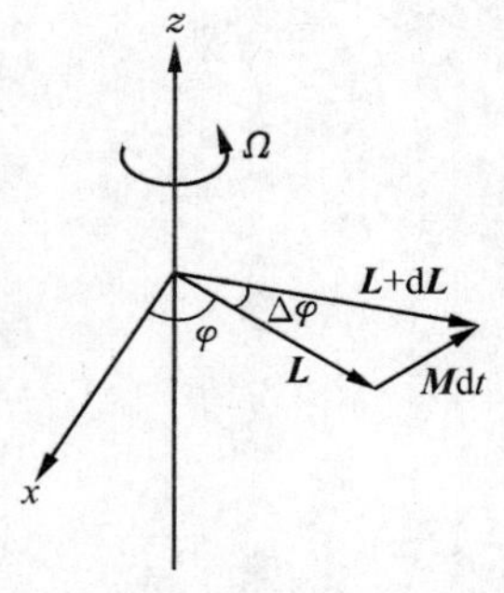

图 3-20 进动角速度 $\Omega$

飞轮轴进动的角速度可通过图 3-20 求出，当满足 $\boldsymbol{L}\gg\mathrm{d}\boldsymbol{L}$ 时，飞轮轴在 $\mathrm{d}t$ 时间内转过的角度为

$$\mathrm{d}\varphi=\frac{\mathrm{d}L}{L}=\frac{M\mathrm{d}t}{L}$$

飞轮轴进动的角速度为

$$\Omega=\frac{\mathrm{d}\varphi}{\mathrm{d}t}=\frac{M}{L}=\frac{mgr}{J\omega}$$

上式说明，自身轴进动的角速度与外力矩 $M$ 成正比，而与自旋角动量 $L$ 成反比，也即与自旋角速度 $\omega$ 成反比.

2. 玩具陀螺的进动

图 3-21 为玩具陀螺示意图. 它的轴进动原理与杠杆陀螺相同，设其自转轴与竖直方向成 $\theta$ 角，质心 $C$ 与支点 $O$ 的距离为 $l$，由角动量定理得

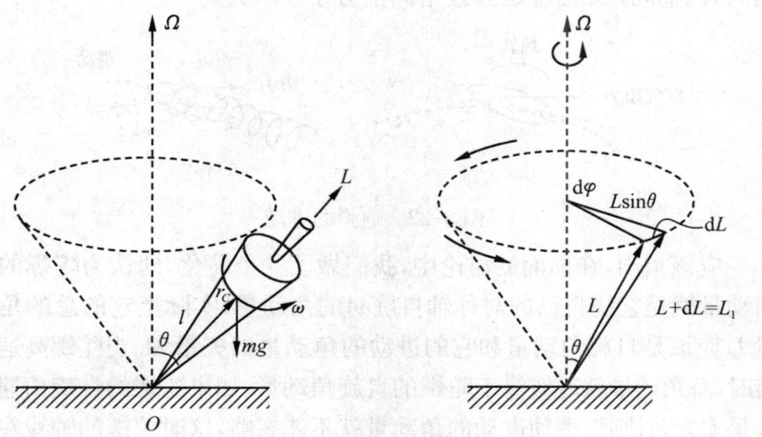

图 3-21 玩具陀螺

$$mgl\sin\theta\mathrm{d}t = \mathrm{d}L = J\omega\sin\theta\mathrm{d}\varphi$$

$$\Omega = \frac{\mathrm{d}\varphi}{\mathrm{d}t} = \frac{mgl}{J\omega}$$

从以上对进动的讨论中可以看出，陀螺有两种行为是相当奇特的. 其一，当对旋转着的陀螺施加外力时，它并不顺着外力方向偏斜，而向着与外力垂直的方向即力矩的方向偏斜. 如陀螺在重力作用下并不竖直下落而沿水平方向进动. 这与不转动的陀螺大不一样. 不转动的陀螺，在外力作用下，将顺着外力的方向偏斜. 其二，在对定点 $O$ 的(注意不是对自身轴)外力矩作用下，陀螺并不产生与力矩成正比并绕自身轴转动的角加速度，使其角速度随时间增大，而产生与力矩成正比的进动角速度. 这也与不旋转物体的性质大不相同. 这一切都说明进动现象的产生离不开陀螺自身的高速旋转及外力矩对定点的作用.

陀螺在外力矩作用下，其角动量矢量(沿自转轴方向)有向外力矩方向偏斜的趋势，当外力矩方向改变时，这种偏斜方向也不断改变，这就是进动的原理.

### 3. 炮弹的进动

如图 3-22(a)所示，炮弹(或子弹)在飞行时，要受到空气阻力，阻力的方向总是与炮弹质心的速度方向相反，但其力线不一定通过质心. 阻力对质心的力矩就会使炮弹在空中翻转. 这样，当炮弹射中目标时，就有可能是弹尾先触到目标而不能引爆，从而失去威力. 为了避免这种事故的发生，就是在炮筒内壁刻出螺旋线，这种螺旋线叫来复线. 当炮弹由于发射药的爆炸被强力推出炮筒时，还同时绕自己的对称轴高速旋转，如图 3-22(b)所示. 由于这种高速旋转，它在飞行中受到的空气阻力的力矩将不能使它翻转，而只是使它绕着质心前进的方向进动. 这样，它的轴线将会始终只与前进的方向有不大的偏离，因而，弹头就总是大致指向前方了.

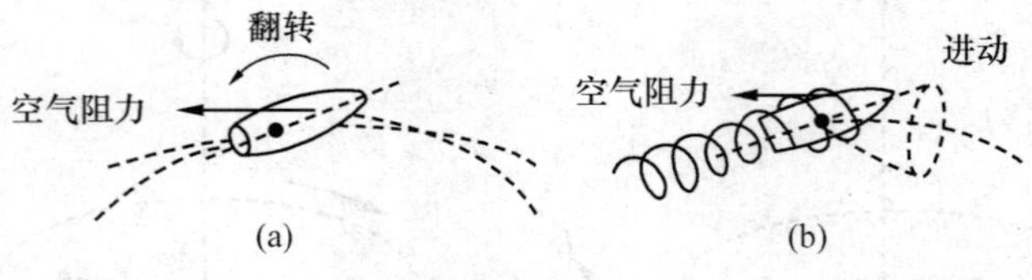


图 3-22　炮弹的进动

应该指出，在前面的讨论中，我们做了一个简化，即认为陀螺的总角动量就是它绕自己的对称轴自旋时的角动量，实际上它的总的角动量 $\boldsymbol{L}$ 应该是自旋角动量和它的进动的角动量的矢量和. 当陀螺高速旋转时，总角动量就近似等于陀螺的自旋角动量. 如果陀螺的自旋角速度不是太大时，则陀螺轴进动的角动量就不能忽略，这时陀螺的轴线在进动的同时，还会上下周期性地摆动，这种摆动叫做章动，如图 3-23 所示.

图 3-23　章动

# 习 题 3

3-1 半径为 $R$、质量为 $M$ 的均匀薄圆盘上，挖去一个直径为 $R$ 的圆孔，孔的中心在 $\frac{1}{2}R$ 处，求所剩部分对通过原圆盘中心且与板面垂直的轴的转动惯量.

3-2 如题 3-2 图所示，一根均匀细铁丝，质量为 $m$，长度为 $l$，在其中点 $O$ 处弯成 $\theta=120°$ 角，放在 $xOy$ 平面内. 求铁丝对 $Ox$ 轴、$Oy$ 轴、$Oz$ 轴的转动惯量.

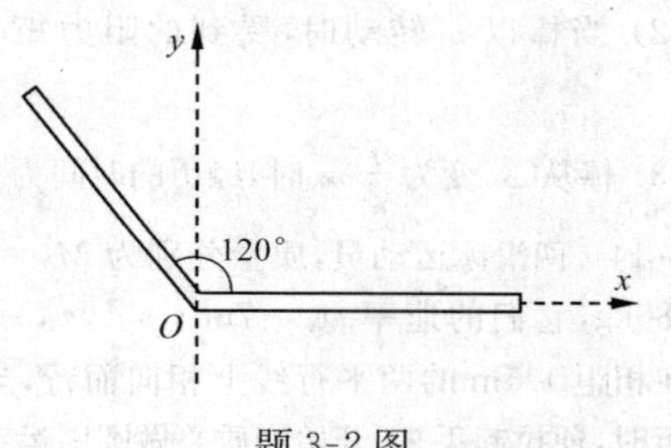

题 3-2 图

3-3 电风扇开启电源后经过 5s 达到额定转速. 此时角速度为 $5\text{r}\cdot\text{s}^{-1}$. 关闭电源后经过 16s 风扇停止转动. 已知风扇转动惯量为 $0.5\text{kg}\cdot\text{m}^2$，且摩擦力矩 $M_f$ 和电磁力矩 $M$ 均为常量，求电机的电磁力矩 $M$.

3-4 飞轮的质量为 60kg，直径为 0.5m，转速为 $1000\text{r}\cdot\text{min}^{-1}$，现要求在 5s 内使其制动，求制动力 $F$. 假定闸瓦与飞轮之间的摩擦系数 $\mu=0.4$，飞轮的质量全部分布在轮的外周上. 尺寸如题 3-4 图所示.

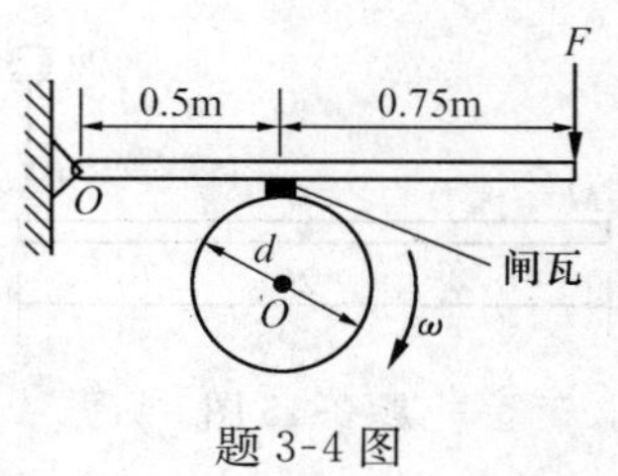

题 3-4 图

3-5 一质量为 $m$ 的物体悬于一条轻绳的一端，绳另一端绕在一轮轴的轴上，如题 3-5 图所示. 轴水平且垂直于轮轴面，其半径为 $r$，整个装置架在光滑的固定轴承之上. 当物体从静止释放后，在时间 $t$ 内下降了一段距离 $s$. 试求整个轮轴的转动惯量(用 $m$、$r$、$t$ 和 $s$ 表示).

3-6 一轴承光滑的定滑轮，质量为 $M=2.00\text{kg}$，半径为 $R=0.100\text{m}$，一根不能伸长的轻绳，一端固定在定滑轮上，另一端系有一质量为 $m=5.00\text{kg}$ 的物体，如题 3-6 图所示. 已知定滑轮的转动惯量为 $J=\frac{1}{2}MR^2$，其初角速度 $\omega_0=10.0\text{rad}\cdot\text{s}^{-1}$，方向垂直纸面向里. 求：

(1) 定滑轮的角加速度的大小和方向；

(2) 定滑轮的角速度变化到 $\omega=0$ 时，物体上升的高度；

(3) 当物体回到原来位置时，定滑轮的角速度的大小和方向.

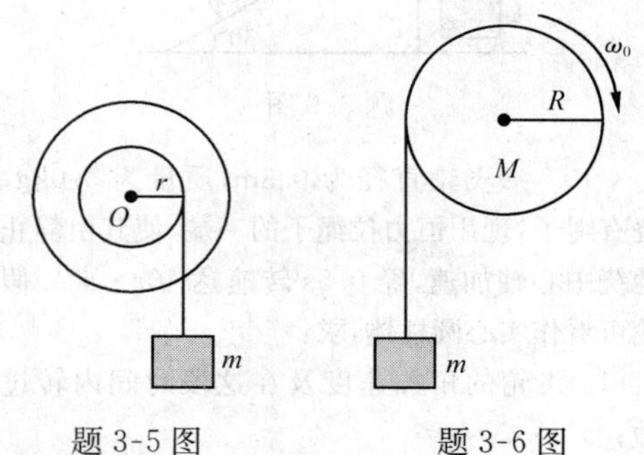

题 3-5 图　　题 3-6 图

3-7 如题 3-7 图所示，质量为 $m$ 的物体与绕在质量为 $M$ 的定滑轮上的轻绳相连，设定滑轮质量 $M=2m$，半径 $R$，转轴光滑，设 $t=0$ 时 $v=0$，求：

(1) 下落速度 $v$ 与时间 $t$ 的关系；

(2) $t=4\text{s}$ 时，$m$ 下落的距离；

(3) 绳中的张力 $T$.

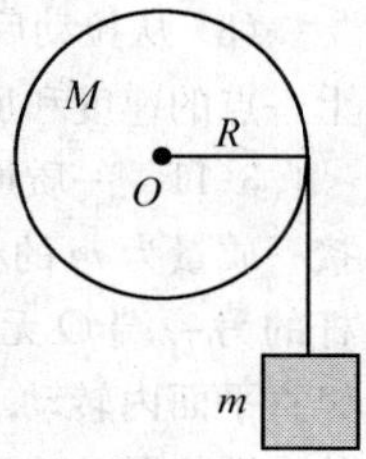

题 3-7 图

3-8 如题 3-8 图所示，一个组合滑轮由两个匀质的圆盘固接而成，大盘质量 $M_1=10\text{kg}$，半径 $R=0.10\text{m}$，小盘质量 $M_2=4\text{kg}$，半径 $r=0.05\text{m}$. 两盘边

缘上分别绕有细绳，细绳的下端各悬挂质量 $m_1=m_2=2\text{kg}$ 的物体. 此物体由静止释放，求两物体 $m_1$，$m_2$ 的加速度大小及方向.

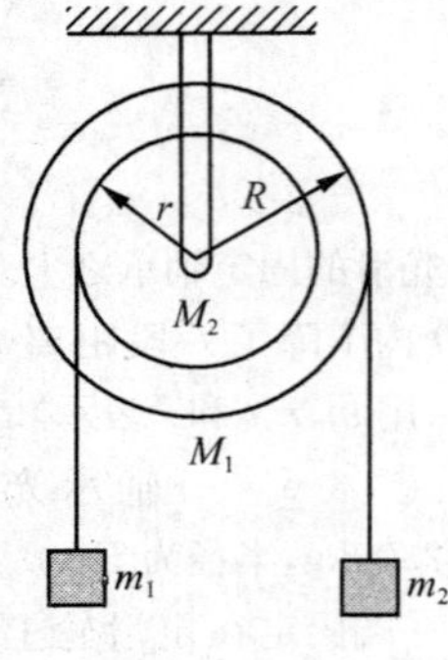

题 3-8 图

3-9　如题 3-9 图所示，一倾角为 30°的光滑斜面固定在水平面上，其上装有一个定滑轮. 若一根轻绳跨过它，两端分别与质量都为 $m$ 的物体 1 和物体 2 相连.

(1) 若不考虑滑轮的质量，求物体 1 的加速度.

(2) 若滑轮的半径为 $r$，其转动惯量可用 $m$ 和 $r$ 表示为 $J=kmr^2$（其中 $k$ 是已知常量），绳子与滑轮之间无相对滑动，再求物体 1 的加速度.

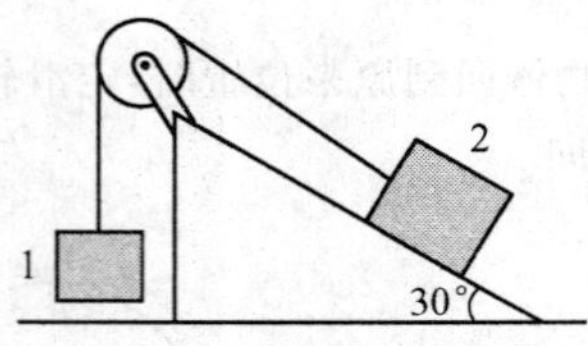

题 3-9 图

3-10　一飞轮直径为 0.3m，质量为 5.0kg，边缘绕有绳子，现用恒力拉绳子的一端，使其由静止均匀地绕中心轴加速，经 0.5s 转速达 $10\text{r}\cdot\text{s}^{-1}$. 假定飞轮可看作实心圆柱体，求：

(1) 飞轮的角加速度及在这段时间内转过的转数；

(2) 拉力及拉力所做的功；

(3) 从拉动后 $t=10\text{s}$ 时飞轮的角速度及轮边缘上一点的速度和加速度.

3-11　一质量为 $M$，长为 $l$ 的匀质细杆，一端固接一质量为 $m$ 的小球，可绕杆的另一端 $O$ 无摩擦地在竖直平面内转动. 现将小球从水平位置 $A$ 向下抛射，使球恰好通过最高点 $C$，如题 3-11 图所示. 求：

(1) 下抛初速度 $v_0$；

(2) 在最低点 $B$ 时，细杆对球的作用力.

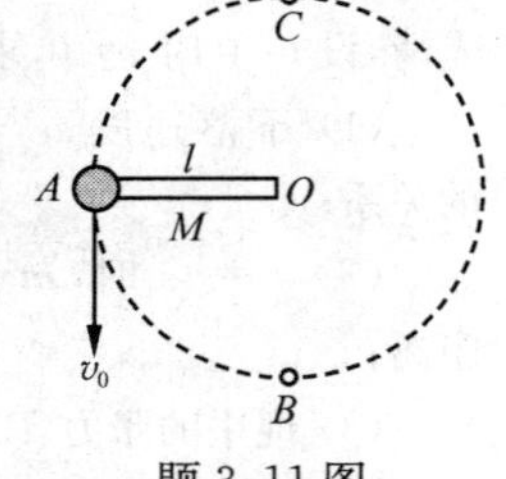

题 3-11 图

3-12　物体质量为 3kg，$t=0$ 时位于 $\boldsymbol{r}=4\boldsymbol{i}(\text{m})$，$\boldsymbol{v}=\boldsymbol{i}+6\boldsymbol{j}(\text{m}\cdot\text{s}^{-1})$，如一恒力 $\boldsymbol{f}=5\boldsymbol{j}(\text{N})$ 作用在物体上，求 3s 后：

(1) 物体动量的变化；

(2) 相对 $z$ 轴角动量的变化.

3-13　水平面内有一静止的长为 $l$、质量为 $m$ 的细棒，可绕通过棒一末端的固定点在水平面内转动. 今有一质量为 $\frac{1}{2}m$、速率为 $v$ 的子弹在水平面内沿棒的垂直方向射向棒的中点，子弹穿出时速率减为 $\frac{1}{2}v$. 当棒转动后，设棒上单位长度受到的阻力正比于该点的速率（其中比例系数为 $k$）. 试求：

(1) 子弹穿出时，棒的角速度 $\omega_0$ 为多少？

(2) 当棒以 $\omega$ 转动时，受到的阻力矩 $M_f$ 为多大？

(3) 棒从 $\omega_0$ 变为 $\frac{1}{2}\omega_0$ 时，经历的时间为多少？

3-14　两滑冰运动员，质量分别为 $M_A=70\text{kg}$，$M_B=80\text{kg}$，它们的速率 $v_A=7\text{m}\cdot\text{s}^{-1}$，$v_B=8\text{m}\cdot\text{s}^{-1}$，在相距 1.5m 的两平行线上相向而行，当两人最接近时，便拉起手来，开始绕质心做圆周运动并保持两人间的距离 1.5m 不变.

(1) 求系统总的角动量；

(2) 求系统一起绕质心旋转的角速度；

(3) 两人拉手前后的总动能，这一过程中机械能是否守恒，为什么？

3-15　如题 3-15 图所示，一长为 $2l$、质量为 $M$ 的匀质细棒，可绕棒中点的水平轴 $O$ 在竖直面内转动，开始时棒静止在水平位置，一质量为 $m$ 的小球以速度 $u$ 垂直下落在棒的端点，设小球与棒做弹性碰撞，问碰撞后小球的反弹速度 $v$ 及棒转动的角速度 $\omega$ 各为多少？

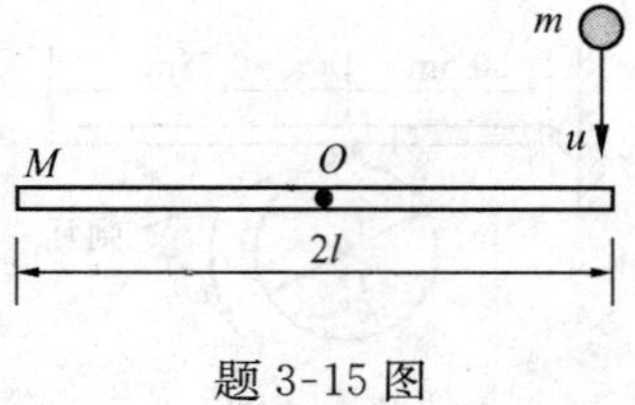

题 3-15 图

3-16　一长为 $L$、质量为 $m$ 的均质细棒，如题 3-16 图所示，可绕水平轴 $O$ 在竖直面内旋转，若轴光滑，今使棒从水平位置自由下摆（设转轴位于棒的一端时，棒的转动惯量 $J=\frac{1}{3}mL^2$）. 求：

(1) 在水平位置和竖直位置棒的角加速度 $\beta$;

(2) 杆转过 $\theta$ 角时的角速度.

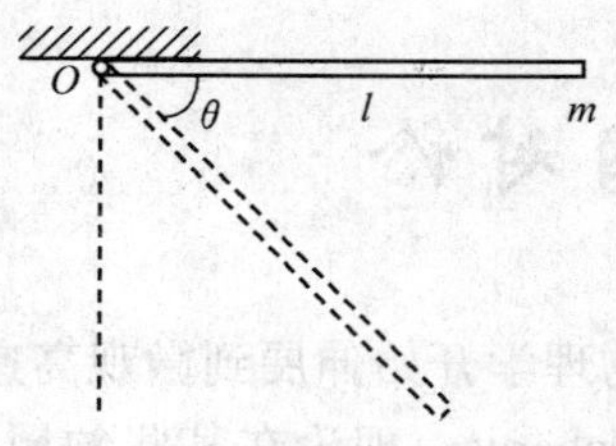


题 3-16 图

3-17 弹簧、定滑轮和物体如题 3-17 图所示放置,弹簧劲度系数 $k$ 为 $2.0\mathrm{N\cdot m^{-1}}$;物体的质量 $m$ 为 6.0kg. 滑轮和轻绳间无相对滑动,开始时用手托住物体,弹簧无伸长. 求:

(1) 若不考虑滑轮的转动惯量,手移开后,弹簧伸长多少时,物体处于受力平衡状态及此时弹簧的弹性势能;

(2) 设定滑轮的转动惯量为 $0.5\mathrm{kg\cdot m^2}$,半径 $r$ 为 0.3m,手移开后,物体下落 0.4m 时,它的速度为多大?

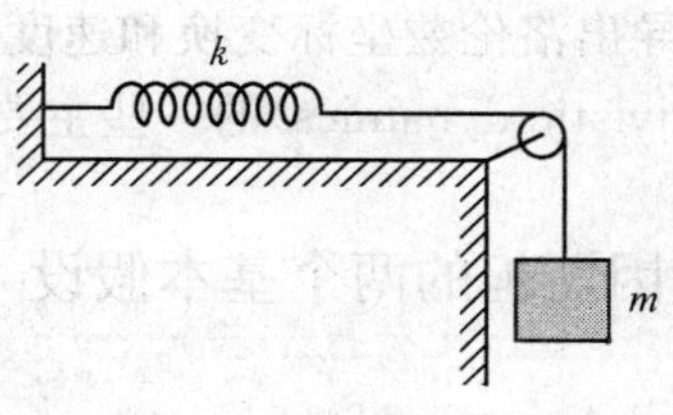


题 3-17 图

3-18 一转动惯量为 $J$ 的圆盘绕一固定轴转动,起始角速度为 $\omega_0$,设它所受阻力矩与转动角速度成正比,即 $M=-K\omega$(其中 $K$ 为正常数),求圆盘的角速度从 $\omega_0$ 变为 $\frac{1}{2}\omega_0$ 时所需的时间.

3-19 质量为 $m$ 的子弹,以速率 $v_0$ 水平射入放在光滑水平面上质量为 $m_0$、半径为 $R$ 的圆盘边缘,并留在该处,$v_0$ 的方向与射入处的半径垂直,圆盘盘心有一竖直的光滑固定轴,如题 3-19 图所示,试求子弹射入后圆盘的角速度 $\omega$.

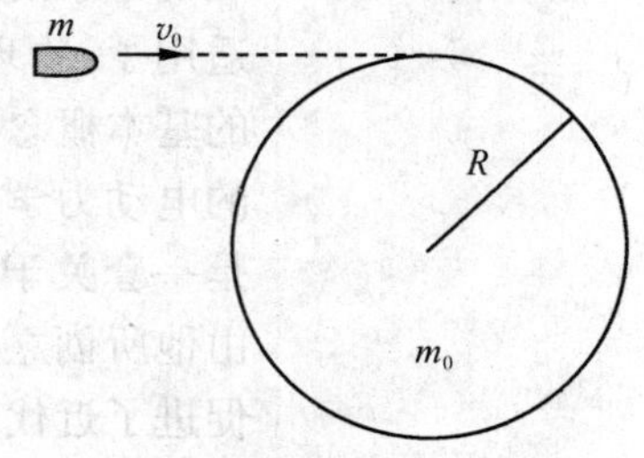


题 3-19 图

3-20 一均质细杆,长 $L=1\mathrm{m}$,可绕通过一端的水平光滑 $O$ 在铅垂面内自由转动,如题 3-20 图所示. 开始时杆处于铅垂位置,今有一子弹沿水平方向以 $v=10\mathrm{m\cdot s^{-1}}$ 的速度射入细杆. 设入射点离 $O$ 点的距离为 $\frac{3}{4}L$,子弹的质量为杆质量的 $\frac{1}{9}$,试求:

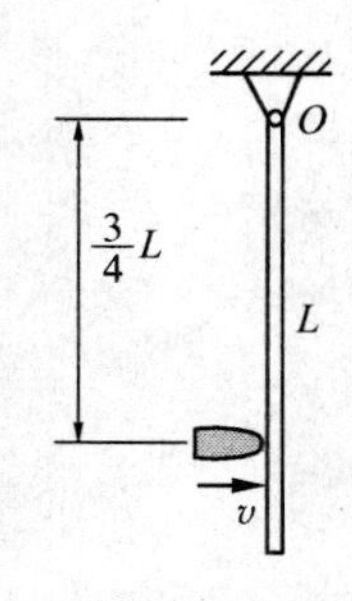


题 3-20 图

(1) 子弹与杆开始共同运动的角速度;

(2) 子弹与杆共同摆动能达到的最大角度.

# 第4章 狭义相对论

当历史进入20世纪以后，物理学开始伸展到微观高速领域，并发现原来的经典力学(classic mechanics)理论在某些领域已经不再适用了.物理学的发展要求对牛顿力学以及某些长期被认为是正确的基本概念作出根本性的变革.1905年，爱因斯坦在发表的《论动体的电动力学》论文中提出了狭义相对论(special relativity)的概念，这是一套关于时间、空间和物质运动关系的理论.这套理论(包括随后由他所创立的广义相对论)加上同期的量子力学理论的出现极大地促进了近代物理学的发展，自建立100余年以来，已经受了大量实验的检验，从而成为现代高新技术的理论基础.

本章主要介绍狭义相对论的一些基础知识.着重阐明狭义相对论的两个基本假设，介绍爱因斯坦的时空观念，了解同时性的相对性，并通过一些典型例子来加深对狭义相对论时空观的理解；然后在狭义相对论时空观的基础上推导出洛伦兹坐标变换和速度变换；最后介绍狭义相对论动力学(relativistic dynamics)的一些主要结论.

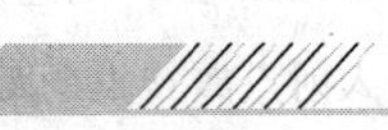

## 4.1 爱因斯坦的两个基本假设

物理学是研究物质运动最基本、最普遍的形式，包括物质的结构及其相互作用的科学，其中关于时间、空间、物质、运动等概念又是物理学的最基本、最重要的概念，往往这些基本概念的变革就可能导致一场深刻的自然科学和哲学的革命.什么是时间？时间是运动物质的持续性或顺序性.什么是空间？空间是运动物质的伸张性或广延性.那么什么又是时空观呢？其实，所谓的时空观，说白了也就是人们对时间和空间的物理性质的认识.对我们的物质世界来说，时空是基础，运动物质与时空密不可分.没有时空便不会有运动物质，没有物质运动，也不会有时空.这是不难理解的.因为，如果把一个人关在黑屋里，他就不会感受到任何除他自己以外的物质与时空.因此，时空观同物理学乃至所有自然科学的发展密切相关.从某种意义上讲自然科学和哲学上的重大变革往往伴随着新时空观的产生.反之，也只有时空观的变革才是科学和哲学上重大变革的主要标志.

在早期的人类社会里，人们认为大地是平坦的，而球形大地的设想在当时是不可思议的事情.按照他们的想法,如果处在北极的人是站立在地面上,那么处在南极的人岂不要掉下去?这个观念直到2 000多年前才被古希腊的科学家亚里士多德推翻.他所建立的时空观否定了"上"、"下"的绝对概念,而认为"上"和"下"是两个相对性的概念,换句话说也就是空间各个方向是等价的,没有哪个方向具有绝对优越的性质.这种空间方向上的相对性理论的提出实现了人类认识史上的一次大飞跃.

但是,亚里士多德的理论也存在局限性.他认为地球是宇宙的中心,所有的天体都是围绕地球旋转的.因此,在他的理论中地球所处的点是空间中一个非常特殊的点.直到哥白尼的"日心说"提出后,人们才逐渐认识到任何时空点都是等价的,物理规律相对于任何时空点都是一样的.然后,随着伽利略的相对性原理(relativity principle)的提出和牛顿万有引力定律的面世,便逐渐形成了影响深远的牛顿力学的时空观.

### 4.1.1 牛顿力学的时空观

建立在牛顿三大运动定律基础上的牛顿力学由于具有严谨的理论体系和完备的研究方法,曾被誉为完美而又普遍的理论,从而兴盛了约300年.前面我们曾经介绍过力学的核心内容是研究物体在空间所处的位置随时间的变化规律,而研究位置的变化必然是针对某一特定的参考物或者说参考系而言的,因此为了定量地研究这种变化,只有在一定的参考系下才有意义.对于单一参考系下的运动研究,牛顿力学已经给出了详尽的描述,但是在研究实际问题时常常需要从不同的参考系来描述同一物体的运动.而对于不同的参考系,同一质点的位移、速度和加速度都可能不同.因此,为了解决不同的参考系的相互转换,我们再重述一下1632年伽利略提出的伽利略相对性原理或者力学相对性原理.这个原理指出:**任何局限于一个系统中的力学实验,都无法判断这个系统是静止着或者做匀速直线运动**.换句话说,在各个彼此做匀速直线运动的系统中,力学规律都相同.为了进一步明白这个原理,我们以具体例子来说明.设想在一个完全封闭的船舱里做力学实验,我们会发现桌上的苹果仍旧会笔直地下落到地板上,这和我们在家中或船停在港口的结果完全一致.换句话说,我们不能仅仅凭船舱里的力学实验便来判断船是匀速直线运动还是静止.在这个原理的基础上,逐步形成了牛顿力学的绝对时空观.这种时空观认为任何时空点都是平等的,物理规律在任何一个时空点都是一样的.时间和空间与物质的运动是彼此独立的.

为了能够定量地解决实际应用问题,根据力学相对性原理,伽利略提出了相应的伽利略坐标变换(Galilean transformation).下面我们简单地介绍一下伽利略坐标变换. 对于两个相对做匀速直线运动(相对速度为 $\boldsymbol{u}$)的不同的参考系 $K, K'$, 分别建立两个直角坐标系 $(O, x, y, z)$ 和 $(O', x', y', z')$, 如图 4-1 所示, 两者的坐标轴各自相互平行, 而且 $x$ 轴和 $x'$ 轴重合在一起, 方向与两个参考系的相对运动方向相同, 两个坐标系的原点重合, 在两个参考系里各有一个标准钟分别指向时刻 $t$ 和 $t'$, 且在原点处皆指向零点. 此时, 所谓的伽利略坐标变换的内容就是指对应于这两个参考系分别测到的同一质点在空间某一位置 $P$ 的坐标所满足的关系为

$$\begin{cases} t' = t \\ x' = x - ut \\ y' = y \\ z' = z \end{cases} \tag{4-1}$$

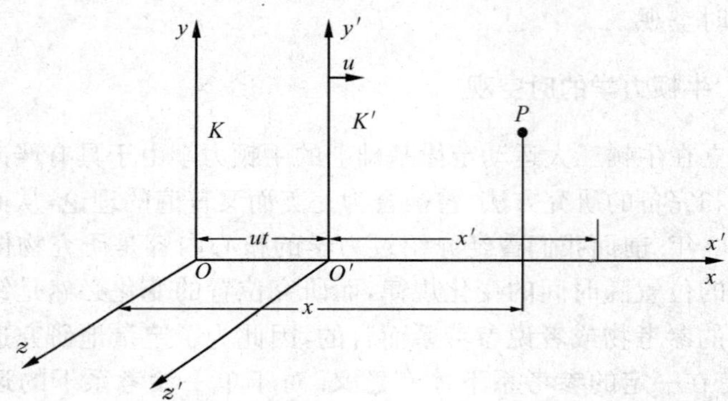


图 4-1 伽利略坐标变换

从式(4-1)我们可以清晰地看出牛顿力学的绝对时空观念. 相比于以往的时空观, 它具有以下几个鲜明的特点.

1. 同时性是绝对的

由式(4-1)中的第一个式子就可以很清晰地得到这个概念. 由此可见, 两个事件(event)的同时性与观察者的运动状态无关.

2. 时间间隔和空间间隔是绝对的

考虑客观世界中发生的任意两个事件, 在 $K$ 参考系下观察得到这两个事件的发生时刻分别为 $t_1$ 和 $t_2$, 而在 $K'$ 参考系下观察时这两个事件发生的时刻则分别为 $t_1'$ 和 $t_2'$, 根据式(4-1)可以很方便地得到

$$t_1 = t_1', \quad t_2 = t_2'$$

因此

$$t_2 - t_1 = t'_2 - t'_1$$

由此可见，在 $K$ 和 $K'$ 参考系下观察同样的两个事件之间的时间间隔相等，即时间间隔是绝对的.

同样，对于空间中沿 $x$ 方向放置的任一物体，在 $K$ 参考系下测量该物体的长度即两端点 $AB$ 之间的距离为 $x_B - x_A$，在 $K'$ 参考系下测量时，相应的两个端点的坐标是 $x'_B$ 和 $x'_A$，则此时测量得到的物体长度为 $x'_B - x'_A$. 根据式(4-1)，我们可以得出

$$x'_B = x_B - ut, \quad x'_A = x_A - ut$$

所以

$$x'_B - x'_A = x_B - x_A$$

因此，我们可以同样地得到空间间隔是绝对的这一结论. 将上述结论在数学上表示出来，式(4-1)就可以变换成式(4-2)，即

$$\begin{cases} \Delta x' = \Delta x \\ \Delta y' = \Delta y \\ \Delta z' = \Delta z \\ \Delta t' = \Delta t \end{cases} \tag{4-2}$$

3. 力学规律在一切惯性系中都是等价的

伽利略变换的一个重要结论就是速度合成定律. 将式(4-1)中各式分别对时间求导，考虑到 $t=t'$，可得

$$\frac{\mathrm{d}x'}{\mathrm{d}t'} = \frac{\mathrm{d}x}{\mathrm{d}t} - u, \quad \frac{\mathrm{d}y'}{\mathrm{d}t'} = \frac{\mathrm{d}y}{\mathrm{d}t}, \quad \frac{\mathrm{d}z'}{\mathrm{d}t'} = \frac{\mathrm{d}z}{\mathrm{d}t}$$

上述三式中各个微分量分别对应于 $K'$ 和 $K$ 系中的各个速度分量. 因此可将此三式进行合并，得到速度变换公式

$$\boldsymbol{v}' = \boldsymbol{v} - \boldsymbol{u} \tag{4-3}$$

同样我们也可以得到加速度的变换公式. 即将式(4-3)再对时间求导，由于 $\boldsymbol{u}$ 与时间无关，所以有

$$\boldsymbol{a}' = \boldsymbol{a} \tag{4-4}$$

在牛顿力学里，质点的质量和它的运动速度没有关系，因而也不随参考系的变化而变化，而力也只跟质点的相对位置或相对运动有关，也不受参考系的影响，因此，在参考系 $K$ 中成立的牛顿第二定律 $\boldsymbol{F}=m\boldsymbol{a}$，在 $K'$ 系里同样有 $\boldsymbol{F}'=m'\boldsymbol{a}'$. 也就是说牛顿第二定律在各个参考系下都拥有同样的形式. 众所周知，整个牛顿力学体系是建立在牛顿三大运动定律基础上的，既然牛顿第二定律都满足力学相对性原理，那么，由此派生出来的其他定律，如动量守恒定律、角动量守恒

定律和机械能守恒定律等都同样满足力学相对性原理，即在各个惯性系下力学规律都有同样的形式. 这样我们就又由伽利略坐标变换或者说牛顿的绝对时空观念回到了力学相对性原理. 这似乎演示了伽利略坐标变换和力学相对性原理这两个理论的良好的自洽性.

按照日常生活来说，伽利略变换似乎是天经地义的，但是在处理光的传播上却遇到了问题，下面我们就举例来说明这个矛盾.

设想甲、乙两个人在足球场进行射门练习，甲射门而乙则负责守门. 设两人相距为 $s$，在甲起脚准备射门时，球此时为静止的，这时从球上发出的光的速率为 $c$，该光到达乙的时间为 $\Delta t_1=\frac{s}{c}$，当甲踢到球时，在极短的冲力作用下，球的速率达到 $v$，按照伽利略速度变换此时球发出的光的速率应为 $c+v$，则该光到达乙的时间为 $\Delta t_2=\frac{s}{c+v}$. 显然 $\Delta t_1>\Delta t_2$，换句话说就是，乙先看到球已经踢出，再看到甲即将踢球！这种先后次序颠倒的现象显然还没有人看到过. 这个例子表明光速的测量结果与光源和测量者的相对运动无关，亦即与参考系无关. 这就是说，光的运动并不服从伽利略速度变换！

根据麦克斯韦的电磁场理论可以得到真空中的光速为 $c=2.99\times10^8\,\mathrm{m\cdot s^{-1}}$，而且这一结论还被许多精确的实验(最著名的是 1887 年迈克耳孙和莫雷所进行的实验)和观察所证实. 那么，上面的矛盾会促使人们考虑下述问题：是伽利略变换是正确的，而电磁现象的基本规律不符合相对性原理呢？还是已发现的电磁现象的基本规律是符合相对性原理的，而伽利略变换，或者说牛顿力学的绝对时空观念应该修正呢？日常经验总是使人们确信伽利略变换是正确的，因此多数人选择修正麦克斯韦方程组(电磁现象的基本规律)来适应伽利略变换，毕竟牛顿力学当时已经达到巅峰状态而绝对时空的概念也已经深入人心. 于是人们提出了各种修正方案，其中最著名的就是以太(ether)理论，该理论认为以太是传播包括光波在内的电磁波的弹性介质，认为整个世界处在以太的海洋里，以太中的带电粒子振动会引起以太变形，这种变形以弹性波的形式传播，这就是电磁波. 但是这套理论也被众多的实验所否定. 在如此的历史背景下，爱因斯坦对这个问题进行了深入的研究，他断然摆脱牛顿绝对时空观的束缚而另辟蹊径，采取了保留麦克斯韦方程组而修改伽利略变换的途径，从而提出了一种新的时空观.

### 4.1.2　爱因斯坦的两个基本假设

爱因斯坦为了解决上述矛盾，提出了两个重要假设——相对性原理和光速不变原理.

1. 爱因斯坦相对性原理

爱因斯坦的相对性原理(relativity principle)与伽利略的思想基本上一样，即**物理规律对所有惯性系都是一样的，不存在任何一个特殊的惯性系**. 只是二者的应用范围不同，伽利略所给出的具体变换式(4-1)只适用于牛顿力学，而爱因斯坦的相对性原理则把一切物理规律都包括进去. 可以看出爱因斯坦的相对性原理是力学相对性原理的推广. 它的一个重要推论就是任何物理实验都不能用来确定本参考系的运动速度，因此，绝对运动或者绝对静止的概念是没有任何意义的.

2. 光速不变原理

爱因斯坦在坚信相对性原理是物理学的基本原理并作为基本假设之后，又确认了麦克斯韦电磁场理论在所有的惯性系都是同等有效的，这就必然导致了一个重要的结论，由麦克斯韦电磁场理论所决定的真空中光的传播速率在所有的惯性系里都一样，这就产生了第二个基本假设，即在**任何惯性系中，光在真空中的传播速率都等于恒量 $c$，与光源和观察者是否运动无关**. 这就是**光速不变原理**(principle of constancy of light velocity).

在这两个基本假设的基础上，爱因斯坦建立了一整套完整的理论——狭义相对论，从而把物理学推进到一个新的阶段. 由于这里只涉及无加速运动的惯性系，而且严格地说，在讨论相对性原理时所研究的物理基本定律中，还要排除万有引力定律，因为引力的存在要破坏惯性系里时空的均匀性，对于它们的研究，使爱因斯坦后来又提出了广义相对论.

## 4.2　爱因斯坦的时空观

在相对性原理和光速不变原理这两个基本假设的基础上，爱因斯坦建立起了他独特的时空观. 与前人的时空观不同的是，爱因斯坦认为时间和空间都是相对的，彻底抛弃了牛顿力学的绝对时空概念. 下面我们就分别从时间和空间的相对性方面来简单介绍一下爱因斯坦的时空观.

### 4.2.1　同时性的相对性

既然牛顿的绝对时空概念需要进行修正，那么应该如何修正呢? 让我们首先来看时间的概念. 爱因斯坦对牛顿的绝对时间概念提出了怀疑，认为时间的量度是相对的．也就是说，即使是同样的先后两个事件之间的时间间隔，对于不同参考系中测量者，其测量的结果也可能是不同的．更确切地说，**在某一惯性系中同时发生的两个事件，在相对于此惯性系运动的另一个惯性系中观察，并不一定是同时发生的**．这就是**同时性的相对性**(relativity of simultaneity)．

为了说明这个问题，让我们首先来看看何谓两个事件“同时”发生？或者说什么情况才能称作为“同时”？爱因斯坦根据他的光速不变原理，提出了一个异地对钟的准则．假定我们要核对 $A$，$B$ 两地的钟，则在 $A$，$B$ 两地连线的中点 $C$ 处设置一个光讯号的发送站，在 $A$ 和 $B$ 处各设置一个接收站，由 $C$ 向 $A$，$B$ 两地发射对钟的光信号，当 $A$，$B$ 收到此光讯号的时刻被认为是“同时”的．

有了这个异地对钟准则以后，让我们设想这样一个实验，在如图4-2所示的两个参考系 $K$ 和 $K'$ 中，在坐标系 $K$ 中的 $x$ 轴上的 $A$，$B$ 两点各放置一个接收器，每个接收器旁各有一个静止于 $K$ 的钟，在 $AB$ 的中点 $C$ 上有一个光源．今设光源发出一闪光，由于 $\overline{AC}=\overline{BC}$，根据光速不变性，向各个方向的光速都是一样的，所以，在 $K$ 参考系中观察 $A$ 和 $B$ 应该是同时收到 $C$ 发出的光讯号的．换句话说，就是光讯号到达 $A$ 和 $B$ 这两个事件在 $K$ 参考系中是同时发生的．

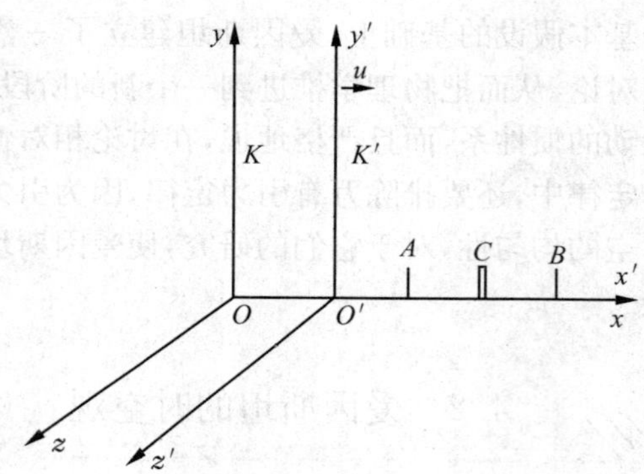


图 4-2　同时性的相对性

现在换过来在 $K'$ 参考系中观察这两个同样的事件，其结果又如何呢？对于 $K'$ 参考系而言，由于 $K'$ 参考系相对 $K$ 参考系以速度 $\boldsymbol{u}$ 沿 $x$ 轴正向运动，根据运动的相对性，在 $K'$ 参考系中观察 $K$ 参考系里的 $A$ 点和 $B$ 点显然都沿 $x'$ 轴负向运动．因此，当光源 $C$ 发出闪光后，$K'$ 参考系中看到的 $B$ 点正在迎着光线移动而 $A$ 点则背离光线运动，也就是说，在 $K'$ 参考系中光线由 $C$ 到 $B$ 所经历的路程要小于 $BC$ 实际距离，而光线由 $C$ 到 $A$ 的路程则要大于 $AC$ 间的实际距离，然而由于 $\overline{AC}=\overline{BC}$，所以光必定先到达 $B$ 而后到达 $A$，或者说光线到

达 $A$ 和光线到达 $B$ 这两个事件在 $K'$ 参考系中观察并不是同时发生的！这就说明，同时性是相对的，是跟参考系有关的.

同样，如果光源 $C$ 和 $A$，$B$ 两个接收器是固定在 $K'$ 参考系中，用同样的分析可知，在 $K'$ 参考系中同时发生的两个事件，在 $K$ 参考系中观察则不是同时发生的. 分析这两种情况还可以得出下一个结论：沿两个惯性系相对运动方向发生的两个事件(如在本例中，两个惯性系相对运动方向是沿着 $x$ 轴方向，而对于两个事件——光线到达 $A$，$B$ 两个接收器，光线的运动方向正好也是平行于 $x$ 轴方向即惯性系的相对运动方向)，在其中一个惯性系中表现为同时的，则在另一个惯性系中观察时，总是**在前一惯性系运动的后方的那一事件先发生.** 这个结论揭示了在不同的参考系下判断几个在惯性系运动方向上的不同事件间(假定这些事件间没有因果联系)发生顺序的准则. 对于本例而言，在 $K$ 参考系中两个事件是同时的，在 $K'$ 参考系中，由于 $K'$ 相对 $K$ 以速度 $\boldsymbol{u}$ 运动，则 $K$ 相对 $K'$ 以 $-\boldsymbol{u}$ 运动，即沿 $x$ 轴负向运动，所以由图 4-2 可知，在 $K'$ 参考系里观察，对于 $K$ 参考系的运动而言，$B$ 点就是所谓的运动的后方，所以在 $K'$ 参考系中观察时，光线到达 $B$ 接收器这一事件先发生.

狭义相对论理论和实验均表明：**一个惯性系中不同地点，同时发生的事件在相对运动的任一惯性系中的观测者看来，并不同时发生. 只有当一个惯性系中同一地点、同时发生的两个事件，在相对运动的任一惯性系中观测者看来，才是同时发生的.**

### 4.2.2 时间延缓

我们仍以上述例子说明时间量度的相对性. 如果 $K'$ 参考系相对 $K$ 参考系的速度增加，则在 $K'$ 参考系中观察可得 $B$ 迎着光线前进的速度更大，而 $A$ 背离光线的速度也更大，也就是说光线到达 $B$ 的时间更短而到达 $A$ 的时间更长，因此两个事件的时间间隔也变长. 由此我们可以得到一个结论，对于不同的参考系，沿相对速度方向发生的同样的两个事件之间的时间间隔是不同的. 换句话说就是，**时间的量度是相对的.**

现在，我们来推导时间量度和参考系相对速度之间的定量关系. 设想如下的一个理想实验：取如图 4-3 所示的两个参考系 $K$ 和 $K'$，在 $K'$ 系中的一个固定点 $A'$ 点处设置一个光源，其旁设置一个在 $K'$ 系校准的钟，在沿 $y'$ 轴方向离 $A'$ 距离为 $d$ 处放置一面反射镜，可使由 $A'$ 发出的光脉冲经反射后沿原路返回. 对于光脉冲由 $A'$ 发出再经反射镜返回到 $A'$ 这两个事件的时间间隔，在 $K'$ 参考系中测量得

$$\Delta t' = \frac{2d}{c} \tag{4-5}$$

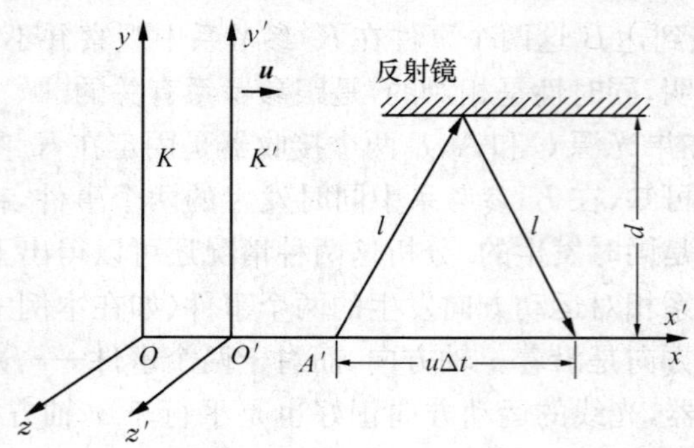


图 4-3　时间延缓实验

现在在 $K$ 系中观察，由于 $K'$系相对 $K$ 系以速度 $\boldsymbol{u}$ 运动，也就是说固定于 $K'$系中的 $A'$点的光源也相对 $K$ 系沿 $x$ 方向以速度 $\boldsymbol{u}$ 运动，因此在 $K$ 系中观测到的光线路径如图 4-3 所示. 此时光线由发出到返回并非原来的沿同一直线进行，而是沿一条折线.

现在我们计算光经过这条折线的时间，若在 $K$ 系中测得的光程为 $2l$. 根据图示的几何关系，光源在 $\Delta t$ 时间内运动了 $\boldsymbol{u}\Delta t$，因此，满足

$$l=\sqrt{d^2+\left(\frac{u\Delta t}{2}\right)^2}$$

由于光速不变，所以有

$$\Delta t=\frac{2l}{c}=\frac{2}{c}\sqrt{d^2+\left(\frac{u\Delta t}{2}\right)^2}$$

由此式解得

$$\Delta t=\frac{2d}{c}\frac{1}{\sqrt{1-\frac{u^2}{c^2}}}$$

与式(4-5)比较可得

$$\Delta t=\frac{\Delta t'}{\sqrt{1-\frac{u^2}{c^2}}}=\frac{\Delta t'}{\sqrt{1-\beta^2}}=\gamma\Delta t' \tag{4-6}$$

式中，

$$\beta=\frac{u}{c},\quad \gamma=\frac{1}{\sqrt{1-\beta^2}}$$

根据 $\gamma$ 的定义可知，$\gamma>1$，因此 $\Delta t>\Delta t'$. 因此，在一个惯性系中，运动的**钟比静止的钟走得慢**. 这种效应就叫**时间延缓**(time dilation). 此处的钟慢不是指钟出了什么问题，所有的钟都是标准钟，之所以要这样说，只是说明在运动参考系中时间的节奏变慢了，在其中，一切物理、化学过程甚至是观察者的生命过程都变缓了. 我们把相对于物体静止的钟所显示的时间间隔 $\Delta\tau$ 称作该物体的**固有时间**

(proper time)，简称**固有时**. 例如，在式(4-6)中所出现的 $\Delta t'$ 即为 $K'$ 参考系里的固有时. 由式(4-6)可以看出，**固有时最短**.

当然，作为一种新兴理论，相对论必然要"向下兼容"那些千百年来被证实的理论、现象. 考虑当 $u \ll c$ 时，此时 $\gamma \approx 1$，则 $\Delta t \approx \Delta t'$. 这种情况下，同样的两个事件之间的时间间隔在各个参考系下测量的结果都是一样的，即时间的测量与参考系是无关的，这就又回到了牛顿的绝对时空观念. 因此我们可以看出，牛顿的绝对时空观念实际上是相对论时空观在参考系的相对速度非常小时的一个近似结果.

另外，需要注意的是运动是相对的，因此，所谓的时间膨胀概念也是相对的. 在上例中，用钟变慢来说明的话，就是 $K$ 参考系的人认为 $K'$ 参考系里的钟变慢了，而反过来在 $K'$ 参考系里的人也同样会觉得 $K$ 参考系里的钟变慢了.

**例 4-1** 人们观测了以 $0.9100c$ 高速飞行的某粒子经过的直线路径，其实验结果得出的平均飞行距离是 17.135m，而实验室测出的该粒子的固有寿命值是 $(2.603 \pm 0.002) \times 10^{-8}$s. 问该实验结果与根据相对论理论计算的结果符合程度如何？

**解** 由平均飞行距离可以推算出该粒子在实验室系中的平均寿命

$$\tau = \frac{17.135}{0.9100 \times 2.9979 \times 10^{8}} \approx 6.281 \times 10^{-8}\,(\mathrm{s})$$

而时间延缓因子

$$\gamma = \frac{1}{\sqrt{1-(0.9100)^2}} \approx 2.412$$

因此，由式(4-6)求出的该粒子固有寿命的相对论预言值为

$$\tau_0 = \frac{\tau}{\gamma} = \frac{6.281 \times 10^{-8}}{2.412} \approx 2.604 \times 10^{-8}\,(\mathrm{s})$$

可见理论值与实验值相差 $0.001 \times 10^{-8}$ s，且在实验误差范围之内.

### 4.2.3 长度收缩

上面我们谈的是由于光速不变所带来的时间量度的相对性问题. 除此之外，光速不变原理还会带来空间量度的相对性问题. 也就是说，同一物体的长度，在不同的参考系中进行测量，会得到不同的结果. 通常，在某个参考系里，一个静止的物体的长度可以由一个静止的观测者用尺去测量；但要测量一个运动的物体就不能用这个办法了. 因为如果还是按照这个办法，就必须要让物体和观测者保持静止. 要达到这个目的无非两种办法：一是让物体停下来和观测者保持静止；一是观测者追上去和物体保持静止. 不论是哪种办法，测量的都是测量者

所在的参考系下的物体的静止长度. 合理的办法是,在同一时刻测量物体的两个端点位置之间的距离. 这里必须强调同时的重要性. 由前所述,同时性具有相对性,因此,长度的测量同样也具有相对性.

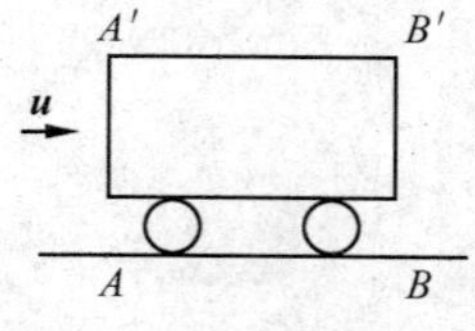

图 4-4　长度收缩实验

为了说明这一点,我们设想下面的一个测量列车长度的实验. 如图 4-4 所示,一辆列车以匀速自左向右通过站台. 在站台的参考系中同时记录下列车的两端位置 $A$ 和 $B$,从而得到站台参考系下列车的长度为 $\overline{AB}$,根据同时性的相对性,同时地记录下 $A,B$ 两点的位置这两个事件只是对于站台参考系而言是同时的,而在列车参考系里,根据不同惯性系下事件的发生顺序的判定准则,站台惯性系相对列车参考系向左侧运动,那么运动的后方的事件也就是 $B$ 和 $B'$ 重合首先发生,而事件 $A$ 和 $A'$ 重合发生在后. 换句话说,在 $B$ 和 $B'$ 重合时,列车的最后端 $A'$ 点还在站台 $A$ 点的左方,所以在列车参考系里测量得到的列车长度要大于站台参考系下测量得到的长度. 因此,长度的测量同样和惯性系有关,具有相对性.

为了加深理解,假设从 $A$ 到 $B$ 刚好是一条隧道,那么,地面参考系的人认为隧道和车一样长,而按照上面的分析,列车上的人却会认为车比隧道长. 那么,这两种说法都正确吗? 如果当车刚好处在隧道内时,在隧道口 $B$ 和隧道尾 $A$ 同时打下两个雷,那么躲在隧道内的车能安然无恙吗? 为了正确地理解长度的相对性问题,关键仍在于同时性的相对性. 所谓的同时打下两个雷,是对谁同时呢? 显然是对于地面参考系的. 那么对于地面参考系而言,由于车长等于隧道长,所以车当然是安然无恙;而对于列车参考系而言,这两个雷就不是同时打的,出口的 $B$ 处打雷的时候,车头还在隧道里,所以雷打不到车头,而虽然车尾还在隧道外,但此时隧道入口 $A$ 处的雷还没有打,等到 $A$ 处的雷打下的时候,车尾已经开到隧道里了,车头虽然探出隧道,但那里的雷已经打过了,所以在列车参考系里车仍然安全无恙. 因此不管是哪个参考系,车都是安然无恙的. 可见,由长度测量相对性引起的表面上似乎相互矛盾的说法,只不过是同一客观事物的不同反映和描述而已. 以后我们把**与物体保持静止的参考系所测量的长度称为物体的固有长度**. 在本例中,在列车参考系测量得到的 $\overline{A'B'}$ 即为列车的固有长度. 根据上面的分析,我们可以得到一个结论:$\overline{A'B'}>\overline{AB}$,也就是说,**物体的固有长度大于它在运动时的长度**,也就是说物体的固有长度最长.

以上,我们讨论的时间和长度的相对性都是在平行于运动的方向上,那么,在垂直于运动的方向上有没有类似的效应呢? 我们设想一下下面的实验:一列火车通过一个隧道. 当火车静止时测量得到的车厢高度和隧道高度相等. 显然,按照常理在地面参考系下观察该火车可以顺利通过隧道. 那么,如果在垂直于运动的方向上也有长度的相对性，即高度会收缩或增加，那么该火车还能通过该隧道吗？让我们首先来看高度会增加的情况，由于火车以一定的速度通过隧道，所以，它的高度会增加，也就是说此时火车的高度已经大于隧道的高度，火车当然不能安全通过隧道；再来看高度收缩的情况，对于火车上的观察者而言，隧道以相反的速度运动，所以，隧道的高度会收缩，即此时隧道的高度将小于火车的高度，火车仍然不能安全通过隧道.但是，火车能否安全通过隧道是一个确定的实际存在物理事实，应该和参考系的选择无关.这就说明上述假设是错误的.因此，在垂直于运动方向上，就没有上述的时间和长度的相对性问题了.

同样的，类似于对时间的讨论，在定性地介绍了由光速不变所带来的空间量度的相对性的问题以后，现在我们将定量地描述一下高速运动情况下的长度测量问题.

仿照上面讨论时间膨胀的例子，仍取 $K$ 和 $K'$ 那两个相对以 $\boldsymbol{u}$ 运动的参考系.由于讨论的是长度的相对性，因此这时研究的对象已经不是一个点了，而是一根有长度的直棒.如图 4-5 所示，设该

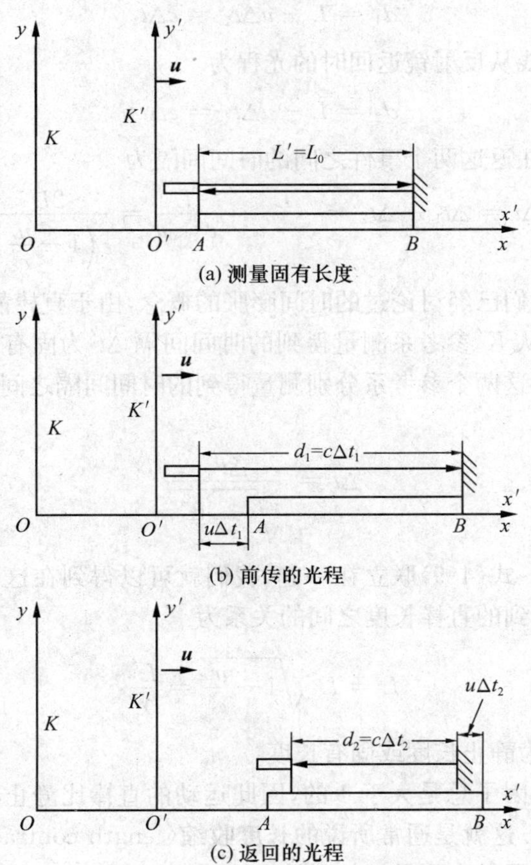


图 4-5 长度收缩的定量分析实验

直棒固定于 $K'$ 参考系的 $x'$ 轴上，在棒的一端 $A$ 点处固定一个光源和一个接收器，另一端 $B$ 点处固定一个平面反射镜. 此时，测量该直棒的长度就变成测量光线从直棒一端 $A$ 的光源发出经直棒另一端 $B$ 的平面镜反射后，回到 $A$ 接收器这两个事件之间的时间间隔了. 由于直棒固定于 $K'$ 参考系，所以在 $K'$ 参考系中观测时即可得到直棒的静止长度 $L'$，在精密的测量光线经往返回到出发点 $A$ 的时间间隔 $\Delta t'$ 后，我们就可以很方便地得到 $K'$ 参考系下的直棒长度为

$$L' = \frac{c\Delta t'}{2} \tag{4-7}$$

下面我们再从 $K$ 参考系里观察. 由于 $K'$ 参考系相对 $K$ 参考系以速度 $\boldsymbol{u}$ 运动，所以，固定在 $K'$ 参考系里的直棒以及固定其上的光源和反射镜也同样相对 $K$ 参考系以速度 $\boldsymbol{u}$ 运动. 因此，相应的光线其往返的光程也不同. 光线从 $A$ 端发出入射往平面镜时，由于平面镜随同直棒运动，因此，此时的光程为

$$d_1 = L + u\Delta t_1 = c\Delta t_1$$

同理，当光线从反射镜返回时的光程为

$$d_2 = L - u\Delta t_2 = c\Delta t_2$$

因此，光线往返这两个事件之间的时间间隔为

$$\Delta t = \Delta t_1 + \Delta t_2 = \frac{L}{c-u} + \frac{L}{c+u} = \frac{2L}{c\left(1-\frac{u^2}{c^2}\right)} \tag{4-8}$$

根据我们已经讨论过的时间膨胀的概念，由于直棒静止于 $K'$ 参考系，因此从 $K'$ 参考系测量得到的时间间隔 $\Delta t'$ 为固有时，所以，由式(4-6)，在这两个参考系分别测量得到的时间间隔之间存在着如下关系：

$$\Delta t = \frac{\Delta t'}{\sqrt{1-\frac{u^2}{c^2}}} \tag{4-9}$$

将式(4-7)～式(4-9)联立在一起，我们就可以得到在这两个参考系下所测量得到的直棒长度之间的关系为

$$L = L'\sqrt{1-\frac{u^2}{c^2}} = \frac{L'}{\gamma} \tag{4-10}$$

式中，$L'$ 称为静止长度或固有长度.

由于 $\gamma$ 因子总是大于 1 的，因此运动的直棒比静止状态下的直棒要短一些. 这就是通常所说的**长度收缩**(length contraction)现象，它充分显示了长度测量的相对性.

通常情况下，我们把**物体静止时的长度**又叫做**物体的固有长度**

(proper length). 根据式(4-10),我们可以得出**物体的固有长度最长这一结论**.

同样的,我们也来考虑一下 $u \ll c$ 的情况. 此时,根据式(4-10),我们可以发现 $L \approx L'$. 也就是说在不同的参考系下测量得到的直棒的长度相等,此时空间的量度与参考系无关,这样我们就又回到了牛顿的绝对时空概念. 所以从这里我们仍旧可以得到这样的一个结论:牛顿的绝对时空观是相对论的时空观在参考系之间相对速度很小时的一个近似.

**例 4-2**　静止长为 1 200m 的火车,相对车站以匀速 $\boldsymbol{u}$ 直线运动,已知车站站台长 900m,站上观察者看到车尾通过站台进口时,车头正好通过站台出口,试问车的速率是多少? 车上乘客看车站站台是多长?

**解**　依题意,车的静止长度 $L_0 = 1\,200\text{m}$ 是固有长度,由站台上的观察者来看其运动车长将收缩为 $L = 900\text{m}$,根据式(4-10),存在关系

$$L = L_0 \sqrt{1 - \frac{u^2}{c^2}}$$

代入题设数据,有

$$900 = 1\,200 \times \sqrt{1 - \frac{u^2}{(3 \times 10^8)^2}}$$

由此解得

$$u = 2 \times 10^8 (\text{m} \cdot \text{s}^{-1})$$

对于车上的观察者而言,车站是运动的,此时车站的长度将由固有长度 $L = 900\text{m}$ 收缩为 $L'$,同样根据式(4-10),有

$$L' = L\sqrt{1 - \frac{u^2}{c^2}} = 900 \times \sqrt{1 - \frac{(2 \times 10^8)^2}{(3 \times 10^8)^2}} \approx 671(\text{m})$$

以上我们分别从定性和定量的角度上介绍了爱因斯坦的时空观. 有别于牛顿的绝对时空观念,爱因斯坦认为时间和空间都是相对的,都会随惯性系的不同而有所差异,有了这个基本的物理模型,再加上一整套严谨、完整的数学推演,就建立起了举世闻名的狭义相对论.

## 4.3　洛伦兹坐标变换和速度变换

### 4.3.1　洛伦兹坐标变换

类似于牛顿力学里用伽利略变换来处理不同惯性系下的同一事件,在相对论中,我们同样有相应的洛伦兹变换(Lorentz transformation)来处理这类问题. 下面我们简单地介绍一下洛伦兹变换的主

要内容.

仍旧考虑如图 4-1 所示的两个惯性系 $K$ 和 $K'$，对于空间任一点 $P$ 在某一时刻发生的一个事件，在这两个参考系下进行测量，分别得出了两组不同的时空坐标 $(x,y,z,t)$ 和 $(x',y',z',t')$. 所谓的洛伦兹变换就是研究这两组不同的坐标之间的对应关系. 按照狭义相对论，这两组坐标之间存在以下的变换关系：

$$\begin{cases} x' = \dfrac{x-ut}{\sqrt{1-\dfrac{u^2}{c^2}}} \\ y' = y \\ z' = z \\ t' = \dfrac{t-\dfrac{u}{c^2}x}{\sqrt{1-\dfrac{u^2}{c^2}}} \end{cases} \tag{4-11}$$

式(4-11)就是满足狭义相对论两个基本假设的**洛伦兹变换式**.

因为 $K$ 系和 $K'$ 系的运动是相对的，若把上式里的 $u$ 换为 $-u$，带撇的量和不带撇的量对调，我们就得到从 $K'$ 系到 $K$ 系的逆变换关系：

$$\begin{cases} x = \dfrac{x'+ut'}{\sqrt{1-\dfrac{u^2}{c^2}}} \\ y = y' \\ z = z' \\ t = \dfrac{t'+\dfrac{u}{c^2}x'}{\sqrt{1-\dfrac{u^2}{c^2}}} \end{cases} \tag{4-12}$$

由洛伦兹变换式可以看出，当 $u \ll c$ 时，洛伦兹变换式就简化为伽利略变换式. 这表明伽利略变换是洛伦兹变换在惯性系间做低速相对运动条件下的近似. 因此在低速相对运动的情况下，伽利略变换仍然适用；而在惯性系间做高速相对运动的时候，则必须使用洛伦兹变换.

与伽利略变换相比，洛伦兹变换中的时间坐标明显地和空间坐标有关，它把空间坐标和时间坐标有机地结合起来，说明**时空是紧密联系、密不可分的**. 换句话说也就是三维空间和一维时间已经不再是各自分离的，而统一为**四维时空**. 因此在相对论中常把一个事件发生时的位置和时刻联系起来称为它的**时空坐标**(space time coordinate).

由于洛伦兹变换表示的是一个真实事件在两个惯性系中的时空坐标之间的变换关系,因此变换式中不应出现虚数.对应于变换式中各量,必然要求 $u$ 必须小于 $c$.即任何两个惯性系之间的相对运动速率都小于真空中的光速 $c$.由于每一个惯性系都是借助于一定的物体或物体系而确定的,因此,根据狭义相对论的基本假设,**任何物体的运动速率均不能达到或超过真空中的光速**.这样就给出了一切物体运动速率的极限.

**例 4-3** 地面参考系中,在 $x=1\,000\text{km}$ 处,于 $t=0.02\text{s}$ 时刻爆炸了一颗炸弹.如果有一艘沿 $x$ 轴正方向、以 $u=0.75c$ 速率运动的飞船,试求在飞船参考系中的观察者测得这颗炸弹爆炸的空间和时间坐标.又若按伽利略变化,结果又会如何?

**解** 由洛伦兹变换式(4-11),可求出在飞船参考系中测得的炸弹爆炸的时空坐标分别为

$$x'=\frac{x-ut}{\sqrt{1-\frac{u^2}{c^2}}}=\frac{1\times10^6-0.75\times3\times10^8\times0.02}{\sqrt{1-0.75^2}}$$

$$\approx-5.29\times10^6(\text{m})$$

$$t'=\frac{t-\frac{u}{c^2}x}{\sqrt{1-\frac{u^2}{c^2}}}=\frac{0.02-\frac{0.75\times1\times10^6}{3\times10^8}}{\sqrt{1-0.75^2}}\approx0.026\,5(\text{s})$$

如果按照伽利略变换进行计算,由伽利略变换式(4-1)可得

$$x''=x-ut=1\times10^6-0.75\times3\times10^8\times0.02=-3.50\times10^6(\text{m})$$

$$t''=t=0.02\text{s}$$

这显然与洛伦兹变换所得结果不同.这说明在本题所述条件下($u=0.75c$),用伽利略变换计算误差太大,必须用洛伦兹变换进行计算.而且,按照洛伦兹变换,不同参考系观察下的事件发生时间是不同的,这和伽利略变换有着本质上的区别.

洛伦兹变换式可以很方便地给出某一个事件在不同参考系下的时空坐标的变换关系,那么,对应两个不同事件,由洛伦兹变换式也同样可以很容易地得到这两个事件在不同惯性系中的时间间隔和空间间隔之间的变换关系.

为了得到这种变换关系,我们仍旧取如图 4-1 所示的两个惯性系 $K$ 和 $K'$,设有任意两个事件 1 和 2,其中事件 1 在这两个惯性系下的时空坐标分别为$(x_1,y_1,z_1,t_1)$和$(x_1',y_1',z_1',t_1')$,而事件 2 的时空坐标则分别为$(x_2,y_2,z_2,t_2)$和$(x_2',y_2',z_2',t_2')$,于是这两个事件在这两个参考系中的时间间隔和沿两惯性系相对运动方向(即 $x$ 方向)的空间间隔之间的变换关系为

$$\begin{cases} \Delta t' = \dfrac{\Delta t - \dfrac{u}{c^2}\Delta x}{\sqrt{1-\dfrac{u^2}{c^2}}} \\ \Delta x' = \dfrac{\Delta x - u\Delta t}{\sqrt{1-\dfrac{u^2}{c^2}}} \end{cases} \tag{4-13}$$

以及

$$\begin{cases} \Delta t = \dfrac{\Delta t' + \dfrac{u}{c^2}\Delta x'}{\sqrt{1-\dfrac{u^2}{c^2}}} \\ \Delta x = \dfrac{\Delta x' + u\Delta t'}{\sqrt{1-\dfrac{u^2}{c^2}}} \end{cases} \tag{4-14}$$

式中，$\Delta x = x_2 - x_1$，$\Delta t = t_2 - t_1$，$\Delta x' = x_2' - x_1'$，$\Delta t' = t_2' - t_1'$. 不难看出，对于两个事件的时间间隔和空间间隔，在不同惯性系中观察，所得到的结果一般来说是不同的，这表明，两个事件之间的时间间隔和空间间隔的测量都具有相对性，都随观察者所在的惯性系不同而不同.

**例 4-4**　A，B 两地相距 8 000km，一列做匀速运动的火车由 A 到 B 历时 2s. 试求在一与火车同方向相对地面运行、速率为 $u=0.6c$ 的航空飞机中观测所得到的该火车在 A，B 两地运行的路程、时间和速度.

**解**　令火车经过 A 为事件 1，经过 B 为事件 2，于是由题意可知，在地面参考系中的 $\Delta x = 8\times10^6$m，$\Delta t = 2$s，列车相对地面的速度为 $v=\dfrac{\Delta x}{\Delta t}=4.0\times10^6(\text{m}\cdot\text{s}^{-1})$.

由式(4-13)可得飞机惯性系下测得的两事件的时间间隔和空间间隔为

$$\Delta t' = \frac{\Delta t - \dfrac{u}{c^2}\Delta x}{\sqrt{1-\dfrac{u^2}{c^2}}} = \frac{2.0 - \dfrac{0.6\times8\times10^6}{3\times10^8}}{\sqrt{1-0.6^2}} = 2.48(\text{s})$$

$$\Delta x' = \frac{\Delta x - u\Delta t}{\sqrt{1-\dfrac{u^2}{c^2}}} = \frac{8\times10^6 - 0.6\times3\times10^8\times2.0}{\sqrt{1-0.6^2}} = -4.40\times10^8(\text{m})$$

所以，火车的速度为

$$v' = \frac{\Delta x'}{\Delta t'} = \frac{-4.40\times10^8}{2.48} \approx -1.774\times10^8(\text{m}\cdot\text{s}^{-1})$$

### 4.3.2 洛伦兹速度变换

类似于伽利略变换，在讨论了坐标变换以后，我们再来看看相对论情况下的速度变换. 按照速度的定义，速度表示的是质点位矢对时间的变化率，对于不同的参考系，既有位矢的区别，也存在时间的不同. 因此对应于不同的惯性系，由式(4-11)的坐标变换，我们可以很方便地得出在各自惯性系下质点速度的各个分量. 将式(4-11)中各式进行微分，可得

$$\begin{cases} \mathrm{d}x' = \dfrac{\mathrm{d}x - u\mathrm{d}t}{\sqrt{1-\dfrac{u^2}{c^2}}} \\ \mathrm{d}y' = \mathrm{d}y \\ \mathrm{d}z' = \mathrm{d}z \\ \mathrm{d}t' = \dfrac{\mathrm{d}t - \dfrac{u}{c^2}\mathrm{d}x}{\sqrt{1-\dfrac{u^2}{c^2}}} \end{cases} \tag{4-15}$$

根据速度的定义，我们可以得到

$$v'_x = \frac{\mathrm{d}x'}{\mathrm{d}t'} = \frac{\mathrm{d}x - u\mathrm{d}t}{\mathrm{d}t - \dfrac{u}{c^2}\mathrm{d}x} = \frac{v_x - u}{1 - \dfrac{u}{c^2}v_x} \tag{4-16a}$$

$$v'_y = \frac{\mathrm{d}y'}{\mathrm{d}t'} = \frac{v_y\sqrt{1-\dfrac{u^2}{c^2}}}{1-\dfrac{u}{c^2}v_x} \tag{4-16b}$$

$$v'_z = \frac{\mathrm{d}z'}{\mathrm{d}t'} = \frac{v_z\sqrt{1-\dfrac{u^2}{c^2}}}{1-\dfrac{u}{c^2}v_x} \tag{4-16c}$$

这就是相对论情况下的速度变换公式. 同样地，当 $u$ 和 $v$ 都远远小于 $c$ 时，该变换公式显然又可以简化为伽利略速度变化公式. 现在有了速度变换公式，让我们再回过头来看看该速度变换是否满足相对论理论成立的基本假设，即光速不变性. 在惯性系 $K$ 下，对于光的传输有 $v_x=c$，而在惯性系 $K'$下，按照式(4-16a)可得

$$v'_x = \frac{v_x - u}{1 - \dfrac{u}{c^2}v_x} = \frac{c-u}{1-\dfrac{uc}{c^2}} = c$$

由此可以得出，无论惯性系之间的相对速度多大，在这两个惯性系下光速的大小都等于 $c$.

根据式(4-16)，我们可以很方便地得到它的逆变换. 将式中带撇

量和不带撇量互换，将 $u$ 变为 $-u$，可得逆变换式

$$\begin{cases} v_x = \dfrac{v'_x + u}{1 + \dfrac{uv'_x}{c^2}} \\ v_y = \dfrac{v'_y}{1 + \dfrac{uv'_x}{c^2}}\sqrt{1 - \dfrac{u^2}{c^2}} \\ v_z = \dfrac{v'_z}{1 + \dfrac{uv'_x}{c^2}}\sqrt{1 - \dfrac{u^2}{c^2}} \end{cases} \tag{4-17}$$

**例 4-5**　在地面上测得两飞船分别以 $0.9c$ 和 $-0.9c$ 的速度向相反方向运动，求一飞船相对于另一飞船的速度.

**解**　取速度为 $-0.9c$ 的甲飞船为 $K$ 参考系，取地面为 $K'$ 参考系. 则 $K'$ 参考系相对于 $K$ 参考系的运动速度为 $u=0.9c$. 在 $K'$ 参考系里有一速度为 $0.9c$ 的飞船乙，因此根据式(4-17)，在 $K$ 参考系里，乙飞船的速度为

$$v_x = \frac{v'_x + u}{1 + \dfrac{u}{c^2}v'_x} = \frac{0.9c + 0.9c}{1 + 0.9 \times 0.9} \approx 0.995c$$

## 4.4　几个经典佯谬

在相对论刚提出来时，很多人都对此产生过疑问，毕竟牛顿力学的绝对时空观已经深入人心，一时之间人们很难接受这种全新的时空理论，于是纷纷挖空心思，试图找出相对论的破绽. 当然这也促进了相对论体系的逐步完善和健全. 下面就介绍几个经典的佯谬.

### 4.4.1　因果关系

在前面曾经介绍过同时性的相对性问题，这是相对论体系中一个非常难以理解的概念. 按照我们先前的描述，事件的发生顺序与参考系的选择有关，那么势必有人会想：如果事件的时间先后次序是相对的，那么，势必在某个参考系(如以亚光速相对于地球做匀速直线运动的飞船上)的宇航员将看到另一个参考系上(如地球上)一个人的死亡将早于他的出生；鸟从树上被击落早于猎人的开枪，一列火车的到达早于它从别地的开出，等等. 经验和理智都告诉我们，原因总是发生在结果之前的. 但是，若是事件的先后次序可以颠倒，岂不要出现结果在前面而原因在后的因果混乱状况吗？

为了解释这个问题，我们首先来看什么情况下事件之间是有因

果关系(causality)的. 所谓的 A,B 两事件有因果关系,必然指出的是 B 事件是由 A 事件引起的. 一般地说,A 事件引起 B 事件的发生,必然是从 A 事件向 B 事件传递了一种"信号",例如,上面例子中猎人开枪算是 A 事件,而鸟儿中弹算是 B 事件,则 A 事件向 B 事件传递的子弹也就是我们所谓的"信号". 既然传递了一种"信号",那么我们可以研究一下该"信号"的速度. 设该"信号"在 $\Delta t$ 时间内,传递的距离为 $\Delta x$,则该"信号"的速度为

$$v_x = \frac{\Delta x}{\Delta t}$$

由于信号实际上是一些物体或无线电波、光波等,根据上节所讲的洛伦兹变换的要求,因此,该"信号"的速度必然要小于等于光速. 在上节中,我们曾经讨论过事件的时间间隔在不同参考系下的变换关系,因此,根据式(4-13)有

$$\Delta t' = \frac{\Delta t - \frac{u}{c^2}\Delta x}{\sqrt{1-\frac{u^2}{c^2}}} = \frac{\Delta t}{\sqrt{1-\frac{u^2}{c^2}}}\left(1-\frac{u\Delta x}{c^2\Delta t}\right) = \frac{\Delta t}{\sqrt{1-\frac{u^2}{c^2}}}\left(1-\frac{u}{c^2}v_x\right)$$

由于参考系之间的相对速度 $u$ 小于光速,而"信号"速度 $v_x$ 也小于等于光速,也就是说上式中带括号的项始终是正的,所以 $\Delta t$ 和 $\Delta t'$ 必然是同号的,这就说明在 $K$ 参考系下 A 事件发生在 B 事件之前,则在任一参考系 $K'$ 观察时仍然是 A 事件发生于前,时间顺序不会颠倒. 因此狭义相对论是符合因果律的要求的.

### 4.4.2 孪生子效应

根据前面的讨论可知,时间的流逝不是绝对的,它也是一个相对的概念. 运动将改变时间的进程. 人的寿命同样也是一种时间进程. 我们通常所说的"几代人的时间",其实就是在用人的寿命来量度时间,就好比用地球自转一周来量度"一天",用地球公转一周来量度"一年"一样. 因此,根据相对论,人的寿命也不应当是绝对的. 同一个人的寿命,在不同的参考系里进行测量,将是不同的.

现在假设有两个孪生子甲和乙,让甲留在地面上,而乙乘亚光速飞船到宇宙去旅行. 按照 4.2.2 节所述的相对论的时间膨胀效应,只要飞船的速度无限接近于光速,则原则上在飞船参考系里所花费的时间可以无限短. 因此当飞船返回地球上来时,会发现乙比甲年轻许多. 这就是著名的孪生子佯谬. 按照狭义相对论的结论,对于任何惯性系来说,一切相对论效应(包括钟慢效应)都应该是互逆的,那么乍一看的结果应该是:甲认为飞船上的钟走慢了,乙就应该年轻些;而乙则相反,他认为地面上的钟走慢了,甲应该年轻些. 这样一来岂不

都是一样年轻吗？那么到底是哪一种说法正确呢？

为了弄清楚这个问题，人们做了许多实验来模拟. 由于两个参考系的相对速度越接近光速，效应越明显，而直接用真人做太空飞行，要想达到接近光速还非常困难. 1971 年人们成功地设计了一个模拟实验. 将铯原子钟放在飞机上，沿赤道分别向东和向西绕地球一周，当回到原处后，分别观测到比静止在地面上的钟慢 59ns 和快 273ns (1ns 等于 $10^{-9}$s). 因为地球以一定的角速度从西往东自转，所以地面不是严格的惯性系，而太阳参考系是更严格惯性系. 当地球绕太阳公转时，飞机的速度总小于地球公转的速度，无论向东还是向西，它相对于太阳惯性系都是向东转的，只是前者转速大，后者转速小，而地面上的钟转速介于二者之间. 上述实验表明，相对于惯性系转速愈大的钟走得愈慢；在 1966～1972 年，西欧原子核研究中心的实验小组，对 $\mu$ 子的寿命进行了多次测量，这些 $\mu$ 子沿着圆形轨道高速飞行，速率为 $0.996c$，其加速度则约为重力加速度的 $10^{14}$ 倍；他们的实验结果发现，这种做圆形运动的 $\mu$ 子相比于与实验室保持静止的 $\mu$ 子的寿命要长. 以上都表明，这种孪生子效应的的确确是存在的，那么我们又如何解释这个问题呢.

从逻辑上来看，这种效应的存在并不矛盾. 甲和乙所分处的地球参考系和飞船参考系的确是不对称的. 从原则上说，甲所处的惯性系可以是惯性系，而乙处的飞船则不可能是惯性系，因为若乙要回到地球就必须有速度的变化，即有加速度的产生，否则飞船将远离地球而去，所以飞船参考系不可能作为惯性系来处理；另外，甲和乙不是孤立的，他们周围还有无数的星体. 甲留在地面上，因此乙的加速行为不会导致其他星体也相对甲做类似的变速运动，只有乙在相对他做变速运动，而对于乙来说，不光是甲相对他做变速运动，而且其他星体也都同时相对乙在做变速运动. 因此，甲和乙所分处的地球和飞船参考系并不能被认为是对称的，由对称性所引发的矛盾也就不复存在了.

由于飞船参考系不是惯性系，因此，此时飞船参考系内的时空结构已经不是平直的，狭义相对论已经不能被用来处理该参考系里的问题了，此时就需要广义相对论的理论来处理了. 爱因斯坦也对这种非惯性系的情况进行了研究，如图 4-6 所示，设原来两只时钟 A 和 B 已对准零点，当 B 钟以速率 $v$ 任意绕行一周以后，两钟又重新会合. 爱因斯坦经过理论计算认为这时 B 钟的读数 $T_B$ 将小于 A 钟的读数 $T_A$，其关系为

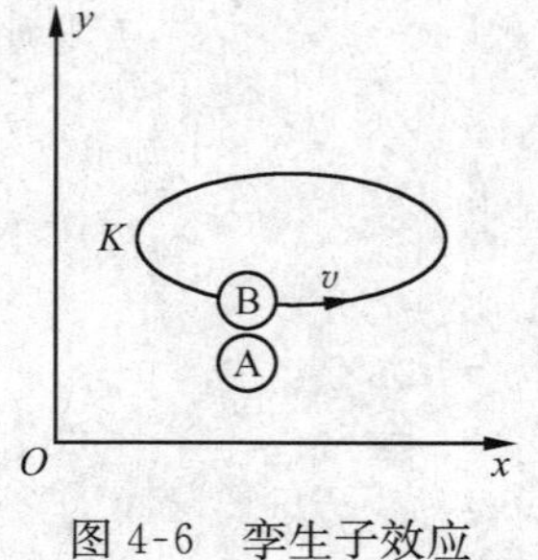

图 4-6　孪生子效应

$$T_B=\sqrt{1-\frac{v^2}{c^2}}T_A$$

按照上式，这种孪生子效应在理论上也得到了有力的证明.

### 4.4.3 高速物体的视觉效应

已故著名美籍俄国物理学家和优秀的科普作学乔治·伽莫夫在1940年发表的《汤普金斯先生奇遇记》中曾经描述过小说主人公汤普金斯先生梦游相对论城时的情形，书中说他来到一个奇异的城市，由于该城市里的极限速度非常小，以至于各种相对论效应都能很容易地出现. 当他骑自行车快速行驶时，发现这个城市里的事物都变扁了. 这里描述的就是一个高速运动物体的视觉效应问题，当然这只是科幻小说中的情节，那么，这一幕是不是真有可能发生呢?

在小说面世后的较长时间里，人们都认可小说所描述的这一相对论性的物体视觉形象问题，直到1959年美国物理学家戴勒尔(J. Terrell)和彭罗斯(Penrose)才发现这不过只是一个偏见. 按照戴勒尔的分析，理由是非常简单的. 当我们看一个物体或者对它拍照时，我们所记录的物体发出的光子应该是那种能同时到达视网膜或照相机底版的. 但由于物体各部分与我们之间的距离并不相同，因而这些光子并不是同时发射出来的. 离我们较远处的点先发光，而离我们较近的点后发光，这完全同长度测量中所要求的“同时性”是矛盾的. 实际上，我们是看不到远处的物体变扁，而只是看到物体相对于它静止的形状略有转动.

为了说明这个问题，我们来看下面这个例子. 考虑一个边长为 $l_0$ 的立方体，如图 4-7 所示，观察者位于 $K$ 坐标系的原点处，立方体和观察者的距离足够远以至于从立方体上的点发射到观察者的光线都可以认作是平行的. 现在我们来讨论观察者所看到的高速运动的物体的视觉形象. 当立方体以高速 $\boldsymbol{u}$ 沿 $x$ 轴正向运动时，沿着运动方向的 $AE$, $CG$ 将发生收缩，根据式(4-10)，此时这两条边的长度变为 $l_0\sqrt{1-\frac{u^2}{c^2}}$，而垂直运动方向的 $AC$、$EG$ 则保持原长. 此时，正方形

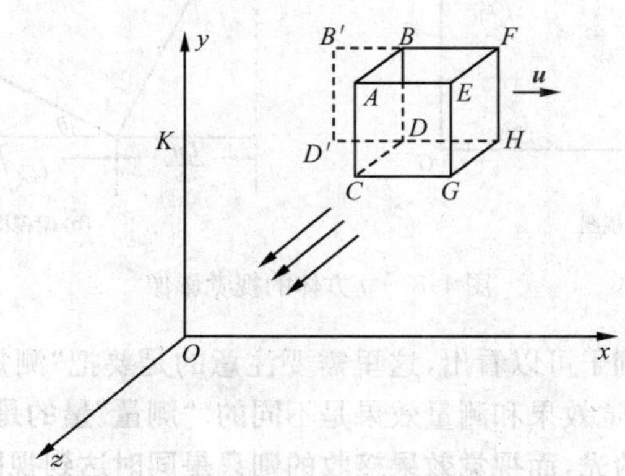


图 4-7 高速物体的视觉效应

$AEGC$ 在观察者眼中就变成了一个矩形. 考虑到从立方体的棱边 $BD$ 发出的光到达观察者的路程更长，因此，由 $BD$ 发出的光子要早于正方形 $AEGC$ 才能同时到达观察者. 当 $BD$ 处于图 4-7 中 $B'D'$ 的位置时所发出的光恰好与面 $AEGC$ 上的点发出的光同时到达观察者. 显然，$BB'$ 的长度等于立方体移动的速度 $\boldsymbol{u}$ 与光子沿棱边 $BA$ 从 $B$ 传到 $A$（即棱边 $BD$ 到面 $AEGC$ 的距离）的时间之积，即

$$\overline{BB'} = u\frac{l_0}{c}$$

因此，此时该立方体在人的视觉中形成的影像如图 4-8 中(a)图所示. 立方体的正面 $AEGC$ 和侧面 $ABDC$ 在人眼中的投影分别为图 4-8(a)图中的矩形 $AEGC$ 和阴影部分 $ABDC$. 由于 $AC$，$EG$ 和 $BD$ 三条棱边垂直于运动方向，所以它们的长度仍旧保持原长不变，而由上所述平行于运动方向的棱 $AE$ 的长度及 $BB'$ 的长度则分别为 $l_0\sqrt{1-\frac{u^2}{c^2}}$ 和 $u\frac{l_0}{c}$. 这与静止的立方体旋转角度 $\theta=\arcsin\frac{u}{c}$ 在人眼中所形成的影像相同，如图 4-8 中(b)图所示. 因此，根据上述分析，相对论效应的结果并不是使物体变扁了，而是使物体转过了一个角度，而且，运动速度越大，转过的角度越大. 另外，此时平行于运动方向的长度为 $l_0\left(\sqrt{1-\frac{u^2}{c^2}}+\frac{u}{c}\right)$，比静止长度要长. 只有当运动速度等于光速或保持静止的时候才等于静止长度.

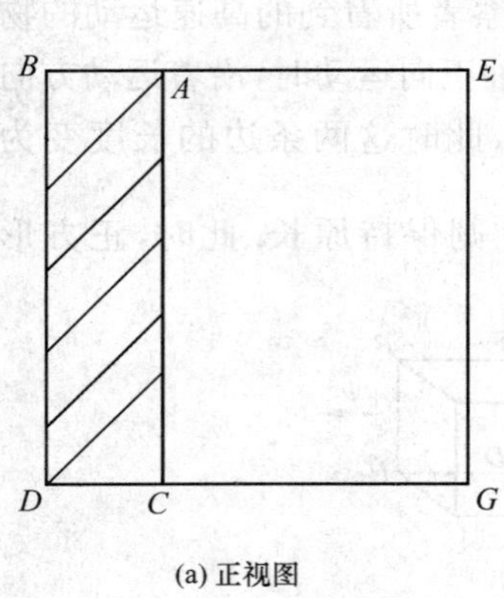


(a) 正视图

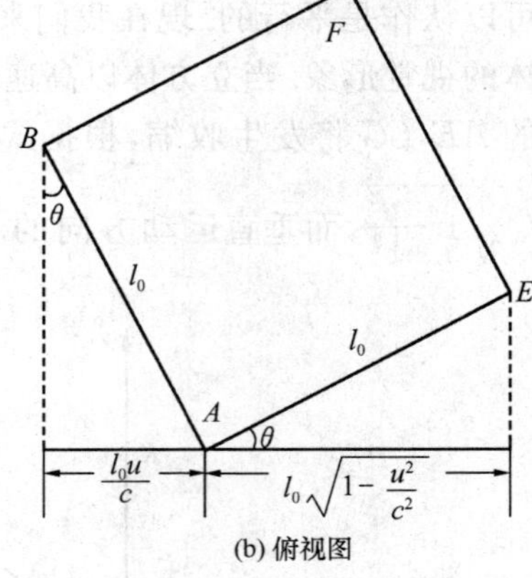


(b) 俯视图

图 4-8　立方体的视觉影像

由这个例子可以看出，这里需要注意的是要把“测量”和“观看”区分开来，视觉效果和测量效果是不同的. **“测量”量的是物体各个部分同时发出的光，而视觉效果接收的则只是同时达到视网膜的光子，**由此才带来最后效果的不同.

此外,我们简单指出,在相对论情形下,由于来自运动物体的光还存在光行差和多普勒频率移动效应,所以看起来,物体的颜色和表观亮度都会与它的本征状态有所不同.

## 4.5 相对论动力学基础

以上介绍的是相对论运动学情形,接下来我们将要介绍一些相对论动力学的基本内容.在动力学里有一系列概念,如质量、动量、能量等,这些物理量都存在着在相对论形式下的重新定义问题.在对这些物理量进行新的定义之前,首先要明确重新定义的物理量在 $v \ll c$ 的时候必须和经典定义的物理量保持一致.另外,物理学家们都笃信守恒的理论,因此,新定义的物理量要尽量使得那些经典的守恒定律在相对论情形下仍然能够继续成立,也就是说要使得这些守恒定律在形式上对洛伦兹变换的不变性.只有满足这两条原则才能进行新的定义.

### 4.5.1 相对论质量和动量

整个牛顿力学都是建立在牛顿三大运动定律的基础上的,牛顿第二定律是质点动力学的基本方程,其他所有的诸如动量守恒、能量守恒等定律都是由它衍生出来的.因此,在给某物理量新的定义之前,让我们首先来看看牛顿第二定律.

牛顿第二定律的表达式为

$$\boldsymbol{a} = \frac{\boldsymbol{F}}{m} \tag{4-18}$$

式中,$m$ 为不随物体运动状态而改变的物理量,称为惯性质量,$\boldsymbol{F}$ 为物体所受到的合外力,$\boldsymbol{a}$ 为物体的加速度.按照这个公式,物体在恒定的外力作用下,必然产生恒定的加速度.那么,就产生了一个问题:如果始终保持外力不变,则物体必然获得恒定的加速度,在不断地加速下,总有那么一个时刻能够使得物体的速度超过光速!这与相对论理论中关于光速是极限速度的理论相矛盾.这说明这种形式的牛顿第二定律是不适应相对论的时空观的.

在经典力学中,$\boldsymbol{F}$ 定义为物体动量对时间的变化率,这里我们仍然延用这个概念.同样地,我们也沿用经典力学中关于动量的定义 $\boldsymbol{p}=m\boldsymbol{v}$.既然式(4-18)在高速情况下不再合适,也就是说在相对论情况下有

$$\left[\boldsymbol{F} = \frac{\mathrm{d}(m\boldsymbol{v})}{\mathrm{d}t}\right] \neq \left[m\boldsymbol{a} = m\frac{\mathrm{d}\boldsymbol{v}}{\mathrm{d}t}\right]$$

按照上式，必然要求质量 $m$ 也随物体的运动状态而变. 下面我们就来推导相对论质量(relativistic mass)与速度的关系.

让我们来看下面的一个例子. 如图 4-9 所示，设在 $K$ 参考系有一个质量为 $M$ 的物体，初始时保持静止. 在某一时刻该物体分裂为完全相同的两块 A 和 B，二者分别沿 $x$ 轴的正方向和负方向运动，根据动量守恒定律可知，二者的速度大小相等，我们不妨记为 $u$. 假设此时有一个 $K'$ 参考系相对 $K$ 参考系以速率 $u$ 沿 $x$ 轴运动，则根据洛伦兹速度变换，由式(4-16)在 $K'$ 参考系下 A 和 B 的速度分别为

$$\begin{cases} v'_{\mathrm{A}} = \dfrac{v_{\mathrm{A}} - u}{1 - \dfrac{u}{c^2} v_{\mathrm{A}}} = -\dfrac{2u}{1 + \dfrac{u^2}{c^2}} \\ v'_{\mathrm{B}} = \dfrac{v_{\mathrm{B}} - u}{1 - \dfrac{u}{c^2} v_{\mathrm{B}}} = 0 \end{cases} \tag{4-19}$$

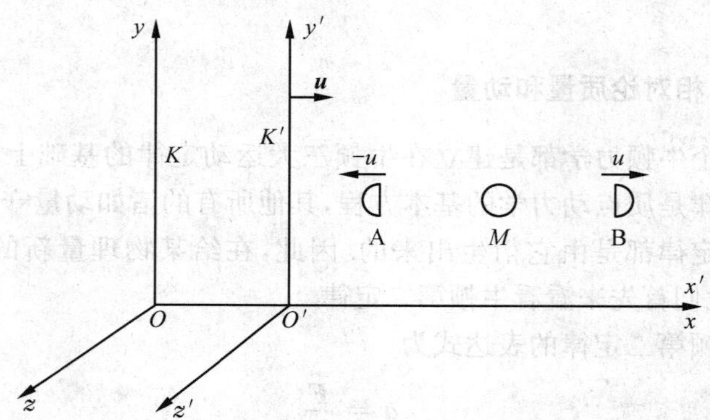


图 4-9　相对论质速关系推导用图

同样地，在 $K'$ 参考系下观察原来分裂前的物体，由于该物体相对 $K$ 静止，因此该物体同样相对 $K'$ 以速度 $-u$ 运动. 由于动量守恒定律在相对论情形下也同样适用，因此根据动量守恒定律，在 $K'$ 参考系下有

$$M \cdot (-u) = m_{\mathrm{A}} \cdot \left( -\frac{2u}{1 + \dfrac{u^2}{c^2}} \right) + 0$$

在这里，我们认为物体在分裂过程中没有质量的损失，也就是说存在 $M = m_{\mathrm{A}} + m_{\mathrm{B}}$. 如果按照经典理论认为质量与速度无关，也就是说 A 和 B 的质量相等，则此时上式就不再成立了，也就是整个体系的动量就不再守恒了，因此为了使动量守恒定律成立就必然要求质

量要与速度有关. 根据上式，两边消去 $u$，并考虑 $M=m_{\mathrm{A}}+m_{\mathrm{B}}$，可以得出

$$m_{\mathrm{A}}+m_{\mathrm{B}}=\frac{2m_{\mathrm{A}}}{1+\dfrac{u^2}{c^2}}$$

因此，可以得到 A 和 B 二者的质量之间的关系为

$$m_{\mathrm{B}}=m_{\mathrm{A}}\frac{1-\dfrac{u^2}{c^2}}{1+\dfrac{u^2}{c^2}} \tag{4-20}$$

根据式(4-19)中 $K'$ 参考系下 A 的速度与 $u$ 的关系，可以用 A 的速度来替代上式中的 $u$，由式(4-19)变形我们得到

$$\frac{v'_{\mathrm{A}}}{c^2}u^2+2u+v'_{\mathrm{A}}=0$$

得

$$u=\frac{c^2}{v'_{\mathrm{A}}}\left(\sqrt{1-\frac{{v'_{\mathrm{A}}}^2}{c^2}}-1\right)$$

代入式(4-20)，化简后有

$$m_{\mathrm{A}}=\frac{m_{\mathrm{B}}}{\sqrt{1-\dfrac{{v'_{\mathrm{A}}}^2}{c^2}}} \tag{4-21}$$

由这个式子我们可以清楚地看到 A 和 B 这两个完全相同的物体在不同的速度状态下其质量产生了差别. 由于在 $K'$ 参考系中 B 是静止的，因此，此时在 $K'$ 参考系下测出的 B 的质量称为**静质量**(rest mass)，也称**静止质量**. 由上式可知，物体在静止时所测出的质量最小. 根据式(4-21)，显然，对于一个以速度 $v$ 运动的粒子，其运动质量 $m(v)$ 与静止质量 $m_0$ 之间的关系如下式所示：

$$m(v)=\frac{m_0}{\sqrt{1-\dfrac{v^2}{c^2}}} \tag{4-22}$$

由此可见，质点的质量已经不再是一个与质点运动速率无关的量了，质点的质量将随运动速率的增大而不断增大. 当质点运动速率 $v\ll c$ 时，这就回到了牛顿力学所讨论的范畴，即质点的运动质量和静止质量基本相等，其质量已经不随其运动速率变化而变化了；当质点运动速率 $v>c$ 时，此时由式(4-22)得出的质量是一个虚数，这就失去了实际意义，因此这个公式也同样说明了真空中的光速 $c$ 是一切物体运动速率的极限；最后，对于光子和电磁辐射等速率 $v=c$ 时，根据上式可知其静止质量为零. 所以，**光子的静止质量为零**.

有了质点的运动质量与运动速率的关系之后，我们就能很方便地得到质点的动量与速率之间的关系. 根据式(4-22)有

$$p = mv = \frac{m_0 v}{\sqrt{1-\frac{v^2}{c^2}}} \tag{4-23}$$

与质点的质量相类似，当质点运动速率 $v \ll c$ 时，质点的动量也重新过渡回牛顿力学中关于动量的经典表述了.

### *4.5.2　力和加速度的关系

在相对论动力学中仍然用动量的变化率来定义质点所受到的力. 根据式(4-23)中动量的定义，我们可以得到

$$F = \frac{\mathrm{d}p}{\mathrm{d}t} = \frac{\mathrm{d}}{\mathrm{d}t}(mv) = \frac{\mathrm{d}}{\mathrm{d}t}\left(\frac{m_0}{\sqrt{1-\frac{v^2}{c^2}}} v\right) \tag{4-24}$$

为了更好地研究力和加速度之间的关系，让我们先来看两种常见的运动情形.

1. 匀速圆周运动

对于匀速圆周运动而言，此时运动质点的速率保持不变，根据式(4-22)可知该质点在运动过程中其质量保持不变，因此由式(4-24)我们可以得出

$$F = \frac{\mathrm{d}}{\mathrm{d}t}(mv) = m\frac{\mathrm{d}v}{\mathrm{d}t}$$

这与经典的牛顿第二定律的公式形式相同，所以关于力、速度、半径、周期等物理量的计算都可以照搬牛顿力学的结果，所不同的只是此时公式中的质量 $m$ 要用相对论质量代替.

这种情形的典型例子就是一个带电粒子若以高速度在一个稳恒的均匀磁场(磁场强度为 $B$)中运动. 此时粒子的运动周期为

$$T = \frac{2\pi m}{qB}$$

考虑到此时质点的质量与运动速率有关，因此，周期 $T$ 不再是一个与速率无关的量. 当质点的运动速率越大，导致其质量也越大，直接后果就是周期变长，这也就是简单的回旋加速器不能使电子获得更高能量的原因所在.

2. 恒力作用下的直线运动

在经典的牛顿力学中，恒力作用下的直线运动应该是匀变速的，但是在相对论的情形下却不能得到这个结果.

设某一静止的质点沿 $x$ 轴方向受一恒力作用. 根据式(4-24)，此时质点的运动满足

$$\boldsymbol{F}=\frac{\mathrm{d}}{\mathrm{d}t}\left(\frac{m_0}{\sqrt{1-\frac{v^2}{c^2}}}\boldsymbol{v}\right)$$

积分后，由于初速度为零，所以有

$$Ft=\frac{m_0}{\sqrt{1-\frac{v^2}{c^2}}}v$$

该式为关于速率 $v$ 的一元二次方程，因此，可由上式求出速度和加速度的大小

$$v=\frac{\mathrm{d}x}{\mathrm{d}t}=\frac{\frac{Ft}{m_0}}{\sqrt{1+\left(\frac{Ft}{m_0c}\right)^2}} \tag{4-25}$$

$$a=\frac{\mathrm{d}v}{\mathrm{d}t}=\frac{\frac{F}{m_0}}{\sqrt{\left[1+\left(\frac{Ft}{m_0c}\right)^2\right]^3}} \tag{4-26}$$

显然该质点的运动已经不是匀加速运动了，此时加速度的大小随着时间的增长而不断衰减. 另外，由式(4-25)可知，当 $t\to\infty$ 时，$v\to c$. 这从另一个方面验证了光速 $c$ 是一切物体运动的极限速度. 若进一步地规定初始条件为当 $t=0$ 时 $x=0$，将式(4-25)再一次积分可得

$$\left(x+\frac{m_0c^2}{F}\right)^2-c^2t^2=\frac{m_0^2c^4}{F^2} \tag{4-27}$$

此时，质点运动的位置 $x$ 与时间 $t$ 的关系为典型的双曲线型的关系，而不是经典力学中的抛物线型. 当然，如果满足 $Ft\ll m_0c$ 时，上述结果，也就是式(4-25)～式(4-27)又变为

$$\begin{cases}v=\frac{F}{m_0}t\\ a=\frac{F}{m_0}\\ x=\frac{F}{2m_0}t^2\end{cases}$$

这些正是我们所熟悉的匀变速直线运动的公式.

### 4.5.3　相对论能量

我们已详细地讨论了在相对论情形下牛顿第二定律的应用问题，揭示了粒子在高速运动的情况下，其所受外力与所产生的加速度不再遵循简单的正比关系，而且不仅是数值上力不再等于质量与加速度之积，而且力和加速度的方向也不再重合. 这对我们研究高速粒子的运动提供了很大的帮助. 但是，对于描述粒子的运动而言，只知

道粒子某一刻的运动速度是不够的，粒子的能量对于粒子的运动而言同样也是非常重要的. 因此，本小节我们开始讨论在相对论情形下的粒子能量的问题.

1. 相对论动能

假定在相对论中，功能关系仍旧具有牛顿力学中的形式，即物体的动能 $E_k$（实为 $E_k$ 的增量）等于外力使它由静止状态到运动状态所做的功

$$
\begin{aligned}
E_k &= \int_0^l \boldsymbol{F}\cdot \mathrm{d}\boldsymbol{s} = \int_0^l \frac{\mathrm{d}(m\boldsymbol{v})}{\mathrm{d}t}\cdot \mathrm{d}\boldsymbol{s} = \int_0^l \mathrm{d}(m\boldsymbol{v})\cdot \frac{\mathrm{d}\boldsymbol{s}}{\mathrm{d}t} \\
&= \int_0^v \mathrm{d}(m\boldsymbol{v})\cdot \boldsymbol{v} = \int_0^v \mathrm{d}\left[\frac{m_0\boldsymbol{v}}{\sqrt{1-\frac{v^2}{c^2}}}\right]\cdot \boldsymbol{v} \\
&= \frac{m_0\boldsymbol{v}\cdot\boldsymbol{v}}{\sqrt{1-\frac{v^2}{c^2}}}\Bigg|_0^v + m_0\int_0^v \frac{\boldsymbol{v}\cdot \mathrm{d}\boldsymbol{v}}{\sqrt{1-\frac{v^2}{c^2}}} \\
&= \frac{m_0 v^2}{\sqrt{1-\frac{v^2}{c^2}}} + m_0c^2\sqrt{1-\frac{v^2}{c^2}}\Bigg|_0^v \\
&= \frac{m_0 v^2}{\sqrt{1-\frac{v^2}{c^2}}} + m_0c^2\sqrt{1-\frac{v^2}{c^2}} - m_0c^2 \\
&= \frac{m_0c^2}{\sqrt{1-\frac{v^2}{c^2}}} - m_0c^2
\end{aligned}
$$

即

$$
E_k = (m-m_0)c^2 \tag{4-28}
$$

这就是相对论动能公式，其中，$m$ 为相对论质量. 它表示**粒子的动能等于因运动而引起的质量的增加量与光速的平方的乘积.**

有了相对论情形下粒子动能的数学表达式之后，接下来的问题就是该表达式在非相对论情形下是否依然适用. 换句话说，就是这个重新定义的式子是不是具有普适性，能不能和经典理论互相兼容.

当 $v \ll c$ 时，将式(4-28)作泰勒展开，可得

$$
\begin{aligned}
E_k &= \frac{m_0c^2}{\sqrt{1-\frac{v^2}{c^2}}} - m_0c^2 = m_0c^2\left[\left(1-\frac{v^2}{c^2}\right)^{-\frac{1}{2}} - 1\right] \\
&\approx m_0c^2\left[\left(1+\frac{v^2}{2c^2}\right) + o\left(\frac{v^4}{c^4}\right) - 1\right] \\
&= \frac{1}{2}m_0v^2\left[1 + o\left(\frac{v^2}{c^2}\right)\right]
\end{aligned}
$$

忽略高次项,就又回到了我们所熟悉的牛顿力学的动能公式.

再来看式(4-28),将该式进行变换,我们可以清楚地得到粒子的速率和它的动能之间的关系

$$v^2 = c^2\left[1-\left(1+\frac{E_k}{m_0c^2}\right)^{-2}\right] \tag{4-29}$$

由上式可以看出,随着动能的增大,粒子的速率也同样增大,但是这种增大有一个极限,即粒子的速率不可能超过真空中的光速 $c$,这又一次证明了真空中的光速是一切速率的极限.

2. 质能关系

将式(4-28)进行一个变换,可以得到

$$mc^2 = E_k + m_0c^2 \tag{4-30}$$

上式表明,外力所做的功使粒子的能量增大,而能量的增加是和惯性质量 $m$ 的增加相联系的. 因此,我们可以得到狭义相对论的一个重要推论:**惯性质量的大小标志着能量的大小**. 上式中,定义 $m_0c^2$ 为粒子静止时所具有的能量,简称为**静能**(rest energy);而 $mc^2$ 表示粒子以速率 $v$ 运动时所具有的能量,等于粒子的静能与动能之和,这个能量是在相对论意义上的总能量,以 $E$ 表示此相对论能量,则

$$E = mc^2 \tag{4-31}$$

这就是著名的爱因斯坦**质能公式**.

质能关系(mass-energy relation)表明,粒子吸收或放出能量时,必然伴随着质量的增加或减少. 它揭示了能量和质量之间的联系和相互对应关系,**质量已经不再只是惯性、引力的量度,而且还是粒子总能量的量度**. 在经典力学中,质量与能量是两个完全相互独立的物理量,所谓的质量守恒也只涉及粒子的静质量,它与能量守恒是两条完全相互独立的自然规律. 而在相对论中,质量和能量不再是完全独立的物理量了,质量守恒定律和能量守恒定律也被完全统一起来. 对于一个体系而言,如果考虑体系中多个粒子之间的相互作用,并在某一过程中满足能量守恒定律,也就是 $\sum_{i=1}^{n} m_i c^2 =$ 常量,由于光速 $c$ 为常数,所以,该体系在此过程中也必然满足质量守恒定律,即此时有 $\sum_{i=1}^{n} m_i =$ 常量,反之亦然. 也就是说,**对于该体系的内部作用过程,其静质量与动质量可以相互转化,相应的静能与动能之间也能相互转化,而整个系统的总的质量和总的能量是守恒的. 这样,质量守恒定律就和能量守恒定律统一成为新的质能守恒定律,简称为能量守恒定律**. 由此可见,在经典力学中的质量守恒只是相对论质量守恒在粒子能量变化很小时的一个近似.

根据式(4-31)可知,能量的增加必然引起质量的增加,即有

$$\Delta m = \frac{\Delta E}{c^2}$$

由于上式中等式右边分母非常大,所以,能量的增加所引起的质量的增加是非常少的,以至于在爱因斯坦之前人们都没有注意到.随着近代对放射性蜕变、原子核反应以及其他高能粒子的实验研究,该效应也已经得到了证实.在对原子核反应的实验研究中发现,原子核的静质量 $m_0$ 小于组成它的所有核子的静质量之和,其差额称为原子核的**质量亏损**(mass defect)$B$,即有

$$B = \sum_i m_{0i} - m_0 \tag{4-32}$$

与该质量亏损所对应的静能 $Bc^2$ 被称为原子核的**结合能**(binding energy)$E_B$,即

$$E_B = Bc^2 = \left(\sum_i m_{0i} - m_0\right)c^2 \tag{4-33}$$

这个能量是非常巨大的,我们所熟知的原子弹、氢弹、核电站甚至恒星的能量都来源于核反应.

**例 4-6**　已知质子和中子的静止质量分别为 $M_p = 1.007\,28\text{u}$,$M_n = 1.008\,66\text{u}$,其中,u 为原子质量单位,$1\text{u} = 1.660 \times 10^{-27}\,\text{kg}$,两个质子和两个中子结合成一个氦核,实验测得它的静止质量 $M_A = 4.001\,50\text{u}$.试计算形成一个氦核所放出的能量.

**解**　两个质子和两个中子的总质量为

$$M = 2M_p + 2M_n = 4.031\,88\text{u}$$

则形成一个氦核的质量亏损为

$$\Delta M = M - M_A = 0.030\,38\text{u}$$

则相应的能量改变量为

$$\Delta E = \Delta Mc^2 = 0.030\,38 \times 1.660 \times 10^{-27} \times (3 \times 10^8)^2$$
$$\approx 0.453\,9 \times 10^{-11}\,(\text{J})$$

这就是形成一个氦核所放出的能量.

如果是形成 1mol 氦核(4.002g),则放出的能量为

$$\Delta E = 0.453\,9 \times 10^{-11} \times 6.022 \times 10^{23} \approx 2.733 \times 10^{12}\,(\text{J})$$

这相当于燃烧 100t 煤时放出的能量.

**例 4-7**　两个静质量都是 $m_0$ 的全同粒子 A,B 分别以速度 $\boldsymbol{v}_A = v\boldsymbol{i}$,$\boldsymbol{v}_B = -v\boldsymbol{i}$ 运动,相撞后合在一起成为一个静质量为 $M_0$ 的粒子,求 $M_0$.

**解**　以 $M$ 表示合成粒子的质量,其速度为 $\boldsymbol{v}$,根据动量守恒定律有

$$m_B\boldsymbol{v}_B + m_A\boldsymbol{v}_A = M\boldsymbol{v}$$

由于 A,B 的静质量一样,速度大小相等,方向相反,所以,整个

体系的初动量为零,相应的体系的末动量也为零,因此由上式给出的合成粒子的速度为零,即该合成粒子是静止的. 因此,有

$$M = M_0$$

另外,根据能量守恒有

$$M_0 c^2 = m_A c^2 + m_B c^2$$

所以

$$M_0 = m_A + m_B = \frac{2m_0}{\sqrt{1-\frac{v^2}{c^2}}}$$

3. 能量和动量的关系

在经典力学中,一个质点的动能和动量之间的关系是

$$E_k = \frac{1}{2}mv^2 = \frac{p^2}{2m}$$

而在相对论中,由质能公式 $E=mc^2$ 和动量公式 $\boldsymbol{p}=m\boldsymbol{v}$,我们可以得到

$$\boldsymbol{v} = \frac{c^2}{E}\boldsymbol{p}$$

将这里得到的速度的大小代入能量公式 $E=mc^2=\dfrac{m_0 c^2}{\sqrt{1-\frac{v^2}{c^2}}}$ 中,整理可得

$$E^2 = p^2 c^2 + m_0^2 c^4 \tag{4-34}$$

这就是相对论中同一质点的动量和能量的关系. 很显然,**对于光子而言,其静质量为零**,故 $E^2=p^2c^2+0$,即 $E=pc$,又 $E=h\nu$(详细解释见量子物理基础部分的内容),$c=\lambda\nu$,因此,我们可以很方便地得到光子的动量

$$p = \frac{h\nu}{c} = \frac{h}{\lambda}$$

当粒子的速度 $v \ll c$ 时,也就是回到经典力学的研究范围时,此时考虑一个动能为 $E_k$ 的粒子,其总能量为 $E=E_k+m_0c^2$,将其代入式(4-34)有

$$E_k^2 + 2E_k m_0 c^2 = p^2 c^2$$

在粒子速度远小于光速的时候,相应地,该粒子的动能也远小于其静能,因此上式中等号左边的第一项相对第二项来说可以忽略不计,从而上式可以简化为

$$E_k = \frac{p^2}{2m}$$

这样就又回到了经典力学中的动能表达式.

## 习　题　4

4-1　观察者 A 测得与他相对静止的 $Oxy$ 平面上一个圆的面积是 $12\text{cm}^2$，另一观察者 B 相对于 A 以 $0.8c$($c$ 为真空中光速)平行于 $xOy$ 平面做匀速直线运动，B 测得这一图形为椭圆，则其面积是多少?

4-2　长度为 1m 的米尺 $L$ 静止在 $K'$ 中，与 $x$ 轴的夹角 $\theta'=30°$，$K'$ 系相对 $K$ 系沿 $x$ 轴运动，在 $K$ 系中观察得到的米尺与 $x$ 轴的夹角为 $\theta=45°$，试问：

(1) $K'$ 系相对 $K$ 系的速度是多少?

(2) $K$ 系中测得的米尺的长度?

4-3　已知 $\pi$ 介子在其静止系中的半衰期为 $1.8\times10^{-8}$ s. 今有一束 $\pi$ 介子以 $v=0.8c$ 的速度离开加速器. 试问，从实验室参考系看来，当 $\pi$ 介子衰变一半时飞越了多长的距离?

4-4　在某惯性系 $K$ 中，两事件发生在同一地点而时间相隔为 4s. 已知在另一惯性系 $K'$ 中，该两事件的时间间隔为 6s. 试问它们的空间间隔是多少?

4-5　惯性系 $K'$ 相对另一惯性系 $K$ 沿 $x$ 轴做匀速运动，取两坐标原点重合的时刻作为计时起点. 在 $K$ 系中测得两事件的时空坐标分别为 $x_1=6\times10^{-4}$ m，$t_1=2\times10^{-4}$ s 以及 $x_2=12\times10^4$ m，$t_2=1\times10^{-4}$ s. 已知在 $K'$ 系中测得该两事件同时发生. 试问：

(1) $K'$ 系相对 $K$ 系的速度是多少?

(2) $K'$ 系中测得的两事件的空间间隔是多少?

4-6　(1)火箭 A 和 B 分别以 $0.8c$ 和 $0.5c$ 的速度相对于地球向 $+x$ 和 $-x$ 方向飞行. 试求由火箭 B 测得的 A 的速度；

(2) 若火箭 A 相对地球以 $0.8c$ 的速度向 $+y$ 方向运动，火箭 B 的速度不变，试问 A 相对 B 的速度是多少?

4-7　静止在 $K$ 系中的观察者测得一光子沿与 $x$ 轴成 60°角的方向飞行. 另一观察者静止于 $K'$ 系中，$K'$ 系相对 $K$ 系以 $0.6c$ 的速度沿 $x$ 轴方向运动. 试问 $K'$ 系中的观察者测得的光子运动方向是怎样的?

4-8　$\mu$ 子的静止质量是电子静止质量的 207 倍，静止时的平均寿命 $\tau_0=2\times10^{-8}$ s. 若它在实验室参考系中的平均寿命 $\tau=7\times10^{-8}$ s，试问其质量是电子静止质量的多少倍?

4-9　一物体的速度使其质量增加了 10%. 试问此物体在运动方向上缩短了百分之多少?

4-10　一电子在电场中从静止开始加速. 试问它应通过多大的电位差才能使其质量增加 0.4%? 此时电子速度是多少(电子的静能为 0.511MeV)?

4-11　已知一粒子的动能等于其静止能量的 $n$ 倍. 试求该粒子的速率.

4-12　一个电子的运动速度为 $v=0.99c$，它的动能是多少(电子的静止能量为 0.51Mev)?

4-13　试求静止质量为 $m_0$ 的质点在恒力 $F$ 作用下的运动速度和位移. 在时间很短($t\ll m_0c/F$)和时间很长($t\gg m_0c/F$)的两种极限情况下，速度和位移值又各是多少?

4-14　在原子核聚变中，两个 $^2$H 原子结合而产生 $^4$He 原子. 试求：

(1) 该反应中的质量亏损为多少?

(2) 在这一反应中释放的能量是多少?

(3) 这种反应每秒必须发生多少次才能产生 1W 的功率? 已知 $^2$H 原子的静止质量为 $3.343\,65\times10^{-27}$ kg，$^4$He 原子的静止质量为 $6.642\,5\times10^{-27}$ kg.

4-15　当一个粒子所具有的动能恰好等于它的静能时，试问这个粒子的速度有多大? 当动能为其静能的 400 倍时，速度有多大?

4-16　同位素 $^3$He 核由两个质子和一个中子组成，它的静质量为 3.014 40u(1u=$1.600\times10^{-27}$ kg).

(1) 以 MeV 为单位，$^3$He 的静能为多少?

(2) 取出一个质子使 $^3$He 成为 $^2$H(静质量为 2.013 5u)加一个质子(静质量为 1.007 3u)，试问需要多少能量?

4-17　把一个静止质量为 $m_0$ 的粒子由静止加速到 $0.1c$ 所需的功是多少? 由速率 $0.89c$ 加速到 $0.99c$ 所需的功又是多少?

4-18　两个静止质量都是 $m_0$ 的小球，其中，一个静止，另一个以 $v=0.8c$ 运动. 在它们做对心碰撞后粘在一起，求碰撞后合成小球的静止质量.

# 第2篇

# 机械振动　机械波

物质运动的形式是多种多样的.本篇研究另一种常见的机械运动——**机械振动**(mechanical vibration)和**机械波**(mechanical wave).

任何具有时间周期性的运动都称为**振动**(vibration),如日常生活中钟摆的摆动、心脏的跳动、原子内的振动以及一切发声物体内部的运动等.而振动在空间的传播过程称为**波动**(wave motion),因此,振动和波动是紧密相连的两种物质运动形式.如声波、超声波、地震波等机械波,都是机械振动在弹性介质中的传播过程,而无线电波、各种光波则是电磁振荡在空间的传播过程.随着振动的传播将伴随能量的传播,因此,波动也是能量的传播过程.

振动和波动广泛地存在于自然界,与人类的工作、生活密切相关.观看"银幕上的故事"离不开电磁振荡和电磁波,欣赏悦耳的音乐离不开机械振动和声波,甚至人类及一切生物赖以生存的太阳能也是依靠光波来传输的.

在科学技术领域内,振动和波动的理论是声学、光学、无线电技术及近代物理学等学科的基础.尽管本篇以机械振动和机械波为主要内容,介绍机械振动和机械波的一些现象、特征和规律,但其主要的概念和规律对电磁振荡、电磁波以及物质波也是适用的.

# 第5章 机械振动

振动(vibration)是物质的一种很普遍的运动形式. 所谓**机械振动**(mechanical vibration),是指**物体在一定位置附近所做的周期性往复运动**. 除机械振动外,自然界中还存在着各种各样的振动. **广义地说,凡描述物质运动状态的物理量,在某一数值附近做周期性的变化,都称为振动**. 例如,交流电路中的电流在某一电流值附近做周期性的变化;光波、无线电波传播时,空间某点的电场强度和磁场强度随时间做周期性的变化等. 这些振动虽然在本质上和机械振动不同,但对它们运动规律的描述却有着相同的数学形式,所以,机械振动的规律也是研究其他振动以及波动、波动光学、无线电技术等的基础,在生产技术中有着广泛的应用.

**在不同的振动现象中,最简单、最基本的振动是简谐运动**(simple harmonic motion). 一切复杂性的振动都可以分解为若干个简谐运动的合成. 本章主要研究简谐运动的规律,并进而介绍振动的合成,简要介绍阻尼振动和共振等现象.

## 5.1 简谐运动

大多数动力学系统中的质点都有各自的平衡位置. 在这种系统中,当其中的一个质点受到外界扰动,离开自己的平衡位置以后,它就会受到系统中其他质点对它的作用,使它回到自身的平衡位置,这种作用力的特点是:**力的方向始终指向平衡位置,这种力叫做回复力;如果力的大小又与位移成正比,那么这种力就叫做线性回复力**. 例如,弹簧振子中的质点在振动时、单摆中的摆锤在做小角度摆动时所受的合力等. **物体在线性回复力作用下产生的运动称为简谐运动**[①](通常也称为**简谐振动**),**它是最简单、最基本的振动**.

① "简谐运动"是全国科学技术名词审定委员会于1996年审定公布的物理学规范词.

### 5.1.1 简谐运动的特征及其运动方程

下面以最基本的简谐运动系统——谐振子(harmonic oscillator,又称弹簧振子)——为例,进行讨论. 设置于光滑水平面上的轻弹簧其劲度系数为 $k$,振子的质量为 $m$,可视为质点. 以**平衡位置**(在该处物体所受的合外力为零)为原点建立坐标.

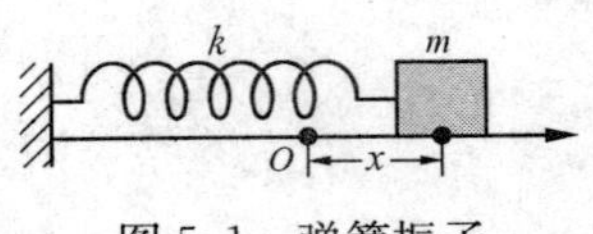

图 5-1　弹簧振子

如图 5-1 所示,当质点 $m$ 运动到任一位移 $x$ 处时,据胡克定律,在弹簧的弹性限度内,物体所受的弹性力大小与位移成正比,方向与位移相反,所以质点受力为

$$f = -kx$$

式中,$k$ 为弹簧的劲度系数,负号表示力的方向与位移的方向相反.

根据牛顿第二定律,物体的加速度为

$$a = \frac{f}{m} = -\frac{k}{m}x = \frac{d^2x}{dt^2}$$

在上式中,令 $\omega^2 = \frac{k}{m}$,整理得

$$\frac{d^2x}{dt^2} + \omega^2 x = 0 \tag{5-1}$$

上式即为简谐运动的动力学微分方程,它是一个二阶线性常微分方程,凡某系统的运动规律满足该方程,我们便说该系统做简谐运动. 求解式(5-1),可得简谐运动的运动学方程,或称其为简谐运动的余弦表达式(除特别说明外,本书均采用余弦形式),即

$$x = A\cos(\omega t + \varphi) \tag{5-2}$$

由此可见,只要一个物体在运动中受到的力为线性回复力,那么,它的运动规律就一定是简谐运动. 在一般情况下,都将线性回复力作为物体是否做简谐运动的基本依据. 从式(5-1)中还可以看出,做简谐运动的物体,其**加速度的大小总是与位移成正比,而方向相反**. 这一结论通常也称为**简谐运动的运动学特征**.

应该指出,在上述弹簧振子的例子中,如果振幅太大,回复力则不再遵从胡克定律,即回复力(或加速度)与位移间就没有简单的线性关系,显然,这时弹簧振子的运动将不再是简谐运动.

将式(5-2)对时间 $t$ 求一阶、二阶导数,可分别得到简谐运动物体的速度方程和加速度方程,即

$$v = -A\omega\sin(\omega t + \varphi) \tag{5-3}$$

$$a = -\omega^2 A\cos(\omega t + \varphi) = -\omega^2 x \tag{5-4}$$

式中,$A\omega = v_m$ 为速度振幅,$A\omega^2 = a_m$ 为加速度振幅. 由此可见,加速度和速度也随时间做周期性的变化. 图 5-2 中的(a),(b),(c)分别为质点做简谐运动时的($x$-$t$),($v$-$t$)和($a$-$t$)关系曲线.

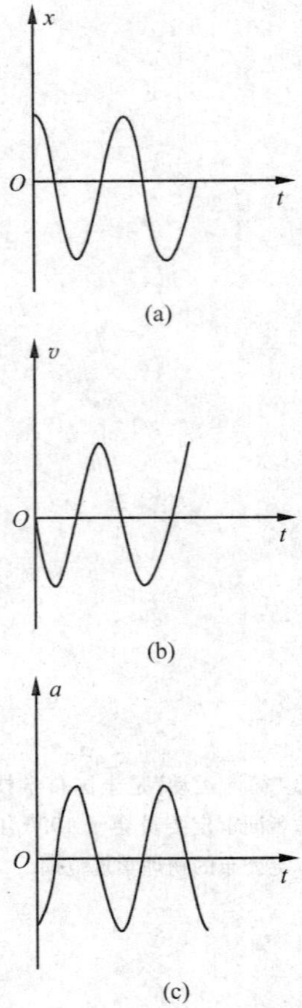

图 5-2　$x$-$t$,$v$-$t$,$a$-$t$ 关系曲线

### 5.1.2　简谐运动方程中的三个基本物理量

1. 角频率

由式(5-1)的建立过程得

$$\omega = \sqrt{\frac{k}{m}} \tag{5-5}$$

式中，$\omega$ 称为**角频率**(angular frequency)，显然，$\omega$ **由振动系统的固有条件(劲度系数 $k$、振动物体的质量 $m$)决定**，因此又称为**固有频率**(natural frequency)，也称为**圆频率**，常用 $\omega$ 表示.

振动的基本特征是运动具有周期性. 我们把**完成一次完整的振动所需要的时间称为周期**(period)，**用 $T$ 表示. 而周期的倒数就是频率**(frequency)，**即单位时间内所完成的振动次数，用 $\nu$ 表示，有 $\nu=\frac{1}{T}$**. 由于每隔一个周期，振动状态就重复一次，由式(5-2)得

$$x = A\cos[\omega(t+T)+\varphi] = A\cos(\omega t+\varphi)$$

由于余弦函数的周期为 $2\pi$，因此上述方程必须满足 $\omega T=2k\pi$，当 $k$ 取 1 时 $T$ 具有最小值，此时有

$$\omega = \frac{2\pi}{T} = 2\pi\nu \tag{5-6}$$

从中可以看出：**$\omega$ 为描述振动进行快慢程度(2πs 内完成的振动次数)的物理量**. $\omega$ 的单位为秒$^{-1}$($s^{-1}$).

2. 振幅

由式(5-2)可以看出，**振幅**(amplitude)**是描述物体振动强弱的物理量，是物体在简谐运动中所能达到的最大位移的绝对值**，常用 $A$ 表示.

3. 初相位、相位和相位差

将 $t=0$ 分别代入式(5-2)和式(5-3)，可得

$$x_0 = A\cos\varphi, \quad v_0 = -A\omega\sin\varphi$$

可见在振幅和角频率确定的情况下，零时刻质点的运动状态(即初位置和初速度)完全取决于初相位 $\varphi$. 由此可见，**初相位 $\varphi$ 是描述质点在零时刻振动状态的物理量**.

以此类推，**相位**(phase)$\phi=\omega t+\varphi$ **是描述质点在 $t$ 时刻振动状态的物理量**. 故而相也就有"相貌"这样的意思，即相位决定了简谐运动的"相貌". 因此在说明简谐运动某时刻状态时，我们并不分别指出物体此时的位置和速度，而直接用相位来表示物体的某一运动状态. 由于在 $0\sim2\pi$ 内，不同的相位($\omega t+\varphi$)对应不同的运动状态(位置和速度)，但相位相差 $2\pi$ 或 $2\pi$ 的整数倍时，其所描述的运动状态完全相同. 所以，"相位描述"又能充分反映简谐运动的周期性特征.

相位的概念在比较两个同频率简谐运动的步调时也非常有用.

设有两个简谐运动

$$x_1 = A_1\cos(\omega t + \varphi_1)$$
$$x_2 = A_2\cos(\omega t + \varphi_2)$$

则两简谐运动的**相位差**(phase difference)为

$$\Delta\varphi = (\omega t + \varphi_2) - (\omega t + \varphi_1) = \varphi_2 - \varphi_1$$

当 $\Delta\varphi=0$(或 $2\pi$ 的整数倍)时,我们称两简谐运动同相位,此时两振动物体步调完全一致. 当 $\Delta\varphi=\pi$(或 $\pi$ 的奇数倍)时,称两简谐运动反相. 此时其步调完全相反.

当 $\Delta\varphi$ 为其他值时,我们一般说二者不同相. 若 $\Delta\varphi=\varphi_2-\varphi_1>0$,我们说 $x_2$ 振动超前 $x_1$ 振动 $\Delta\varphi$,或者说 $x_1$ 振动落后 $x_2$ 振动 $\Delta\varphi$. 通常我们把 $|\Delta\varphi|$ 的值限定在 $0\sim\pi$ 内.

4. 振幅和初相位的求法

将 $t=0$ 分别代入式(5-2)、式(5-3),可得

$$\begin{cases} x_0 = A\cos\varphi \\ v_0 = -A\omega\sin\varphi \end{cases}$$

求解上述方程组,不难得出

$$A = \sqrt{x_0^2 + \left(\frac{v_0}{\omega}\right)^2} \tag{5-7}$$

$$\varphi = \arctan\left(-\frac{v_0}{\omega x_0}\right) \tag{5-8}$$

由式(5-7)、式(5-8)可以看出:**振幅和初相位由初始条件**($x_0$,$v_0$)**决定**.

必须注意,由于 $\varphi$ 习惯取值在 $-\pi\sim+\pi$ 范围内,所以,$\varphi$ 便可能有两个值满足式(5-8),因而必须将 $\varphi$ 的两个值分别代入 $v_0=-A\omega\sin\varphi$ 中,由初速度的正负来决定 $\varphi$ 的取舍.

**例 5-1**　一个理想的弹簧振子,弹簧的劲度系数 $k=0.72\text{N}\cdot\text{m}^{-1}$,振子的质量为 0.02kg,$t=0$ 时,振子在 $x_0=0.05\text{m}$ 处,初速度为 $v_0=0.30\text{m}\cdot\text{s}^{-1}$,且沿 $x$ 轴正向运动,求:

(1) 振子的运动方程;

(2) 振子在 $t=\frac{\pi}{4}\text{s}$ 时的速度和加速度.

**解**　(1) 因为振子作简谐运动,所以可设它的运动方程为

$$x = A\cos(\omega t + \varphi)$$

根据振动系统的固有条件可求得角频率

$$\omega = \sqrt{\frac{k}{m}} = 6.0\text{rad}\cdot\text{s}^{-1}$$

由振动系统的初始条件及式(5-7)可得振幅

$$A=\sqrt{x_0^2+\left(\frac{v_0}{\omega}\right)^2}=0.07\text{m}$$

由 $x_0=A\cos\varphi$,可得

$$\varphi=\pm\arccos\frac{x_0}{A}=\pm\frac{\pi}{4}$$

将初相位 $\varphi=\pm\frac{\pi}{4}$ 回代到 $v_0=-A\omega\sin\varphi$ 中,由于在 $t=0$ 时,质点沿 $x$ 轴正向运动,所以,只有 $\varphi=-\frac{\pi}{4}$ 满足要求. 于是,所求的振动方程为

$$x=0.07\cos\left(6t-\frac{\pi}{4}\right)$$

(2) 当 $t=\frac{\pi}{4}$ s 时,质点的振动相位为

$$\phi=6t-\frac{\pi}{4}=\frac{5}{4}\pi$$

由式(5-3)、式(5-4)可得

$$v=-A\omega\sin\phi=0.297\text{m}\cdot\text{s}^{-1}$$
$$a=-A\omega^2\cos\phi=1.78\text{m}\cdot\text{s}^{-2}$$

## 5.2 简谐运动的旋转矢量表示法

### 5.2.1 旋转矢量表示法

为了直观地领会简谐运动的运动规律,下面介绍简谐运动的几何描述方法——旋转矢量表示法.

如图 5-3 所示,用长度等于振幅的矢量 $\boldsymbol{A}$,以角速度 $\omega$(其数值等于简谐运动的固有频率)绕 $O$ 点沿逆时针方向旋转,这个矢量 $\boldsymbol{A}$ 就称为**旋转矢量**(rotating vector),矢量 $\boldsymbol{A}$ 的端点在旋转过程中形成的圆称为**参考圆**. 用矢量 $\boldsymbol{A}$ 的端点在 $x$ 轴上的投影值(原点 $O$ 到 $x$ 的距离),来表示一个在 $x$ 轴方向上进行的简谐运动. 在这种描述方法中:

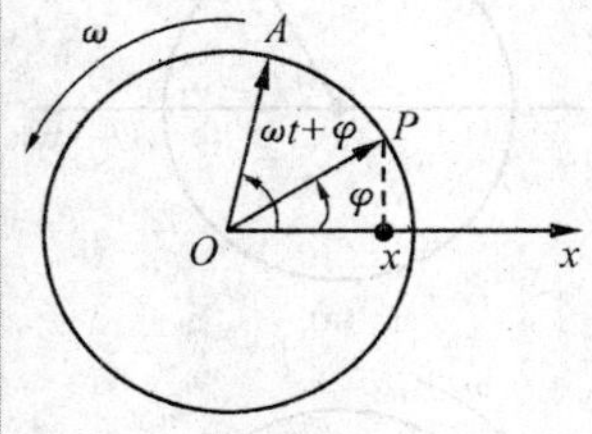


图 5-3 旋转矢量表示法

(1) 振幅为矢量 $\boldsymbol{A}$ 的长度(即参考圆的半径);

(2) 零时刻矢量 $\boldsymbol{A}$ 与 $x$ 轴正向之间的夹角为初相位 $\varphi$;

(3) 固有频率 $\omega$ 为矢量 $\boldsymbol{A}$ 作逆时针转动时的角速度;

(4) $t$ 时刻矢量 $\boldsymbol{A}$ 与 $x$ 轴正向之间的夹角为相位($\omega t+\varphi$).

由此可见,旋转矢量表示法最大的优点是形象、直观,它不仅将简谐运动中最难理解的相位用角度表示出来,它还将相位随时间变

化的线性性和周期性也清楚地描述出来了.

必须强调指出,旋转矢量本身并不做简谐运动,我们是用矢量 **A** 的端点在 $Ox$ 轴上的投影来形象地展示一个简谐运动的. 下面就用这一方法来描述简谐运动 $x=A\cos\left(\omega t+\frac{\pi}{4}\right)$ 的 $x$-$t$ 振动曲线,并以此来帮助读者具体地领会旋转矢量表示法.

为作 $x$-$t$ 图方便起见,在图 5-4 中,我们使旋转矢量图的 $Ox$ 轴正方向向上,在图的右侧随着矢量 **A** 的旋转同步地画出 $x$-$t$ 图. $t=0$ 时,矢量 **A** 与 $x$ 轴的夹角等于初相位 $\varphi=\frac{\pi}{4}$,矢端位于 $a$ 点,而 $a$ 点在 $Ox$ 轴上的投影便是 $x$-$t$ 图中的 $a'$ 点,随着矢量 **A** 沿逆时针方向旋转(每个周期转一圈),经过 $\frac{T}{8}$ 的时间,矢量 **A** 到达 $b$ 点,而 $b$ 点在 $Ox$ 轴上的投影便是 $x$-$t$ 图中的 $b'$ 点,依此类推……这样经过一个周期的时间,相位变化了 $2\pi$,矢量 **A** 的端点在 $x$ 轴上的投影也就完成了一个周期的振动.

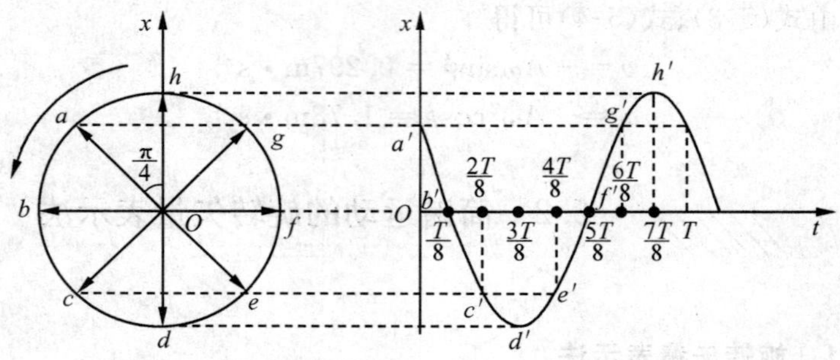


图 5-4　矢量 **A** 端点的投影点做简谐运动

### 5.2.2　旋转矢量图的应用

1. 求初相位 $\varphi$

用旋转矢量图求初相位具有简单、方便的特点. 步骤如下:

(1) 作半径为 $A$ 的参考圆,依题意确定振动方向为坐标 $x$ 方向,如图 5-5(a)所示;

(2) 根据零时刻质点所在位置 $x_0$ 给出初相位 $\varphi$ 取值的两种可能性,如图 5-5(b)所示;

(3) 根据坐标正向确定零时刻质点的初速度 $v_0$ 的正负,从而判断初相位 $\varphi$ 的正确取值.

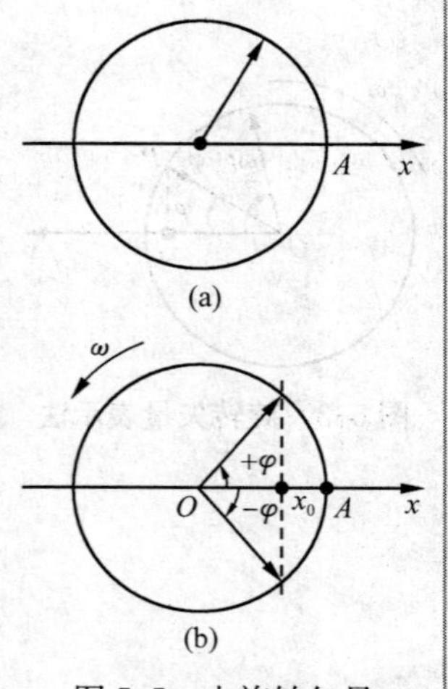


图 5-5　由旋转矢量表示法确定 $\varphi$

显然,由于我们规定用旋转矢量图来描述质点运动时,**A** 矢量要沿逆时针方向旋转. 因此,在 $t=0$ 时,如果 **A** 矢量在参考圆的上半周旋转,代表 **A** 矢量投影点向 $x$ 轴负方向运动,即速度 $v_0$ 为负,在图

5-5(b)中，在$-\pi\sim+\pi$内对应取$\varphi$为正值；同理，而当$\boldsymbol{A}$矢量在参考圆的下半周旋转时，代表其投影点向$x$轴正方向运动，即速度$v_0$为正，相应取$\varphi$为负值.

2. 用旋转矢量图比较各振动之间的相位关系

设有两振子的振动方程分别为

$$x_1=0.5\cos\left(4\pi t-\frac{\pi}{3}\right)$$

$$x_2=0.7\cos\left(4\pi t-\frac{\pi}{6}\right)$$

它们的旋转矢量如图5-6所示.

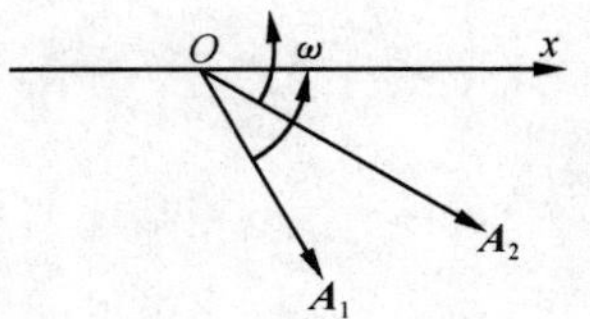

图5-6 振动相位的比较

从图中显然可以看出：$\boldsymbol{A}_2$超前$\boldsymbol{A}_1$的相位是$\frac{\pi}{6}$.

**例5-2** 质量为0.01kg的物体做简谐运动，其振幅为0.08m，周期为4s，起始时刻物体在$x=0.04$m处，向$Ox$轴负方向运动，如图5-7所示. 试求：

(1) $t=1.0$s时，物体所处的位置和所受的力；

(2) 由起始位置运动到$x=-0.04$m处所需要的最短时间.

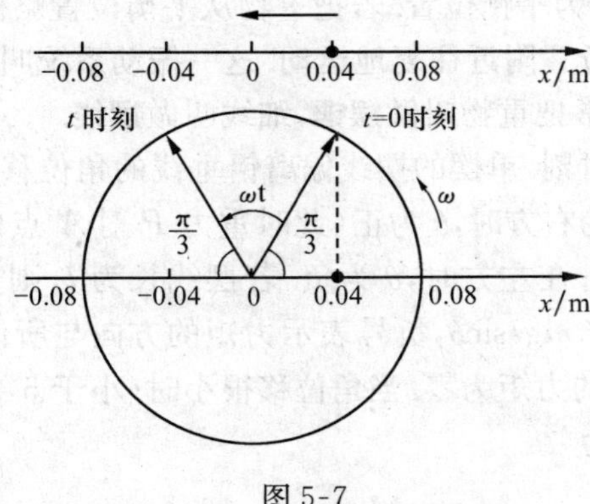

图5-7

**解** (1) 依题意，很容易用旋转矢量图得出该振动的初相位为$\varphi=\frac{\pi}{3}$. 振动的固有频率为

$$\omega=\frac{2\pi}{T}=\frac{\pi}{2}\text{rad}\cdot\text{s}^{-1}$$

振动方程为

$$x=0.08\cos\left(\frac{\pi}{2}t+\frac{\pi}{3}\right)\text{m}$$

代入$t=1.0$s得

$$x\approx-0.069\text{m}$$

受力为

$$f = ma = -m\omega^2 x \approx 1.70 \times 10^{-3}\text{N}$$

(2) 设振动质点 $t$ 时刻运动到 $x=-0.04\text{m}$ 处，在 **A** 矢量图 5-7 中，此时对应的相位为

$$\phi = \omega t + \varphi = \frac{2\pi}{3}$$

解得

$$t = \frac{2}{3}\text{s}$$

## 5.3　单摆和复摆

### 5.3.1　单摆

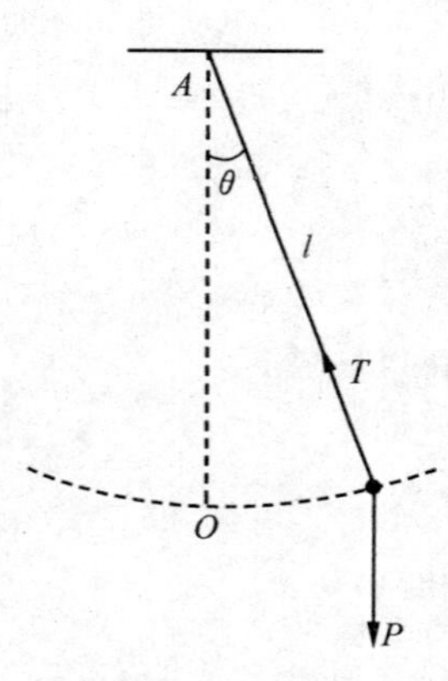

图 5-8　单摆

如图 5-8 所示，细线的一端固定在 $A$ 点，另一端悬挂一体积很小的质量为 $m$ 的重物，细线的质量和伸长量可忽略不计. 当细线静止地处于铅直位置时，重物在位置 $O$. 此时，作用在重物上的合外力为零，位置 $O$ 即为平衡位置. 若把重物从平衡位置略微移开后放手，重物就在平衡位置附近往复地运动. 这一振动系统叫做**单摆**(simple pendulum). 通常把重物叫做**摆锤**，细线叫做**摆线**.

设在某一时刻，单摆的摆线偏离铅垂线的角位移为 $\theta$，并规定摆锤在平衡位置的右方时，$\theta$ 为正(此时重力 $P$ 对 $A$ 点的力矩 $M$ 垂直纸面向里为负)；在左方时，$\theta$ 为负. 若摆线长为 $l$，则重力 $P$ 对点 $A$ 的力矩为 $M=-mgl\sin\theta$，负号表示力矩的方向与所设正方向相反. 拉力 $T$ 对质点的力矩为零. 当角位移很小时(小于 5°)，$\sin\theta\approx\theta$，则摆锤所受的力矩为

$$M = -mgl\theta$$

式中力矩 $M$ 与角位移 $\theta$ 的关系，如同弹簧振子中回复力 $F$ 与位移 $x$ 的关系. 根据转动定律 $M=J\dfrac{\text{d}^2\theta}{\text{d}t^2}$，单摆的角加速度为

$$\frac{\text{d}^2\theta}{\text{d}t^2} = -\frac{mgl}{J}\theta$$

式中，$J$ 为摆锤对悬挂点的转动惯量，将 $J=ml^2$ 代入上式，并令 $\omega^2=\dfrac{g}{l}$，上式可写成

$$\frac{\text{d}^2\theta}{\text{d}t^2} + \omega^2\theta = 0 \tag{5-9}$$

将上式与式(5-1)比较，两者的形式是完全一致的. 由此可见，单摆的运动具有简谐运动的特征. 其运动方程为

$$\theta = A\cos(\omega t + \varphi) \tag{5-10}$$

单摆振动的角频率和周期分别为

$$\omega = \sqrt{\frac{g}{l}}, \quad T = 2\pi\sqrt{\frac{l}{g}} \tag{5-11}$$

可见，单摆的周期取决于摆长和该处的重力加速度. 利用式(5-11)，可通过测量单摆的周期以确定该地点的重力加速度.

### 5.3.2 复摆

如图 5-9 所示，质量为 $m$ 的任意形状的物体，被支持在无摩擦的水平轴 $O$ 上. 将它拉开一个微小的角度 $\theta$ 后释放，物体将绕 $O$ 轴做微小的自由摆动. 这样的装置叫复摆. 设复摆对 $O$ 轴的转动惯量为 $J$，复摆的质心 $C$ 到 $O$ 轴的距离 $OC=l$.

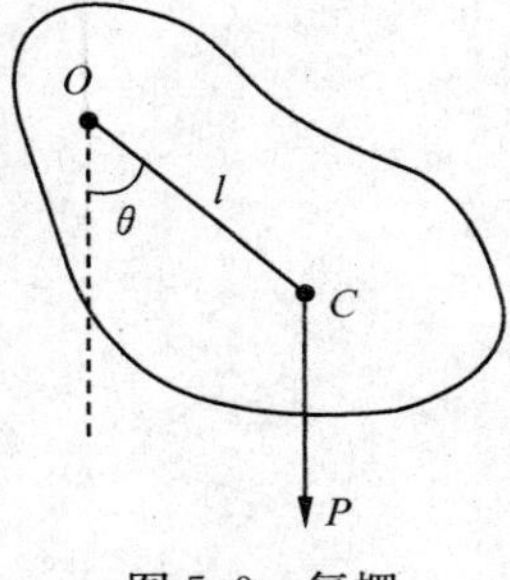

图 5-9 复摆

复摆在某一时刻受到的重力矩为 $M=-mgl\sin\theta$，当摆角很小时，$\sin\theta\approx\theta$，有 $M=-mgl\theta$，若不计空气阻力，由转动定律得

$$\frac{\mathrm{d}^2\theta}{\mathrm{d}t^2} + \frac{mgl}{J}\theta = 0 \tag{5-12}$$

将式(5-12)与式(5-9)比较，可见复摆运动在摆角很小时，可视为简谐运动. 其振动的角频率和周期分别为

$$\omega = \sqrt{\frac{mgl}{J}}, \quad T = 2\pi\sqrt{\frac{J}{mgl}} \tag{5-13}$$

如果已知复摆对轴 $O$ 的转动惯量 $J$ 和质心到该轴的距离 $l$，通过实验测出复摆的周期 $T$，可求得该地点的重力加速度 $g$；或者，已知 $g$ 和 $l$，由实验测得 $T$，可求出复摆绕轴 $O$ 的转动惯量 $J$.

**例 5-3** 如图 5-10 所示，质量为 $m$、横截面积为 $S$ 的长方体形木块在水中上下浮动，若不计水的阻力，试证明该木块的运动为简谐运动(设水的密度为 $\rho$).

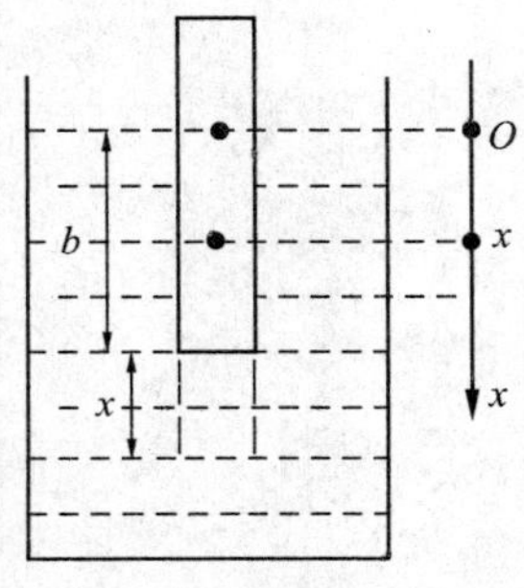

图 5-10 木块在水中浮动

**解** 设重力与浮力平衡时，木块浸入水的深度为 $b$，有

$$mg = Sb\rho g$$

以平衡位置为坐标原点 $O$，向下为正建立坐标. 当木块运动到任一位置 $x$ 处时，此时木块没入水中的深度为 $b+x$，所受的合力为

$$f = mg - \rho g S(b+x) = -\rho g S x = -kx$$

式中，$k=\rho g S$ 为常数. 从上式明显可以看出，力 $f$ 的大小与位移 $x$

成正比，方向与位移相反，为线性回复力. 所以木块在竖直方向上做简谐运动. 其振动的角频率和周期分别为

$$\omega=\sqrt{\frac{k}{m}}=\sqrt{\frac{\rho g S}{m}},\quad T=\frac{2\pi}{\omega}=2\pi\sqrt{\frac{m}{\rho g S}}.$$

## 5.4 振动的能量

我们仍以图 5-1 所示的水平弹簧振子为例，讨论简谐运动系统的能量. 设质量为 $m$ 的振子的振动方程为 $x=A\cos(\omega t+\varphi)$，则其振动速度为

$$v=-A\omega\sin(\omega t+\varphi)$$

于是，质点的振动动能为

$$E_{\mathrm{k}}=\frac{1}{2}mv^2=\frac{1}{2}mA^2\omega^2\sin^2(\omega t+\varphi)$$

考虑到 $\omega^2=\dfrac{k}{m}$，上式可改写为

$$E_{\mathrm{k}}=\frac{1}{2}mv^2=\frac{1}{2}kA^2\sin^2(\omega t+\varphi)\tag{5-14}$$

如果取物体在平衡位置的势能为零，则振动系统的势能为

$$E_{\mathrm{p}}=\frac{1}{2}kx^2=\frac{1}{2}kA^2\cos^2(\omega t+\varphi)\tag{5-15}$$

式(5-14)和式(5-15)说明，当物体做简谐运动时，其动能和势能都随时间呈周期性变化. 当物体运动到最大位移处时，其势能最大，动能为零；当物体运动到平衡位置处时，其动能最大，势能为零. 振动系统的总能量为

$$E=E_{\mathrm{k}}+E_{\mathrm{p}}=\frac{1}{2}kx^2+\frac{1}{2}mv^2=\frac{1}{2}kA^2\tag{5-16}$$

上式说明，**孤立的谐振系统**在振动过程中的动能和势能虽然分别随时间而变化，但总的机械能在振动过程中是守恒的. 这是因为振子在运动过程中所受到的力是线性回复力，而线性回复力是保守力. 在线性回复力作用下，当振子从最大位移处向平衡位置运动的过程中，回复力对振子加速，将弹簧的弹性势能转化为振子的动能；而当振子从平衡位置向最大位移处运动的过程中，回复力将阻碍振子的运动，将振子的动能转化为弹簧的势能. 所以，**振动系统中动能和势能的关系是：相互转化、总量守恒**. 从式(5-16)中还可以看出，简谐运动系统的总能量和振幅的平方成正比，因此，对一个确定的振动系统而言，振动的强弱由振幅的大小来描述. 由于简谐运动的总能量恒

定，体现在振动过程中就是振幅保持不变. 以上结论虽然是从弹簧振子中得出的，可以证明，它适用于所有孤立的简谐运动系统.

图 5-11(设 $\varphi=0$)描述了简谐运动系统中动能、势能随时间的变化规律. 从图中可以看出，**动能和势能的变化频率是振动频率的两倍**.

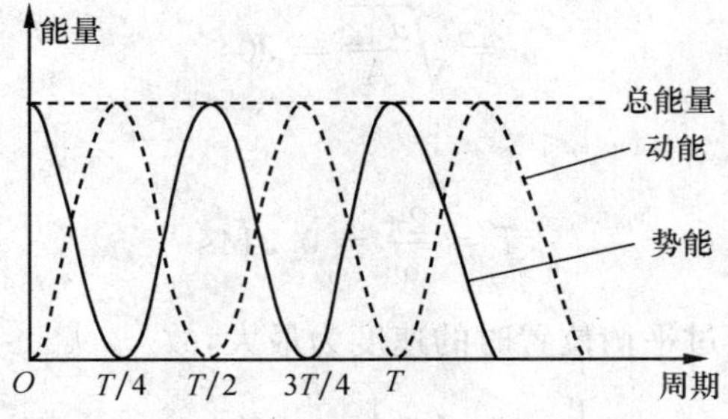


图 5-11 简谐运动的能量

我们还可以根据能量守恒来推导出简谐运动的微分方程. 已知系统能量

$$E=\frac{1}{2}mv^2+\frac{1}{2}kx^2=\text{常量}$$

将上式对时间求导，有

$$mva+kxv=0$$

即

$$a=\frac{\mathrm{d}^2x}{\mathrm{d}t^2}=-\frac{k}{m}x$$

这与式(5-1)给出的简谐运动的微分方程是一样的. 这种从能量守恒导出简谐运动方程的思路，对于研究非机械振动十分有利，因为那种情况已不宜采用受力分析的方法了.

由式(5-14)和式(5-15)可求得简谐运动系统的动能和势能对时间的平均值. 根据对时间平均值的定义可得到

$$\overline{E}_{\mathrm{k}}=\frac{1}{T}\int_0^T E_{\mathrm{k}}\mathrm{d}t=\frac{1}{T}\int_0^T\frac{1}{2}kA^2\sin^2(\omega t+\varphi)\mathrm{d}t=\frac{1}{4}kA^2$$

$$\overline{E}_{\mathrm{p}}=\frac{1}{T}\int_0^T E_{\mathrm{p}}\mathrm{d}t=\frac{1}{T}\int_0^T\frac{1}{2}kA^2\cos^2(\omega t+\varphi)\mathrm{d}t=\frac{1}{4}kA^2$$

可见，动能和势能的平均值相等，都等于振动总能量的一半.

**例 5-4** 质量为 0.10kg 的物体，以振幅 $1.0\times10^{-2}$m 做简谐运动，其最大加速度为 $4.0\mathrm{m\cdot s^{-2}}$，求：

(1) 振动的周期；

(2) 通过平衡位置时的动能；

(3) 总能量；

(4) 物体在何处其动能和势能相等？

**解** (1) 因为

$$a_{\max} = A\omega^2$$

故

$$\omega = \sqrt{\frac{a_{\max}}{A}} = 20\text{s}^{-1}$$

得

$$T = \frac{2\pi}{\omega} = 0.314\text{s}$$

(2) 因通过平衡位置时的速度为最大，故

$$E_{\text{k,max}} = \frac{1}{2}mv_{\max}^2 = \frac{1}{2}m\omega^2 A^2 = 2.0 \times 10^{-3}\text{J}$$

(3) 总能量

$$E = E_{\text{k,max}} = 2.0 \times 10^{-3}\text{J}$$

(4) 由 $E_{\text{k}} = E_{\text{p}}$，$E = E_{\text{k}} + E_{\text{p}}$ 得

$$E_{\text{p}} = \frac{E}{2}$$

代入

$$E = \frac{1}{2}kA^2, \quad E_{\text{p}} = \frac{1}{2}kx^2$$

得

$$x = \pm\frac{\sqrt{2}}{2}A \approx \pm 0.707 \times 10^{-2}\text{m}$$

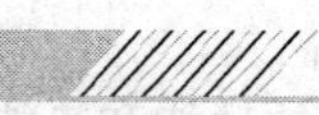

## 5.5 简谐运动的合成

在实际问题中，常会遇到一个质点同时参与几个振动的情况. 例如，当两个声波同时传到空间某一点时，该点处的空气质点就同时参与两个振动. 根据运动叠加原理，这时质点所做的运动实际上就是这两个振动的合成. 一般振动的合成比较复杂，下面我们只研究几种简单情况.

### 5.5.1 同方向、同频率的两个简谐运动的合成

设一质点在一直线上同时参与两个独立的同频率的简谐运动. 如果取这一直线为 $x$ 轴，以质点的平衡位置为原点，在任一时刻 $t$，

这两个振动的位移分别为

$$x_1 = A_1\cos(\omega t + \varphi_1)$$
$$x_2 = A_2\cos(\omega t + \varphi_2)$$

式中,$A_1$,$A_2$ 和 $\varphi_1$,$\varphi_2$ 分别为这两个振动的振幅和初相位,由于 $x_1$,$x_2$ 都是表示在同一直线方向上、距同一平衡位置的位移,所以合位移 $x$ 即为两个位移的代数和,即

$$x = x_1 + x_2 = A_1\cos(\omega t + \varphi_1) + A_2\cos(\omega t + \varphi_2)$$

应用三角函数的和差化积公式将上式展开并进行整理,得

$$x = A\cos(\omega t + \varphi) \tag{5-17}$$

式中,$A$ 和 $\varphi$ 的值分别为

$$A = \sqrt{A_1^2 + A_2^2 + 2A_1A_2\cos(\varphi_2 - \varphi_1)} \tag{5-18}$$

$$\tan\varphi = \frac{A_1\sin\varphi_1 + A_2\sin\varphi_2}{A_1\cos\varphi_1 + A_2\cos\varphi_2} \tag{5-19}$$

这说明合振动仍是简谐运动,其振动方向和振动频率都与原来的两个分振动相同.以上分析的结果,对于多个简谐运动的合成问题同样也是适用的.

应用旋转矢量图,可以很方便地得到上述两简谐运动的合振动.如图 5-12 所示,用 $\boldsymbol{A}_1$,$\boldsymbol{A}_2$ 代表两简谐运动的振幅矢量,由于 $\boldsymbol{A}_1$,$\boldsymbol{A}_2$ 以相同的角速度 $\omega$ 做逆时针向转动,它们之间的夹角($\varphi_2-\varphi_1$)保持恒定,所以在旋转过程中,矢量合成的平行四边形的形状保持不变,并以同一角速度 $\omega$ 做逆时针方向转动.合矢量 $\boldsymbol{A}$ 就是相应的合振动的振幅矢量,而合振动的表达式(或任一时刻的位移)可从合矢量 $\boldsymbol{A}$ 在 $x$ 轴上的投影形象地给出,$\boldsymbol{A}$ 和 $\varphi$ 的值也可通过三角函数关系由图简便地得到.

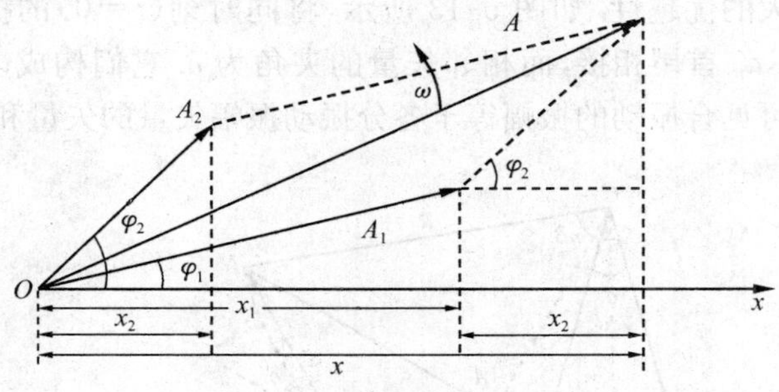


图 5-12 振动合成矢量图

现在我们来讨论振动合成的结果.从式(5-18)中可以看出,合振动的振幅与两分振动的相位差有关,下面讨论两个特例,后续课程在研究声、光等波动过程的干涉和衍射现象时,这两个特例将有着重要

的实际意义.

(1) 当相位差 $\varphi_2-\varphi_1=2k\pi(k=0,\pm1,\pm2,\cdots)$时,由式(5-18)可得

$$A=\sqrt{A_1^2+A_2^2+2A_1A_2}=A_1+A_2$$

即合振动的振幅等于两个分振动的振幅之和,这时合振动振幅达到最大值,称为振动加强.

(2) 当相位差 $\varphi_2-\varphi_1=(2k+1)\pi(k=0,\pm1,\pm2,\cdots)$时,由式(5-18)可得

$$A=\sqrt{A_1^2+A_2^2-2A_1A_2}=|A_1-A_2|$$

即合振动的振幅(振幅在性质上是正数,所以在上式中取绝对值)等于两个分振动的振幅之差,这时合振动振幅达到最小值,称为振动减弱. 如果 $A_1=A_2$,则 $A=0$,也就是说,振动合成的结果使质点处于静止状态.

在一般情况下,合振动的振幅在最大值和最小值之间. 上述结果说明,两个振动的相位差对合振动起着重要的作用.

**例 5-5**　有 $n$ 个同方向、同频率的简谐运动,它们的振幅相等,初相位分别为 $0,\delta,2\delta,\cdots$,依次相差一个恒量 $\delta$,其振动方程可写成

$$x_1=a\cos\omega t$$

$$x_2=a\cos(\omega t+\delta)$$

$$x_3=a\cos(\omega t+2\delta)$$

$$\cdots\cdots$$

$$x_n=a\cos[\omega t+(n-1)\delta]$$

求它们的合振动的振幅和初相.

**解**　对这种情况,采用旋转矢量法,可以避免繁杂的三角函数运算,有极大的优越性. 如图 5-13 所示,将同时刻($t=0$)的振幅矢量 $\boldsymbol{a}_1,\boldsymbol{a}_2,\cdots,\boldsymbol{a}_n$ 首尾相接,而相邻矢量的夹角为 $\delta$. 它们构成多边形的一部分,可见合振动的振幅等于各分振动振幅矢量的矢量和.

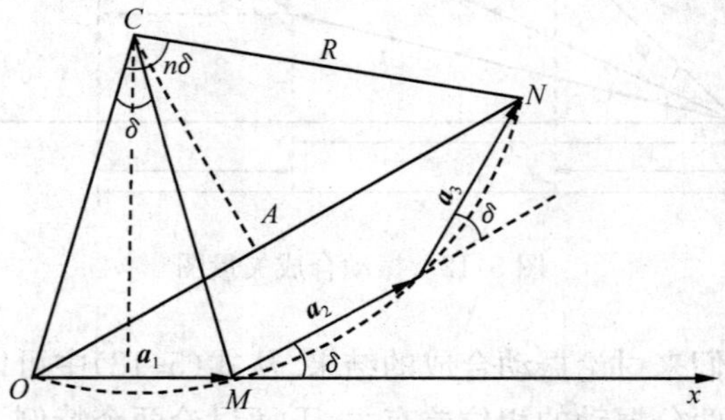


图 5-13　$n$ 个同方向、同频率的等幅简谐运动的合成(图中取 $n=3$)

下面以 $n=3$ 为例，采用几何分析法求出合振动振幅矢量的大小和方向. 作这一多边形的外接圆，其圆心为 $C$，半径为 $R$. 显然，$\triangle COM$ 为等腰三角形，其顶角为 $\delta$，底角为 $\frac{\pi-\delta}{2}$；$\triangle CON$ 为等腰三角形，其顶角为 $n\delta$，底角为 $\frac{\pi-n\delta}{2}$. 于是，$ON$ 为合振动的振幅 $A$，$\angle NOM$ 为合振动的初相位.

在三角形 $COM$ 中，有

$$\sin\frac{\delta}{2}=\frac{a/2}{R}$$

在三角形 $CON$ 中，有

$$\sin\frac{n\delta}{2}=\frac{A/2}{R}$$

解得合振动的振幅

$$A=\frac{\sin(n\delta/2)}{\sin(\delta/2)}a$$

而合振动的初相

$$\varphi=\angle COM-\angle CON=\frac{\pi-\delta}{2}-\frac{\pi-n\delta}{2}=\frac{n-1}{2}\delta$$

所以，合振动的振动方程为

$$x=A\cos(\omega t+\varphi)$$

### 5.5.2 同方向、不同频率的两个简谐运动的合成 拍

如果两个同方向简谐运动的频率不同，在矢量图 5-12 中，$\boldsymbol{A}_1$ 和 $\boldsymbol{A}_2$ 的转动角速度就不同，这样 $\boldsymbol{A}_1$ 和 $\boldsymbol{A}_2$ 之间的相位差将随时间而改变. 这时合矢量 $\boldsymbol{A}$ 的长度和角速度都将随时间而变化. 合矢量 $\boldsymbol{A}$ 所代表的合振动虽然仍与原来振动的方向相同，但不再是简谐运动，而是比较复杂的运动. 我们现在仅研究频率相近的两个简谐运动的合成情况，其在实际工作和生活中有着广泛的应用. 这时合振动具有特殊的性质，即**合振动的振幅随时间而发生周期性变化**，这种现象称为**拍**(beat).

我们可以用实验来演示这种现象. 取两个频率相近的音叉，在其中一个上涂少许石蜡，使它的频率有很小的降低. 分别敲击这两个音叉，我们听到的音强是均匀的；如果同时敲击这两个音叉，结果听到“嗡…嗡…嗡”的声音，反映出合振动的振幅存在时强时弱的周期性变化，这就是拍的现象.

我们把参与合成的这两个振动(设它们的角频率很接近，分别为 $\omega_1$ 和 $\omega_2$，且 $\omega_2>\omega_1$，而初相位都为零，振幅相等)的振动方程写为

$$x_1=A\cos\omega_1 t,\quad x_2=A\cos\omega_2 t$$

根据运动叠加原理，两者的合振动是

$$x = x_1 + x_2 = A\cos\omega_1 t + A\cos\omega_2 t$$

应用三角函数和差化积公式将上式合并，可得

$$x = 2A\cos\left(\frac{\omega_2 - \omega_1}{2}t\right)\cos\left(\frac{\omega_2 + \omega_1}{2}t\right) \tag{5-20}$$

由于 $\omega_1$ 和 $\omega_2$ 相近，式中$\frac{\omega_2 - \omega_1}{2}$很小，而 $\bar{\omega} = \frac{\omega_2 + \omega_1}{2} \approx \omega_1 \approx \omega_2$，因此，合振动可以看成是振幅为 $A' = \left|2A\cos\left(\frac{\omega_2 - \omega_1}{2}t\right)\right|$、周期为平均周期 $\bar{T}$ 的振动. 即

$$x = A'\cos\bar{\omega}t$$

图 5-14 画出了合振动的 $x$-$t$ 图线. 从图中可看出，合振动的振幅按 $A' = \left|2A\cos\left(\frac{\omega_2 - \omega_1}{2}t\right)\right|$ 随时间而缓慢地变化. 由于振幅总是正值，而 $A'$ 余弦函数的绝对值以 $\pi$ 为周期，因而振幅变化的周期 $T_b$ 可由 $\left|\frac{\omega_2 - \omega_1}{2}\right| T_b = \pi$ 决定，得

$$\nu_b = \frac{1}{T_b} = \left|\frac{\omega_2 - \omega_1}{2\pi}\right| = |\,\nu_2 - \nu_1\,| \tag{5-21}$$

式中，$\nu_b$ 表示**振幅变化的频率就是拍频**. 可见，**拍频的数值等于两分振动频率之差**.

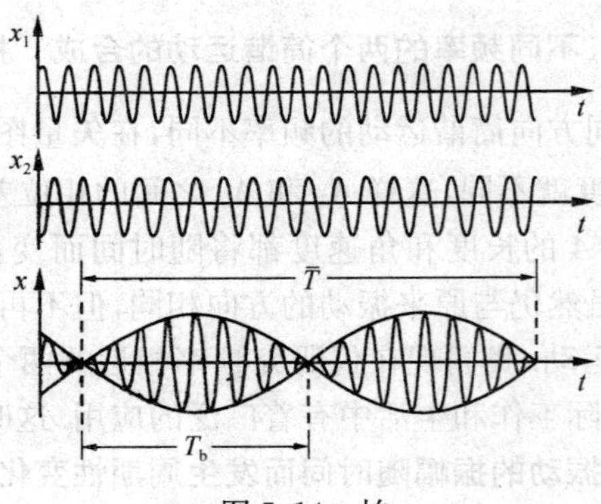


图 5-14　拍

拍现象也可以从简谐运动的旋转矢量合成图中得到说明. 例如，在图 5-12 中，设 $\boldsymbol{A}_2$ 比 $\boldsymbol{A}_1$ 转得快，在旋转矢量图中可以观察到，$\boldsymbol{A}_2$ 在周而复始地追赶 $\boldsymbol{A}_1$，当 $\boldsymbol{A}_2$ 追上 $\boldsymbol{A}_1$ 时，合振动振幅最大；当 $\boldsymbol{A}_2$ 与 $\boldsymbol{A}_1$ 方向相反时，合振动振幅最小. 由于单位时间内 $\boldsymbol{A}_2$ 比 $\boldsymbol{A}_1$ 多转 $\nu_2 - \nu_1$ 圈，因而就形成了合振动振幅时而增大、时而减小的拍的现象，拍频等于 $\nu_2 - \nu_1$.

拍现象在技术上有重要的应用. 例如，管弦乐中的双簧管就是利用两个簧片振动频率的微小差别来产生颤动的拍音. 调整乐器时，使

它和标准音叉出现的拍音消失来校准乐器. 还可用来测量频率：如果已知一个振动的频率，使它与一个频率相近但频率未知的振动叠加，通过测量合成振动的拍频，就可求出未知振动的频率. 拍现象常常用于汽车速度监视器、地面卫星跟踪等. 此外，在各种电子测量仪器中，也常常用到拍的现象.

### *5.5.3 相互垂直的两个简谐运动的合成

当一个质点同时参与两个不同方向的振动时，质点的位移是这两个振动的位移的矢量和. 在一般情况下，质点将在平面上做曲线运动. 质点轨道的形状由两个振动的振幅、频率和相位差来决定.

为简单起见，我们主要讨论两个相互垂直的、同频率的简谐运动的合成. 设这两个简谐运动分别在 $x$ 轴和 $y$ 轴上进行，振动方程分别为

$$x = A_1\cos(\omega t + \varphi_1)$$
$$y = A_2\cos(\omega t + \varphi_2)$$

在任一时刻 $t$，质点的位置是$(x,y)$，$t$ 改变时，质点的位置$(x,y)$也随之改变. 因此，上述两方程就是用参量 $t$ 来表示质点运动轨迹的参量方程，如果把参量 $t$ 消去，就得到轨迹的直角坐标方程. 即

$$\frac{x^2}{A_1^2} + \frac{y^2}{A_2^2} - 2\frac{xy}{A_1A_2}\cos(\varphi_2 - \varphi_1) = \sin^2(\varphi_2 - \varphi_1) \qquad (5\text{-}22)$$

一般说来，上述方程是椭圆方程. 因为质点的位置$(x,y)$在有限范围内变动，所以，椭圆轨道不会超出以 $2A_1$ 和 $2A_2$ 为边界的矩形范围. 下面分别讨论几种相位差的特殊情况.

(1) 当 $\varphi_2 - \varphi_1 = 0$，即两振动同相时，式(5-22)变为

$$y = \frac{A_2}{A_1}x$$

表明质点轨迹是一条直线，通过坐标原点而斜率为$\frac{A_2}{A_1}$，如图 5-15(a)所示.

(2) 当 $\varphi_2 - \varphi_1 = \pi$，即两振动反相时，轨迹方程为

$$y = -\frac{A_2}{A_1}x$$

它表明质点轨迹仍是一条直线，但斜率为负值，如图 5-15(b)所示.

在(1)、(2)两种情况下，质点离开平衡位置的位移 $s$ 为

$$s = \sqrt{x^2 + y^2} = \sqrt{A_1^2 + A_2^2}\cos(\omega t + \varphi)$$

可见合振动仍是简谐运动，频率与分振动相同，而振幅等于$\sqrt{A_1^2 + A_2^2}$.

(3) 当 $\varphi_2 - \varphi_1 = \pm\frac{\pi}{2}$时，式(5-22)可简化为

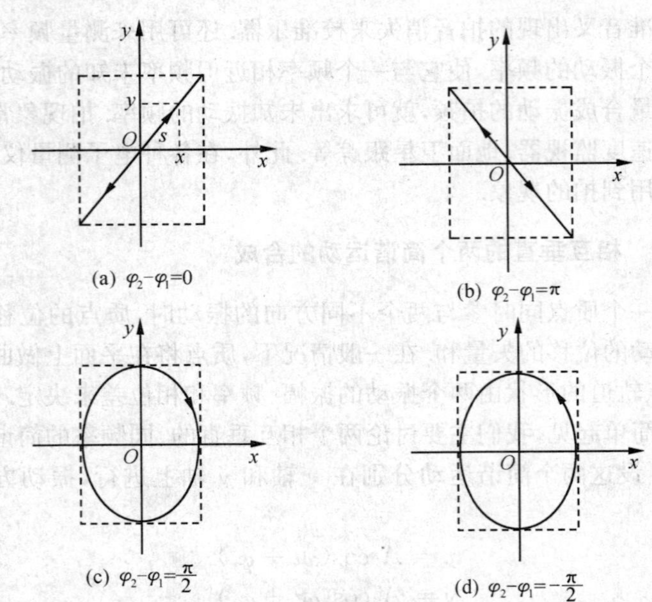


图 5-15　两个相互垂直的、同频率的简谐运动的合成

$$\frac{x^2}{A_1^2}+\frac{y^2}{A_2^2}=1$$

即质点的轨迹是以坐标轴为主轴的椭圆，通常称为正椭圆. 质点就沿着这个椭圆运动. 图 5-15(c)对应于 $\varphi_2-\varphi_1=\frac{\pi}{2}$ 的情况，即此时 $x$ 落后 $y$ 的相位为$\frac{\pi}{2}$，图中箭头表示质点运动方向，表明质点按顺时针方向做椭圆运动，这个运动的周期就等于分振动的周期. 而图 5-15(d)对应于 $\varphi_2-\varphi_1=-\frac{\pi}{2}$ 的情况，即 $x$ 超前 $y$ 的相位为$\frac{\pi}{2}$，此时图中箭头表示质点按逆时针方向做椭圆运动. 注意这两种情况下的质点运动方向有左旋和右旋之分. 如果当 $\varphi_2-\varphi_1=\pm\frac{\pi}{2}$ 的同时，两分振动的振幅也相等，即 $A_1=A_2$，则质点将做圆周运动. 可见圆周运动可分解为两个相互垂直的简谐运动，正是基于这种圆周运动与简谐运动的联系，我们才有用旋转矢量表示简谐运动的描述方法.

(4) $\varphi_2-\varphi_1$ 为其他值，此时合振动轨迹是椭圆，但不是正椭圆，而是斜椭圆.

最后我们来讨论两个相互垂直的但具有不同频率的简谐运动的合成. 如果两个振动有微小的频率差异，相位差就不是定值，合振动的轨道将不断地按照图 5-16 所示的顺序在上述的矩形范围内由直线逐渐变成椭圆，又逐渐由椭圆变成直线，并重复进行.

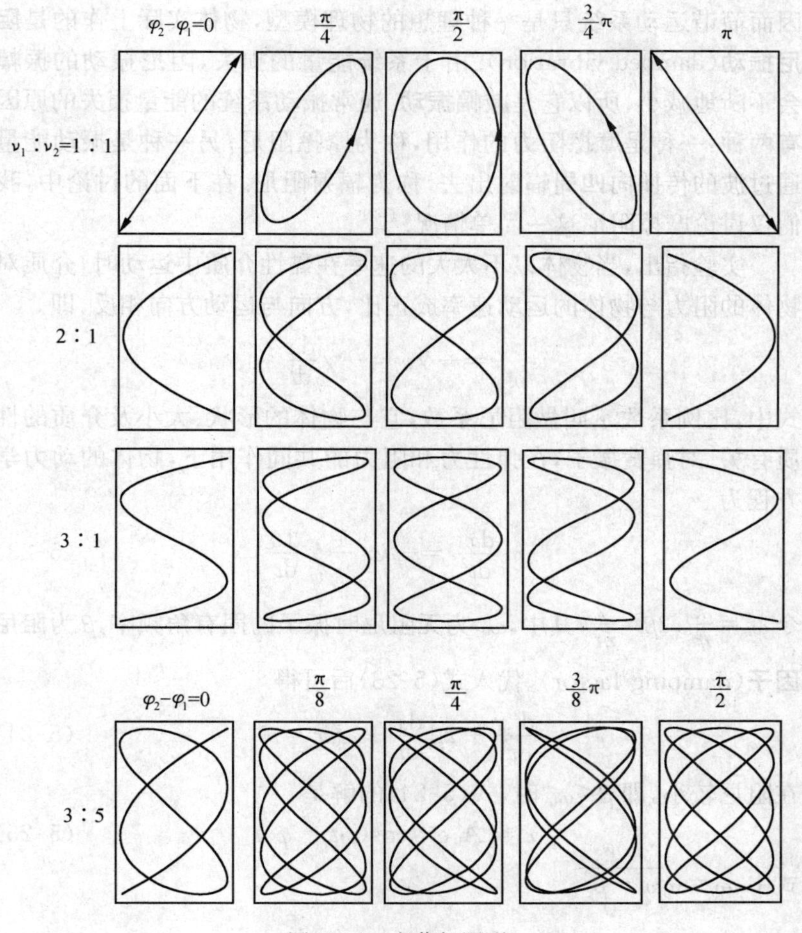


图 5-16 李萨如图形

如果两个振动的频率相差很大,但有简单的整数比关系时,也可得到稳定的封闭的合成运动轨道. 图 5-16 给出了对应不同周期比以及相位差时,振动质点的合成轨迹. 这些图形叫做李萨如(J. A. Lissajous,1822～1880,法国)图形. 在工程技术领域,常利用李萨如图形进行频率和相位的测定.

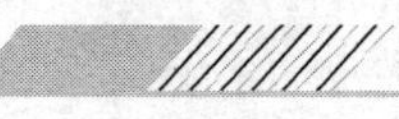

## 5.6 阻尼振动 受迫振动 共振

### 5.6.1 阻尼振动

前几节讨论的简谐运动,均属于无阻尼自由振动. 在简谐运动过程中系统的机械能是守恒的,因而振幅不随时间变化,所以简谐运动属于**等幅振动**. 一般来说,运动物体都会受到或大或小的阻力作用,因而简谐运动系统只是一种理想的物理模型，物体实际上作的是**阻尼振动**(damped vibration). 由于系统能量的损失，阻尼振动的振幅会不断地减小，所以它是**减幅振动**. 通常振动系统的能量损失的原因有两种：一种是摩擦阻力的作用，称为摩擦阻尼；另一种是振动能量通过波的传播向四周辐射出去，称为辐射阻尼. 在下面的讨论中，我们仅讨论摩擦阻尼这一简单情况.

实验指出，当物体以不太大的速率在黏性介质中运动时，介质对物体的阻力与物体的运动速率成正比，方向与运动方向相反，即

$$f = -\gamma v = -\gamma \frac{\mathrm{d}x}{\mathrm{d}t}$$

式中，比例系数 $\gamma$ 叫做阻尼系数，它与物体的形状、大小及介质的性质有关. 对弹簧振子，在弹性力和阻力的共同作用下，物体的动力学方程为

$$m\frac{\mathrm{d}x^2}{\mathrm{d}t^2} = -kx - \gamma\frac{\mathrm{d}x}{\mathrm{d}t} \tag{5-23}$$

令 $\omega_0^2 = \frac{k}{m}$，$2\beta = \frac{\gamma}{m}$，其中，$\omega_0$ 为无阻尼时振子的固有角频率，$\beta$ 为**阻尼因子**(damping factor)，代入式(5-23)后可得

$$\frac{\mathrm{d}^2 x}{\mathrm{d}t^2} + 2\beta\frac{\mathrm{d}x}{\mathrm{d}t} + \omega_0^2 x = 0 \tag{5-24}$$

在阻尼较小，即 $\beta < \omega_0$ 时，式(5-24)的解是

$$x = A_0 \mathrm{e}^{-\beta t}\cos(\omega t + \varphi_0) \tag{5-25}$$

式中，$\omega = \sqrt{\omega_0^2 - \beta^2}$.

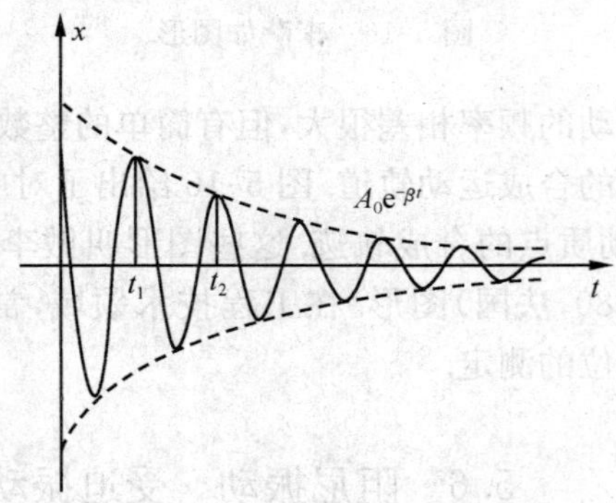


图 5-17　阻尼振动曲线

式(5-25)为小阻尼时阻尼振动的位移表达式，式中，$A_0$ 和 $\varphi_0$ 是由初始条件决定的两个积分常数. 振动曲线由图 5-17 所示，从位移表达式中可以看出，阻尼振动不是简谐运动，也不是严格的周期运动，因为位移不能恢复原值. 在小阻尼的情况下，将式(5-25)中的 $A_0\mathrm{e}^{-\beta t}$ 看成是随时间变化的振幅，这样阻尼振动就看成是振幅按指

数规律衰减的**准周期振动**. 这时仍然把振动物体相继两次通过极大(或极小)位置所经历的时间叫做周期($T=t_2-t_1$),那么阻尼振动的周期为

$$T=\frac{2\pi}{\omega}=\frac{2\pi}{\sqrt{\omega_0^2-\beta^2}} \tag{5-26}$$

这就是说,阻尼振动的周期比振动系统固有周期要长. 阻尼作用越大,振动衰减得越快,振动越慢.

若阻尼过大,即当$\beta>\omega_0$时,式(5-25)不再是微分方程式(5-24)的解. 此时物体将缓慢地回到平衡位置,以后便不再运动,这种情况称为**过阻尼**(overdamping). 若阻尼作用满足$\beta=\omega_0$,对应的是小阻尼和过阻尼之间的临界情况,与过阻尼比,物体从运动到静止在平衡位置所经历的时间最短,故称其为**临界阻尼**(critical damping). 图5-18 反映的是三种不同阻尼情况时的位移时间曲线.

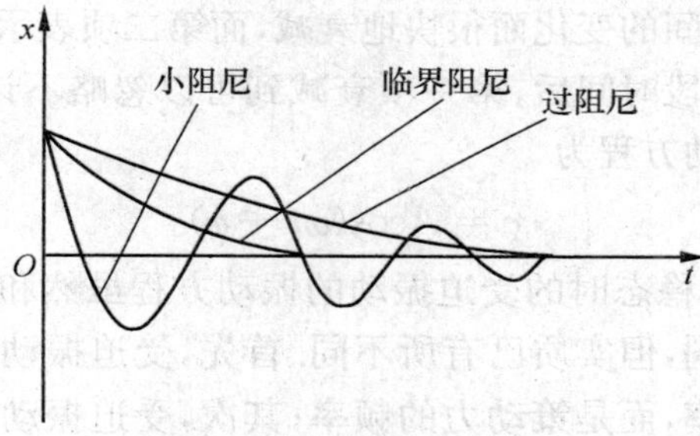


图 5-18 不同阻尼的比较

在生产实际中,可以根据不同的要求,用不同的方法来控制阻尼的大小. 例如,各种机器,为了减振、防振,都要加大振动时的摩擦阻尼;各种声源、乐器,总希望它辐射足够大的声能,这就要加大它的辐射阻尼;在灵敏电流计等精密仪器中,为使人们能较快和较准确地读数测量,常使电流计的偏转系统处在临界阻尼状态下工作.

### 5.6.2 受迫振动 共振

1. 受迫振动

摩擦阻尼总是客观存在的,只能减小而不能完全消除它. 因此,实际的振动物体如果没有能量的不断补充,振动最终总是要停下来的. 在实践中,为了获得稳定的振动,通常是对振动系统施加一周期性的外力. **物体在周期性外力作用下发生的振动称为受迫振动**(forced vibration). 这种周期性外力称为**策动力**(driving force). 许多实际的振动属于受迫振动,例如,声波引起耳膜的振动,电机转动导致基座的振动等.

为简单起见,设策动力具有如下形式:

$$F = F_0 \cos\omega t$$

式中，$F_0$ 为策动力的振幅，$\omega$ 为策动力的角频率. 物体在线性回复力、阻力和策动力的共同作用下，其受力为

$$f = -kx - \gamma \frac{\mathrm{d}x}{\mathrm{d}t} + F_0 \cos\omega t$$

据牛顿第二定律，其动力学方程为

$$\frac{\mathrm{d}^2 x}{\mathrm{d}t^2} + 2\beta \frac{\mathrm{d}x}{\mathrm{d}t} + \omega_0^2 x = f_0 \cos\omega t \tag{5-27}$$

式中，$\omega_0^2 = \frac{k}{m}$，$2\beta = \frac{\gamma}{m}$，$f_0 = \frac{F_0}{m}$. 在阻尼较小的情况下，上述微分方程的解是

$$x = A_0 \mathrm{e}^{-\beta t} \cos(\sqrt{\omega_0^2 - \beta^2}\, t + \varphi_0) + A\cos(\omega t + \varphi) \tag{5-28}$$

此解表示，受迫振动是两个振动的合成. 解的第一项表示一个减幅振动，它随时间的变化而很快地衰减，而第二项表示一个稳定的等幅振动. 经过一段时间后，第一项衰减到可以忽略不计，所以受迫振动稳定时的振动方程为

$$x = A\cos(\omega t + \varphi) \tag{5-29}$$

应该指出，稳态时的受迫振动的振动方程虽然和无阻尼振动的表达式形式相同，但实质已有所不同. 首先，受迫振动的角频率不是振子的固有频率，而是策动力的频率；其次，受迫振动的振幅和初相位不是取决于振子的初始状态，而是依赖于振子的性质（回复力系数和振动质量）、阻尼的大小和策动力的特征等诸多因素，这与自由的简谐振子是不一样的.

将式(5-29)代入式(5-27)可求得

$$A = \frac{f_0}{\sqrt{(\omega_0^2 - \omega^2)^2 + 4\beta^2\omega^2}} \tag{5-30}$$

$$\tan\varphi = -\frac{2\beta\omega}{\omega_0^2 - \omega^2} \tag{5-31}$$

在稳态时，振动物体的速度

$$v = \frac{\mathrm{d}x}{\mathrm{d}t} = v_m \cos\left(\omega t + \varphi + \frac{\pi}{2}\right) \tag{5-32}$$

式中，

$$v_m = \frac{\omega f_0}{\sqrt{(\omega_0^2 - \omega^2)^2 + 4\beta\omega^2}} \tag{5-33}$$

从能量角度来看，在受迫振动中，振动物体因策动力做功而获得能量（实际上在一个周期内，策动力有时做正功，有时做负功，但总效果还是做正功），同时又因阻尼作用而消耗能量. 受迫振动开始时，策

动力所做的功往往大于阻尼消耗的能量,所以总的趋势是能量不断地增大.由于阻尼力一般随速度的增大而增大,当振动加强时,因阻尼而消耗的能量也要增多.在稳态振动的情况下,一个周期内,外力所做的功恰好补偿因阻尼而消耗的能量,因而系统维持等幅振动.如果撤去策动力,振动能量又将逐渐减少而成为减幅振动.

2. 共振

由式(5-30)可知,稳态受迫振动的振幅随策动力的频率而改变,其变化情况如图 5-19 所示.当策动力频率为某一特定值时,振幅达到最大值.由式(5-30)利用求极值的方法可得到振幅达到极大值对应的角频率为

$$\omega = \omega_r = \sqrt{\omega_0^2 - 2\beta^2} \tag{5-34}$$

振幅的极大值为

$$A_r = \frac{f_0}{2\beta\sqrt{\omega_0^2 - \beta^2}} \tag{5-35}$$

可见,在阻尼很小($\beta \ll \omega_0$)时,**若策动力频率近似等于振动系统的固有频率时,位移振幅将达到极大值**.我们把这种现象称为**位移共振**(resonance).

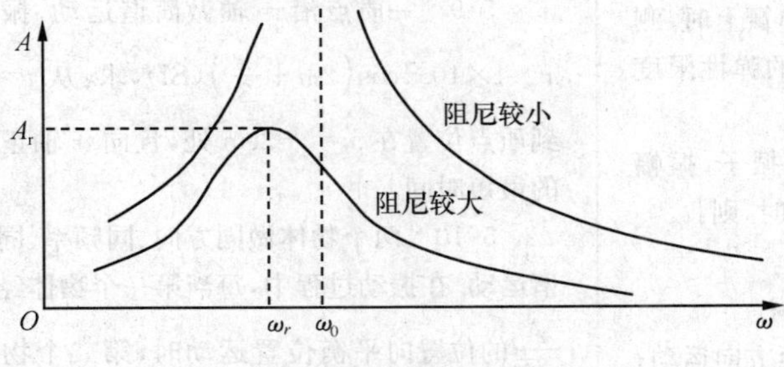


图 5-19 共振

用类似的方法可以分析受迫振动时的速度振动,其结论是:**当策动力频率刚好等于系统固有频率时,速度振幅将达到极大值**,称为**速度共振**.在小阻尼的情况下,二者结论相同,可不加区分.

共振现象极为普遍,在声、光、无线电以及工程技术领域都会遇到.共振现象有其有利的一面.例如,许多声学仪器就是应用共振原理设计的;电磁波信号的接收也要用到共振;我们还可以用核磁共振对物质结构进行分析以及医疗诊断等.但是,共振在不少场合,又是应该尽量避免的.比如,机器运转时,应当避免运转时产生的周期性策动力与机器某些部件的固有频率相近,否则将会引起共振,从而影响加工精度.减少共振影响的主要方法有:破坏外力的周期性、改变物体或策动力的频率、增大系统的阻尼等.

## 习　题　5

5-1　有一弹簧振子，振幅 $A=2.0\times10^{-2}\text{m}$，周期 $T=1.0\text{s}$，初相 $\varphi=\frac{3}{4}\pi$. 试写出它的振动位移、速度和加速度方程.

5-2　若简谐运动方程为 $x=0.1\cos\left(20\pi t+\frac{\pi}{4}\right)$(m)，求：

(1) 振幅、频率、角频率、周期和初相；

(2) $t=2\text{s}$ 时的位移、速度和加速度.

5-3　质量为 2kg 的质点，按方程 $x=0.2\sin\left(5t-\frac{\pi}{6}\right)$(SI)沿着 $x$ 轴振动. 求：

(1) $t=0$ 时，作用于质点的力的大小；

(2) 作用于质点的力的最大值和此时质点的位置.

5-4　为了测得一物体的质量 $m$，将其挂到一弹簧上并让其自由振动，测得频率 $\nu_1=1.0\text{Hz}$；而当将另一已知质量为 $m'$ 的物体单独挂在该弹簧上时，测得频率为 $\nu_2=2.0\text{Hz}$. 设振动均在弹簧的弹性限度内进行，求被测物体的质量.

5-5　一放置在水平桌面上的弹簧振子，振幅 $A=2.0\times10^{-2}\text{m}$，周期 $T=0.5\text{s}$，当 $t=0$ 时，则：

(1) 物体在正方向端点；

(2) 物体在平衡位置，向负方向运动；

(3) 物体在 $x=1.0\times10^{-2}\text{m}$ 处，向负方向运动；

(4) 物体在 $x=-1.0\times10^{-2}\text{m}$ 处，向负方向运动.

求以上各种情况的振动方程.

5-6　在一轻弹簧下端悬挂 $m_0=100\text{g}$ 砝码时，弹簧伸长 8cm. 现在这根弹簧下端悬挂 $m=250\text{g}$ 的物体，构成弹簧振子. 将物体从平衡位置向下拉动 4cm，并给以向上的 $21\text{cm}\cdot\text{s}^{-1}$ 的初速度(令这时 $t=0$). 选 $x$ 轴向下为正，求振动方程.

5-7　某质点振动的 $x$-$t$ 曲线如题 5-7 图所示，求：

(1) 质点的振动方程；

(2) 质点从 $t=0$ 的位置到达 $P$ 点相应位置所需的最短时间.

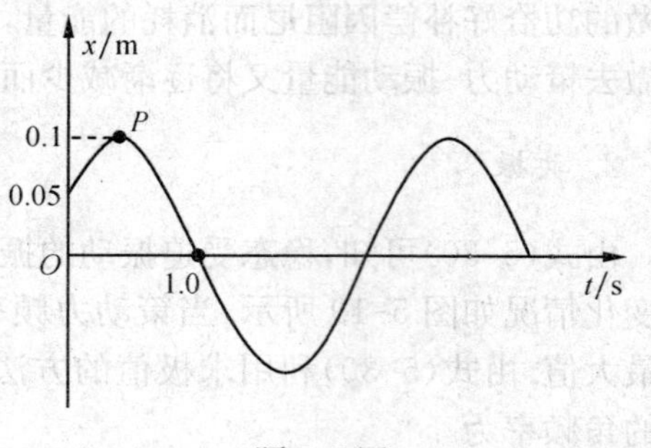


题 5-7 图

5-8　有一弹簧，当下面挂一质量为 $m$ 的物体时，伸长量为 $9.8\times10^{-2}\text{m}$. 若使弹簧上下振动，且规定向下为正方向.

(1) 当 $t=0$ 时，物体在平衡位置上方 $8.0\times10^{-2}\text{m}$，由静止开始向下运动，求振动方程.

(2) 当 $t=0$ 时，物体在平衡位置并以 $0.6\text{m}\cdot\text{s}^{-1}$ 的速度向上运动，求振动方程.

5-9　一质点沿 $x$ 轴做简谐运动，振动方程为 $x=4\times10^{-2}\cos\left(2\pi t+\frac{\pi}{3}\right)$(SI)，求：从 $t=0$ 时刻起到质点位置在 $x=-2\text{cm}$ 处，且向 $x$ 轴正方向运动的最短时间.

5-10　两个物体做同方向、同频率、同振幅的简谐运动. 在振动过程中，每当第一个物体经过位移为 $\frac{A}{\sqrt{2}}$ 的位置向平衡位置运动时，第二个物体也经过此位置，但向远离平衡位置的方向运动. 试利用旋转矢量法求它们的相位差.

5-11　一简谐运动的振动曲线如题 5-11 图所示，求振动方程.

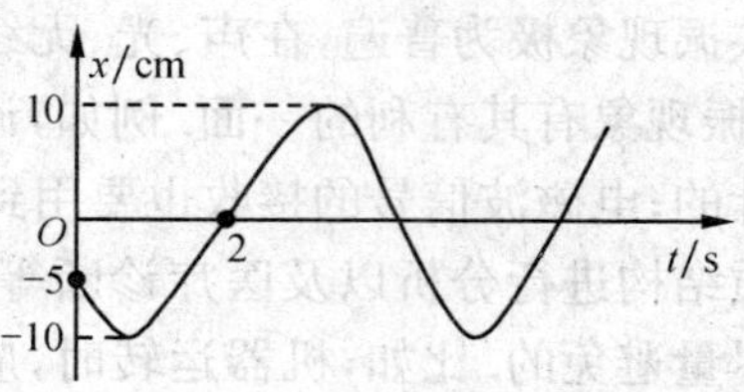


题 5-11 图

5-12　在光滑水平面上有一做简谐运动的弹簧

振子，弹簧的劲度系数为 $k$，物体的质量为 $m$，振幅为 $A$，当物体通过平衡位置时，有一质量为 $m'$ 的泥团竖直落到物体上并与之黏结在一起. 求：

(1) $m'$ 和 $m$ 黏结后，系统的振动周期和振幅；

(2) 若当物体到达最大位移处，泥团竖直落到物体上，再求系统的振动周期和振幅.

5-13 设细圆环的质量为 $m$，半径为 $R$，挂在墙上的钉子上，求它微小振动的周期.

5-14 一轻弹簧在 60N 的拉力下伸长 30cm，现把质量为 4kg 的物体悬挂在该弹簧的下端并使之静止，再把物体向下拉 10cm，然后由静止释放并开始计时.

(1) 求物体的振动方程.

(2) 求物体在平衡位置上方 5cm 时弹簧对物体的拉力.

(3) 物体从第一次越过平衡位置时刻起到它运动到上方 5cm 处所需要的最短时间.

5-15 在一平板下装有弹簧，平板上放一质量为 1.0kg 的重物. 现使平板沿竖直方向做上下简谐运动，周期为 0.50s，振幅为 $2.0\times10^{-2}$m，求：

(1) 平板到最低点时，重物对板的作用力；

(2) 若频率不变，则平板以多大的振幅振动时，重物会跳离平板.

(3) 若振幅不变，则平板以多大的频率振动时，重物会跳离平板.

5-16 一物体沿 $x$ 轴做简谐运动，振幅为 0.06m，周期为 2.0s，当 $t=0$ 时位移为 0.03m，且向 $x$ 轴正方向运动，求：

(1) $t=0.5$s 时，物体的位移、速度和加速度；

(2) 物体从 $x=-0.03$m 处向 $x$ 轴负方向运动开始，到达平衡位置，至少需要多少时间？

5-17 地球上(设 $g=10\text{m}\cdot\text{s}^{-2}$)有一单摆，摆长为 1.0m，最大摆角为 5°，求：

(1) 摆的角频率和周期；

(2) 设开始时摆角最大且静止，试写出此摆的振动方程；

(3) 当摆角为 3°时的角速度和摆球的线速度.

5-18 有一水平的弹簧振子，如题 5-18 图所示，弹簧的劲度系数为 $k=25\text{N}\cdot\text{m}^{-1}$，物体的质量为 $m=1.0$kg，物体静止在平衡位置，设以一水平向左的恒力 $F=10$N 作用在物体上(不计一切摩擦)，使之由平衡位置向左运动了 0.05m，此时撤除力 $F$，当物体运动到最左边开始计时，求物体的振动方程.

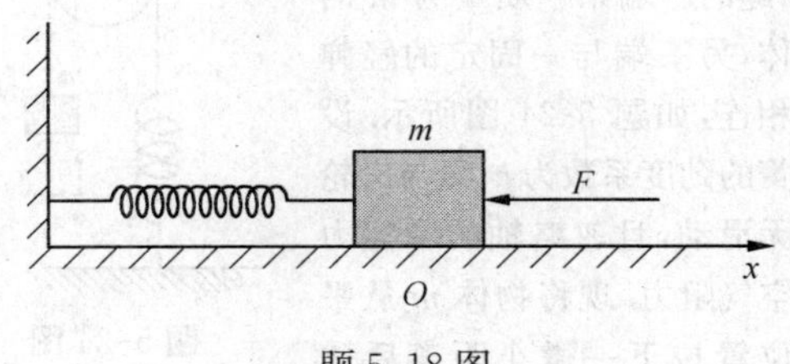


题 5-18 图

5-19 一质点在 $x$ 轴上做简谐运动，如题 5-19 图所示，选取该质点向右运动通过 $A$ 点时作为计时起点($t=0$)，经过 2s 后质点第一次通过 $B$ 点，再经过 2s 后质点第二次经过 $B$ 点，若已知该质点在 $A$、$B$ 两点具有相同的速率，且 $\overline{AB}=10$cm，求：

(1) 质点的振动方程；

(2) 质点在 $A$ 点处的速率.

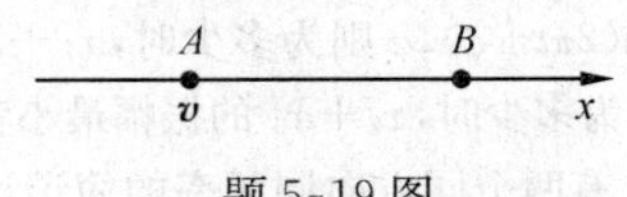


题 5-19 图

5-20 一物体放在水平木板上，这木板以 $\nu=2$Hz 的频率沿水平直线做简谐运动，物体和水平木板之间的静摩擦系数 $\mu_s=0.50$，求物体在木板上不滑动时的最大振幅 $A_{max}$.

5-21 在一平板上放一质量为 $m=2$kg 的物体，平板在竖直方向做简谐运动，其振动周期为 $T=0.5$s，振幅 $A=4$cm.

(1) 求物体对平板的压力的表达式；

(2) 问平板以多大的振幅振动时，物体才能离开平板？

5-22 一氢原子在分子中的振动可视为简谐运动. 已知氢原子质量 $m=1.68\times10^{-27}$kg，振动频率 $\nu=1.0\times10^{14}$Hz，振幅 $A=1.0\times10^{-11}$m. 试计算：

(1) 此氢原子的最大速度；

(2) 与此振动相联系的能量.

5-23 一物体质量为 0.25kg，在弹性力作用下做简谐运动，弹簧的劲度系数 $k=25\text{N}\cdot\text{m}^{-1}$，如果起始振动时具有势能 0.06J 和动能 0.02J，求：

(1) 振幅；

(2) 动能恰等于势能时的位移；

(3) 经过平衡位置时物体的速度.

5-24　一定滑轮的半径为 $R$，转动惯量为 $J$，其上挂一轻绳，绳的一端系一质量为 $m$ 的物体，另一端与一固定的轻弹簧相连，如题 5-24 图所示. 设弹簧的劲度系数为 $k$，绳与滑轮间无滑动，且忽略轴的摩擦力及空气阻力. 现将物体 $m$ 从平衡位置拉下一微小距离后放手，证明物体做简谐运动，并求出其角频率.

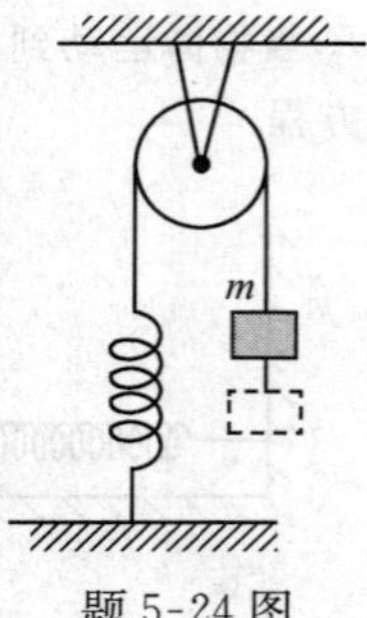


题 5-24 图

5-25　两个同方向的简谐运动的振动方程分别为

$$x_1 = 4\times10^{-2}\cos2\pi\left(t+\frac{1}{8}\right)$$

$$x_2 = 3\times10^{-2}\cos2\pi\left(t+\frac{1}{4}\right)\text{(SI)}$$

(1) 求合振动的振幅和初相位；

(2) 若另有一同方向同频率的简谐运动 $x_3=5\times10^{-2}\cos(2\pi t+\varphi)$，$\varphi$ 则为多少时，$x_1+x_3$ 的振幅最大？$\varphi$ 又为多少时，$x_2+x_3$ 的振幅最小？

5-26　有两个同方向同频率的简谐运动，其合振动的振幅为 0.2m，合振动的相位与第一个振动的相位差为 $\frac{\pi}{6}$，第一个振动的振幅为 0.173m，求第二个振动的振幅及两振动的相位差.

5-27　一质点同时参与两个同方向的简谐运动，其振动方程分别为 $x_1=0.05\cos\left(4t+\frac{\pi}{3}\right)$，$x_2=0.03\sin\left(4t-\frac{\pi}{6}\right)$(SI)，画出两振动的旋转矢量图，并求合振动的振动方程.

5-28　将频率为 348Hz 的标准音叉和一待测频率的音叉振动合成，测得拍频为 3.0Hz. 若在待测音叉的一端加上一个小物块，则拍频将减小，求待测音叉的角频率.

5-29　一物体悬挂在弹簧下做简谐运动，开始时其振幅为 0.12m，经 144s 后振幅减为 0.06m. 问：

(1) 阻尼系数是多少？

(2) 如振幅减至 0.03m，需再经过多少时间？

5-30　一弹簧振子系统，物体的质量 $m=1.0\text{kg}$，弹簧的劲度系数 $k=900\text{N}\cdot\text{m}^{-1}$. 系统振动时受到阻尼作用，其阻尼系数为 $\beta=10.0\text{s}^{-1}$. 为了使振动持续，现加一周期性外力 $F=100\cos30t$ (SI) 作用.

(1) 求振动达到稳定时的振动角频率；

(2) 若外力的角频率可以改变，则当其值为多少时系统出现共振现象？其共振的振幅为多大？

# 第6章 机 械 波

在第5章讨论振动的基础上，本章将进一步研究振动在空间中的传播过程——波动(wave motion). 波动也是一种常见的物质运动形式，如绳子上的波、空气中的声波和水的表面波等，它们都是机械振动在弹性介质中的传播形成的，这类波叫机械波(mechanical wave). 波动并不限于机械波，无线电波、光波、X射线等也是一种波动，这类波是交变电磁场在空间中的传播形成的，通称电磁波. 机械波和电磁波尽管在本质上是不同的，但是它们都具有波动的共同特征，即具有一定的传播速度，且都伴随着能量的传播，都能产生反射、折射、干涉、衍射等现象，而且具有相似的数学表述形式. 本章将作为波动学的基础，主要以机械波为例，讨论其波动过程及遵循的基本规律，涉及的主要概念和规律对电磁波，甚至物质波也是适用的.

本章主要内容为：机械波的形成，波函数和波的能量，惠更斯原理及其在波的反射、折射和衍射等方面的应用，波的干涉现象和驻波，最后还将简要介绍多普勒效应和声波.

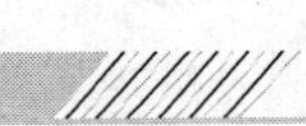

## 6.1 机械波的产生、传播和描述

### 6.1.1 机械波的形成

**机械振动在弹性介质(固体、液体和气体)内传播就形成了机械波.** 介质中的质点依靠彼此之间的弹性力作用，将机械振动这种运动形式弥散在整个介质中，使介质中的每一个质点都在做频率相同的机械振动. 这样，当弹性介质中的一部分发生振动(振源或已知的振动体)时，就将机械振动由近及远地传播开去，形成了波动. 由此可见，**形成机械波的条件是：波源和弹性介质.**

### 6.1.2 横波与纵波

按照质点振动方向和波的传播方向的关系，**机械波可以分为横波**(transverse wave)**和纵波**(longitudinal wave). 这是波动的两种最基本的形式.

如图6-1(a)所示，用手握住一根绷紧的长绳，当手上下抖动时，绳子上各部分质点就依次上下振动起来，**这种质点的振动方向与波的传播方向相互垂直的波，称为横波**. 对于横波，你将会看到在绳子上交替出现凸起的波峰和下凹的波谷，并且它们以一定的速度沿绳传播，这就是横波的外形特征.

如图 6-1(b)所示，将一根水平放置的长弹簧的一端固定起来，用手去拍打另一端，各部分弹簧就依次左右振动起来，这种**各质点的振动方向与波的传播方向相互平行的波，称为纵波**. 对于纵波，弹簧交替出现"稀疏"和"稠密"区域，并且以一定的速度传播出去，这就是纵波的外形特征.

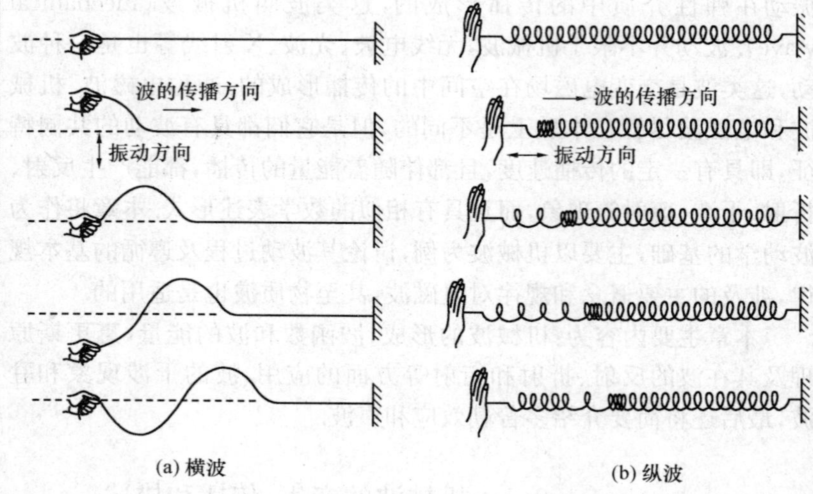


图 6-1　机械波的形成

从图 6-1 还可以看出，无论是横波还是纵波，它们都只是振动状态(即振动相位)的传播，弹性介质中的每个质点仅在它们各自的平衡位置附近振动，并没有随振动的传播而流走.

进一步说，在弹性介质中形成横波时，必是一层介质随另一层介质发生垂直于波传播方向的平移，即发生切变. 由于固体可以产生切变，因此横波能在固体中传播. 在弹性介质中产生纵波时，介质要发生压缩或拉伸，即发生体变(也称容变)，固体、液体和气体都可以产生体变，因此，纵波能在固体、液体和气体中传播. 应该指出，所有形式复杂的波动，都可以看成是横波和纵波的叠加，如水的表面波、地震时在地球表面形成的地表波等.

### 6.1.3　波的几何描述

波源在弹性介质中振动时，振动将向各方向传播，形成波动. 为了便于描述波的传播情况，我们从几何角度引入波线(wave ray)、波面(wave surface)、波前(wave front)等几个概念.

**波线是指波的传播方向**，如图 6-2 所示，用有箭头的线表示.

**波面是指波传播过程中介质中振动相位（振动状态）相同的点构成的曲面，也称为波阵面或同相面，简称波面.** 在任一时刻，波面可以有任意多个（但相位各不相同）. 作图时，一般使相邻两波面的距离等于一个波长.

**波前是指波传播过程中，某一时刻最前面的波面.** 波前只有一个，随着时间推移，波前以波速向前传播.

如图 6-2 所示，**在各向同性介质中，波线与波面之间，处处正交.** 根据波面的形状，波可分为球面波（spherical wave）与平面波（plane wave）. 当球面波传到较远的地方，在小范围内，可以将球面波看成是平面波.

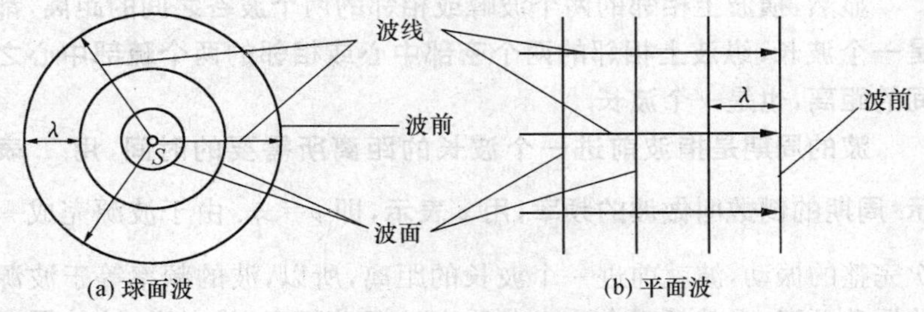


图 6-2　波线、波面与波前

### 6.1.4　波速　波长　周期（频率）

**波速是指机械振动在介质中的传播速度. 即沿波线方向单位时间内振动状态（振动相位）的传播距离**，用 $u$ 表示，也称为相速（phase velocity）. **波速的大小取决于介质的性质和环境温度.** 例如，表 6-1 给出了在一些介质中声波的波速.

**表 6-1　在一些介质中的声速**

| 介　质 | 温度/℃ | 声速/$(m \cdot s^{-1})$ |
|---|---|---|
| 空气($1.013\times10^5$Pa) | 0 | 331 |
| 空气($1.013\times10^5$Pa) | 20 | 343 |
| 氢气($1.013\times10^5$Pa) | 0 | 1 270 |
| 玻璃 | 0 | 5 500 |
| 花岗石 | | 3 950 |
| 冰 | 0 | 5 100 |
| 水 | 20 | 1 460 |
| 铝 | 20 | 5 100 |
| 铜 | 20 | 3 500 |

具体来说，介质的弹性越大，密度越小，波速就越快. 可以证明，

波速

$$u=\sqrt{\frac{弹性}{密度}}$$

**波长(wavelength)是指沿波线方向两个相邻的、相位差为 $2\pi$ 的振动质点之间的距离，即一个完整波形的长度，用 $\lambda$ 来表示. 波长这一物理量描述了波形在空间分布上的周期性.** 由于在各向同性介质中，波在介质中的传播是匀速的，因而，介质中各振动质点的相位在空间的分布也是均匀的. 波线上，相距为 $\Delta x$ 的两振动质点的相位差 $\Delta\phi$ 为

$$\Delta\phi=\frac{2\pi}{\lambda}\Delta x \tag{6-1}$$

显然，**横波上相邻的两个波峰或相邻的两个波谷之间的距离，都是一个波长；纵波上相邻的两个密部中心或相邻的两个疏部中心之间的距离，也是一个波长.**

**波的周期是指波前进一个波长的距离所需要的时间，用 $T$ 表示. 周期的倒数叫做波的频率，用 $\nu$ 表示，即 $\nu=\frac{1}{T}$.** 由于波源完成一次完整的振动，波就前进一个波长的距离，所以，波的频率等于波源的振动频率，也就等于介质中各质点的振动频率；或者说，**波的周期由波源决定，而与介质无关.** 必须指明：**波在不同介质中传播，频率是不变的.**

描述波的三个基本物理量——波速、波长、频率之间的关系为

$$u=\nu\lambda \tag{6-2}$$

式(6-2)表明，以上三个量中，由于波速 $u$ 由介质决定，频率由波源决定，所以，在同一介质中，频率越低的波，波长就越大；而由同一波源产生的波，其波长将随介质的不同而不同.

**例 6-1**　在 20℃时，求频率为 3 000Hz 的声波在空气中和在水中的波长.

**解**　查表得 $u_{气}=343\text{m}\cdot\text{s}^{-1}$，$u_{水}=1\,460\text{m}\cdot\text{s}^{-1}$.

据 $\lambda=uT=\frac{u}{\nu}$，不难得出 $\lambda_{气}\approx0.114\text{m}$，$\lambda_{水}\approx0.487\text{m}$.

## 6.2　平面简谐波的波函数

现在我们要描述前进中的波动(wave motion)(一般称为行波)，亦即要用数学函数式描述介质中各质点的位移是如何随各质点的坐标和时间而改变的. 这样的函数式称为行波的波函数(wave function)，也常称为波方程或波动表达式.

平面简谐行波是最简单、最基本的波，下面先讨论平面简谐行波在理想的无吸收的均匀无限大介质中传播的波函数.

平面简谐波传播时，介质中各质点都做同一频率的简谐运动，但在任一时刻，各质点的振动相位(运动状态)一般是不同的. 根据波阵面的定义知道，任一时刻处在同一波阵面上的各质点具有相同的相位，它们离开各自的平衡位置也有相同的位移，因此，只要知道了与波阵面垂直的任意一条波线上波的传播规律，就可以知道整个平面波的传播规律.

### 6.2.1 平面简谐波波函数的建立和意义

如图 6-3 所示，设有一平面简谐行波，在无吸收的均匀无限大介质中沿 $x$ 轴正向传播，波速为 $u$. 取任意一条波线为 $x$ 轴，并设波源(或任一已知振动点)在坐标原点处，其振动方程为

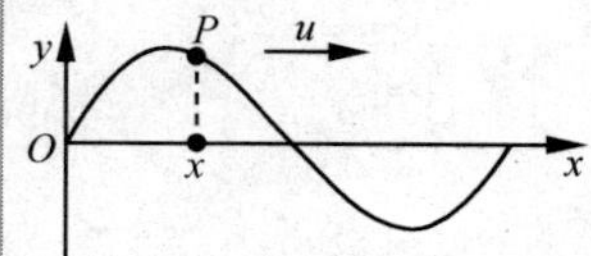

图 6-3 平面简谐波

$$y = A\cos(\omega t + \varphi)$$

式中，$y$ 轴表示质点的振动(或位移)方向，其数值表示振动质点离开自身平衡位置的位移. 若质点振动(或位移)方向与 $x$ 轴平行，则上式表示纵波，$y$ 是某质点某时刻的振动位移；若质点振动(或位移)方向与 $x$ 轴垂直，则上式表示横波，$y$ 表示某质点某时刻的振动位移. 图 6-3 给出的虽以横波波形为例，但其分析结果同样适用于纵波.

下面考察 $x$ 轴上任意一个质点 $P$ 的振动情况，设某振动质点 $P$ 的平衡位置的坐标值用变量 $x$ 来表示. 根据波动图形，它的振动频率与波源相同，又由于波是在无吸收的介质中传播的，它的振幅也与波源的振幅相同. 因为振动是从 $O$ 点传播过来的，所以，$P$ 点的振动相位将比波源 $O$ 点滞后，其数值的多少取决于 $P$ 点与波源的距离. 也就是说，由于离波源越远的点，其起振时刻就越晚，那么它的振动相位与同时刻的波源的振动相位相比，就滞后得越多. 设 $P$ 点的振动相位比波源的滞后值为 $\phi$，由式(6-1)可得

$$\phi = \frac{2\pi}{\lambda}x$$

于是，$P$ 点的振动方程可写成

$$y = A\cos\left(\omega t + \varphi - \frac{2\pi}{\lambda}x\right) \tag{6-3a}$$

由于 $P$ 点的位置是任意的，因此上式也就代表了介质中任一点的振动情况，这就是我们需要求得的沿 $x$ 轴正方向传播的平面简谐波的波函数. 通常又称其为波动表达式或波动方程.

利用关系式 $\omega=\frac{2\pi}{T}=2\pi\nu,\lambda=uT$，可以将平面简谐行波的波函数改写成多种形式

$$y=A\cos\left[\omega\left(t-\frac{x}{u}\right)+\varphi\right] \tag{6-3b}$$

$$y=A\cos\left[2\pi\left(\frac{t}{T}-\frac{x}{\lambda}\right)+\varphi\right] \tag{6-3c}$$

$$y=A\cos(\omega t-kx+\varphi) \tag{6-3d}$$

式中，$k=\frac{2\pi}{\lambda}$，称为角波数(angular wave number)，描述单位长度上波的相位变化，也可理解为 $2\pi$ 长度内所包含的完整波的个数.

如果是沿 $x$ 轴负方向传播的平面简谐波，那么，式(6-3a)可改写为

$$y=A\cos\left(\omega t+\varphi+\frac{2\pi}{\lambda}x\right) \tag{6-4}$$

下面来讨论波函数的物理意义. 显然，在波函数中含有 $x,t$ 两个自变量，**如果给定 $x=x_1$，那么位移 $y$ 就只是 $t$ 的周期函数，这时波函数就表示某一波线上距波源 $O$ 点为 $x_1$ 处质点的振动方程.**

$$y=A\cos\left(\omega t+\varphi-\frac{2\pi}{\lambda}x_1\right) \tag{6-5}$$

式中，$\varphi-\frac{2\pi}{\lambda}x_1$ 为 $x_1$ 处质点的振动初相位. 从中可以看出，随着波动的传播，介质中的每一个点都在做简谐运动，它们的频率和振幅都是相同的. 但是，每一个振动质点的初相位是不同的.

在波函数中，**如果给定 $t=t_1$，那么位移 $y$ 就只是 $x$ 的周期函数，这时波函数就表示 $t_1$ 时刻的波形.** 其波形方程为

$$y=A\cos\left(\omega t_1+\varphi-\frac{2\pi}{\lambda}x\right) \tag{6-6}$$

波形方程描述了给定时刻，各振动质点离开平衡位置的分布情况，好像"拍照片"一样，如实地记录下这一时刻波的形状. 从方程中我们显然可以看出，不同时刻的波形，其位置是不一样的，随着时间的推移，波形将以波速 $u$ 向前推移，经过一个周期的时间，波形向前移动一个波长的距离. **在波形图中，一个完整的波形所对应的空间距离为一个波长.**

由于在给定时刻的波形图上，只是给出了该时刻每一振动质点离开平衡位置的分布情况，是静态的分布图，因此无法直接从图中判定各振动质点的运动趋势. 解决方法可如图 6-4 所示，根据波的传播方向，画出 $t+\Delta t$ 时刻的波形($\Delta t\ll T$)，将它与 $t$ 时刻波形图进行比

较，由图示(↑)箭头方向得到各振动质点的运动趋势.

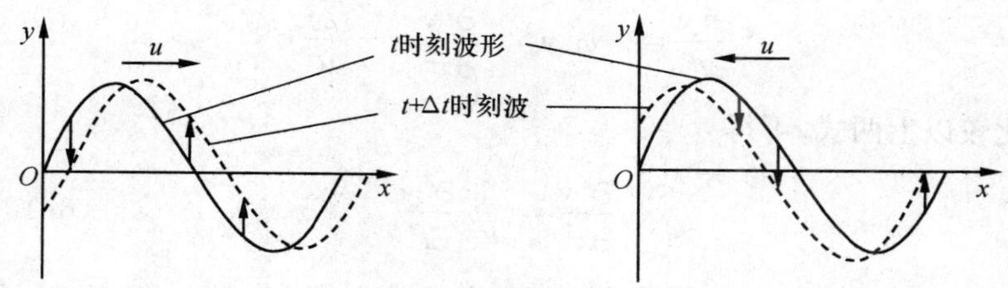


图 6-4 波形随时间的推移

为了更方便地建立平面简谐波的波函数，我们给出波函数的扩展形式

$$y = A\cos\left[\omega(t - t_0) + \varphi - \frac{2\pi}{\lambda}(r - r_0)\right] \tag{6-7a}$$

式中，$r$ 为波的传播方向上任一振动质点的坐标，$t_0$ 为波源的计时起点，$r_0$ 为波源所在位置的坐标值，$\varphi$ 为 $t_0$ 时刻 $r_0$ 处质点的振动相位(波源的初相位). 将式(6-7a)化为标准形式

$$y = A\cos\left[\omega t + \left(\varphi - \omega t_0 + \frac{2\pi}{\lambda}r_0\right) - \frac{2\pi}{\lambda}r\right] \tag{6-7b}$$

从中可以看出，初相位$\left(\varphi - \omega t_0 + \frac{2\pi}{\lambda}r_0\right)$的值依赖于计时起点和坐标原点的选择.

在式(6-3a)的波函数中，对其中的时间变量求导，可得振动质点的速度为

$$v = \frac{\partial y}{\partial t} = -A\omega\sin\left(\omega t + \varphi - \frac{2\pi}{\lambda}x\right) \tag{6-8}$$

对波函数的时间变量求二阶导，可得振动质点的加速度为

$$a = \frac{\partial^2 y}{\partial t^2} = -A\omega^2\cos\left(\omega t + \varphi - \frac{2\pi}{\lambda}x\right) \tag{6-9}$$

从式(6-8)中可以明显地看出，**振动速度 $v$ 是指各振动质点的位移随时间的变化率，是对质点振动快慢程度的描述，在质点的运动过程中，它是随时间周期性变化的，其最大值是 $A\omega$.** 波速 $u$ 是指机械振动沿波线方向的传播速度，当机械波在均匀的介质中传播时，它是一个常数，由介质的弹性和密度来决定. 因此我们应该严格地区分这两种速度.

### *6.2.2 波动方程

将平面简谐波波函数 $y = A\cos\left[\omega\left(t - \frac{x}{u}\right) + \varphi\right]$分别对 $t$ 和 $x$ 求

二阶偏导数,可得

$$\frac{\partial^2 y}{\partial t^2}=-\omega^2 y,\quad \frac{\partial^2 y}{\partial x^2}=-\frac{\omega^2}{u^2}y$$

比较以上两式,可得

$$\frac{\partial^2 y}{\partial x^2}=\frac{1}{u^2}\frac{\partial^2 y}{\partial t^2} \tag{6-10}$$

这就是平面波的动力学方程,也称为波动方程(wave equation).可以证明,只要是平面波,它们的动力学方程的形式就是相同的,均由式(6-10)所描述.下面我们以细棒中传播的纵波为例,从力学分析的角度,来着手建立这一动力学方程.

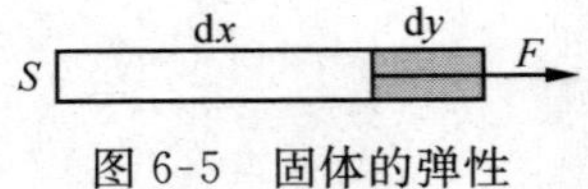

图 6-5　固体的弹性

细棒中的质元在传播振动时,将会受到附近质元的挤压而发生形变.如图 6-5 所示,设长为 $\mathrm{d}x$、截面积为 $S$ 的固体,在外力 $F$ 的作用下,其长度的变化量为 $\mathrm{d}y$,我们把物体单位垂直截面上所受的外力$\frac{F}{S}$叫应力,物体相对长度的变化量$\frac{\mathrm{d}y}{\mathrm{d}x}$叫应变.在弹性限度内,由胡克定律给出两者之间的线性关系为

$$\frac{F}{S}=E\frac{\mathrm{d}y}{\mathrm{d}x}$$

式中,与材料性质有关的比例系数 $E$ 叫做物体的**杨氏弹性模量**.由上式可得

$$F=ES\frac{\mathrm{d}y}{\mathrm{d}x} \tag{6-11}$$

如图 6-6 所示,在截面积为 $S$ 的细棒中,传播着一列由波函数 $y=A\cos\left[\omega\left(t-\frac{x}{u}\right)\right]$所描述的纵波.设棒的弹性为 $E$,棒的体密度为 $\rho$,棒沿 $Ox$ 轴放置,在 $x$ 处取长为 $\mathrm{d}x$ 的一段质元,其质量为

$$\mathrm{d}m=\rho\cdot\mathrm{d}V=\rho S\cdot\mathrm{d}x$$

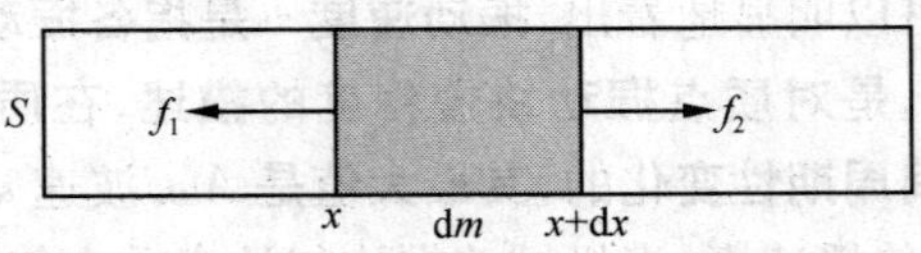

图 6-6　纵波中的应力分析

在有波传播的某一时刻 $t$,此两端的位移分别是 $y$ 和 $y+\mathrm{d}y$.此时该质元长度的增量就是 $\mathrm{d}y$,而质元的线应变就是$\frac{\mathrm{d}y}{\mathrm{d}x}$,考虑 $y$ 是 $x$ 和 $t$ 的二元函数,因此,上述质元左端处的线应变和右端处的线应变可分别改写为

$$\left(\frac{\partial y}{\partial x}\right)_x, \quad \left(\frac{\partial y}{\partial x}\right)_{x+dx}$$

则该小段质元两端所受的拉力分别为

$$f_1 = ES\left(\frac{\partial y}{\partial x}\right)_x, \quad f_2 = ES\left(\frac{\partial y}{\partial x}\right)_{x+dx}$$

合力为

$$f = ES\left[\left(\frac{\partial y}{\partial x}\right)_{x+dx} - \left(\frac{\partial y}{\partial x}\right)_x\right] = ES\frac{\partial^2 y}{\partial x^2}dx$$

据牛顿第二运动定律,得

$$a = \frac{\partial^2 y}{\partial t^2} = \frac{f}{dm} = \frac{ES}{\rho S dx}\frac{\partial^2 y}{\partial x^2}dx = \frac{E}{\rho}\frac{\partial^2 y}{\partial x^2}$$

将上式与式(6-10)比较,并令 $u^2=\frac{E}{\rho}$,可得

$$\frac{\partial^2 y}{\partial t^2} = u^2\frac{\partial^2 y}{\partial x^2} \quad 或 \quad \frac{\partial^2 y}{\partial x^2} = \frac{1}{u^2}\frac{\partial^2 y}{\partial t^2} \tag{6-12}$$

式中,$u$ 为波在细棒中的传播速度,它取决于介质的弹性和密度.这就是从受力分析得出来的动力学方程.而 $y = A\cdot\cos\left[\omega\left(t-\frac{x}{u}\right)+\varphi\right]$就是波动方程的解.

按照偏微分方程的理论,上述方程的一般解是

$$y = F\left(t-\frac{x}{u}\right)+\phi\left(t+\frac{x}{u}\right) \tag{6-13}$$

式中,$F$ 和 $\phi$ 代表两个任意的周期性函数.很容易可以看出,这一解既包括沿轴正方向传播的波,也包括沿轴负方向传播的波,而且还不仅限于余弦波.

**例 6-2** 已知波函数为 $y=0.05\cos(4\pi x-10\pi t)$,求该波的频率、波长、波速,并确定传播方向.

**解** 将 $y=0.05\cos(4\pi x-10\pi t)$化为 $y=0.05\cos(10\pi t-4\pi x)$,与标准式 $y=A\cos\left(\omega t+\varphi-\frac{2\pi}{\lambda}x\right)$对照,得

$$\omega = 10\pi\mathrm{rad\cdot s^{-1}}, \quad \frac{2\pi}{\lambda} = 4\pi$$

$$\nu = \frac{\omega}{2\pi} = 5\mathrm{Hz}, \quad \lambda = 0.5\mathrm{m}, \quad u = \lambda\nu = 2.5\mathrm{m\cdot s^{-1}}$$

此波沿 $x$ 轴正向传播.

**例 6-3** 一平面简谐波,周期为 0.01s,振幅为 0.01m,波速为 $400\mathrm{m\cdot s^{-1}}$,沿 $x$ 轴正向传播,已知当 $t=2$s 时,$x=3$m 处质点在平衡位置向 $y$ 轴正向运动.求:

(1) 该平面简谐波的波函数；

(2) $t=5\text{s}$ 时的波形方程并画出波形曲线.

**解**　(1) 依题意,不妨设所求波函数为

$$y=A\cos\left[\omega\left(t-2-\frac{x-3}{u}\right)+\varphi\right]$$

由已知条件可知

$$\omega=\frac{2\pi}{T}=200\pi\text{rad}\cdot\text{s}^{-1}$$

$$u=400\text{m}\cdot\text{s}^{-1},\quad A=0.01\text{m}$$

在波函数中代入 $t=2\text{s}, x=3\text{m}$ 有 $y=0, v>0$,不难得出

$$\cos\varphi=0,\quad \sin\varphi<0$$

解得

$$\varphi=-\frac{\pi}{2}$$

于是所求平面简谐波波函数为

$$y=0.01\cos\left[200\pi\left(t-2-\frac{x-3}{400}\right)-\frac{\pi}{2}\right]$$

(2) 在上述波函数中,代入 $t=5\text{s}$,为

$$y=0.01\cos\left[200\pi\left(5-2-\frac{x-3}{400}\right)-\frac{\pi}{2}\right]$$

得 $t=5\text{s}$ 时的波形方程为

$$y=0.01\cos\left(-\frac{\pi}{2}x+601\pi\right)=0.01\cos\left(\frac{\pi}{2}x-\pi\right)$$

并得到图 6-7 所示的波形曲线.

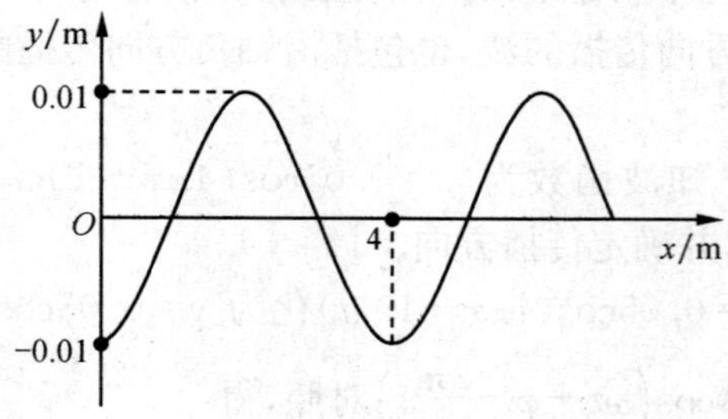


图 6-7　$t=5\text{s}$ 时的波形

## 6.3　波的能量

### 6.3.1　波动能量的传播

在波动传播过程中,波源的振动通过弹性介质由近及远地传播

出去，使介质中各质点依次在各自的平衡位置附近做振动. 可见介质中各质点具有动能，同时介质因发生形变而具有势能. 所以，波动过程也是能量的传播过程. 下面我们以图 6-8 所示的棒中的纵波为例，对波的能量传播作一番分析.

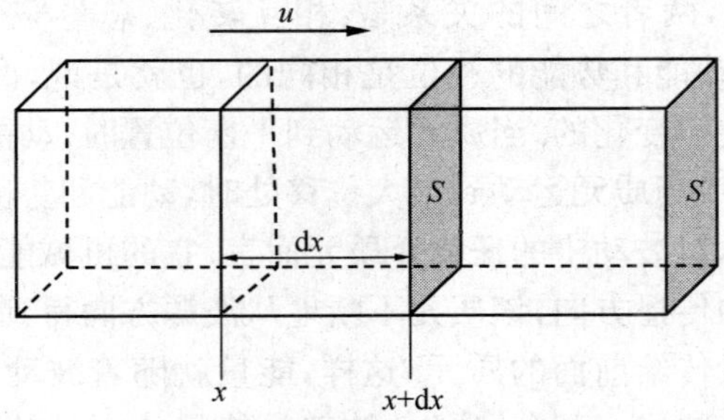

图 6-8 能量分析用图

在截面积为 $S$ 的细棒中，存在着一列由波函数 $y=A\cdot\cos\left[\omega\left(t-\dfrac{x}{u}\right)\right]$所描述的纵波. 设棒的弹性为 $E$，棒的体密度为 $\rho$，棒沿 $Ox$ 轴放置，讨论位于 $x$ 处长度为 $\mathrm{d}x$ 的介质质量元的能量.

该处质元的质量为 $\mathrm{d}m=\rho\mathrm{d}V=\rho S\,\mathrm{d}x$，振动速度为

$$v=\frac{\partial y}{\partial t}=-A\omega\sin\left[\omega\left(t-\frac{x}{u}\right)\right]$$

所以该处质元的振动动能为

$$\mathrm{d}W_{\mathrm{k}}=\frac{1}{2}(\mathrm{d}m)v^2=\frac{1}{2}\rho A^2\omega^2\sin^2\left[\omega\left(t-\frac{x}{u}\right)\right]\mathrm{d}V \quad (6\text{-}14)$$

同时，该处质元还因形变而具有势能 $\mathrm{d}W_{\mathrm{p}}=\dfrac{1}{2}k(\mathrm{d}y)^2$. 式中，$k$ 为棒的劲度系数，根据式(6-11)可知

$$k=\frac{ES}{\mathrm{d}x}=\frac{\rho u^2 S}{\mathrm{d}x}$$

于是，弹性势能为

$$\mathrm{d}W_{\mathrm{p}}=\frac{1}{2}k(\mathrm{d}y)^2=\frac{1}{2}\rho u^2 S\,\mathrm{d}x\left(\frac{\mathrm{d}y}{\mathrm{d}x}\right)^2$$

式中，$S\mathrm{d}x$ 为质元的体积 $\mathrm{d}V$，$\dfrac{\mathrm{d}y}{\mathrm{d}x}$为质元的形变，有

$$\frac{\partial y}{\partial x}=\frac{A\omega}{u}\sin\left[\omega\left(t-\frac{x}{u}\right)\right]$$

于是，该处质元的势能为

$$\mathrm{d}W_{\mathrm{p}}=\frac{1}{2}k(\mathrm{d}y)^2=\frac{1}{2}\rho A^2\omega^2\sin^2\left[\omega\left(t-\frac{x}{u}\right)\right]\mathrm{d}V \quad (6\text{-}15)$$

比较式(6-14)、式(6-15)，可见 $\mathrm{d}W_{\mathrm{k}}=\mathrm{d}W_{\mathrm{p}}$，即两者始终相等.

质元的总能量为其动能势能之和，即 $\mathrm{d}W=\mathrm{d}W_{\mathrm{k}}+\mathrm{d}W_{\mathrm{p}}$，所以

$$\mathrm{d}W=\rho A^2\omega^2\sin^2\left[\omega\left(t-\frac{x}{u}\right)\right]\mathrm{d}V \tag{6-16}$$

由式(6-14)～式(6-16)中可以看出，波动中介质元的能量和振子的能量有显著的不同. 在孤立的简谐运动系统中，动能和势能有 $\pi/2$ 的相位差，两者之间的关系是：相互转化、总量守恒. 而在波动中，介质元的动能和势能的相位是相同的，也就是说，两者随时间是按照同样的规律变化的. 当质元运动到平衡位置时，动能和势能都同时达到最大值；当质元运动到最大位移处时，动能和势能都同时达到最小值. 因此，对波动中的任意介质元而言，它的机械能是不守恒的，即沿着波动的传播方向，该质元不断地从波源方向得到能量，同时又不断地把能量传给前面的质元. 这样，能量就随着波动的行进，从介质的一部分传向另一部分，所以，波动是能量的一种传递方式. 能量的传播速度与波速相同.

为了描述波的能量在介质中的分布情况，我们引入波的能量密度，即单位体积介质中的波动能量，用 $w$ 表示，有

$$w=\frac{\mathrm{d}W}{\mathrm{d}V}=\rho A^2\omega^2\sin^2\left[\omega\left(t-\frac{x}{u}\right)\right] \tag{6-17}$$

上式说明，介质中任一点处波的能量密度是随时间而变化的. 通常可取其在一个周期内的平均值(叫做**平均能量密度** $\overline{w}$)来描述单位体积的介质中所含能量的多少. 因为 $\sin^2\left[\omega\left(t-\frac{x}{u}\right)\right]$ 在一个周期内的平均值为 $\frac{1}{2}$，所以

$$\overline{w}=\frac{1}{2}\rho A^2\omega^2 \tag{6-18}$$

由上式可知，波的能量与振幅的二次方、频率的二次方和介质的密度成正比，平均能量密度的单位是 $\mathrm{J\cdot m^{-3}}$.

### 6.3.2　能流和能流密度

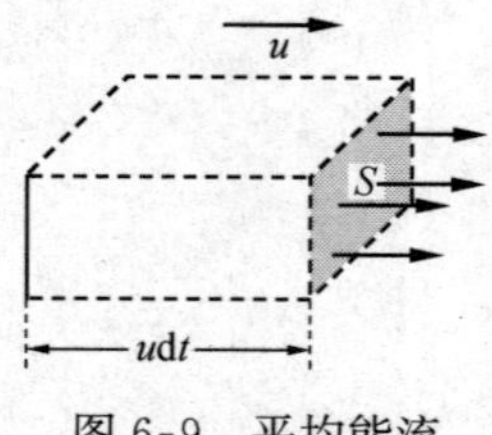

图 6-9　平均能流

如上所述，波的传播过程必然伴随着能量的传播或能量的流动，为了表述波动能量的这一特性，人们引入了能流的概念. 单位时间内垂直流过某一面积的能量，叫做该面积的**能流**，用 $P$ 表示. 如图 6-9 所示，设想在介质内取垂直于波速 $u$ 的面积 $S$，则 $\mathrm{d}t$ 时间内通过 $S$ 的能量应该等于体积 $Su\mathrm{d}t$ 中的能量，于是有

$$P=wuS$$

显然 $P$ 和 $w$ 一样，是随时间变化的，取其一个周期的平均值，便有平均能流为

$$\overline{P}=\overline{w}uS \tag{6-19}$$

在国际单位制中，能流的单位为瓦[特](W)，因此波的能流也称

为波的功率.

垂直通过单位面积的能流，叫做能流密度，用 $I$ 表示.

$$I=\frac{\overline{P}}{S}=\overline{w}u=\frac{1}{2}\rho uA^2\omega^2 \tag{6-20}$$

显然，能流密度越大，单位时间通过单位面积的能量就越多，所以，能流密度 $I$ 也称为波的强度，它的单位为瓦[特]·米$^{-2}$($\mathrm{W\cdot m^{-2}}$).

### 6.3.3 波能量的吸收

实际上，平面波在均匀介质中传播时，介质总要吸收波的一部分能量，因此，波的强度和振幅都将逐渐减少. 介质所吸收的能量将转化为其他形式的能量(如介质的内能). 这种现象称为波的能量吸收. 有吸收时，平面波振幅的衰减规律可用下面的方法求出.

设波经过厚度为 $\mathrm{d}x$ 的极薄的一层介质吸收后，振幅衰减量为 $-\mathrm{d}A$，若波在 $x$ 处的振幅为 $A$，则振幅的衰减量将正比于该处的振幅，也将正比于介质层的厚度，于是有

$$-\mathrm{d}A=\alpha A\mathrm{d}x$$

对上式积分，得

$$A=A_0\mathrm{e}^{-\alpha x} \tag{6-21}$$

式中，$A_0$ 和 $A$ 分别为 $x=0$ 和 $x=x$ 处的振幅，$\alpha$ 为取决于介质并与频率有关的常数，称为介质的**吸收系数**. $\alpha$ 的值不仅取决于介质的种类，而且与波的频率有关，情况相当复杂. 大致说来，液体的吸收系数正比于 $\nu^2$，固体的吸收系数正比于 $\nu$.

由于波的强度与振幅的平方成正比，所以，平面波强度的衰减规律为

$$I=I_0\mathrm{e}^{-2\alpha x} \tag{6-22}$$

**例 6-4** 空气中声波的吸收系数为 $\alpha_1=2\times10^{-11}\nu^2(\mathrm{m}^{-1})$，钢中声波的吸收系数为 $\alpha_2=4\times10^{-7}\nu(\mathrm{m}^{-1})$，式中，$\nu$ 为声波的频率. 问 5MHz 的超声波通过多少厚度的空气或钢后，其声强降为原来的 1%？

**解** 据题意，空气和钢的吸收系数分别为

$$\alpha_1=2\times10^{-11}\times(5\times10^6)^2=500(\mathrm{m}^{-1})$$

$$\alpha_2=4\times10^{-7}\times5\times10^6=2(\mathrm{m}^{-1})$$

由 $I=I_0\mathrm{e}^{-2\alpha x}$ 不难得出

$$x=\frac{1}{2\alpha}\ln\frac{I_0}{I}$$

把 $\alpha_1$，$\alpha_2$ 分别代入上式中，并据题意令 $\frac{I_0}{I}=100$，即得空气的厚度为

$$x_1=\frac{1}{1\,000}\ln100\approx0.004\,6(\mathrm{m})$$

而钢的厚度为

$$x_2 = \frac{1}{4}\ln 100 \approx 1.15(\mathrm{m})$$

可见，高频超声波很难穿过气体，但极易穿透固体.

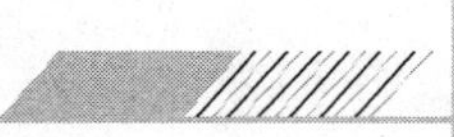

## 6.4　惠更斯原理　波的衍射、反射和折射

### 6.4.1　惠更斯原理

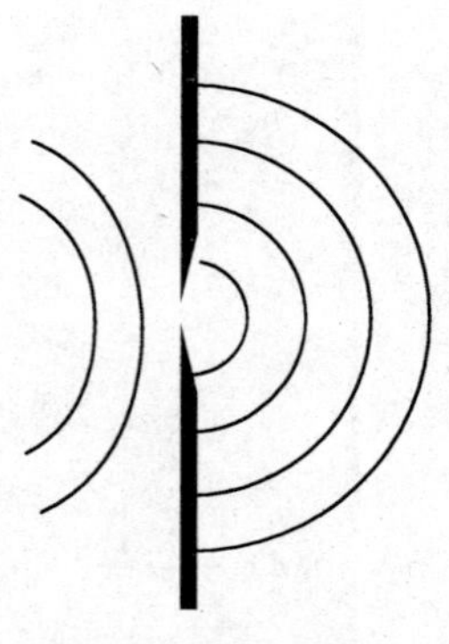

图 6-10　障碍物上的小孔成为新的波源

在波动中，波源的振动是通过介质中的质点依次传播出去的，因此，每个质点都可以看成是新的波源. 例如，在图 6-10 中，水面波传播时，遇到一障碍物，当障碍物小孔的大小与波长相近时，就可以看到穿过小孔的波是圆形的，与原来的波的形状无关. 这说明小孔可以看作新的波源.

在总结这类现象的基础上，荷兰物理学家惠更斯(C. Huygens，1629～1695)首先提出：**介质中波动传播到的各点都可以看成是发射子波的波源，而在其后的任意时刻，这些子波的包络就是新的波前. 这就是惠更斯原理**(Huygens principle). 对任何波动过程(机械波或电磁波)，不论其传播波动的介质是均匀的还是不均匀的，是各向同性的还是各向异性的，惠更斯原理都是适用的. 若已知某一时刻波前的位置，根据该原理，用几何作图的方法，便可确定出下一时刻波前的位置，从而确定波的传播方向.

下面以球面波为例，说明惠更斯原理的应用. 如图 6-11(a)所示，以 $O$ 为中心的球面波以波速 $u$ 在均匀各向同性介质中传播，在时刻 $t$ 的波前是半径为 $R_1$ 的球面 $S_1$. 根据惠更斯原理，$S_1$ 上的各点都可以看成是子波波源，以 $r=u\Delta t$ 为半径画出许多半球形子波，那么这些子波的包络 $S_2$ 即为 $t+\Delta t$ 时刻的新的波前，显然，$S_2$ 是以 $O$ 为中心以 $R_2=R_1+u\Delta t$ 为半径的球面. 如法炮制即可不断获得新的波前.

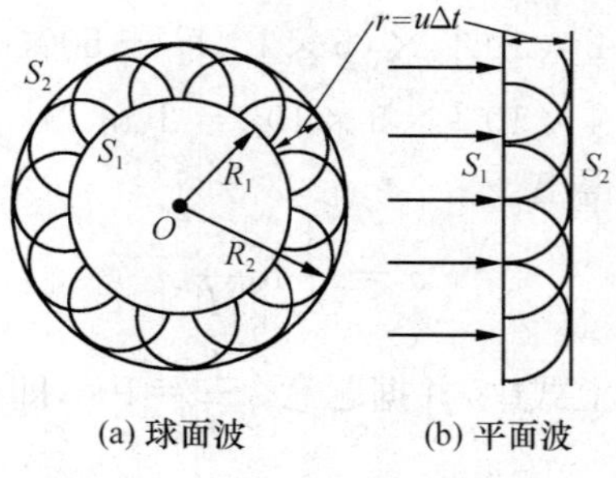


图 6-11　用惠更斯原理求波前

### 6.4.2 波的衍射

波在传播过程中遇到障碍物时，能绕过障碍物的边缘，在障碍物的阴影区内继续传播，这种现象叫做**波的衍射**(diffraction).

用惠更斯原理能够定性地说明衍射现象. 如图 6-12 所示，平面波到达一宽度与波长相近的缝时，缝上各点都可以看作子波的波源. 作出这些子波的包络，得出新的波前. 很明显此时的波前与原来的平面略有不同，靠近边缘处，波前弯曲，即波绕过了障碍物后继续传播.

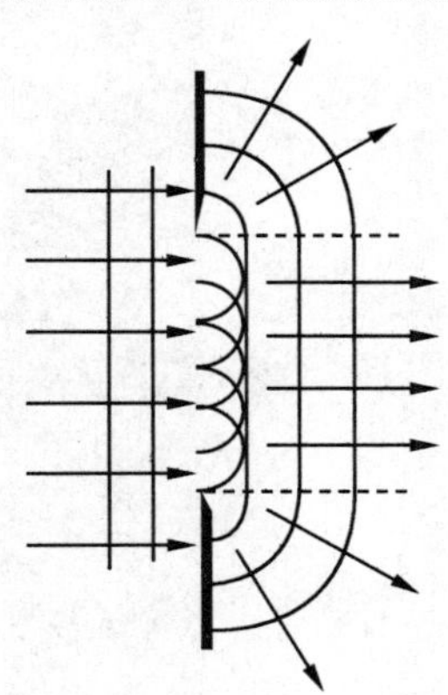

图 6-12 波的衍射

图 6-13 所示是水面波通过狭缝时所发生的衍射现象. 水面波传播时，遇到一障碍物，障碍物小孔的大小与波长相近，水面波发生了明显的衍射. 可见，衍射现象的显著与否，是和障碍物(缝、遮板等)的大小与波长之比有关的. 若障碍物的宽度远大于波长，衍射现象不明显；若障碍物的宽度与波长差不多，衍射现象比较明显；若障碍物的宽度小于波长，则衍射现象更加明显. 在声学中，由于声音的波长与所碰到的障碍物的大小差不多，故声波的衍射较显著，如在室内能听到室外的声音，原因之一就是声波能够绕过窗(或门)缝而传播的缘故.

图 6-13 水波通过狭缝后的衍射现象

机械波和电磁波都会产生衍射现象，衍射现象是波动的重要特征之一.

### 6.4.3 波的反射和折射

1. 反射和折射现象

波的反射(reflection)与折射(refraction)也是波动的重要特征. 当波传到两种介质的分界面时，一部分从界面返回到原介质，形成反射波；另一部分进入到另一种介质中，形成折射波. 图 6-14 所示为波的反射与折射现象.

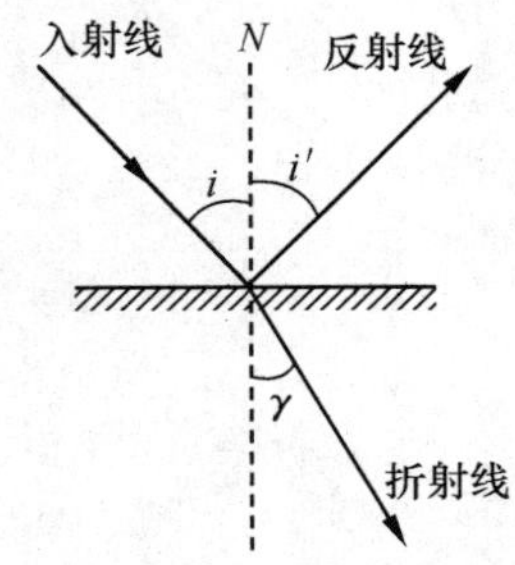


图 6-14 波的反射和折射

2. 反射定律

根据实验，反射定律为：

(1) **入射线、反射线和界面法线在同一平面内；**

(2) **入射角等于反射角.** 即 $i=i'$.

下面我们用惠更斯原理来简略证明这一定律.

设一平面波以波速 $u$ 入射到两种介质的分界面上，根据惠更斯原理，入射波到达分界面上的各点都可以看成是子波的波源，如图 6-15(a)所示，设在时刻 $t$ 入射波 $I$ 的波前为 $AA_3$，此后 $AA_3$ 上的各点 $A_1$，$A_2$ 发出的子波将先后到达分界面上的 $B_1$，$B_2$ 各点. 在时刻 $t+\Delta t$ 时，点 $A_3$ 刚好到达 $B_3$ 点，发生反射后，返回原介质中传播. 形成反射波的波前$\overline{BB_3}$(图 6-15(b)). 现在，我们分析波前$\overline{BB_3}$是如何形成的. 为清楚起见，取 $AB_1=B_1B_2=B_2B_3$. 由于波速 $u$ 未变，所以，

在时刻 $t+\Delta t$，从 $A,B_1,B_2$ 各点所发射的球面子波与纸面的交线，分别是半径为 $d,\frac{2}{3}d$ 和 $\frac{1}{3}d$ 的圆弧（$\overline{A_3B_3}=d=u\Delta t$）. 显然，这些圆弧的包络面就是通过点 $B_3$ 的切面 $\overline{B_3B}$. 作波前 $\overline{B_3B}$ 的垂直线，即得反射线 $L$.

由图 6-15(b)中便可以看出，反射线、入射线和界面法线都在同一平面内. 根据几何关系，可知 $i=i'$，即反射角等于入射角. 于是反射定律得证.

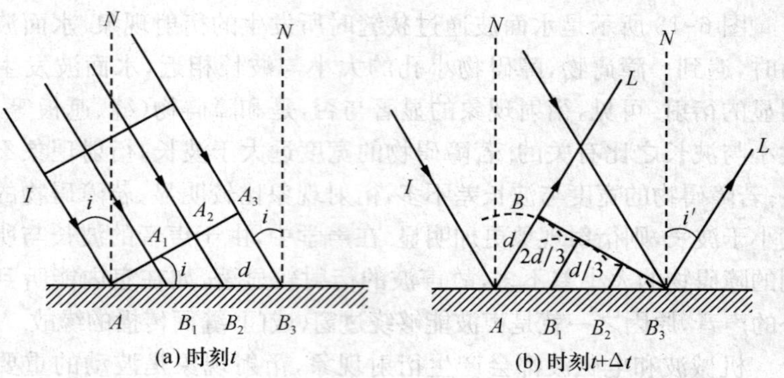


图 6-15　用惠更斯原理证明波的反射定律

3. 折射定律

根据实验，折射定律为：

（1）**入射线、折射线和界面法线在同一平面内；**

（2）**入射角的正弦与折射角的正弦之比，等于波在第一种介质中的波速 $u_1$ 与在第二种介质中的波速 $u_2$ 之比，即**

$$\frac{\sin i}{\sin\gamma}=\frac{u_1}{u_2} \tag{6-23}$$

下面我们用惠更斯原理来证明这一定律.

与讨论波的反射情况相似，仍用作图的方法先求出折射波的波前，从而确定折射线的方向，如图 6-16 所示. 设 $u_1,u_2$ 分别为波在两

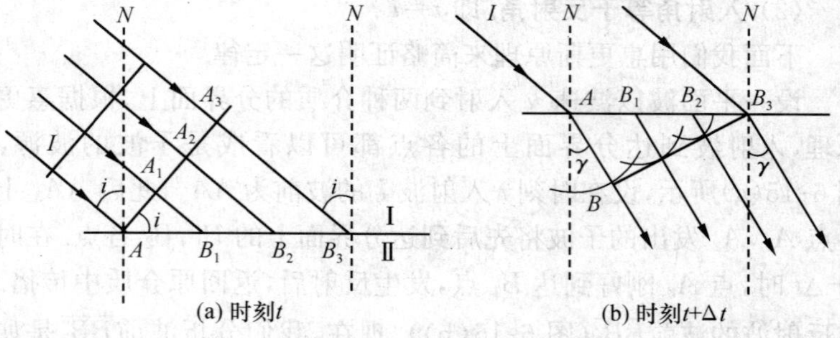


图 6-16　用惠更斯原理证明波的折射定律

种介质中的波速，则在同一时间 $\Delta t$ 内，波在两种介质中通过的距离分别为 $A_3B_3=u_1\Delta t$ 和 $AB=u_2\Delta t$，所以 $\frac{A_3B_3}{AB}=\frac{u_1}{u_2}$.

从图(6-16)中可以看出，折射线、入射线和界面的法线在同一平面内；由几何关系可知 $\angle A_3AB_3=i$，$\angle BB_3A=\gamma$，且 $A_3B_3=AB_3\sin i$，$AB=AB_3\sin\gamma$，因此有

$$\frac{\sin i}{\sin\gamma}=\frac{A_3B_3}{AB}=\frac{u_1}{u_2}$$

于是，折射定律得证.

## 6.5 波的干涉

现在我们讨论几列波同时在介质中传播并相遇时，介质中质点的运动情况及波的传播规律.

### 6.5.1 波的叠加原理

几列波同时在一介质中传播，那么，**这几列波在空间某点相遇后，每一列波都能独立地保持自己原有的特性(频率、波长、振动方向等)传播，就像在各自的路程中，并没有遇到其他波一样，这称为波传播的独立性原理**. 在管弦乐队合奏或几个人同时讲话时，我们能够清晰地分辨出各种乐器或各人的声音，这就是机械波传播的独立性的实例. 通常天空中有许多无线电波在传播，我们能随意接收到某一个电台的广播，这是电磁波传播的独立性的实例. 当**几列波在某点相遇时，该处质点的振动为各列波单独在该点引起的振动的合振动. 这一规律称为波的叠加原理**(superposition principle).

必须指出，只有当波的强度较小，波动方程表现为线性方程时，波的叠加原理才普遍成立.

叠加原理的重要性，还在于可将一列复杂的波分解为简谐波的组合. 事实上，这正如傅里叶所指出的，任何一质点的周期性运动，都可以用简谐运动的合成来表示一样.

### 6.5.2 波的干涉条件和公式

先来观察水波的干涉实验. 把两个小球装在同一支架上，使球的下端紧靠水面，当支架沿垂直方向以一定的频率振动时，两小球和水面的接触点就成了两个频率相同、振动方向相同、相位相同的波源，各自发出一列圆形的水面波，在它们相遇的水面上，呈现出如图 6-17 所示的现象. 由图可以看出，有些地方，水面起伏得很厉害，

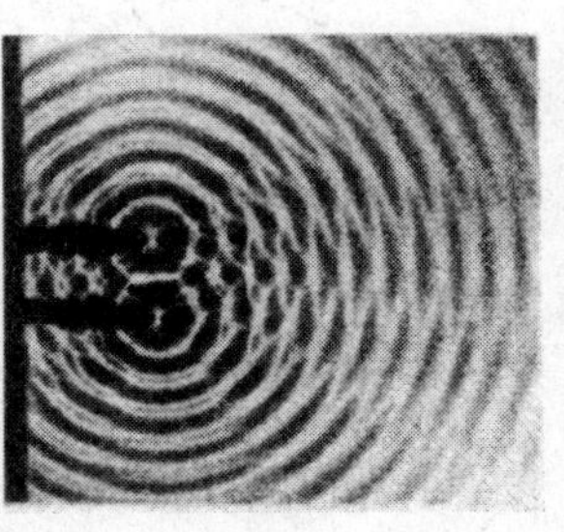

图 6-17　水波的干涉现象

说明这些地方振动加强了;有些地方的水面只有微弱的起伏,甚至不动,说明这些地方振动减弱,甚至于完全抵消. 在这两列波相遇的区域,振动的强弱是按一定的规律分布的. 一般来说,振幅、频率、相位均不同的 $n$ 列波在某点叠加时,情况是很复杂的.

人们把**两列波相遇时,介质中有些点的振动始终加强,有些点的振动始终减弱这种现象,叫做波的干涉**(interference)**现象**. 产生干涉现象的条件是:**参与合成的两列波频率相同、振动方向相同、相位差恒定. 而能产生干涉现象的两列波叫做相干波**(coherent wave),**它们的波源就叫做相干波源**. 干涉是波动的又一重要特征,它和衍射都是作为判别某种运动是否具有波动性的主要依据.

图 6-18 是只用单一波源实现干涉的一种方法. 在波源 $S$ 附近放置一个开有两个小孔 $S_1$,$S_2$ 的障碍物,根据惠更斯原理,$S_1$ 和 $S_2$ 可看成是两个子波源,它们发出的子波就具有振动方向相同、频率相同和相位差恒定的特点,所以也能实现干涉.

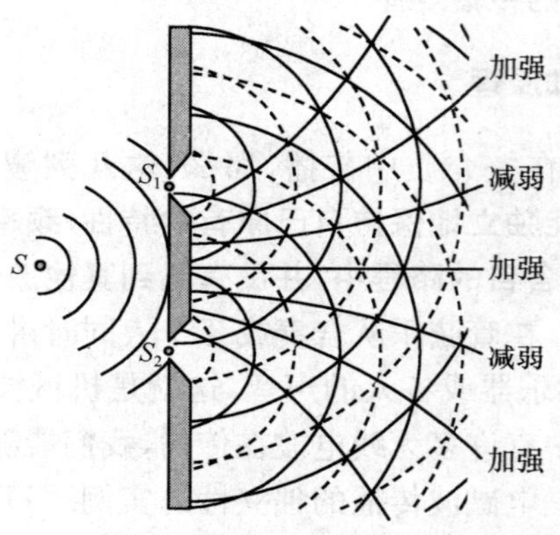


图 6-18　单一波源实现干涉

下面我们从波的叠加原理出发,应用第 5 章同方向、同频率两简谐运动合成的结论,来讨论和分析干涉现象,并给出相干加强和相干减弱的条件.

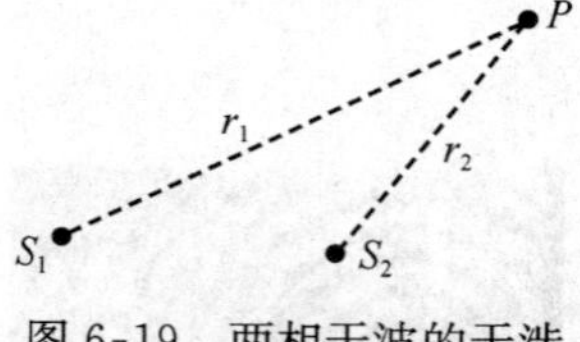


图 6-19　两相干波的干涉

如图 6-19 所示,有两个振动方向均垂直纸面的相干波源 $S_1$ 和 $S_2$,由它们发出的波分别记为 $y_1$ 和 $y_2$,若它们在同一介质中传播,按照相干条件,其波函数可设为

$$y_1 = A_1\cos\left(\omega t - \frac{2\pi}{\lambda}r_1 + \varphi_1\right)$$

$$y_2 = A_2\cos\left(\omega t - \frac{2\pi}{\lambda}r_2 + \varphi_2\right)$$

当它们分别传到 $P$ 点相遇时,它们各自在 $P$ 点引起的振动分别记为 $y_{1P}$ 和 $y_{2P}$,若不考虑介质对能量的吸收,则它们在 $P$ 点的振动方程分别为

$$y_{1P} = A_1\cos\left(\omega t - \frac{2\pi}{\lambda}r_{1P} + \varphi_1\right)$$

$$y_{2P} = A_2\cos\left(\omega t - \frac{2\pi}{\lambda}r_{2P} + \varphi_2\right)$$

据波的叠加原理，$P$ 点振动为上述两个振动的合振动，有

$$y_P = y_{1P} + y_{2P}$$

由于上述的两振动的振动方向相同、频率相同，所以，其合振动仍为简谐运动，且频率不变. 于是，可求得 $P$ 点的振动方程为

$$y_P = A\cos(\omega t + \varphi) \tag{6-24}$$

式(6-24)中 $\varphi$ 是合振动的初相，为

$$\tan\varphi = \frac{A_1\sin\left(\varphi_1 - \frac{2\pi}{\lambda}r_{1P}\right) + A_2\sin\left(\varphi_2 - \frac{2\pi}{\lambda}r_{2P}\right)}{A_1\cos\left(\varphi_1 - \frac{2\pi}{\lambda}r_{1P}\right) + A_2\cos\left(\varphi_2 - \frac{2\pi}{\lambda}r_{2P}\right)} \tag{6-25}$$

而 $A$ 为合振动的振幅，为

$$A = \sqrt{A_1^2 + A_2^2 + 2A_1A_2\cos\Delta\phi} \tag{6-26}$$

式中

$$\Delta\phi = \varphi_2 - \varphi_1 - \frac{2\pi}{\lambda}(r_{2P} - r_{1P}) \tag{6-27}$$

从式(6-27)不难看出，若两相干波源的初相差为恒量，则相位差 $\Delta\phi$ 仅取决于 $P$ 点与两相干波源的相对位置，而与时间无关. 也就是说，$P$ 点振幅的大小是不随时间改变的. 由式(6-26)、式(6-27)可知，对应于

$$\Delta\phi = \varphi_2 - \varphi_1 - \frac{2\pi}{\lambda}(r_{2P} - r_{1P}) = 2k\pi, \quad k = 0, \pm 1, \pm 2, \cdots \tag{6-28}$$

的空间各点，振动是加强的，合振动的振幅为 $A = A_1 + A_2$；而对应于

$$\Delta\phi = \varphi_2 - \varphi_1 - \frac{2\pi}{\lambda}(r_{2P} - r_{1P}) = (2k+1)\pi, \quad k = 0, \pm 1, \pm 2, \cdots \tag{6-29}$$

的空间各点，振动是减弱的，合振动的振幅为 $A = |A_1 - A_2|$. 这样，干涉的结果使有些点的振动始终加强，而另一些点的振动始终减弱. 式(6-28)、式(6-29)分别称为**相干波的相干加强条件和相干减弱条件**.

如果两相干波的初相位相同，即 $\varphi_2 = \varphi_1$，并取 $\delta$ 为两相干波源各自到 $P$ 点的波程差，即 $\delta = r_{2P} - r_{1P}$，那么，式(6-28)、式(6-29)又可简化为当

$$\delta = r_{2P} - r_{1P} = 2k\,\frac{\lambda}{2}, \quad k = 0, \pm 1, \pm 2, \cdots \tag{6-30}$$

即波程差等于半波长的偶数倍时，合振幅最大；当

$$\delta = r_{2P} - r_{1P} = (2k+1)\,\frac{\lambda}{2}, \quad k = 0, \pm 1, \pm 2, \cdots \tag{6-31}$$

即波程差等于半波长的奇数倍时，合振幅最小. 在其他情况下，合振动振幅的数值介于最大值与最小值之间.

干涉是波动所独有的现象，对光学、声学和许多工程学科都有十分重要的意义，并且有广泛的实际应用. 例如，大礼堂、影剧院等的设计就必须考虑声波的干涉，以避免有些地方的声音过强，而有些地方的声音又过弱；在噪声太强的地方还可以利用干涉原理来达到消声的目的.

**例 6-5** 如图 6-20 所示，$S_1$，$S_2$ 为两相干波源，振幅相等，距离 $l=10\text{m}$，相位差为 $\pi$. 已知波的频率为 30Hz，波的传播速度为 $60\text{m}\cdot\text{s}^{-1}$. 求 $S_1$，$S_2$ 连线间由于干涉而静止的各点的位置.

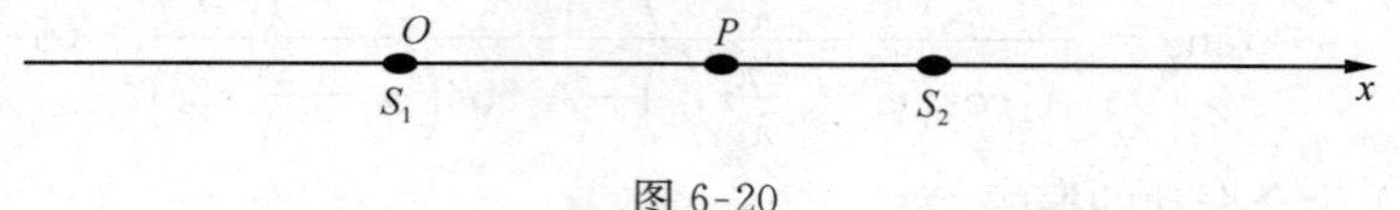


图 6-20

**解** 如图 6-20 所示，以 $S_1$ 为坐标原点向右为正建立坐标，并设由于干涉而静止的 $P$ 点在 $S_1$ 与 $S_2$ 之间，距 $S_1$ 距离为 $x$.

由于 $\lambda=\dfrac{u}{\nu}=2\text{m}$，$\varphi_2-\varphi_1=\pi$. 于是，由 $S_1$ 与 $S_2$ 两相干波源传播到 $P$ 点所引起的两个振动之间的相位差为

$$\Delta\varphi=\pi-\frac{2\pi}{\lambda}[(l-x)-x]=\pi-\frac{2\pi}{2}(10-2x)=2\pi x-9\pi$$

根据式(6-26)，有

$$A=\sqrt{A_1^2+A_2^2+2A_1A_2\cos\Delta\phi}$$

又由式(6-29)，当

$$\Delta\phi=(2k+1)\pi$$

时，考虑到 $A_1=A_2$，所以 $P$ 点合振幅必为 0，可见 $P$ 点即为干涉而静止的点，于是有

$$2\pi x-9\pi=(2k+1)\pi$$

解得干涉静止点为

$$x=k+5,\quad k=0,\pm1,\pm2,\pm3,\pm4,\pm5$$

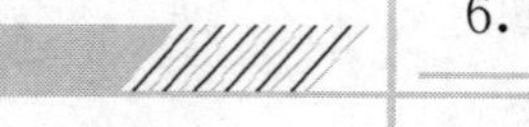

## 6.6 驻　波

**两列振幅相同的相干波相向传播时叠加形成的波，叫做驻波**(standing wave)，驻波是波干涉的一种特殊情况，在声学、光学以及工程技术和军事上都有着重要的应用.

### 6.6.1 驻波的产生

下面介绍产生驻波的一种实验装置. 如图 6-21 所示,利用电动音叉作为波源,在音叉末端系一细线,细线通过定滑轮与一砝码相连,改变砝码的质量可以调节细线上的张力大小. 音叉的振动通过细线传播出去,在细线上适当的地方设置一个劈尖,入射波碰到劈尖被反射回来. 这样反射波与入射波在细线上相遇,就能满足产生驻波的条件,从而在细线上形成驻波.

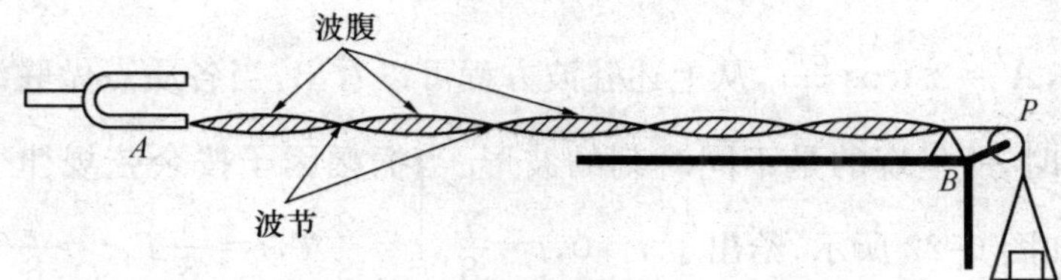


图 6-21 产生驻波的一种实验装置

从图中可以看出,由上述两列波叠加而形成的驻波,波形分为几段,每段两端的点固定不动,而每段中的各质点则做振幅不同、相位相同的独立振动. 中间的点,振幅最大,越靠近每段两端的点,振幅越小. 而且还发现,相邻两段的振动方向是相反的. 此时细线上的各点只有段与段之间的相位突变,而没有振动状态或相位的传播,亦即没有什么"跑动"的波形,也没有什么能量向外传播. 驻波中始终不动的那些点称为波节(wave node),振幅最大的那些点称为波腹(wave loop).

### 6.6.2 驻波方程

现在,我们以平面简谐波的传播为例对驻波作定量描述. 我们把沿 $Ox$ 轴正向和负向传播的波在 $Ox$ 轴原点 $x=0$ 处都处于正向最大位移时,选作 $t=0$,则此时沿 $Ox$ 轴正向传播的入射波波函数为

$$y_1 = A\cos\left(\omega t - \frac{2\pi}{\lambda}x\right) = A\cos\phi_1$$

沿 $Ox$ 轴负向传播的反射波波函数为

$$y_2 = A\cos\left(\omega t + \frac{2\pi}{\lambda}x\right) = A\cos\phi_2$$

由于上述方程在形式上非常对称,于是可以用三角函数和差化积的方法,直接进行波的叠加,从而得到合成波波函数为

$$y = y_1 + y_2 = 2A\cos\frac{\phi_2 - \phi_1}{2}\cos\frac{\phi_2 + \phi_1}{2}$$

经整理后即得平面简谐波的驻波方程为

$$y = 2A\cos\frac{2\pi}{\lambda}x\cos\omega t \tag{6-32}$$

将式(6-32)驻波方程与行波方程对比，可以看出，驻波中位置变量 $x$ 与时间变量 $t$ 出现在两个因子中. 下面分两种情况来讨论该驻波方程的意义.

(1) 可以将驻波方程式(6-32)写成

$$y = 2A\cos\frac{2\pi}{T}t\cos\frac{2\pi}{\lambda}x = A'\cos\frac{2\pi}{\lambda}x$$

式中，$A'=2A\cos\frac{2\pi}{T}t$，从上述驻波方程可以看出，当各质点做驻波式振动时，所呈现的是不同时刻的波形. 当振幅因子按余弦规律变化时，如图 6-22 所示，给出了 $t=0, t=\frac{T}{8}, t=\frac{2}{8}T, t=\frac{3}{8}T, t=\frac{4}{8}T$ 时刻的驻波波形. 由于波形变化的周期较快，考虑人眼的视觉暂留效应，人们将“同时”看到在同一周期中不同时刻的波形，这时就会出现如图 6-21 中所画出的一段一段的波形了.

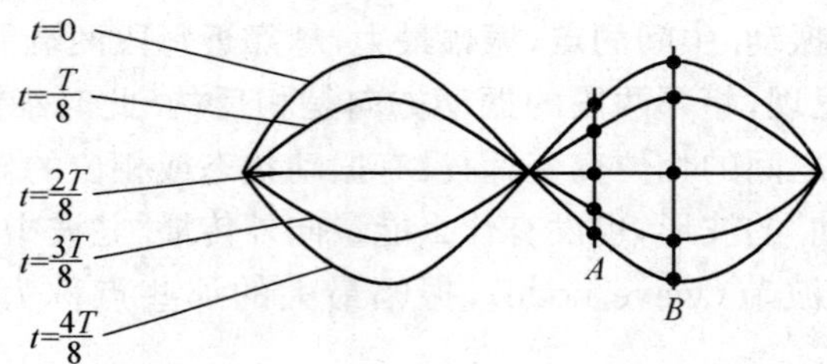


图 6-22　驻波波形随时间的变化规律

(2) 可以将驻波方程式(6-32)写成

$$y = 2A\cos\frac{2\pi}{\lambda}x\cos\omega t = A''\cos\omega t \tag{6-33}$$

式中，$A''=2A\cos\frac{2\pi}{\lambda}x$，$A''$主要表示各质点振动时的振幅因子. 另外，从式(6-33)还可以看出，在振幅因子同号的区域内，当细线上的各质点做驻波式振动时，此时同一波段上不同位置的质点，即相邻两波节之间的各质点(如图 6-22 中的 $A$，$B$ 两点)，它们的振动相位是相同的；而在振幅因子异号的区域之间，即波节两侧的点，它们的振动相位是相反的. 所以，在驻波式振动过程中，没有振动状态(相位)和波形的定向传播.

现在我们来考察波腹和波节所在的位置. 波腹即振幅最大的质

点所在的位置,在振幅因子的表达式中

$$A'' = 2A\cos\frac{2\pi}{\lambda}x$$

令$|A''|=2A$,即$\left|\cos\frac{2\pi}{\lambda}x\right|=1$,可得$\frac{2\pi}{\lambda}x=k\pi$,于是有

$$x = k\frac{\lambda}{2},\quad k=0,\pm1,\pm2,\cdots \tag{6-34}$$

这就是波腹所在位置.由此可见,相邻两波腹之间的距离为

$$x_{k+1}-x_k=\frac{\lambda}{2}$$

波节即振幅为零的质点所在的位置,在振幅因子的表达式中,令$|A''|=0$,即$\left|\cos\frac{2\pi}{\lambda}x\right|=0$.同理可得

$$x=(2k+1)\frac{\lambda}{4},\quad k=0,\pm1,\pm2,\cdots \tag{6-35}$$

这就是波节所在位置.可见相邻两波节之间的距离也为$\lambda/2$.

必须指出,上述式(6-32)的驻波方程是从相向传播的两平面简谐波(相干波)在$x=0$处都处于正向最大位移时选作$t=0$而推导得来.由这一特例导出的波节、波腹等概念也具有普遍意义.然而,其他情况的驻波方程却不一定相同.

### 6.6.3 驻波的能量

我们仍以图6-21所示的细线上的驻波为例来讨论驻波的能量,所得的结论对其他驻波也适用.当细线上的各点达到各自的最大位移时,振动速度都为零,故此时动能为零.但此时细线各段都有了不同程度的形变,且越靠近波节处的形变就越大,因此,这时驻波的能量以势能为主,且势能基本上集中在波节附近.当细线上各点都回到平衡位置时,细线的形变完全消失,势能为零,但此时各质点的振动速度都达到各自的最大值,且处于波腹处的质点速度最大,故此时动能也最大,所以,此时驻波的能量以动能为主,动能基本上集中在波腹附近.至于其他时刻,则动能与势能同时存在.可见,细线上形成驻波时,动能和势能不断转换,形成了能量交替由波腹附近转向波节附近,再由波节附近转向波腹附近的情形,这说明驻波的能量并没有作定向的传播,换言之,驻波不传播能量.这是驻波与行波的又一重要区别.因此,可以讲,驻波是整个物体进行的一种特殊形式的振动.

综上所述,驻波与行波的比较,有表6-2所示的区别.

表 6-2　驻波与行波的区别

| 比较项目 | 驻　波 | 行　波 |
|---|---|---|
| 波形 | 原地驻扎不动 | 以波速 $u$ 向前传播 |
| 能量 | 在波腹与波节之间振荡、转移，不传播 | 以波速 $u$ 向前传播 |
| 振幅 | 各点不同，有波腹、波节 | 各质点做等幅振动 |
| 相位 | 波节之间各点同相，波节两侧的点反相 | 以波速 $u$ 向前传播 |

### 6.6.4　半波损失

在图 6-21 所示的驻波实验中，反射点 $B$ 处的细线是固定不动的，所以形成波节. 这说明入射波和反射波在此处相干合成后振幅为零，也说明入射波和反射波在此处的相位是相反的，即反射波在 $B$ 点的相位较入射波跃变了 $\pi$，相当于波在反射时突然损失（或增加）了半个波长的波程. 我们把这种现象称为**半波损失**（half-wave loss）. 若波在自由端反射，在反射点则形成波腹，即无半波损失.

一般情况下，波在两种介质的界面处反射时，反射波是否存在半波损失，与波的种类、两种介质的性质、入射角等有关. 对机械波而言，当入射波垂直入射时，它由介质的密度 $\rho$ 和波速 $u$ 决定. 我们将 $\rho u$ 较大的介质称为波密介质；$\rho u$ 较小的介质称为波疏介质. 实验证明，当波由波疏介质垂直向波密介质入射并在分界面反射时，反射波有相位 $\pi$ 的突变，即有半波损失，分界面处形成波节；而当波从波密介质垂直入射到波疏介质并在界面处反射时，反射波无半波损失，分界面处形成波腹.

### 6.6.5　振动的简正模式

在一根长为 $L$ 且两端拉紧并固定的弦线上，当形成驻波时，由于弦线的两端都必须是波节，因此，要在弦线上得到稳定的驻波，弦线的长度和波长之间应该满足以下条件

$$L = n\frac{\lambda_n}{2},\quad n = 1,2,\cdots$$

这一结论是根据驻波两波节之间的距离是半个波长而推得，所以上式是不难理解的.

从图 6-23 以看出，并不是任意波长的波都能在弦线上形成驻波，满足条件的波长只能取一些分立的数值. 利用关系 $\nu=\dfrac{u}{\lambda}$，可写出弦线上驻波的可能频率为

$$\nu_n = n\frac{u}{2L},\quad n = 1,2,\cdots \tag{6-36}$$

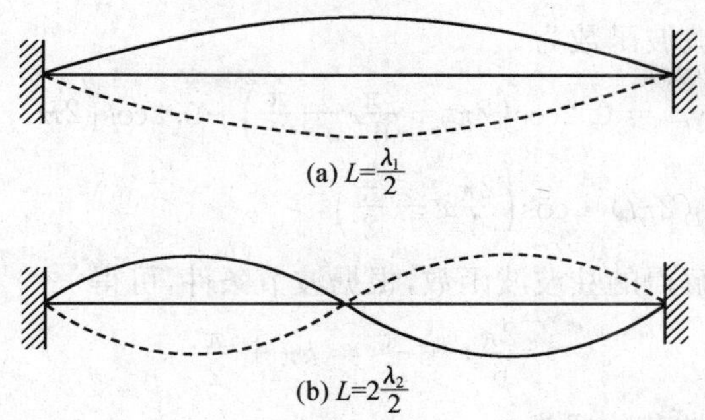


图 6-23 两端固定弦的几种简正模式

上式中的频率称为弦振动的**本征频率**.本征频率对应的振动方式称为弦线振动的**简正模式**.最低频率 $\nu_1$ 称为**基频**,而其他较高的频率 $\nu_2,\nu_3,\cdots$ 都是基频的整数倍,常被称为**二次、三次、…谐频**,也称为**泛频**.

因为在弦线上的波速 $u=\sqrt{\frac{T}{\mu}}$,式中,$T$ 为弦线张力,$\mu$ 为弦线的线密度,所以,从式(6-36)中可以看出,调节弦线长度、改变弦线的张力或线密度,从而改变波速 $u$,这些都是调节基频的方法,生活中不乏这样的实例.

**例 6-6** 已知入射波波函数为 $y_{入}=0.2\cos\left(2\pi t-\frac{2\pi}{6}x+\frac{\pi}{2}\right)$(m),如图 6-24 所示,反射点 $A$ 点为波节,$OA=3$m.求:

(1) 反射波波函数;

(2) 驻波波函数;

(3) 波节的位置.

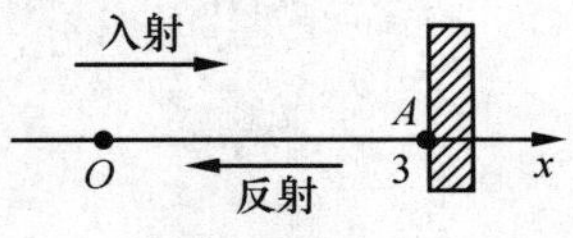


图 6-24

**解** (1) 将入射波波函数与平面波波函数标准形式(6-3a)比较,可得 $\lambda=6$m,当入射波传到 $A$ 点时,将 $x=3$ 代入,则 $A$ 点的振动方程为

$$y_A=0.2\cos\left(2\pi t-\frac{2\pi}{6}\times3+\frac{\pi}{2}\right)=0.2\cos\left(2\pi t-\frac{\pi}{2}\right)$$

当 $A$ 点的振动沿 $x$ 负方向传播时,生成的波函数(也即反射波)为

$$y'_{反}=0.2\cos\left[2\pi t-\frac{2\pi}{\lambda}(3-x)-\frac{\pi}{2}\right]=0.2\cos\left(2\pi t+\frac{2\pi}{6}x-\frac{3\pi}{2}\right)$$

考虑 $A$ 点为波节,说明反射波有半波损失,相位应超前或落后 $\pi$(这里取超前 $\pi$),最后得反射波波函数为

$$y_{反}=0.2\cos\left(2\pi t+\frac{2\pi}{6}x-\frac{3\pi}{2}+\pi\right)=0.2\cos\left(2\pi t+\frac{2\pi}{6}x-\frac{\pi}{2}\right)$$

(2) 驻波波函数为

$$y_{驻} = y_{入} + y_{反} = 0.2\cos\left(2\pi t - \frac{2\pi}{6}x + \frac{\pi}{2}\right) + 0.2\cos\left(2\pi t + \frac{2\pi}{6}x - \frac{\pi}{2}\right)$$

$$= 0.4\cos(2\pi t) \cdot \cos\left(\frac{2\pi}{6}x - \frac{\pi}{2}\right)$$

(3) 由解得的驻波波函数,根据波节条件,可得

$$\frac{2\pi}{6}x - \frac{\pi}{2} = k\pi + \frac{\pi}{2}$$

求解上式得波节位置为

$$x = 3(k+1)(\text{m}), \quad k = 0, -1, -2, \cdots$$

即 $x=3\text{m}, x=0, x=-3\text{m}, x=-6\text{m}, \cdots$为波节所在位置.

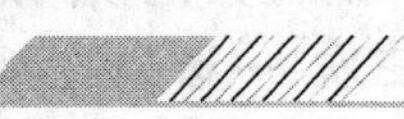

## 6.7　多普勒效应

我们前面所讨论的都是波源与观察者相对于介质是静止的情况,所以,观察者接收到的频率与波源发出的频率是相同的. 但是在日常生活和科学观测中,经常会遇到波源或观察者相对于介质而运动的情况. 例如,鸣笛的火车在向观察者运动时,人们会觉得汽笛的频率会比火车不动时高,而当火车远离观察者运动时,人们会觉得汽笛的频率比火车不动时低. 这种因波源或观察者相对于介质运动,而使观察者接收到的波的频率有所变化的现象是由多普勒(J. C. Doppler)在1842年首先发现的,故称为多普勒效应(Doppler effect). 下面就来分析这一现象.

为简单起见,我们假定波源、观察者的运动发生在同一直线上,设波源相对于介质的运动速度为 $u_S$,观察者相对于介质的运动速度为 $u_R$,以 $u$ 表示波在介质中的传播速度. 现设波源的频率、观察者接收到的频率和波的频率分别用 $\nu_S$、$\nu_R$ 和 $\nu_W$ 表示. 这里波源的频率 $\nu_S$ 是指波源在单位时间内发出的完全波的数量;观察者接收到的频率 $\nu_R$ 是指观察者在单位时间内接收到的完全波的数量;而波的频率 $\nu_W$ 是指单位时间内通过介质中某点的完全波的数量,显然,当波源、观察者均相对介质静止时,它满足 $\nu_W = \dfrac{u}{\lambda}$ 的关系. 而只有当波源和观察者相对于介质静止时,$\nu_S$、$\nu_R$ 和 $\nu_W$ 三者才是相等的. 以下分三种情况来讨论这个问题.

### 6.7.1　波源静止,观察者以 $u_R$ 相对于介质运动

首先,假定观察者向波源运动. 在这种情形下,观察者在单位时间内接收到的完全波的数量比他静止时要多. 这是因为在单位时间

内原来位于观察者处的波面向右传播了 $u$ 的距离，同时观察者自己向左运动了 $u_R$ 的距离，这就相当于波单位时间内通过观察者的总距离为 $u+u_R$，如图 6-25 所示. 因而这时在单位时间内观察者接收的完全波的数量为

$$\nu_R = \frac{u+u_R}{\lambda} = \frac{u+u_R}{\dfrac{u}{\nu_W}} = \frac{u+u_R}{u}\nu_W$$

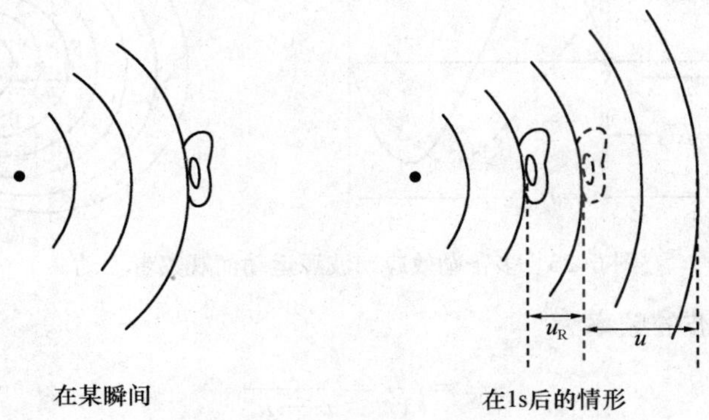


图 6-25 多普勒效应 观察者运动而波源不动

由于波源在介质中静止，所以波的频率就等于波源的频率 $\nu_W=\nu_S$，因而有

$$\nu_R = \frac{u+u_R}{u}\nu_S \tag{6-37a}$$

所以，观察者向波源运动时所接收到的频率为波源频率的 $1+\dfrac{u_R}{u}$ 倍.

当观察者远离波源运动时，按类似的分析，可得观察者接收到的频率为

$$\nu_R = \frac{u-u_R}{u}\nu_S \tag{6-37b}$$

即此时接收到的频率低于波源的频率. 综合以上两式，只要将 $u_R$ 理解为代数值，并且规定，当观察者接近波源运动时 $u_R$ 为正值，远离波源时 $u_R$ 为负值，则当波源不动，观察者以相对于波源运动时所接收到的频率可统一表示为

$$\nu_R = \frac{u+u_R}{u}\nu_S \tag{6-37c}$$

### 6.7.2 观测者静止，波源以 $u_S$ 相对于介质运动

波源在运动中仍按自己的频率发射波，在一个周期 $T_S$ 内，波在

介质中传播了 $uT_S$ 距离，即完成一个完整波形. 设波源向着观察者运动. 在这段时间内，波源位置由 $S_1$ 移到 $S_2$，移过距离 $u_S T_S$，如图 6-26所示. 由于波源的运动，介质中的波长变小了，实际波长为

$$\lambda' = uT_S - u_S T_S = \frac{u - u_S}{\nu_S}$$

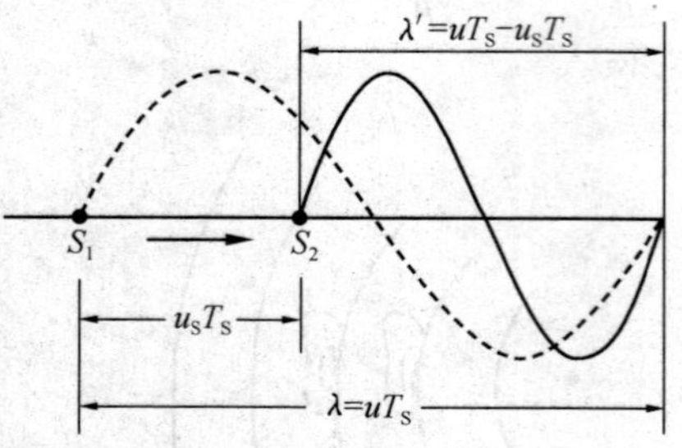


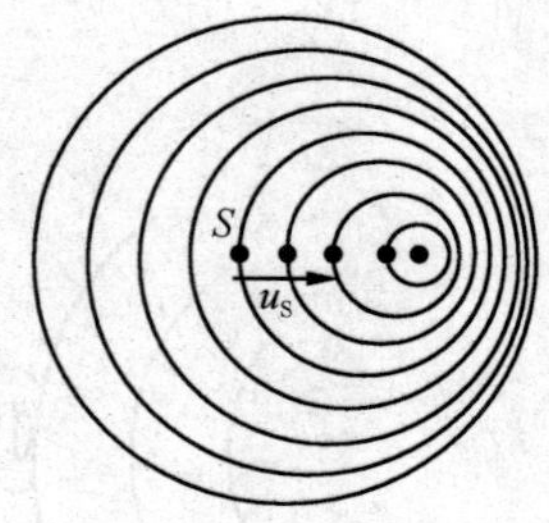


图 6-26 多普勒效应 波源运动而观察者不动

相应地，波的频率为

$$\nu_W = \frac{u}{\lambda'} = \frac{u}{u - u_S}\nu_S$$

由于观察者静止，所以他接收到的频率就是波的频率，即

$$\nu_R = \nu_W = \frac{u}{\lambda'} = \frac{u}{u - u_S}\nu_S \tag{6-38a}$$

此时，观察者接收到的频率大于波源的频率.

当波远离观察者运动时，介质中的实际波长为

$$\lambda' = uT_S + u_S T_S = \frac{u + u_S}{\nu_S}$$

按类似的分析，可得观察者接收到的频率为

$$\nu_R = \frac{u}{\lambda'} = \frac{u}{u + u_S}\nu_S \tag{6-38b}$$

这时，观察者接收到的频率低于波源的频率.

同样地，如果将它理解为代数值，并规定波源接近观察者时为正值，远离观察者时为负值，则式(6-38a)和式(6-38b)可统一表示为

$$\nu_R = \frac{u}{\lambda'} = \frac{u}{u - u_S}\nu_S \tag{6-38c}$$

图 6-26 表示波源在移动时每个波动造成的波阵面，其球面不是同心的. 从图上可以清楚地看出，在波源运动的前方波长变短，后方波长变长.

### 6.7.3 波源以 $u_S$ 运动，观测者以 $u_R$ 运动(相向为正)

根据以上的讨论，由于波源的运动，介质中波的频率为

$$\nu_W = \frac{u}{u-u_S}\nu_S$$

由于观察者的运动，观察者接收到的频率与波的频率之间的关系为

$$\nu_R = \frac{u+u_R}{u}\nu_W$$

代入上式得观察者接收到的频率为

$$\nu_R = \frac{u+u_R}{u-u_S}\nu_S \tag{6-39}$$

当波源和观察者相向运动时，$u_S$ 和 $u_R$ 均取正值，当波源和观察者相背运动时，两者均取负值. 如果波源和观察者是沿着它们相互垂直的方向运动，则不难推知，此时没有发生多普勒效应；又如果观察者和波源的运动方向是任意的，那么只要将速度在连线方向上的分量值代入上式即可，不过随着两者的运动，在不同时刻，$u_S$ 和 $u_R$ 的分量也不同，在这种情况下，观察者接收到的频率将随时间变化.

**例 6-7**　声波发生器可发出 1 080Hz 的声波，相对于地面静止. 在声波发生器前方有一反射屏相对于地面以 $u_0=65\mathrm{m\cdot s^{-1}}$ 向声波发生器运动，如图 6-27 所示，设空气中声波的速度为 $331\mathrm{m\cdot s^{-1}}$，求接收器收到的反射波频率.

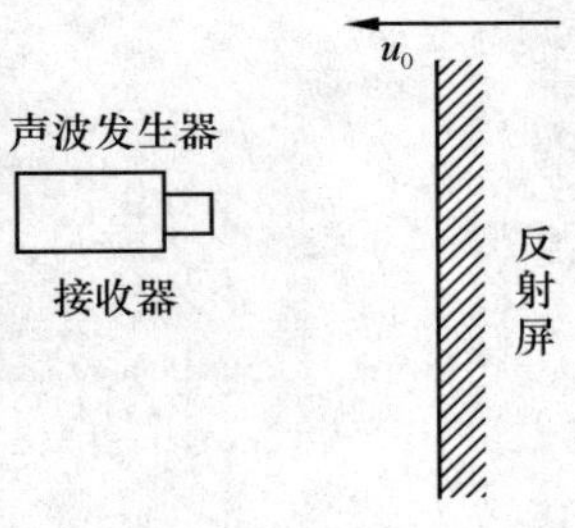


图 6-27

**解**　以发声器为波源，反射屏为观察者，则反射屏接收到的声波频率为

$$\nu_1 = \frac{u+u_0}{u}\nu = \frac{331+65}{331}\times 1\,080 \approx 1\,292(\mathrm{Hz})$$

以反射屏为波源，接收器为观察者，则接收器接收到的声波频率为

$$\nu_2 = \frac{u}{u-u_S}\nu_1 = \frac{331}{331-65}\times 1\,292 \approx 1\,608(\mathrm{Hz})$$

## *6.8　声波　超声波　次声波

在弹性介质中，如果波源激起的纵波的频率在 20～20 000Hz，就能引起人的听觉. 在这一频率范围内的振动称为声振动，由声振动引起的纵波称为声波(sound wave). 频率小于 20Hz 的声波叫次声波，频率大于 20 000Hz 的声波叫超声波. 从波动的基本特征来看，次声波和超声波与能引起听觉的声波并没有什么本质的差异.

### 6.8.1　音量、音调和音色

**音量也称为声强**(intensity of sound)，**是描述声音的大小的物**

**理量，它取决于声波的能流密度** $I$. 对于频率为 1 000Hz 的声音，一般正常人听觉的最高声强为 $1W \cdot m^{-2}$，最低声强为 $10^{-12} W \cdot m^{-2}$. 通常把这一声强作为测定声强的标准，用 $I_0$ 表示. 由于声强的数量级相差悬殊(达 $10^{12}$ 倍)，所以常用对数标度作为声强级的度量，声强级用 $L_I$ 表示，为

$$L_I = \lg \frac{I}{I_0} \tag{6-40}$$

声强级的单位为贝尔(Bel). 实际上，人们嫌贝尔这个单位太大，所以通常采用分贝(dB)作为声强级的单位. 这时，声强级的公式为

$$L_I = 10\lg \frac{I}{I_0} \tag{6-41}$$

表 6-3 给出了常遇到的一些声音的声强级.

**表 6-3　一些声音的声强、声强级和感觉到的响度**

| 声　源 | 声强/$W \cdot m^{-2}$ | 声强级/dB | 响　度 |
|---|---|---|---|
| 听觉阈 | $10^{-12}$ | 0 | 可感觉 |
| 耳语(轻)、夜深人静 | $10^{-10}$ | 20 | 极轻 |
| 交谈(轻声) | $10^{-8}$ | 40 | 轻 |
| 交谈(正常) | $10^{-6}$ | 60 | 正常 |
| 大声说话、闹市(平均) | $10^{-4}$ | 80 | 响 |
| 燃放鞭炮、钻岩机 | $10^{-2}$ | 100 | 极响 |
| 大炮的轰鸣 | $10^{0}$ | 120 | 震耳 |

人们能够听见的声波不仅受到频率范围的限制，而且也要求处于一定的声强范围内. 声强太小不能引起听觉；声强太大，只能使耳朵产生痛觉，也不能引起听觉. 如图 6-28 所示，图中纵坐标表示声强，横坐标表示频率，各频率声强的上限连接成的曲线，即图中上面的那一条曲线，叫做痛觉阈；下限连接成的曲线，即图中下面的那一条曲线叫做可闻阈；两曲线间的区域就是听觉范围.

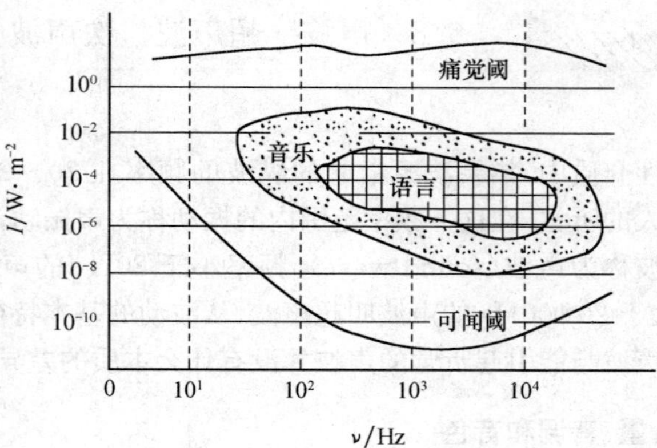


图 6-28　声波听觉范围

**音调取决于声波的基频**. 音调高表示声音比较尖锐,音调低则表示声音比较低沉. 据傅里叶分析理论,任何周期性振动函数都可以分解成若干个简谐运动的合成,其中频率最低的那一个分振动的频率与该周期性振动的频率相等,这一频率叫做**基频**;而其他参与合成的分振动频率都是基频的整数倍,我们把这些频率称为**谐频**(或泛频).

**音色取决于声波的谐频**. 不同乐器奏出同一音调的音色各不相同,就是因为各种乐器所包含的谐频的振幅不同所致.

### 6.8.2 声压

**介质中有声波传播时的压强与无声波时的静压强之间有一差值,这一差值叫声压**. 声压是由于声波而引起的附加压强,常用 $P$ 来表示. 声压的成因是很明显的,由于声波是纵波,在稀疏区域,实际压强小于原来的静压强,在稠密区域,实际压强大于原来的静压强. 前者的声压是负值,后者的声压是正值. 随着声波传播时的周期性变化,对于介质中任一点的声压来说,它必将随时间作周期性变化,可以证得声压的表达式为

$$P=\rho uA\omega\cos\left[\omega\left(t-\frac{x}{u}\right)-\frac{\pi}{2}\right] \tag{6-42}$$

令 $P_{\mathrm{m}}=\rho uA\omega$ 为声压振幅,式中 $\rho$ 为介质密度,$A$,$\omega$ 和 $u$ 分别为振幅、角频率和波速. 于是声强与声压的关系是

$$I=\frac{1}{2}\rho uA^2\omega^2=\frac{P_{\mathrm{m}}^2}{2\rho u} \tag{6-43}$$

由于测量声强较测量声压困难,实际上常常先测出声压,然后再根据声压和声强的关系换算而得出声强.

**例 6-8** 设声强为 $I=1.5\times10^7\,\mathrm{W\cdot m^{-2}}$,频率为 $\nu=500\mathrm{kHz}$ 的超声波在水中传播,已知水中声速 $u=1\,434\mathrm{m\cdot s^{-1}}$,水的密度为 $\rho=1.0\times10^3\mathrm{kg\cdot m^{-3}}$,试求:

(1) 声压振幅;

(2) 位移振幅.

**解** (1) 据 $I=\dfrac{P_{\mathrm{m}}^2}{2\rho u}$,可得

$$P_{\mathrm{m}}=\sqrt{2\rho uI}\approx6.65\times10^6\ \mathrm{Pa}$$

(2) 据 $I=\dfrac{1}{2}\rho uA^2\omega^2$,可得

$$A=\sqrt{\frac{2I}{\rho u\omega^2}}\approx1.45\times10^{-6}\ \mathrm{m}$$

### 6.8.3 次声波

**次声波又称亚声波. 一般指频率在** $10^{-4}\sim20\mathrm{Hz}$ **的机械波**. 在火

山爆发、地震、陨石落地、大气湍流、雷爆、磁爆等自然活动中都会有次声波产生. 因为次声波的频率低、波长长，在介质中传播时发生的吸收极小，又很容易对高山、河流等自然障碍物产生衍射，所以能在大气层中传播得很远. 例如，在 1940 年，由于苏门答腊火山爆发引发的次声波，在绕地球 40 圈后仍未完全衰竭. 因此，次声波已经成为研究地球、海洋、大气等大规模运动的有利工具. 对次声波的产生、传播、接收和应用等方面的研究，已形成现代声学的一个新的分支，这就是次声学.

次声波还会对生物体产生影响. 某些频率的强次声波能引起人的疲劳和痛苦，甚至导致失明. 有报道说，海洋上发生的过强的次声波会使海员惊恐万状，痛苦异常，仓促离船，最终导致人员失踪. 鉴于这个原因，目前有的国家已建立了预报次声波的机构.

### 6.8.4　超声波

**超声波是指频率大于** 20 000Hz **的机械波**. 超声波的主要特点是频率高(可达 $10^9$ Hz)，因而波长也就短. 在科学研究和生产上应用极为广泛.

下面结合超声波的特性简略介绍一些典型的应用.

1. 在检测中的应用

既然超声波的波长短，衍射现象就不显著，因而具有良好的定向传播特征，由于声强与频率的二次方成正比. 超声波的频率高，因而功率大. 此外，超声波的穿透本领也很大，特别是在液体和固体中传播时，吸收较之气体中少许多，以至在不透明的介质中能穿透几十米的深度.

根据以上特性，可利用超声波测量海洋的深度，研究海底的地形起伏，发现海礁和浅滩，确定潜艇、沉船和鱼群的位置.

在工业上超声波可以用来探测工件内部的缺陷(如气泡、裂缝、沙眼等). 作为发射和接收超声波的探头，其主要部分是由锆钛酸铅等制成的晶体薄片，并在薄片两面镀上银层作为电极，与探伤仪相连. 在晶体两面加上高频(约几兆赫兹)交变电压时，晶片厚度会以同样的频率做机械振动，从而产生超声波. 使用超声波探伤仪探伤时，在试件表面涂上油或水，使探头与工件接触良好，若探头发出的超声波遇到工件内的缺陷，超声波会反射回来，被探头接收后通过晶片的机械振动变成电磁振荡并显示在荧光屏上. 工件内没有缺陷，荧光屏上只有发射脉冲 T 和反射回来的脉冲 B 被探头接收(图 6-29). 工件内有缺陷，则缺陷把部分超声波反射回来，在 T 和 B 两个脉冲之间会出现缺陷反射脉冲 F. 从 F 脉冲的间隔，可以估计出缺陷的位置.

与超声波探伤的原理相似，医学上的“B 超”就是利用超声波来显示人体内脏病变图样的.

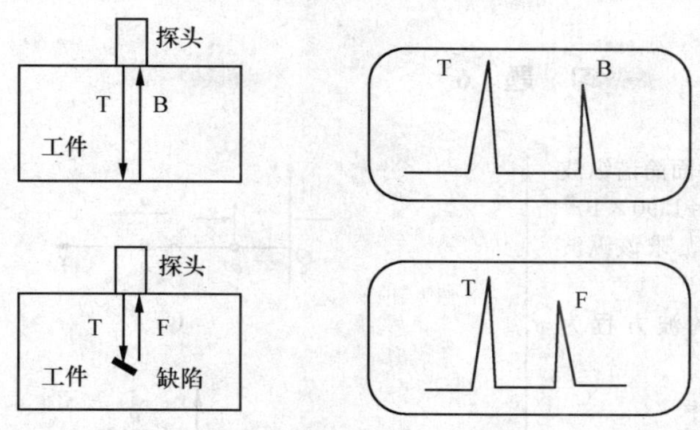


图 6-29 超声波探伤示意图

T 为发射脉冲；B 为底面反射脉冲；F 为缺陷反射脉冲

### 2. 在加工处理和医学治疗中的应用

超声波在液体中会引起空化作用，这是因为超声波的频率高、功率大，可引起液体的稀疏变化，使液体时而受压、时而受拉. 由于液体承受拉力的能力是很差的，在较强的拉力作用下，液体就会断裂（特别在有杂质或气泡的地方），产生一些近似真空的小空穴. 在液体压缩过程中，空穴内的压强会达到大气压强的几万倍，空穴被压发生崩溃，伴随着压力的巨大突变，会产生局部高温. 此外，在小空穴的形成过程中，由于摩擦而产生的正、负电荷，还会引起放电、发光等现象. 超声波的这种作用，叫做空化作用. 利用它能把水银捣碎成小粒子，使其和水均匀地混合在一起成为乳浊液；在医学上可用以捣碎药物制成各种药剂；在食品工业上可用以制成许许多多的调味品；在建筑业上用以制成水泥乳浊液等.

超声波的高频强烈振荡还可以用来清洁空气，洗涤毛织品上的油腻，清洗蒸气锅炉中的水垢和钟表轴承以及精密复杂金属部件上的污物，甚至制成超声波烙铁，用以焊接铝制部件等.

超声波用于医学治疗已有多年历史，应用面非常广泛. 近年来新报道了用超声波治疗偏瘫、面部神经麻痹、小儿麻痹后遗症、乳腺炎、乳腺增生症等疾病，都有一定的疗效.

### 3. 超声电子学

由于超声波的频率与一般无线电波的频率相近，且声信号又很容易转化为电信号，因此可以利用超声元件代替电子元件制作在 $10^7$～$10^9$ Hz 内的延迟线、振荡器、带通滤波器等仪器，可广泛用于电视、通讯、雷达等方面. 用声波代替电磁波的优越性在于声波在介质中的传播速度比电磁波的传播速度大约要小 5 个数量级. 例如，用声波来延迟时间就比用电磁波延迟时间方便得多.

# 习题 6

6-1　频率为 $\nu=1.25\times10^4$ Hz 的平面简谐纵波沿细长的金属棒传播，棒的弹性模量 $E=1.90\times10^{11}$ $N\cdot m^{-2}$，棒的密度 $\rho=7.6\times10^3 kg\cdot m^{-3}$. 求该纵波的波长.

6-2　一横波在沿绳子传播时的波方程为 $y=0.04\cos(2.5\pi t-\pi x)$(SI).

(1) 求波的振幅、波速、频率及波长；

(2) 求绳上的质点振动时的最大速度；

(3) 分别画出 $t=1$s 和 $t=2$s 的波形，并指出波峰和波谷. 画出 $x=1.0$m 处质点的振动曲线并讨论其与波形图的不同.

6-3　一简谐波沿 $x$ 轴正方向传播，$t=T/4$ 时的波形如题 6-3 图所示虚线，若各点的振动以余弦函数表示，且各点的振动初相取值区间为$(-\pi,\pi]$，求各点的初相.

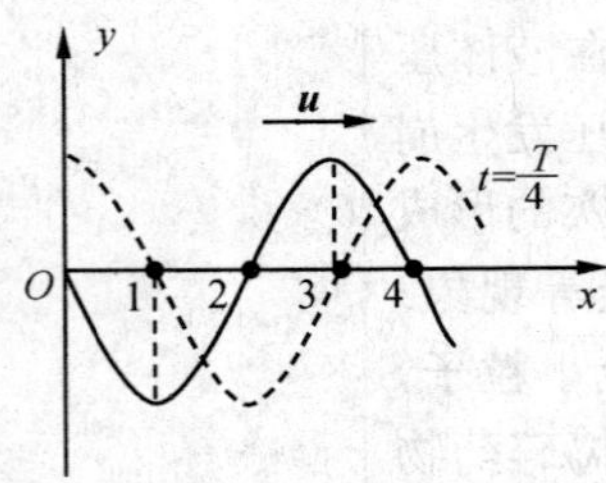


题 6-3 图

6-4　有一平面谐波在空间传播，如题 6-4 图所示，已知 $a$ 点的振动规律为 $y=A\cos(\omega t+\varphi)$，就图中给出的四种坐标，分别写出它们的波动表达式，并

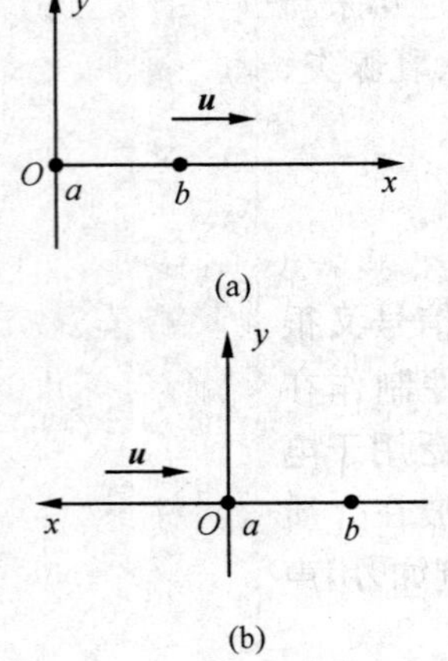


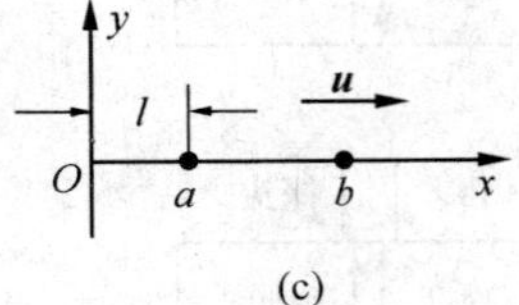


(c)

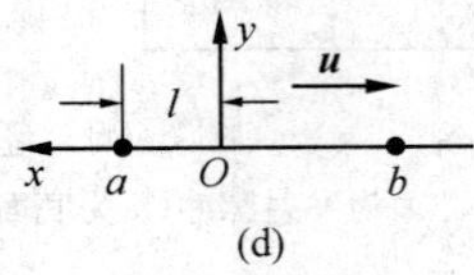


(d)

题 6-4 图

说明这四个表达式中描写距 $a$ 点为 $b$ 处的质点的振动规律是否一样?

6-5　一平面简谐波沿 $x$ 轴正向传播，其振幅为 $A$，频率为 $\nu$，波速为 $u$. 设 $t=t'$ 时刻的波形曲线如题 6-5 图所示. 求：

(1) $x=0$ 处质点振动方程；

(2) 该波的波方程.

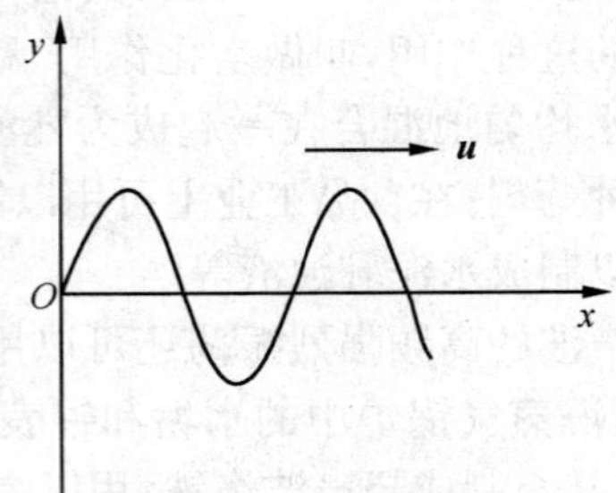


题 6-5 图　$t=t'$ 时的波形

6-6　一平面简谐波沿 $x$ 轴正向传播，波的振幅 $A=10$cm，波的角频率 $\omega=7\pi$ rad · $s^{-1}$，当 $t=1.0$s 时，$x=10$cm 处的 $a$ 质点正通过其平衡位置向 $y$ 轴负方向运动，而 $x=20$cm 处的 $b$ 质点正通过 $y=5.0$cm 点向 $y$ 轴正方向运动. 设该波波长 $\lambda>10$cm，求该平面波的波方程.

6-7　已知一平面简谐波的波方程为 $y=0.25\cos(125t-0.37x)$(SI).

(1) 分别求 $x_1=10$m，$x_2=25$m 两点处质点的振动方程；

(2) 求 $x_1$,$x_2$ 两点间的振动相位差;

(3) 求 $x_1$ 点在 $t=4\text{s}$ 时的振动位移.

6-8 如题 6-8 图所示,一平面波在介质中以波速 $u=20\text{m}\cdot\text{s}^{-1}$ 沿 $x$ 轴负方向传播,已知 $A$ 点的振动方程为 $y=3\times10^{-2}\cos4\pi t$(SI).

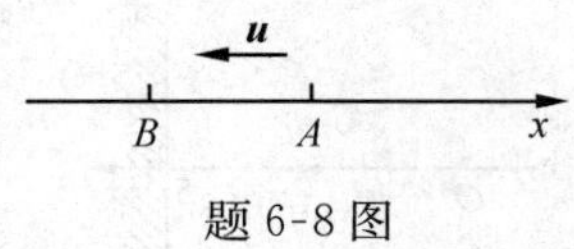


题 6-8 图

(1) 以 $A$ 点为坐标原点写出波方程;

(2) 以距 $A$ 点 5m 处的 $B$ 点为坐标原点,写出波方程.

6-9 有一平面简谐波在介质中传播,波速 $u=100\text{m}\cdot\text{s}^{-1}$,波线上右侧距波源 $O$(坐标原点)为 75m 处的一点 $P$ 的振动方程为 $y=0.30\cos\cdot\left(2\pi t+\frac{\pi}{2}\right)$(SI),求:

(1) 波向 $x$ 轴正向传播的波方程;

(2) 波向 $x$ 轴负向传播的波方程.

6-10 一平面谐波沿 $Ox$ 轴的负方向传播,波长为 $\lambda$,$P$ 点处质点的振动规律如题 6-10 图所示,求:

(1) $P$ 点处质点的振动方程;

(2) 此波的波动方程;

(3) 若题 6-10 图中 $d=\lambda/2$,求 $O$ 点处质点的振动方程.

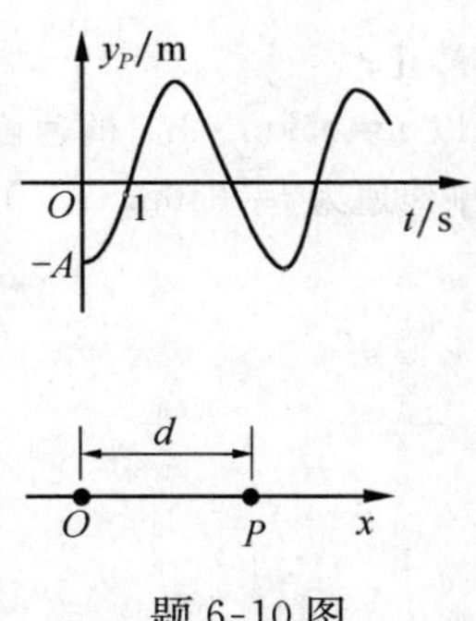


题 6-10 图

6-11 一平面简谐波的频率为 500Hz,在空气($\rho=1.3\text{kg}\cdot\text{m}^{-3}$)中以 $340\text{m}\cdot\text{s}^{-1}$ 的速度传播,达到人耳时的振幅为 $1.0\times10^{-6}$ m,试求波在人耳中的平均能量密度和声强.

6-12 一正弦空气波,沿直径为 0.14m 的圆柱形管传播,波的平均强度为 $9\times10^{-3}\text{J}\cdot\text{s}^{-1}\cdot\text{m}^{-2}$,频率为 300Hz,波速为 $300\text{m}\cdot\text{s}^{-1}$,问:

(1) 波中的平均能量密度和最大能量密度各是多少?

(2) 每两个相邻同相面间的波段中含有多少能量?

6-13 在均匀介质中,有两列余弦波沿 $Ox$ 轴传播,波动表达式分别为 $y_1=A\cdot\cos\left[2\pi\left(\nu t-\frac{x}{\lambda}\right)\right]$ 与 $y_2=2A\cos\left[2\pi\left(\nu t+\frac{x}{\lambda}\right)\right]$,试求 $Ox$ 轴上合振幅最大与合振幅最小的那些点的位置.

6-14 相干波源 $S_1$ 和 $S_2$,相距 11m,$S_1$ 的相位比 $S_2$ 超前 $\frac{1}{2}\pi$. 这两个相干波在 $S_1$ 与 $S_2$ 连线和延长线上传播时可看成两等幅的平面余弦波,它们的频率都等于 100Hz,波速都等于 $400\text{m}\cdot\text{s}^{-1}$. 试求在 $S_1$ 与 $S_2$ 的连线之间,因干涉而静止不动的各点位置.

6-15 一微波探测器位于湖岸水面以上 0.5m 处,一发射波长 21cm 的单色微波的射电星从地平线上缓慢升起,探测器将相继指出信号强度的极大值和极小值. 当接收到第一个极大值时,射电星位于湖面以上什么角度?

6-16 如题 6-16 图所示,$S_1$,$S_2$ 为两平面简谐波相干波源. $S_2$ 的相位比 $S_1$ 的相位超前 $\frac{\pi}{4}$,波长 $\lambda=8.00\text{m}$,$r_1=12.0\text{m}$,$r_2=14.0\text{m}$,$S_1$ 在 $P$ 点引起的振动振幅为 0.30m,$S_2$ 在 $P$ 点引起的振动振幅为 0.20m,求 $P$ 点的合振幅.

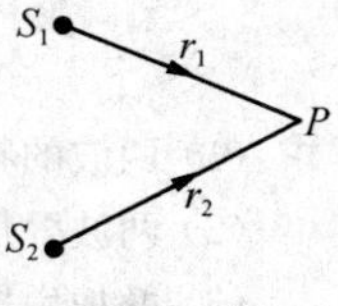

$S_1$ $r_1$ $P$ $r_2$ $S_2$

题 6-16 图

6-17 题 6-17 图中 $A$,$B$ 是两个相干的点波

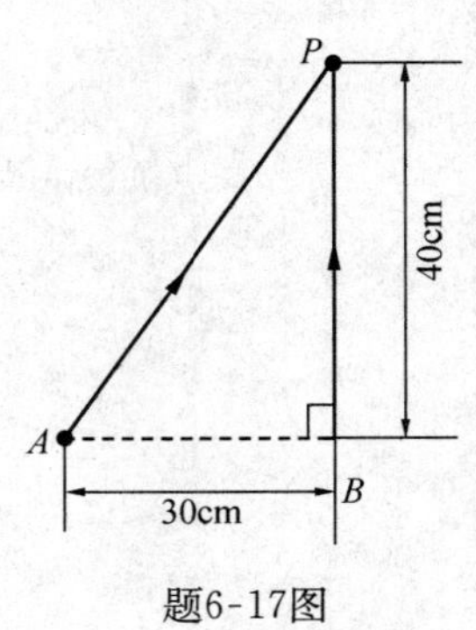


题6-17图

源，它们的振动相位差为π(反相). $A$,$B$相距30cm，观察点$P$和$B$点相距40cm，且$\overline{PB}\perp\overline{AB}$. 若发自$A$，$B$的两波在$P$点处最大限度地互相削弱，求波长最长能是多少？

6-18 如题6-18图所示，两列相干波在$P$点相遇. 图中$\overline{BP}=0.45\text{m}$，$\overline{CP}=0.30\text{m}$，若一列波在$B$点引起的振动是$y_{10}=3\times10^{-3}\cos2\pi t$(SI)；另一列波在$C$点引起的振动是$y_{20}=3\times10^{-3}\times\cos\left(2\pi t+\dfrac{\pi}{2}\right)$(SI)；两波的传播速度$u=0.20\text{m}\cdot\text{s}^{-1}$，不考虑传播途中振幅的减小，求$P$点合振动的振动方程.

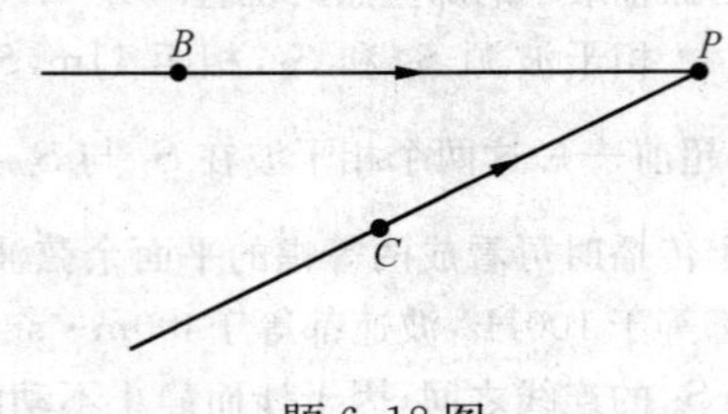


题6-18图

6-19 一驻波中相邻两波节的距离为$d=5.00\text{cm}$，质元的振动频率为$\nu=1.00\times10^{3}\text{Hz}$，求形成该驻波的两个相干行波的传播速度$u$和波长$\lambda$.

6-20 两波在一很长的弦线上传播，其波方程分别为

$$y_1=4.00\times10^{-2}\cos\frac{1}{3}\pi(4x-24t)\ \text{(SI)}$$

$$y_2=4.00\times10^{-2}\cos\frac{1}{3}\pi(4x+24t)\ \text{(SI)}$$

求：(1) 两波的频率、波长、波速；

(2) 两波叠加后的节点位置；

(3) 叠加后振幅最大的那些点的位置.

6-21 在弹性介质中有一沿$x$轴正向传播的平面波，如题6-21图所示，其表达式为$y=0.01\cos\left(4t-\pi x-\dfrac{\pi}{2}\right)$(SI)，若在$x=5\text{m}$处有一介质分界面，且在分界面处反射波相位突变，设反射波的强度不变，试写出反射波的表达式.

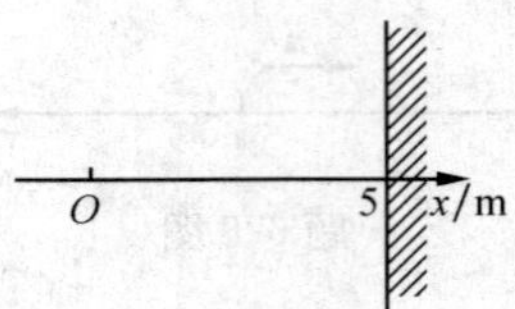


题6-21图

6-22 两平面谐波分别沿$Ox$轴正、负向传播，其波动方程分别是$y_1=2A\cos2\pi\left(\nu t-\dfrac{x}{\lambda}\right)$和$y_2=A\cos2\pi\left(\nu t+\dfrac{x}{\lambda}\right)$. 求：

(1) $x=\dfrac{\lambda}{4}$处质点的合振动方程.

(2) $x=\dfrac{\lambda}{4}$处质点的振动速度.

6-23 若在同一介质中传播的频率为1 200Hz和400Hz的两声波有相同的振幅，求：

(1) 它们的强度之比；

(2) 两声波的声强级差.

6-24 火车以$u=30\text{m}\cdot\text{s}^{-1}$的速度行驶，汽笛的频率为$\nu_0=650\text{Hz}$. 在铁路近旁的公路上坐在汽车里的人在下列情况听到火车鸣笛的声音频率分别是多少？

(1) 汽车静止；

(2) 汽车以$v=45\text{km}\cdot\text{h}^{-1}$的速度与火车同向行驶(设空气中声速为$v=340\text{m}\cdot\text{s}^{-1}$).

# 第3篇 热学

热学是研究物质的热性质和热运动规律及应用的一门学科.

**宏观物体**(macroscopic object)是由大量微粒(分子、原子)组成的,它们永不停息地做**无规则运动**(random motion,**无规运动**).我们把大量微观粒子的这种无规则运动称为分子的**热运动**(heat motion).物体的宏观性质(如气体的体积、压强、温度等)是分子热运动的集体表现,因而,物体宏观性质的变化(如膨胀或缩小、熔解或凝固、蒸发或凝结等)都和物质分子热运动的变化有关.所谓**热现象**(thermal phenomena),就是与分子热运动(或温度)有关的现象.从本质上说,热现象是大量微观粒子杂乱无章运动的宏观表现.

本篇主要介绍**气体动理论**(kinetic theory of gases)和**热力学**(thermodynamics),它们是热学的基础.它们的研究对象是相同的,但它们的出发点和研究方法是不同的.

气体动理论是研究热现象的微观理论,它从物质的微观结构出发,应用力学规律和统计方法来求大量气体分子微观量的平均值,建立**微观量**(microscopic quantity)(如分子速率、分子质量、能量等)和**宏观量**(macroscopic quantity)(体积、压强、温度等)之间的联系,从而揭示物质宏观量的微观本质.气体动理论开始于19世纪麦克斯韦的研究;1902年,吉布斯将其发展为严密的统计力学;到了20世纪20年代,爱因斯坦、玻色、费米和狄拉克又建立了**量子统计法**(quantum statistics),从而构成了完整的**统计物理学**(statistical physics).

热力学是研究热现象的宏观理论.它不考虑微观粒子的运动,而是根据大量的实验事实,归纳总结出自然界有关热现象的一些基本规律——热力学定律,从宏观上来研究物质热运动的过程以及过程进行的方向.热力学随18世纪工业革命开始发展,基本理论主要形成于19世纪,焦耳(J. P. Joule,1811～1889)、卡诺(S. Carnot,1796～1832)、克劳修斯(R. J. E. Clausius,1822～1888)、开尔文(L. Kelvin,1824～1907)等做出了重要贡献.

气体动理论和热力学两者虽然采用的研究方法截然不同,但它们是相辅相成、不可分割的两门学科.气体动理论经热力学的研究得到了验证;而热力学的宏观理论经过气体动理论的物质微观结构分析,更加深刻地揭示了热现象及热力学定律的本质,使人们对自然界的认识更加深刻,并开始把它应用到实践中,如在控制材料的性能和制取新材料的研究方面.因此,统计物理在近代物理的各个领域都起着很重要的作用.

# 第7章 气体动理论

本章以气体为研究对象，从气体分子热运动的观点出发，对个别分子的运动应用力学规律，对大量气体分子的集体行为应用统计平均的方法，即认为气体的宏观性质是大量气体分子运动的集体表现，而宏观量是微观量的统计平均值，总结和概括微观粒子热运动与物质宏观性质之间的联系，从本质上阐明气体分子的热运动规律，并对理想气体的热学性质从微观上给予解释.

本章着重讨论平衡态理想气体的性质、压强和温度及其微观本质，讨论平衡态理想气体所遵循的统计规律，能量均分定理和麦克斯韦速率分布律；最后简略介绍真实气体及范德瓦耳斯方程. 对于非平衡态情况，仅介绍气体的三种输运过程.

## 7.1 热力学系统 平衡态 状态参量

### 7.1.1 热力学系统

力学中，我们把所讨论的物体或物体系同它周围的物体隔离开来进行分析、研究，并把这一研究对象称作“**系统**”. 同样，在气体动理论和第 8 章讨论的热力学中，我们把研究对象（由大量分子组成的气体、液体或固体等）称为**热力学系统**（thermodynamic system），或简称**系统**（system），也称**工作物质**，系统以外的物体统称**外界**. 例如，研究气缸内气体的体积、压强等变化时，气缸内的气体就是系统，而气缸壁、活塞、发动机的其他部分以及大气等都是外界.

对于一个热力学系统来说，单个分子的运动是无规则的，但大量分子的集体表现却存在着一定的统计规律. 描写单个分子特征的量称为**微观量**. 如分子尺度大小，每个分子的质量、速度、动量以及能量等. 一般来说，微观量难以用实验直接测量，在实验中测得的是描写大量分子集体特征的量，称为**宏观量**. 如气体的温度、压强等. 宏观量与微观量之间存在着必然的内在的联系.

### 7.1.2 平衡态

热力学系统的宏观状态可分为**平衡态**（equilibrium state）和**非**

**平衡态**(nonequilibrium state)两种. 所谓**平衡态**,是指**系统在不受外界影响的情况下,对于孤立系**(isolated system),**即系统与外界没有物质和能量的交换时,无论初始状态如何,其宏观性质经足够长时间后不再发生变化的状态**. 反之,就称为非平衡态.

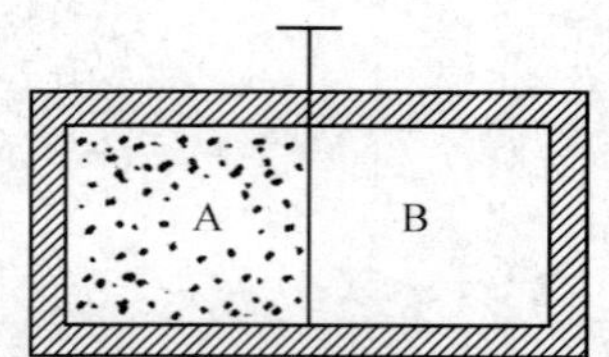

图7-1　有隔板的封闭容器

如图7-1所示,有一个封闭容器,用隔板分成A,B两部分. 起初,A室充满某种气体,B室为真空,当把隔板抽走后,A室内的气体逐渐向B室运动. 开始,A,B室内各处的气体是不均匀的,即各处的压强、密度等大小不同,而且各处的压强、密度等状态不断地随时间的变化而发生变化,这样的状态我们即称为非平衡态. 但是,经过一段时间后,整个容器中气体的状态将达到处处均匀一致. 倘若没有外界的影响,则容器中的气体将会始终保持这一状态,而不再发生宏观上的变化,这时容器内的气体所处的状态如图7-2所示,我们就称其为平衡态.

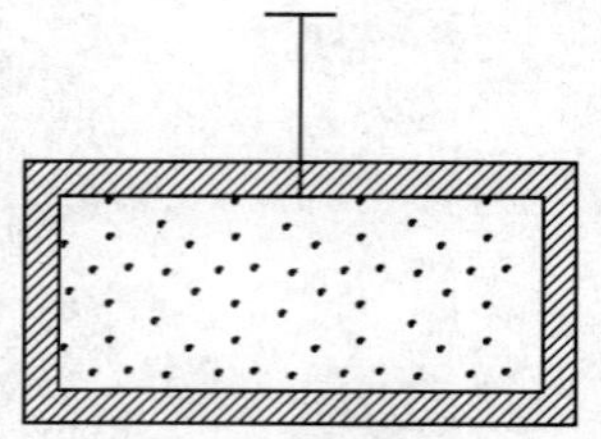
图7-2　抽去隔板的封闭容器

实际上,不受外界影响、永远保持状态不变的系统是没有的. 平衡态只是一种理想状态,是在一定条件下,对实际情况的概括和抽象. 当实际系统处于相对稳定的情形时,我们就可以近似认为该系统处于平衡态.

应当明确,气体处于平衡态时,它的宏观性质虽然不随时间变化,但分子的无规则热运动并没有停止,因为容器内各气体分子之间,气体分子和容器壁之间,仍在不断地碰撞和交换能量,呈现一种纷繁复杂的分子热运动图像. 因此,热力学中的平衡态实质上是一种**热动平衡状态**(thermodynamical equilibrium state).

### 7.1.3　状态参量

用来描述系统运动状态的物理量称为**物态参量**(state parameter)或**状态参量**. 在力学中,描述质点做机械运动状态的状态参量有:位矢、速度和加速度等,我们称其为力学量. 而在讨论由做热运动的大量分子构成的气体状态时,位矢和速度只能用来描述气体分子的微观状态,而不能描述整个气体的宏观状态. 若要描述一定量的气体,可用压强 $p$、体积 $V$ 和温度 $T$ 来描述它的状态. 气体的**压强**、**体积**和**温度**这三个物理量称作**气体的状态参量**.

**压强**(pressure)是指**气体作用于容器器壁并指向器壁单位面积上的垂直作用力,是气体分子对器壁碰撞的宏观表现**,以 $p$ 表示. 在国际单位制中,压强的单位是"帕斯卡",简称帕,符号是Pa. 如果 $1\text{m}^2$ 的面积上受到垂直于该面的作用力是1N,则容器内气体的压强就是1Pa,即 $1\text{Pa}=1\text{N}\cdot\text{m}^{-2}$. 常用的压强单位还有标准大气压(atm)和毫米汞高(mmHg). 它们之间的关系为

$$1\text{atm}=1.013\times10^5\text{Pa}=760\text{mmHg}$$

**体积**(volume)一般用 $V$ 表示,在国际单位制中,体积的单位为 $m^3$,有时也用"升",符号为 L. 即 $1L=1dm^3=10^{-3}m^3$. **气体的体积是指气体分子热运动所能到达的空间,在不计分子大小情况下,通常就是容器的容积.** 应该注意,气体的体积和气体所有分子自身体积的总和是不同的,后者一般仅占前者的几千分之一,两者不能混淆.

**温度**(temperature)可以用 $T$ 或 $t$ 来表示. 温度在概念上比较复杂,宏观上可简单地认为是物体冷热程度的量度,它来源于人们日常生活对物体的冷热感觉. 但从分子动理论的观点来看,它与物体内部大量分子热运动的剧烈程度有关. 以下将对温度这一重要的状态参量作出严格而科学的定义.

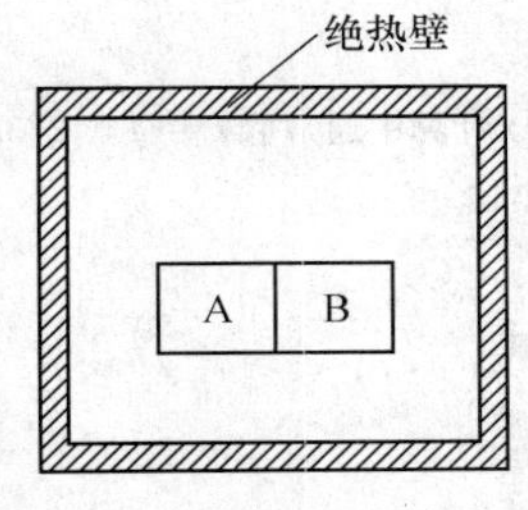

图 7-3 热平衡说明图一

设有 A,B 两个系统,各处于平衡态. 现在通过导热壁相互接触,并用图 7-3 所示绝热壁把它们与外界隔离开来,实验证明,在 A,B 之间发生热传导,原来的平衡态将受到破坏. 但是,经过一段时间后,A,B 两系统必定达到一个共同的平衡态,我们称系统 A,B 达到了热平衡. 此后,若将 A,B 分开或分开后再接触,都不再会改变 A,B 各自的平衡态,A,B 之间也不再会发生热传导.

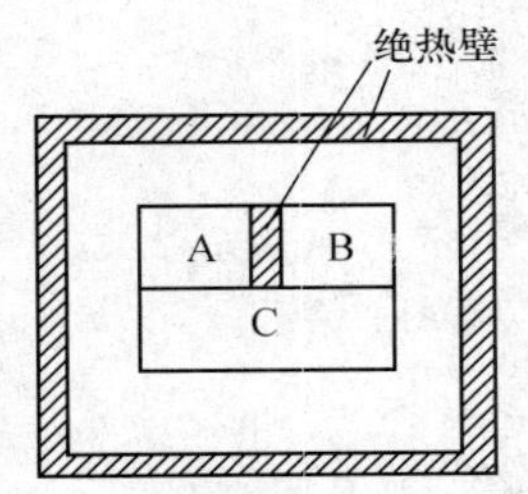

图 7-4 热平衡说明图二

再进一步考察 A,B 和 C 三个系统,如图 7-4 所示,先使 A 和 B 绝热隔离,又让它们分别同时与 C 接触,并且用绝热壁将 A,B,C 三个系统整体与外界隔离. 经过一段时间后,A,B 与 C 分别达到了热平衡. 然后,再让 A,B 单独接触,实验证明,它们的状态没有任何变化. 这种现象只表明了一个问题,即 A 和 B 也已经达到了相互热平衡状态. 实验事实证明,**如果两个热力学系统同时、分别与第三个热力学系统处于热平衡,则这两个系统也一定达到了热平衡.** 这个结论称为热平衡的**互通性**,又称为**热力学第零定律**(zeroth law of thermodynamics). 在历史上,该定律在被公认为独立定律时,由于热力学第一定律(first law of thermodynamics)和第二定律(second law of thermodynamics)已经被命名,然而在理论体系上它又应置于第一、第二定律之前,故此才被称为热力学第零定律.

热力学第零定律表明,互为热平衡的所有热力学系统之间必定存在一个共同的宏观性质,以表示它们共同所处的热平衡状态. 我们定义**表征系统热平衡的宏观性质的物理量为温度**. 因此,若两个热力学系统达到了热平衡,则表示它们具有相同的温度;反之,若两个系统温度不相同,就表示它们没有达到热平衡. 即**一切互为热平衡的热力学系统都具有相同的温度.**

为了定量地计量物体的温度,需要先规定温度的分度法,再规定某一特定温度的具体数值. 每一种具体规定的数值表示法称为一种**温标**(thermometric scale).

在热力学第二定律的基础上引入的一种温标叫做**热力学温标**

(thermodynamic scale),它也是国际单位制中采用的温标.用这种温标所确定的温度叫做**热力学温度**,一般用 $T$ 表示,它的单位是**开尔文**(简称开),符号为 K.具体规定是,把水的三相点温度(气、液、固三态共存达到平衡的温度)的 1/273.16 定为 1K.这意味着把水的三相点温度 273.16K 规定为热力学温标的基本固定温度.

生活和技术中常用的温标为**摄氏温标**(Celsius thermometric scale),它所确定的温度叫**摄氏温度**,一般用 $t$ 表示,单位是摄氏度,符号记作℃,它和开尔文温标的关系定义为

$$t = T - 273.15^{①}$$

① 计算中通常取 $t = T - 273$.

表 7-1 列出了一些物质系统的典型温度及常用的温度计.

**表 7-1　一些物质的温度和常用温度计**

| 物　质 | 温度/K | 温度计 |
| --- | --- | --- |
| 最热星体内核 | $10^9$ | 定体气体温度计 |
| 太阳中心 | $1.5\times10^7 \sim 4.5\times10^3$ | 热电偶 |
| 地球中心 | $4\times10^3 \sim 288$ | 铂电阻 |
| 星际空间 | 2.7 | 砷化镓 pn 结 |
| 实验室中能获得的最高温度 | $9\times10^7$ | 液体柱 |
| 实验室中能获得的最低温度 | $5\times10^{-8}$ | 光测高温计 |

## 7.2　理想气体状态方程

当一定质量的气体处于平衡态时,它的三个状态参量 $p$,$V$ 和 $T$ 之间具有确定的关系,其具体形式可由气体的实验定律导出.

根据实验结果,对于一定质量的气体,当压强不太大(和大气压相比),温度不太低(和室温相比)时,状态参量 $p$,$V$,$T$ 之间有下列关系式

$$\frac{pV}{T} = C \tag{7-1}$$

式中,常数 $C$ 随气体种类及气体的质量而定.上式当 $T$ 为常数时给出玻意耳定律(Boyle law),当 $p$ 为常数时给出盖吕萨克定律(Gay-Lussac law),当 $V$ 为常数时给出查理定律(Charles law).因此,上式概括了玻意耳定律、盖吕萨克定律和查理定律这三个气体实验定律.应该指出,上述三条定律都有其局限性和近似性.因此,为了使推理和计算更为简单,我们抽象、概括出**理想气体**(ideal gas)这一概念,**即在任何情况下,绝对遵守上述三条实验定律的气体称为理想气体.**一般气体在温度不太低、压强不太大时,都可近似地看作理想气体.

**阿伏伽德罗定律**(Avogadro law)指出,**在相同的温度和压强下,摩尔数相等的各种气体(严格来讲应为理想气体)所占的体积相同**. 我们把气体在温度 $T_0=273.15\text{K}$, $p_0=1\text{atm}$ 下的状态称为**标准状态**(standard state),其相应的体积为 $V_0$. 实验指出,**1mol 的任何气体在标准状态下所占有的体积都为** 22.4L,我们称该体积为**摩尔体积**(molar volume),用符号 $V_{\text{mol}}$ 表示,即 $V_{\text{mol}}=22.4\text{L}\cdot\text{mol}^{-1}$(近似值,其精确值为 $V_{\text{mol}}=22.4138\text{L}\cdot\text{mol}^{-1}$). 平衡态时,我们设某一种气体的质量为 $m$,每摩尔气体的质量(称为**摩尔质量**)为 $M$,在标准状态下,该气体占有的体积为 $V_0=\dfrac{m}{M}V_{\text{mol}}$,则式(7-1)中的常数 $C$ 为

$$C=\frac{pV}{T}=\frac{p_0V_0}{T_0}=\frac{p_0}{T_0}\frac{m}{M}V_{\text{mol}} \tag{7-2}$$

由于 $\dfrac{p_0V_{\text{mol}}}{T_0}$ 是与气体种类无关的常数,用 $R$ 表示此常数,通常称为**普适气体常数或摩尔气体常数**,则

$$R=\frac{p_0V_{\text{mol}}}{T_0}=\frac{1.013\times10^5\times22.4\times10^{-3}}{273.16}\approx8.31(\text{J}\cdot\text{mol}^{-1}\cdot\text{K}^{-1}) \tag{7-3}$$

如果 $p_0$ 用 atm 作单位,$V_{\text{mol}}$ 用 $\text{L}\cdot\text{mol}^{-1}$ 作单位,则

$$R=\frac{p_0V_{\text{mol}}}{T_0}=\frac{1\times22.4}{273.16}\approx0.082(\text{atm}\cdot\text{L}\cdot\text{mol}^{-1}\cdot\text{K}^{-1}) \tag{7-4}$$

将

$$C=\frac{p_0}{T_0}\frac{m}{M}V_{\text{mol}}=\frac{m}{M}R$$

代入式(7-1),得

$$\frac{pV}{T}=\frac{m}{M}R$$

即

$$pV=\frac{m}{M}RT \tag{7-5}$$

上式称为**理想气体的物态方程**(equation of state for ideal gases)或称为**状态方程**. 它表明了理想气体的三个状态参量 $p,V,T$ 之间的关系.

理想气体状态方程还可以写成另外一种形式. 我们知道,1mol 气体中的分子数为**阿伏伽德罗常量**(Avogadro number) $N_{\text{A}}=6.022\times10^{23}\text{mol}^{-1}$. 设某一种理想气体,它的每个分子的质量为 $\mu$,其分子的总数目为 $N$,则该气体的质量为 $m=N\mu$,气体的摩尔质量

$M=N_A\mu$，将它们代入式(7-5)，有

$$pV=\frac{m}{M}RT=\frac{N\mu}{N_A\mu}RT=N\frac{R}{N_A}T$$

即

$$p=\frac{N}{V}\frac{R}{N_A}T$$

式中，$\frac{N}{V}=n$ 是**单位体积内的分子数**，即**分子数密度**(number density of molecule)，$R$ 和 $N_A$ 都是常数，所以 $\frac{R}{N_A}$ 也是一个常数，我们用 $k$ 表示，称为**玻尔兹曼常量**(Boltzmann constant)，即

$$k=\frac{R}{N_A}=\frac{8.31}{6.022\times10^{23}}\approx1.38\times10^{-23}(\mathrm{J\cdot K^{-1}}) \tag{7-6}$$

将 $n,k$ 代入表达式，可得

$$p=nkT \tag{7-7}$$

这是理想气体状态方程的又一形式. 它指出，**理想气体的压强与分子数密度和温度的乘积成正比**. 在一定温度和压强下，可用它来计算分子数密度 $n$.

**例7-1**　氧气瓶的容积为 $3.2\times10^{-2}\,\mathrm{m^3}$，其中，氧气的压强为 $1.3\times10^7\,\mathrm{Pa}$，为了避免经常洗瓶，氧气厂规定压强降到 $10^6\,\mathrm{Pa}$ 时就要重新充气. 设某实验室每天用 $1.013\times10^5\,\mathrm{Pa}$ 的氧气 $0.2\mathrm{m^3}$，试问在温度不变的情况下，一瓶氧气可用多少天?

**解**　以氧气瓶中的氧气为研究对象，按题意在使用过程中体积 $V$，温度 $T$ 保持不变，根据状态方程 $pV=\frac{m}{M}RT$ 可求出使用前后氧气瓶中氧气的质量. 设使用前后瓶中氧气的质量分别为 $m_1$ 和 $m_2$，则

使用前

$$m_1=\frac{p_1VM}{RT}$$

使用后

$$m_2=\frac{p_2VM}{RT}$$

又设每天使用的氧气的质量为 $m_3$，压强为 $p_3$，体积为 $V_3$，根据状态方程得

$$m_3=\frac{p_3V_3M}{RT}$$

再设一瓶氧气使用 $n$ 天，则

$$n=\frac{m_1-m_2}{m_3}=\frac{(p_1-p_2)V}{p_3V_3}$$

$$=\frac{(1.3\times10^{7}-10^{6})\times3.2\times10^{-2}}{1.013\times10^{5}\times0.2}=19(\text{天})$$

**例 7-2**　求标准状态下 $1\text{m}^3$ 气体所含的分子数(称为洛施密特常量(Loschmidt number)),并估算分子间的平均距离.

**解**　由式(7-7)得标准状态下气体分子数密度为

$$n=\frac{p}{kT}=\frac{1.013\times10^{5}}{1.38\times10^{-23}\times273.15}\approx2.687\times10^{25}(\text{m}^{-3})$$

设分子间的平均距离为 $\bar{l}$,则由

$$\bar{l}^{3}=\frac{1}{n}$$

得

$$\bar{l}=\sqrt[3]{\frac{1}{n}}\approx10^{-9}\text{ m}$$

分子有效直径的数量级为 $10^{-10}$ m.估算表明,常温常压下气体分子间的平均距离约为分子直径的 10 倍.

## 7.3　理想气体的压强

### 7.3.1　理想气体的微观模型

严格遵守理想气体状态方程的气体是理想气体,这是理想气体的宏观模型.气体动理论假设理想气体的微观模型是:

(1) **理想气体分子本身的大小与分子间的距离相比较,可以忽略不计**.在标准状态下,分子间平均距离的数量级为 $10^{-9}$m.而分子的线度(直径)的数量级为 $10^{-10}$m,可见在一般情况下,实际气体分子本身的线度,要比分子之间的平均距离小得多,因此,分子的大小可以忽略不计,分子可以看作质点.

(2) **除了分子碰撞一瞬间外,可以认为分子间及分子与容器壁之间均无相互作用力**.分子力作用的最大距离的数量级为 $10^{-9}$m,它远小于分子间的平均距离,所以除碰撞的瞬间外,分子间的作用力可以忽略不计.

(3) **分子间的相互碰撞以及分子与容器壁之间的碰撞可以视为完全弹性碰撞**(perfect elastic collision).假设分子间的碰撞或分子与器壁间的碰撞不是完全弹性的,分子的动能将因碰撞而减小,每碰撞一次就减小一次,而分子碰撞的频率是每秒钟几十亿次,这样,经过一段时间,所有分子的动能都将变为零,分子的运动便完全停止了,这是与实验事实不相符的.所以,应该假设分子与分子之间以及分子与器壁之间的碰撞是完全弹性碰撞.即碰撞前后气体分子的动

量守恒，动能也守恒.

综上所述，理想气体分子的微观模型是：**自由地无规则地运动着的弹性质点群.**

### 7.3.2　平衡状态气体的统计假设

气体处于平衡态时，分子密度处处均匀，各方向上的压强亦相等. 因此，对处于平衡态时理想气体分子的热运动，还可作如下统计假设.

(1) 当忽略重力影响时，**平衡态气体分子均匀地分布于容器中，即分子数密度** $n=\dfrac{N}{V}=\dfrac{\Delta N}{\Delta V}$**处处相等.**

(2) 在平衡态时，**向各个方向运动的分子数目是相等的**，因此，分子速度在各个方向分量的各种平均值都是相等的. 例如，分子速度在各个方向分量的平方的平均值应该相等，即

$$\overline{v_x^2}=\overline{v_y^2}=\overline{v_z^2}$$

因为 $\overline{v^2}=\overline{v_x^2}+\overline{v_y^2}+\overline{v_z^2}$，所以有

$$\overline{v_x^2}=\overline{v_y^2}=\overline{v_z^2}=\frac{1}{3}\overline{v^2} \tag{7-8}$$

应当指出，这种统计假设是对大量分子而言的，是大量分子的统计平均值，气体分子数目越多，准确度就越高.

### 7.3.3　理想气体的压强公式

气体的压强是大量气体分子对器壁不断碰撞的结果. 每个分子与器壁碰撞时，都对器壁施加一个冲力. 这种冲力有大有小，而且是不连续的. 但是由于分子的数量很大，器壁受到的作用力则表现为一个持续稳定的均匀压力，犹如密集的雨点打在伞上而使我们感受到一个持续向下的压力一样. 由此可见，压强这一物理量只具有统计意义，个别分子、少量分子碰撞在器壁上，谈不上压强，只有大量分子碰撞器壁时，在宏观上才能产生均匀稳定的压强.

现在来具体讨论一下理想气体作用在器壁上的压强表达式.

为讨论方便起见，选择一个方形的密闭容器，边长分别为 $x$，$y$，$z$，如图 7-5 所示. 容器的体积为 $V=xyz$，其中装有 $N$ 个同类理想气体分子，每个分子的质量为 $\mu$. 在平衡态时，容器壁上各处的压强相同，所以我们只要计算与 $x$ 轴垂直的 $A_1$ 面上的压强就可以了.

先讨论单个气体分子在一次碰撞中对 $A_1$ 面的作用.

设第 $i$ 个分子的速度为 $v_i$，在直角坐标系中的三个分量分别为 $v_{ix}$、$v_{iy}$、$v_{iz}$，与 $A_1$ 面碰撞起作用的是 $v_{ix}$ 分量. 当第 $i$ 个分子以速度

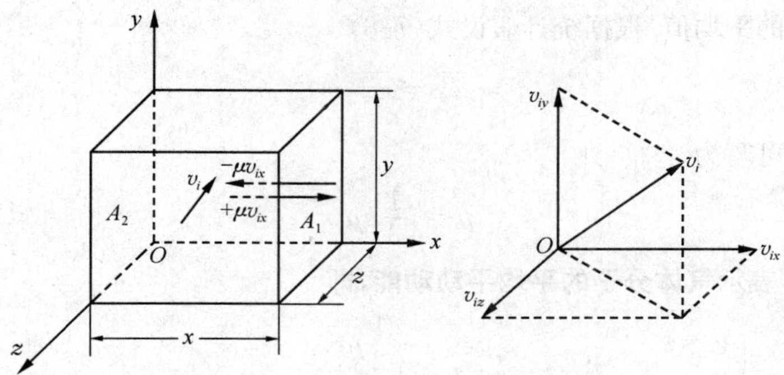


图 7-5 压强公式推导图

$v_{ix}$ 与器壁 $A_1$ 面发生碰撞时，因为碰撞是完全弹性的，所以第 $i$ 个分子以速度 $-v_{ix}$ 被弹回. 根据动量定理，则第 $i$ 个分子与 $A_1$ 面碰撞一次施加给 $A_1$ 面的冲量(量值上应与 $A_1$ 面给予 $i$ 分子的冲量相同)为

$$I = 2\mu v_{ix}$$

然后，考虑单位时间内单个气体分子对 $A_1$ 面的作用.

第 $i$ 个分子从 $A_1$ 面弹向 $A_2$ 面，经 $A_2$ 面碰撞后再回到 $A_1$ 面. 显然，第 $i$ 个分子在两个器壁之间往返一次通过的距离为 $2x$，因为与器壁碰撞前后的速率仍为 $v_{ix}$，所以与 $A_1$ 面连续两次碰撞的时间间隔为 $\frac{2x}{v_{ix}}$，因此，在单位时间内第 $i$ 个分子与 $A_1$ 面的碰撞次数为 $\frac{v_{ix}}{2x}$. 单位时间内第 $i$ 个分子施加给 $A_1$ 面的冲量为

$$2\mu v_{ix}\frac{v_{ix}}{2x} = \frac{\mu v_{ix}^2}{x}$$

最后，考虑容器中大量分子对 $A_1$ 面的作用.

根据动量定理，则 $A_1$ 面所受平均力 $\overline{F}$ 的大小应等于单位时间内容器中所有分子给予 $A_1$ 面冲量的总和，即

$$\overline{F} = \sum_{i=1}^{N}\frac{\mu v_{ix}^2}{x} = \frac{\mu}{x}\sum_{i=1}^{N}v_{ix}^2$$

所以 $A_1$ 面受到的压强为

$$\begin{aligned} p &= \frac{\overline{F}}{yz} = \frac{\mu}{xyz}\sum_{i=1}^{N}v_{ix}^2 \\ &= \frac{N}{V}\cdot\mu\sum_{i=1}^{N}\frac{v_{ix}^2}{N} = \frac{N}{V}\cdot\mu\cdot\left(\frac{v_{1x}^2+v_{2x}^2+\cdots+v_{ix}^2+\cdots+v_{Nx}^2}{N}\right) \\ &= n\mu\,\overline{v_x^2} \end{aligned}$$

式中，$n=\frac{N}{V}$ 为**分子数密度**，$\overline{v_x^2}$ 为括号中 $N$ 个分子沿 $x$ 方向速度分量

平方的平均值. 根据统计假设式(7-8)

$$\overline{v_x^2}=\overline{v_y^2}=\overline{v_z^2}=\frac{1}{3}\overline{v^2}$$

上式可写为

$$p=\frac{1}{3}n\mu\overline{v^2} \tag{7-9}$$

以 $\bar{\varepsilon}_{\mathrm{kt}}$ 表示**气体分子的平均平动动能**,即

$$\bar{\varepsilon}_{\mathrm{kt}}=\frac{1}{2}\mu\overline{v^2}$$

所以,式(7-9)又可写为

$$p=\frac{2}{3}n\left(\frac{1}{2}\mu\overline{v^2}\right)=\frac{2}{3}n\bar{\varepsilon}_{\mathrm{kt}} \tag{7-10}$$

式(7-9)和式(7-10)就是**理想气体的压强公式**.

从压强公式的推导过程可以看出,在对单个分子的运动处理时我们仍认定它遵守经典力学定律,而对大量分子的运动,我们运用统计平均的方法,最终把宏观物理量压强 $p$ 与大量分子运动的微观物理量的统计平均值 $\overline{v^2}$ 和 $\bar{\varepsilon}_{\mathrm{kt}}$ 联系起来,因而压强描述了大量分子的集体行为,具有统计意义. 式(7-10)是气体动理论的一个基本公式,它表明了气体的宏观量压强 $p$ 与微观量分子的平均平动动能 $\bar{\varepsilon}_{\mathrm{kt}}$ 的关系.

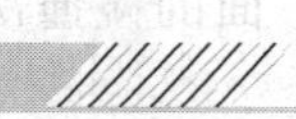

## 7.4　理想气体的温度公式

根据理想气体的压强公式和状态方程,我们也可以导出理想气体的温度与分子平均平动动能的关系,从而近一步阐明温度这一概念的微观本质.

将理想气体状态方程 $p=nkT$ 与理想气体压强公式(7-10)比较,得

$$\bar{\varepsilon}_{\mathrm{kt}}=\frac{1}{2}\mu\overline{v^2}=\frac{3}{2}kT \tag{7-11}$$

上式是宏观量温度 $T$ 与微观量平均值 $\bar{\varepsilon}_{\mathrm{kt}}$ 之间的联系公式,称为理想气体的**温度公式**,也称**能量公式**,它和压强公式一样,也是气体动理论的基本公式之一. 式(7-11)揭示了温度的微观本质,即气体的绝对温度是分子平均平动动能的量度;而分子平均平动动能的大小又是分子热运动剧烈程度的反映. 所以,**温度是气体内分子热运动剧烈程度的标志**. 这一结论适用于任何物体. 式(7-11)还表明温度和压强一样,具有统计意义,离开了"大量分子"和"统计平均",仅就个别分子而言,温度是没有意义的.

从温度公式中我们可以计算气体分子速率平方的平方根,称为

**方均根速率**(root-mean-square speed)

$$\sqrt{\overline{v^2}}=\sqrt{\frac{3kT}{\mu}}=\sqrt{\frac{3RT}{M}} \tag{7-12}$$

另外,据式(7-11)推断,当 $T=0\mathrm{K}$ 时 $\bar{\varepsilon}_{kt}=0$,分子的热运动将停止. 因此,经典理论中我们称 $T=0$ 为**绝对零度**(absolute zero). 实际上,分子的热运动是永不停息的,所以,热力学温度的零度,只能接近而不能达到. 近代量子理论指出,即使在绝对零度,组成固体点阵的粒子也还具有某种振动能量,称为**零点能**. 至于气体,在温度尚未达到绝对零度前就已经变为液体或固体了,所以,式(7-11)也就不再适用了.

**例 7-3** 真空容器中有一氢分子束射向面积 $S=2.0\mathrm{cm}^2$ 的平板,与平板做弹性碰撞. 设分子束中分子的速率 $v=1.0\times10^3\mathrm{m\cdot s^{-1}}$,方向与平板成 60°夹角,每秒内有 $N=1.0\times10^{23}$ 个氢分子射向平板. 求氢分子束作用于平板的压强.

**解** 一个氢分子与平板做弹性碰撞时,其动量增量为 $2\mu v\sin60°$. 根据牛顿第三定律和动量定理,分子束作用于平板的平均冲力大小等于 1s 内分子束的动量增量,即

$$\overline{F}=N2\mu v\sin60°$$

根据压强定义,有

$$\begin{aligned}p&=\frac{\overline{F}}{S}=\frac{2N\mu v\sin60°}{S}\\&=\frac{2\times1.0\times10^{23}\times2.02\times10^{-3}\times1.0\times10^3\times\frac{\sqrt{3}}{2}}{6.02\times10^{23}\times2\times10^{-4}}\\&\approx2.09\times10^3(\mathrm{Pa})\end{aligned}$$

**例 7-4** 从压强公式和温度公式导出道尔顿分压定律(Dalton law of partial pressure),即混合气体的压强等于各种气体分压之和.

**证** 设有 $n$ 种不发生化学作用的不同气体,单位体积内所含分子数分别为 $n_1, n_2, \cdots$,则混合气体单位体积的分子数为

$$n=n_1+n_2+\cdots$$

根据压强公式,混合气体的压强为

$$p=\frac{2}{3}n\left(\frac{1}{2}\mu\overline{v^2}\right)=\frac{2}{3}(n_1+n_2+\cdots)\left(\frac{1}{2}\mu\overline{v^2}\right)$$

又根据温度公式 $\bar{\varepsilon}_{kt}=\frac{3}{2}kT$,在相同温度下,各种气体分子的平均平动动能相等,即

$$\frac{1}{2}\mu_1\overline{v_1^2}=\frac{1}{2}\mu_2\overline{v_2^2}=\cdots=\frac{1}{2}\mu\overline{v^2}=\frac{3}{2}kT$$

式中，$\frac{1}{2}\mu_1\overline{v_1^2}$，$\frac{1}{2}\mu_2\overline{v_2^2}$，…分别为各种气体的平均平动动能，$\frac{1}{2}\mu\overline{v^2}$为混合气体的平均平动动能，所以，混合气体的压强为

$$p=\frac{2}{3}n_1\cdot\frac{1}{2}\mu_1\overline{v_1^2}+\frac{2}{3}n_2\cdot\frac{1}{2}\mu_2\overline{v_2^2}+\cdots$$

$$p=p_1+p_2+\cdots$$

由此可见，**混合气体的压强等于各种气体分压强之和**，这也间接地证明了压强公式和温度公式的正确性.

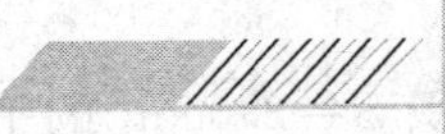

## 7.5　能量均分定理　理想气体内能

在讨论理想气体压强公式和温度公式时，只考虑了分子的平动，并引入了平均平动动能的概念，把分子当作弹性质点来处理. 实际上，这样处理的结果与实验事实并不完全相符，我们还必须考虑分子本身的结构. 分子是由原子组成的，单原子分子(如 He，Ne，Ar，Kr，Xe 等)的运动只有平动，而双原子分子(如 $H_2$，$O_2$ 等)和多原子分子(如 $H_2O$，$N_2O$，$NH_3$，$CH_4$ 等)不仅有平动，而且还有转动和同一分子中原子间的振动，所以，气体分子热运动的能量也应包括这些运动所具有的能量. 为了阐明气体分子无规则运动的能量所遵循的统计规律，并且在此基础上求出理想气体的内能，我们需先引入自由度的概念.

### 7.5.1　自由度

通过第 2 章的学习，我们已经知道，**确定一个物体的空间位置所需的独立坐标数**，称为该物体的**自由度**(degree of freedom).

一个质点在三维空间自由运动，需要 3 个独立坐标来确定它的位置，例如，可以用直角坐标系中的 $x$，$y$ 和 $z$ 坐标变量来描述，所以，它的自由度为 3. 若质点限定在平面上运动，则自由度为 2，若质点沿一维曲线运动，则其自由度为 1.

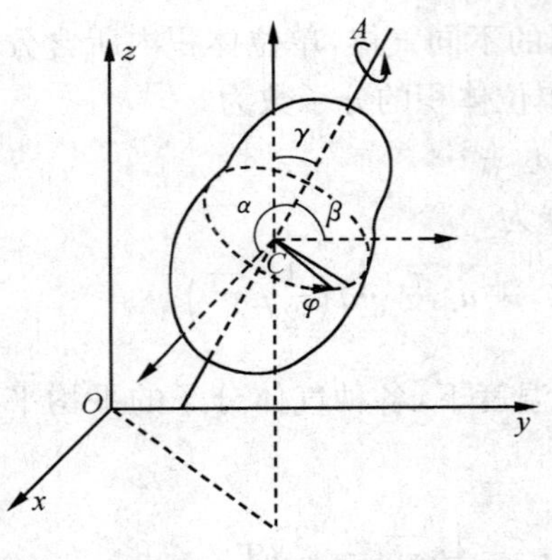


图 7-6　刚体的自由度

刚体的运动一般可分解为质心的平动和绕通过质心轴的转动. 所以要确定刚体的空间位置，如图 7-6 所示，可以先用 3 个独立坐标确定质心 $C$ 的位置；再用两个独立的方位角[①]($\alpha$，$\beta$，$\gamma$ 中任意 2 个)确定过质心的转轴 $AC$ 的

① 3 个方位角 $\alpha$，$\beta$，$\gamma$ 满足关系式 $\cos^2\alpha+\cos^2\beta+\cos^2\gamma=1$.

方位. 再用一个独立坐标 $\varphi$ 确定刚体绕 $AC$ 轴转过的角度. 因此,刚体一般运动有 6 个自由度,其中有 3 个平动自由度和 3 个转动自由度. 当然,当刚体的运动受到某些限制时,其自由度自然要减少.

现在我们研究气体分子的自由度. 单原子分子可以看成是一个能够在空间自由运动的质点,确定它的位置需要 3 个独立坐标($x$, $y$, $z$),如图 7-7(a)所示,因此单原子分子有 3 个平动自由度.

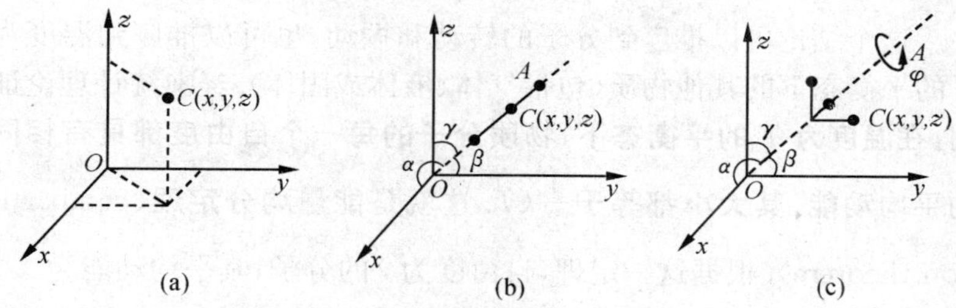


图 7-7 气体分子的自由度

双原子分子(不考虑原子间的振动)可看成是两个质点组成的哑铃形状的刚性分子,如图 7-7(b)所示. 先用 3 个独立坐标确定其质心 $C$(或任一原子)的位置,这时它的位置还没有被完全确定,因为两个原子的连线还可以在空间转动,再用两个独立的方位角确定两个原子连线的方位,所以,双原子分子有 3 个平动自由度和 2 个转动自由度,共计 5 个自由度.

多原子分子,只要各原子不排列在一条线上,便可视为自由刚体,如图 7-7(c)所示. 即有 3 个平动自由度和 3 个转动自由度,共计 6 个自由度.

以上 3 种分子的自由度如表 7-2 所示.

**表 7-2 气体分子的自由度**

| 分子种类 | 平动自由度 $t$ | 转动自由度 $r$ | 总自由度 $i$ |
|---|---|---|---|
| 单原子分子 | 3 | 0 | 3 |
| 刚性双原子分子 | 3 | 2 | 5 |
| 刚性多原子分子 | 3 | 3 | 6 |

这里假定分子内各原子间的距离是固定不变的. 通常将原子间距离保持不变的分子称为**刚性分子**,否则称为**非刚性分子**. 非刚性分子内的原子间有微小振动,因而还具有振动自由度. 当研究常温下气体的性质时,对于大多数气体分子,一般可以不考虑分子的振动.

### 7.5.2 能量均分定理

我们已经得到了理想气体分子的平均平动动能为 $\varepsilon_{kt}$,由统计假设,气体分子沿各个方向运动的机会均等,有$\overline{v_x^2}=\overline{v_y^2}=\overline{v_z^2}$则

$$\bar{\varepsilon}_{kt}=\frac{3}{2}kT=\frac{1}{2}\mu\overline{v^2}=\frac{1}{2}\mu\overline{v_x^2}+\frac{1}{2}\mu\overline{v_y^2}+\frac{1}{2}\mu\overline{v_z^2}$$

故

$$\frac{1}{2}\mu\overline{v_x^2}=\frac{1}{2}\mu\overline{v_y^2}=\frac{1}{2}\mu\overline{v_z^2}=\frac{1}{2}kT$$

上式表明，**分子的平均平动动能均等地分配给每个平动自由度（作为质点的理想气体分子有3个平动自由度）．每个自由度的能量都是$\frac{1}{2}kT$．**

这个结论可以推广到分子的转动和振动，也可以推广到温度为$T$的平衡态下的其他物质（包括气体、液体或固体）．经典统计理论证明：**在温度为$T$的平衡态下，物质分子的每一个自由度都具有相同的平均动能，其大小都等于$\frac{1}{2}kT$．**这就是**能量均分定理**（equipartition theorem）．根据这一定理，自由度为$i$的分子，其平均动能为

$$\bar{\varepsilon}_{\mathrm{k}}=\frac{i}{2}kT \tag{7-13}$$

所以，在常温下，单原子分子、刚性双原子分子、刚性多原子分子的平均动能分别是$\frac{3}{2}kT$，$\frac{5}{2}kT$和$\frac{6}{2}kT$．

必须指出，能量按自由度均分定理是对大量分子统计平均的结果，是一统计规律．对于个别分子来说，在某一瞬时它的各种形式的动能不一定按自由度均分．能量均分的物理原因是，气体由非平衡态演化为平衡态的过程是依靠大量分子无规则的、频繁的碰撞并交换能量来实现的．在碰撞过程中，一个分子的能量可以传递给另一个分子，一种形式的能量可以转化为另一种形式的能量，一个自由度的能量可以转移到另一个自由度上，当达到平衡态时，能量就按自由度均匀分配了．

### 7.5.3　理想气体的内能

在热学中，**气体的内能**（internal energy）是指**气体所有分子各种形式的动能（平动动能、转动动能和振动动能）以及分子之间、分子内各原子之间相互作用势能的总和**．对于理想气体，因不考虑分子间的相互作用，分子间的相互作用势能便忽略不计，对于刚性分子（除个别气体分子外，如$Cl_2$）则不考虑原子间的振动，因此，**刚性分子组成的理想气体的内能就是所有分子各种无规则热运动动能的总和．**

根据能量均分定理，一个自由度为$i$的理想气体分子的平均总动能为$\frac{i}{2}kT$，1mol理想气体包含的分子数为$N_A$（阿伏伽德罗常量），所以，它的内能为

$$E_{\mathrm{mol}}=N_A\frac{i}{2}kT=\frac{i}{2}RT$$

质量为 $m$，摩尔质量为 $M$ 的理想气体的内能为

$$E=\frac{m}{M}\frac{i}{2}RT \tag{7-14}$$

上式表明，对于一定质量的理想气体，其内能只和气体分子的自由度和温度有关，而与气体的体积和压强无关. 也就是说，**理想气体的内能仅是温度的单值函数**，这一性质也可作为理想气体的另一定义.

特别需要注意的是，理想气体的内能只是指气体分子各种无规则热运动动能的总和，并不计及分子有规则运动（指整体宏观定向运动）的能量. 气体分子的内能与宏观运动的机械能有明显的区别，不可混为一谈.

**例 7-5** 1mol 氧气，其温度为 27℃.

(1) 求一个氧分子的平均平动动能、平均转动动能和平均总动能；

(2) 求 1mol 氧气的内能、平动动能和转动动能；

(3) 若温度升高 1℃时，其内能增加多少？

**解** 氧气分子是双原子分子，平动自由度 $t=3$，转动自由度 $r=2$，自由度 $i=t+r=5$.

(1) 根据能量按自由度均分定理，一个氧分子的平均平动动能、平均转动动能和平均动能分别为

$$\bar{\varepsilon}_{kt}=\frac{3}{2}kT=\frac{3}{2}\times 1.38\times 10^{-23}\times(273+27)=6.21\times 10^{-21}(\mathrm{J})$$

$$\bar{\varepsilon}_{kr}=\frac{2}{2}kT=\frac{2}{2}\times 1.38\times 10^{-23}\times 300=4.14\times 10^{-21}(\mathrm{J})$$

$$\bar{\varepsilon}_{k}=\frac{5}{2}kT=\frac{5}{2}\times 1.38\times 10^{-23}\times 300=1.04\times 10^{-20}(\mathrm{J})$$

(2) 1mol 氧气分子的平动动能、转动动能和内能分别为

$$E_{kt}=N_0\cdot\frac{3}{2}kT=\frac{3}{2}RT=\frac{3}{2}\times 8.31\times 300\approx 3.74\times 10^{3}(\mathrm{J})$$

$$E_{kr}=N_0\cdot\frac{2}{2}kT=RT=8.31\times 300\approx 2.49\times 10^{3}(\mathrm{J})$$

$$E=E_{kt}+E_{kr}=\frac{5}{2}RT=\frac{5}{2}\times 8.31\times 300\approx 6.23\times 10^{3}(\mathrm{J})$$

(3) 当温度升高 1℃时，1mol 氧气的内能的增量为

$$\Delta E=\frac{i}{2}R\Delta T=\frac{5}{2}\times 8.31\times 1\approx 20.8(\mathrm{J})$$

## 7.6 麦克斯韦速率分布律

由大量分子组成的气体，因分子间的频繁碰撞，各个分子的速度

大小和方向瞬息万变.任一时刻,某个分子具有多大的运动速率完全是偶然的,可以是零到无穷大之间的任何值.但理论和实验都证明,在平衡态下,大量气体分子的速率是按确定的统计规律分布的.1859年,英国物理学家麦克斯韦(J. C. Maxwell)从理论上导出了气体分子速率分布律——**麦克斯韦速率分布律**.现在已经被大量实验所证实,并得到了广泛的应用.在介绍这一统计规律之前,我们先阐明什么是速率分布和分布函数.

### 7.6.1　速率分布和分布函数

为了描述平衡态下气体分子的速率分布,先将分子速率范围 $0\sim\infty$ 分成许多相等的速率区间 $\Delta v$,然后通过实验或理论推导找出分布在各个速率区间 $v\sim v+\Delta v$ 内的分子数 $\Delta N$ 与总分子数 $N_0$ 的比率$\dfrac{\Delta N}{N_0}$.这些比率便给出了分子的速率分布.表 7-3 给出了 0℃时空气分子的速率分布.表中取 $\Delta v=100\text{m}\cdot\text{s}^{-1}$.由表 7-3 可知,速率在 $300\sim400\text{m}\cdot\text{s}^{-1}$ 的分子数占总分子数的比率最大(21.5%),其次是 $400\sim500\text{m}\cdot\text{s}^{-1}$.而速率小于 $100\text{m}\cdot\text{s}^{-1}$ 和大于 $700\text{m}\cdot\text{s}^{-1}$ 的分子数占总分子数的比率都较小.

表 7-3 对分子速率分布的描述是很粗略的.为了精确地描述分子速率分布,应将速率区间取得足够的小,使 $\Delta v\to0$(区间 $\Delta v$ 内仍应包含大量分子).这时可将 $\Delta v$ 表示成微分 $\text{d}v$,以 $\text{d}N$ 表示分布在 $v\sim v+\text{d}v$ 的分子数,比率$\dfrac{\text{d}N}{N_0}$表示速率分布在 $v\sim v+\text{d}v$ 内的分子数占总分子数的百分比,或者说分子速率处于 $v\sim v+\text{d}v$ 内的概率.

**表 7-3　0℃时空气分子的速率分布**

| 速率区间 $v\sim v+\Delta v$ /(m·s$^{-1}$) | 分子数比率 ($\Delta N/N_0$)/% | 速率区间 $v\sim v+\Delta v$ /(m·s$^{-1}$) | 分子数比率 ($\Delta N/N_0$)/% |
|---|---|---|---|
| <100 | 1.4 | 400～500 | 20.5 |
| 100～200 | 8.4 | 500～600 | 15.1 |
| 200～300 | 16.2 | 600～700 | 9.2 |
| 300～400 | 21.5 | >700 | 7.7 |

比率$\dfrac{\text{d}N}{N_0}$是速率 $v$ 的函数,而且可认为与 $\text{d}v$ 成正比,因而可表示为

$$\frac{\text{d}N}{N_0}=f(v)\text{d}v$$

或

$$f(v)=\frac{\text{d}N}{N_0\text{d}v} \tag{7-15}$$

式中，函数 $f(v)$ 叫做**速率分布函数**(distribution function of speed). 它的物理意义是，**速率在 $v$ 附近单位速率区间内的分子数占总分子数的百分比，或者说为某一分子的速率在 $v$ 附近单位速率区间内的概率.**

由式(7-15)可得，分布在有限速率区间 $v_1 \sim v_2$ 内的分子数为

$$\Delta N = \int \mathrm{d}N = \int_{v_1}^{v_2} N_0 f(v) \mathrm{d}v$$

分布在整个速率区间 0～∞的分子数显然为分子总数 $N_0$，所以

$$\int_0^\infty N_0 f(v) \mathrm{d}v = N_0$$

即

$$\int_0^\infty f(v) \mathrm{d}v = 1 \tag{7-16}$$

上式称为速率分布函数的**归一化条件**.

### 7.6.2 理想气体分子的麦克斯韦速率分布律

麦克斯韦速率分布律指出，**在平衡态下，理想气体分子速率分布在区间 $v \sim v+\mathrm{d}v$ 内的分子数占总分子数的百分比为**

$$\frac{\mathrm{d}N}{N_0} = 4\pi \sqrt{\left(\frac{\mu}{2\pi kT}\right)^3} \mathrm{e}^{-\frac{\mu v^2}{2kT}} v^2 \mathrm{d}v \tag{7-17}$$

式中，$T$ 为气体的热力学温度，$\mu$ 为气体分子的质量，$k$ 为玻尔兹曼常量. 与式(7-15)对比，可得**麦克斯韦速率分布函数**为

$$f(v) = 4\pi \sqrt{\left(\frac{\mu}{2\pi kT}\right)^3} \mathrm{e}^{-\frac{\mu v^2}{2kT}} v^2 \tag{7-18}$$

以 $f(v)$ 为纵坐标、$v$ 为横坐标画出的 $f(v)$-$v$ 曲线，称为**麦克斯韦速率分布曲线**，如图 7-8 所示. 它形象地描绘出气体分子按速率的分布情况.

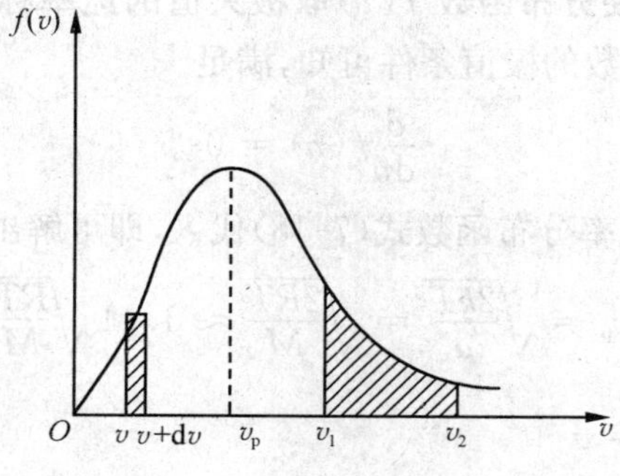


图 7-8 速率分布曲线

由式(7-15)可知,图中任一区间 $v \sim v+\mathrm{d}v$ 内曲线下的面积(图中阴影小竖条的面积)为 $f(v)\mathrm{d}v=\dfrac{\mathrm{d}N}{N_0}$;在有限速率区间 $v_1 \sim v_2$ 内曲线下的面积(图中的阴影面积)为 $\int_{v_1}^{v_2} f(v)\mathrm{d}v = \dfrac{\Delta N}{N_0}$,其物理意义是,速率分布在 $v_1 \sim v_2$ 的分子数占总分子数的百分比,或一个分子的速率在 $v_1 \sim v_2$ 内的概率. 由图 7-8 速率分布曲线表明,速率很小和很大的分子数占总分子数的百分率都较小,而具有中等速率的分子数占总分子数的百分率较高. 当 $v=v_{\mathrm{p}}$ 时,$f(v)$取极大值,$v_{\mathrm{p}}$ 称为**最概然速率**(most probable speed),也称**最可几速率**,其物理意义是,**如果把整个速率范围分成许多相等的小区间,则分布在 $v_{\mathrm{p}}$ 所在小区间的分子数占总分子数的百分比最大.**

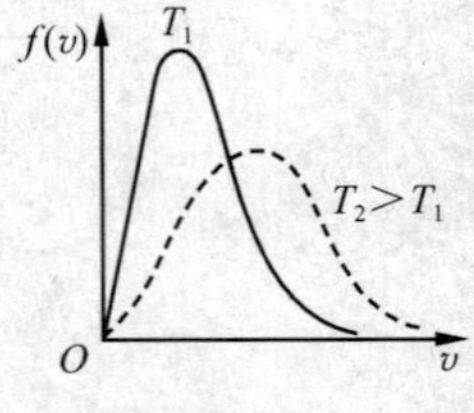


图7-9　$T$不同时某气体分布曲线

由 $f(v)$的表达式(7-18)可知,速率分布曲线的形状与气体温度 $T$ 和分子质量 $\mu$ 有关. 温度升高时,分子热运动加剧,即速率较大的分子数及其占总分子的百分率增大. 另外,分布曲线还需满足归一化条件(曲线下的总面积等于 1),所以温度升高时,分布曲线向右移动,$f(v)$的极大值减小,曲线变得较为平坦. 图 7-9 给出了同一种气体在两种不同温度($T_2 > T_1$)下的速率分布曲线.

应该指出,麦克斯韦速率分布律是一个统计规律,它只适用于由大量分子组成的处于平衡态的气体. 由于热运动的无规则性,任一速率区间 $v \sim v+\mathrm{d}v$ 内的分子数都是不断地随机变化的. 式(7-15)和式(7-17)中的 $\mathrm{d}N$ 是指速率分布在区间 $v \sim v+\mathrm{d}v$ 内的分子数的统计平均值. 为使 $\mathrm{d}N$ 有确定意义,$\mathrm{d}v$ 的大小应保证这一速率区间内有大量分子,分子数目越大,$\mathrm{d}N$ 的值便越稳定,否则,$\mathrm{d}N$ 的数值将不确定而失去实际意义.

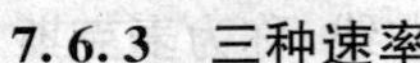

### 7.6.3　三种速率

1. 最概然速率

如前所述,**使分布函数 $f(v)$ 取极大值的速率**称为**最概然速率**,用 $v_{\mathrm{p}}$ 表示. 由函数的极值条件可知,满足

$$\frac{\mathrm{d}}{\mathrm{d}v} f(v) = 0$$

并将麦克斯韦速率分布函数式(7-18)代入,即可解出

$$v_{\mathrm{p}} = \sqrt{\frac{2kT}{\mu}} = \sqrt{\frac{2RT}{M}} \approx 1.41\sqrt{\frac{RT}{M}} \tag{7-19}$$

2. 平均速率 $\bar{v}$

**大量分子的速率的算术平均值**称为**平均速率**(average speed),

常用 $\bar{v}$ 表示. 由速率分布函数的定义可知,速率分布在任一区间 $v\sim v+\mathrm{d}v$ 的分子数 $\mathrm{d}N=N_0 f(v)\mathrm{d}v$,由于 $\mathrm{d}v$ 为无穷小,故可认为这 $\mathrm{d}N$ 个分子的速率都等于 $v$,它们的速率之和为 $v\,\mathrm{d}N=vN_0 f(v)\mathrm{d}v$. 将 $v\mathrm{d}N$ 对整个速率区间 $0\sim\infty$ 积分便可得到全部分子的速率之和. 于是根据算术平均值定义和式(7-15)可得

$$\bar{v}=\frac{\int_0^\infty v\mathrm{d}N}{N_0}=\int_0^\infty vf(v)\mathrm{d}v \tag{7-20a}$$

将麦克斯韦速率分布函数 $f(v)$ 的表达式代入上式并积分,可得

$$\bar{v}=\sqrt{\frac{8kT}{\pi\mu}}=\sqrt{\frac{8RT}{\pi M}}\approx 1.60\sqrt{\frac{RT}{M}} \tag{7-20b}$$

3. 方均根速率 $\sqrt{\overline{v^2}}$

**大量分子速率平方平均值的平方根称为方均根速率**(root-mean-square speed). 根据算术平均值定义并仿照式(7-20a)可得大量分子速率平方的统计平均值为

$$\overline{v^2}=\frac{\int_0^\infty v^2\mathrm{d}N}{N_0}=\int_0^\infty v^2 f(v)\mathrm{d}v=\frac{3kT}{\mu}$$

于是得

$$\sqrt{\overline{v^2}}=\sqrt{\frac{3kT}{\mu}}=\sqrt{\frac{3RT}{M}}\approx 1.73\sqrt{\frac{RT}{M}} \tag{7-21}$$

上述结果表明,气体分子的三种统计速率都只取决于气体分子自身质量 $\mu$(或摩尔质量 $M$)和温度 $T$. 对于给定的气体,当温度一定时,它们的数值是确定的. 并且 $v_p<\bar{v}<\sqrt{\overline{v^2}}$,如图 7-10 所示. 这三种统计速率有着各自的应用. 例如,$v_p$ 用于讨论分子速率分布问题;$\bar{v}$ 用于计算分子平均碰撞频率和平均自由程;$\sqrt{\overline{v^2}}$ 用于计算分子平均平动动能.

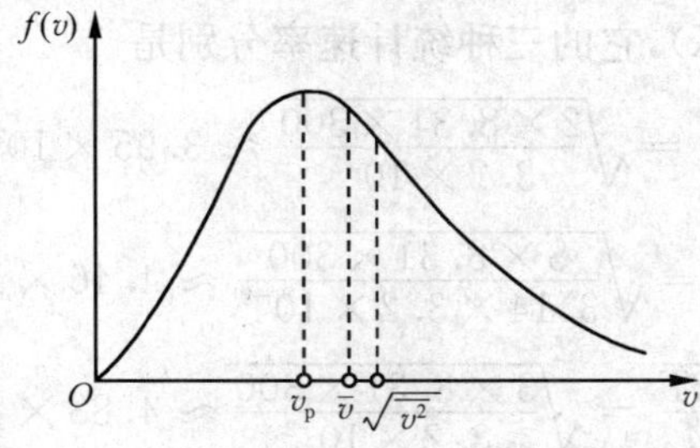

图 7-10 三种速率比较

### 7.6.4 麦克斯韦速率分布的实验验证

1859 年麦克斯韦从理论上导出气体分子速率分布律后,由于当

时未能获得足够高的真空，所以直到 20 世纪 20 年代后才获得实验验证. 1920 年施特恩最早测定了分子速率. 1934 年，我国物理学家葛正权测定了铋(Bi)蒸气分子的速率分布，实验结果与麦克斯韦速率分布律基本符合. 1955 年，密勒和库什测定了铊(Tl)蒸气原子的速率分布，实验结果和理论曲线符合得很好，比较精确地验证了麦克斯韦速率分布律，下面对这一实验作简单介绍.

实验装置如图 7-11 所示，O 是铊蒸气源，R 是开有螺旋形小槽的圆柱体，可绕中心轴转动，D 为检测器，用它测定接收到的原子射线的强度. 圆柱体 R 实际上是一个速度选择器，设它的长为 $l$，转动角速度为 $\omega$，细槽的入口缝与出口缝之间夹角为 $\varphi$，则只有那些速率 $v$ 满足关系式

$$\frac{l}{v}=\frac{\varphi}{\omega}\quad 或\quad v=\frac{\omega}{\varphi}l$$

的原子才能通过细槽被检测器所接收. 由于槽有一定宽度，相当于出入缝之间夹角 $\varphi$ 有一个变化范围 $\Delta\varphi$，因此当 $\omega$ 一定时，从细槽飞出的原子速率相应有一个范围，即 $v\sim v+\Delta v$，改变 $\omega$，就可以测出不同速率范围内的原子射线强度.

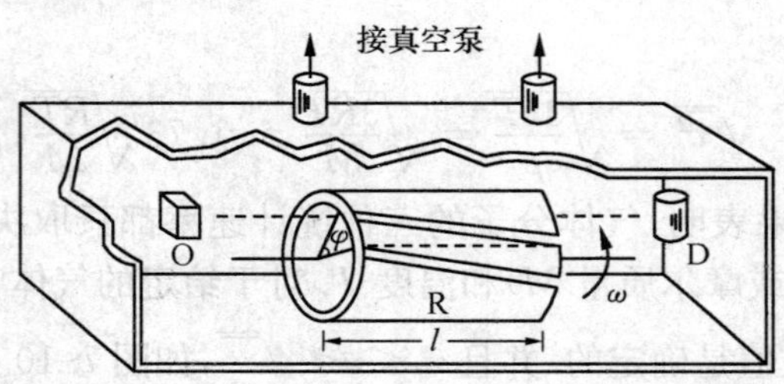


图 7-11　测定分子速率的装置

**例 7-6**　求 27℃时氧分子的三种统计速率.

**解**　氧气的摩尔质量 $M=3.2\times10^{-2}\ \mathrm{kg\cdot mol^{-1}}$，温度 $T=273+27=300(\mathrm{K})$，它的三种统计速率分别是

$$v_{\mathrm{p}}=\sqrt{\frac{2RT}{M}}=\sqrt{\frac{2\times8.31\times300}{3.2\times10^{-2}}}\approx3.95\times10^{2}(\mathrm{m\cdot s^{-1}})$$

$$\bar{v}=\sqrt{\frac{8RT}{\pi M}}=\sqrt{\frac{8\times8.31\times300}{3.14\times3.2\times10^{-2}}}\approx4.46\times10^{2}(\mathrm{m\cdot s^{-1}})$$

$$\sqrt{\overline{v^2}}=\sqrt{\frac{3RT}{M}}=\sqrt{\frac{3\times8.31\times300}{3.2\times10^{-2}}}\approx4.83\times10^{2}(\mathrm{m\cdot s^{-1}})$$

很容易算出，27℃时氢气分子的速率为氧气的 4 倍，如 $\bar{v}=1.79\times10^{3}\ \mathrm{m\cdot s^{-1}}$.

**例 7-7**　试计算处于平衡态的气体分子在 $v_{\mathrm{p}}\sim1.01v_{\mathrm{p}}$ 内分子数占总分子数的百分比.

**解**　根据麦克斯韦速率分布函数

$$f(v)=\frac{\mathrm{d}N}{N_0\mathrm{d}v}=4\pi\sqrt{\left(\frac{\mu}{2\pi kT}\right)^3}\mathrm{e}^{-\frac{\mu v^2}{2kT}}v^2$$

可改写为

$$\frac{\Delta N}{N_0}=f(v)\Delta v=4\pi\sqrt{\left(\frac{\mu}{2\pi kT}\right)^3}\mathrm{e}^{-\frac{\mu v^2}{2kT}}v^2\Delta v$$

由于 $v_{\mathrm{p}}=\sqrt{\frac{2kT}{\mu}}$，代入上式得

$$\frac{\Delta N}{N_0}=\frac{4}{\sqrt{\pi}}\mathrm{e}^{-\frac{v^2}{v_{\mathrm{p}}^2}}\frac{v^2}{v_{\mathrm{p}}^2}\cdot\frac{\Delta v}{v_{\mathrm{p}}}$$

根据题意，$v=v_{\mathrm{p}}$，$\Delta v=0.01v_{\mathrm{p}}$，代入上式得

$$\frac{\Delta N}{N_0}=\frac{4}{\sqrt{\pi}}\mathrm{e}^{-1}\times 0.01\times 100\%\approx 0.83\%$$

**例 7-8**　金属导体中自由电子的运动可看作类似于气体分子的运动(称为电子气)设导体中共有 $N$ 个自由电子，其中电子的最大速率为 $v_{\mathrm{m}}$，电子速率分布函数为

$$f(v)=\frac{\mathrm{d}N}{N\mathrm{d}v}=\begin{cases}Av^2, & v_{\mathrm{m}}>v>0\\ 0, & v>v_{\mathrm{m}}\end{cases}$$

(1) 求常数 $A$；

(2) 求该电子气的平均速率 $\bar{v}$；

(3) 求该电子气的方均根速率 $\sqrt{\overline{v^2}}$.

**解**　(1) 由速率分布函数满足归一化条件，即

$$\int_0^{\infty}f(v)\mathrm{d}v=\int_0^{v_{\mathrm{m}}}Av^2\mathrm{d}v=1$$

可解得

$$A=\frac{3}{v_{\mathrm{m}}^3}$$

(2) 根据平均速率的定义，可得

$$\bar{v}=\int_0^{\infty}vf(v)\mathrm{d}v=\int_0^{v_{\mathrm{m}}}vf(v)\mathrm{d}v=\int_0^{v_{\mathrm{m}}}v(Av^2)\mathrm{d}v=\frac{A}{4}v_{\mathrm{m}}^4=\frac{3}{4}v_{\mathrm{m}}$$

读者可以思考，若要求粒子在 $v_1\sim v_2$ 的平均速率，该如何求解？

(3) 据 $\overline{v^2}=\int_0^{\infty}v^2f(v)\mathrm{d}v$ 得到粒子的方均根速率为

$$\sqrt{\overline{v^2}}=\sqrt{\int_0^{\infty}v^2f(v)\mathrm{d}v}=\sqrt{\int_0^{v_{\mathrm{m}}}v^2(Av^2)\mathrm{d}v}=\sqrt{\frac{A}{5}v_{\mathrm{m}}^5}=\frac{\sqrt{15}}{5}v_{\mathrm{m}}$$

请读者思考，能直接用式(7-20b)和式(7-21)计算电子气的 $\bar{v}$ 和 $\sqrt{\overline{v^2}}$ 吗？

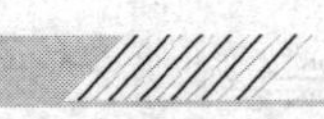

## *7.7　玻尔兹曼分布

### 7.7.1　玻尔兹曼分布律

麦克斯韦速率分布律是讨论在无外力场(如重力场、电场、磁场等)作用的条件下,处于平衡态的气体分子按速率分布的规律,这时,气体分子在空间的分布是均匀的.如果气体分子处于外力场(如重力场、电场或磁场)中,气体分子按空间位置的分布又将遵守什么规律呢?

玻尔兹曼把麦克斯韦速率分布律推广到处于保守力场的气体中,这时,气体分子不仅有动能 $\varepsilon_k$,还有势能 $\varepsilon_p$,即分子的总能量为 $\varepsilon=\varepsilon_k+\varepsilon_p$.因为动能与速度有关,势能一般与位置有关.所以在讨论分子数按能量的分布时,不仅要指明速度分量的区间,还要指明坐标区间.玻尔兹曼从理论上推导出,**当系统在保守力场中处于平衡状态时,其中速度处于 $v_x \sim v_x+\mathrm{d}v_x, v_y \sim v_y+\mathrm{d}v_y, v_z \sim v_z+\mathrm{d}v_z$ 区间内,同时坐标介于 $x\sim x+\mathrm{d}x, y\sim y+\mathrm{d}y, z\sim z+\mathrm{d}z$ 内的分子数为**

$$\mathrm{d}N = n_0 \sqrt{\left(\frac{\mu}{2\pi kT}\right)^3}\, \mathrm{e}^{-\frac{\varepsilon_k+\varepsilon_p}{kT}} \mathrm{d}x\mathrm{d}y\mathrm{d}z\mathrm{d}v_x\mathrm{d}v_y\mathrm{d}v_z \tag{7-22}$$

式中,$n_0$ 表示在势能 $\varepsilon_p=0$ 时单位体积内的分子数(即分子数密度),这个公式称为**玻尔兹曼分布律**,又称**分子按能量的分布定律**.$\mathrm{e}^{-\frac{\varepsilon_k+\varepsilon_p}{kT}}$ 叫做**玻尔兹曼因子**,是决定各区间内分子数的重要因素.当温度为 $T$ 时,在确定的速度区间和位置区间内,分子的能量越大,分子数越少,也就是说,按统计分布来看,分子总是优先占据低能量状态.这是玻尔兹曼分布律的一个重要结论.

考虑到分布函数所应满足的归一化条件

$$\iiint_{-\infty}^{\infty} \sqrt{\left(\frac{\mu}{2\pi kT}\right)^3}\, \mathrm{e}^{-\frac{\varepsilon_k}{kT}} \mathrm{d}v_x\mathrm{d}v_y\mathrm{d}v_z = 1$$

可得分布在坐标区间 $x\sim x+\mathrm{d}x, y\sim y+\mathrm{d}y, z\sim z+\mathrm{d}z$ 内的分子数为

$$\mathrm{d}N' = n_0 \mathrm{e}^{-\frac{\varepsilon_p}{kT}} \mathrm{d}x\mathrm{d}y\mathrm{d}z$$

上式两端除以 $\mathrm{d}V=\mathrm{d}x\mathrm{d}y\mathrm{d}z$,则得到分布在坐标区间 $x\sim x+\mathrm{d}x, y\sim y+\mathrm{d}y, z\sim z+\mathrm{d}z$ 内单位体积内的分子数为

$$n = n_0 \mathrm{e}^{-\frac{\varepsilon_p}{kT}} \tag{7-23}$$

这是玻尔兹曼分布律的一种常用形式,表现了分子按势能分布的规律.

玻尔兹曼分布律是一个普适规律,它对任何物质的微粒(气体、

液体、固体的原子和分子、布朗粒子等)在任何保守力场中运动的情形都成立.

### 7.7.2 重力场中微粒按高度的分布

粒子处于重力场中,势能 $\varepsilon_p=\mu gz$,那么,分布在高度 $z$ 处单位体积内的分子数为

$$n = n_0 e^{-\frac{\mu gz}{kT}} \tag{7-24}$$

式中,$n_0$ 为 $z=0$ 处单位体积内的分子数,上式表示在重力场中气体分子数密度 $n$ 随高度增加而按指数规律减小.

应用式(7-24)及 $p=nkT$ 可以得到

$$p = p_0 e^{-\frac{\mu gz}{kT}} = p_0 e^{-\frac{\mu gz}{kT}} \tag{7-25}$$

式中,$p_0=n_0kT$ 为 $z=0$ 处的压强,式(7-25)称为**等温气压公式**,它可以近似地估算不同高处的大气压强,在爬山和航空中,可以根据大气压强随高度的变化来判断高度的变化.

## 7.8 气体分子的平均自由程和碰撞频率

室温下,空气分子平均速率约为 $4\times10^2\,\mathrm{m\cdot s^{-1}}$,声速约为 $3\times10^2\,\mathrm{m\cdot s^{-1}}$,两者是同数量级的,前者还稍快些. 早在 1858 年,克劳修斯就提出一个有趣的问题:若摔破一瓶香水,声音和气味是否该差不多同时传到某一点? 事实上,声音要先到,气味的传播要慢得多. 克劳修斯认为,这是因为香水分子在运动过程中不断与其他分子碰撞,每碰撞一次,速度的大小和方向就会发生改变,其所走的路径如图 7-12 所示,是一条十分复杂的折线.

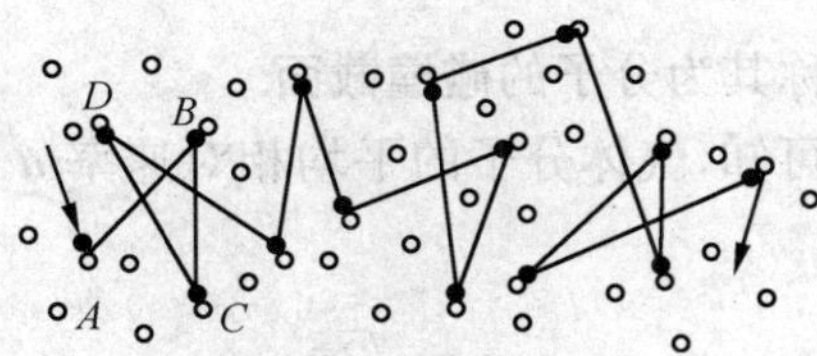


图 7-12 气体分子的碰撞

分子的热运动是杂乱无章的,每个分子都要与其他分子频繁碰撞,在相邻的两次碰撞之间,可认为分子做直线运动,它所经过的直线路程,叫做**自由程**(free path). 对个别分子而言,其自由程时长时短,而且单位时间内的碰撞次数也千差万别,带有一定的偶然性. 但

大量分子的运动具有确定的统计规律性,因此,真正有意义的是大量分子的统计平均值. 我们把**分子在连续两次碰撞之间所经过的自由程的平均值**叫做**平均自由程**(mean free path),用 $\bar{\lambda}$ 表示. 同时,我们把**每个分子与其他分子在 1s 内的平均碰撞次数**叫做**平均碰撞频率**(mean collision frequency)或**平均碰撞次数**,用 $\bar{z}$ 表示,下面我们先讨论分子的平均碰撞频率 $\bar{z}$.

为了使问题简化,我们假定每个分子都是直径为 $d$ 的刚性小球,并设想跟踪其中的一个分子,如图 7-13 中的分子 $A$,它以平均相对速率 $\bar{u}$ 运动,而其他分子可看作静止不动,且分子 $A$ 与其他分子做完全弹性碰撞.

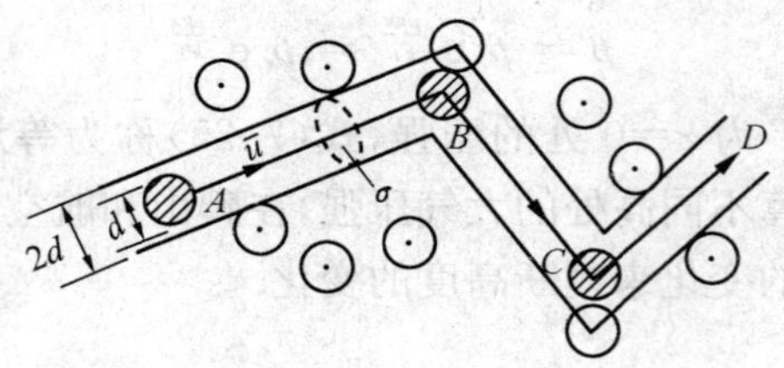


图 7-13　$\bar{z}$ 和 $\bar{\lambda}$ 计算用图

在分子 $A$ 的运动过程中,分子 $A$ 的球心所走过的轨迹是一条折线,如图 7-12 所示的折线 $ABCD\cdots$. 设想以分子 $A$ 的球心经过的轨迹为轴,以分子的直径 $d$ 为半径作一个曲折的圆柱体. 这样,凡是球心在此圆柱体内的分子都会与分子 $A$ 碰撞. 在 $\Delta t$ 时间内,分子 $A$ 所走过的路程为 $\bar{u}\Delta t$,对应圆柱体的体积为 $\pi d^2\bar{u}\Delta t$. 设分子数密度为 $n$,则此圆柱体内的分子数是 $n\pi d^2\bar{u}\Delta t$,这些分子在 $\Delta t$ 时间内都将与分子 $A$ 相碰撞. 则分子 $A$ 在 1s 内与其他分子的碰撞次数即平均碰撞频率 $\bar{z}$ 为

$$\bar{z}=\frac{n\pi d^2\bar{u}\Delta t}{\Delta t}=n\pi d^2\bar{u} \tag{7-26}$$

式中,$\pi d^2=\sigma$,常称其为分子的**碰撞截面**.

由统计理论可知,气体分子的平均相对速率 $\bar{u}$ 与平均速率 $\bar{v}$ 之间的关系为

$$\bar{u}=\sqrt{2}\bar{v} \tag{7-27}$$

将上式代入到式(7-26),得到

$$\bar{z}=\sqrt{2}\pi d^2 n\bar{v} \tag{7-28}$$

若分子的平均速率为 $\bar{v}$,则在 $\Delta t$ 时间内经过的自由程为 $\bar{v}\Delta t$,碰撞次数为 $\bar{z}\Delta t$,则平均自由程为

$$\bar{\lambda}=\frac{\bar{v}\Delta t}{\bar{z}\Delta t}=\frac{\bar{v}}{\bar{z}}=\frac{1}{\sqrt{2}\pi d^2 n} \tag{7-29}$$

根据 $p=nkT$，从上式还可推出

$$\bar{\lambda}=\frac{kT}{\sqrt{2}\pi d^2 p} \tag{7-30}$$

式(7-30)表明，当温度一定时，平均自由程 $\bar{\lambda}$ 与压强 $p$ 成反比．这是不难推想的，由 $p=nkT$ 可知，$T$ 一定，压强越小，气体分子数密度 $n$ 也就越小，即气体就越稀薄，分子碰撞的机会减少，因而平均自由程也就越长．

值得指出的是，以上所引用的分子直径 $d$ 并不真实反映分子的实际大小．这是由于分子并不是真正的刚性球体，分子间的碰撞也绝非我们平常所理解的那种接触碰撞．(因为分子间接近时要受到相互作用的斥力，以至改变速度方向而被弹开)，所以，分子直径 $d$ 只能近似地反映分子的大小，故称 $d$ 为分子的**有效直径**．

表 7-4 为标准状态下，几种气体分子的平均自由程和分子的有效直径．

**表 7-4　几种气体的平均自由程和有效直径**

| 气　体 | $H_2$ | $N_2$ | $O_2$ | $CO_2$ |
|---|---|---|---|---|
| $\bar{\lambda}$ | $1.13\times10^{-7}$ | $0.599\times10^{-7}$ | $0.647\times10^{-7}$ | $0.397\times10^{-7}$ |
| $d$/m | $2.3\times10^{-10}$ | $3.1\times10^{-10}$ | $2.9\times10^{-10}$ | $3.2\times10^{-10}$ |

由表 7-4 可见，分子的有效直径一般为 $3\times10^{-10}$ m，而在标准状态下单位体积内的分子数 $n\approx3\times10^{25}\,\text{m}^{-3}$，分子平均速率 $\bar{v}\approx4\times10^2\,\text{m}\cdot\text{s}^{-1}$，根据式(7-28)可求出分子平均碰撞次数 $\bar{z}\approx5\times10^9\,\text{s}^{-1}$，即每秒钟碰撞次数达几十亿次之多，可见碰撞的频繁程度．

**例 7-9**　已知空气的平均摩尔质量 $M=29\times10^{-3}\,\text{kg}\cdot\text{mol}^{-1}$，空气分子的有效直径为 $d=3.5\times10^{-10}$ m，试求标准状态下空气分子的平均自由程和平均碰撞频率．

**解**　将 $T=273\text{K}$，$p=1.013\times10^5\,\text{Pa}$，$k=1.38\times10^{-23}\,\text{J}\cdot\text{K}^{-1}$，$d=3.5\times10^{-10}$ m 代入式(7-30)即得

$$\bar{\lambda}=\frac{kT}{\sqrt{2}\pi d^2 p}=\frac{1.38\times10^{-23}\times273}{1.41\times3.14\times(3.5\times10^{-10})^2\times1.013\times10^5}$$

$$\approx6.86\times10^{-8}(\text{m})$$

标准状态下空气分子的平均速率为

$$\bar{v}=\sqrt{\frac{8RT}{\pi M}}=\sqrt{\frac{8\times8.31\times273}{3.14\times29\times10^{-3}}}\approx4.46\times10^2(\text{m}\cdot\text{s}^{-1})$$

所以平均碰撞频率为

$$\bar{z}=\frac{\bar{v}}{\bar{\lambda}}=\frac{446}{6.83\times10^{-8}}\approx6.53\times10^9(\text{s}^{-1})$$

即 1s 内每个空气分子平均要和其他分子碰撞 60 多亿次．

## *7.9　气体的内迁移现象

前面讨论的都是气体处于平衡状态时的情况. 实际上,由于受到各种不可避免的外界影响,气体常处在非平衡态,也就是说,气体各部分的物理性质不一样,如流速不同、密度不同、温度不同等. 处于非平衡态的气体,由于热运动和碰撞,分子之间不断地交换能量、质量和动量,分子速度的大小和方向也不断地改变,最后,气体内各部分的物理性质由不均匀趋向均匀,气体状态趋向平衡,这一现象称为**气体内的迁移现象**或**输运过程**(transport process).

气体内的迁移现象有三种:①**内摩擦现象**(internal friction phenomena)或**黏滞现象**(viscosity phenomenon);②**热传导现象**(phenomena of heat coefficient);③**扩散现象**(diffusion phenomenon). 实际的迁移过程可能同时包含这三种迁移现象. 为方便起见,我们将这三种迁移现象分开来讨论.

### 7.9.1　内摩擦现象

流动中的气体,当气体各层的流速(定向运动速度)不同时,则相邻两气层将通过它们的接触面相互作用,产生一对沿流动方向的作用力,它们等值而反向,这种相互作用力称为**内摩擦力**(internal friction force)或**黏滞力**,类似于固体接触面之间的摩擦力. 内摩擦力总是使流动较慢的气层加速,流动较快的气层减速,最终使各流层流速趋于一致,这种现象称为**内摩擦现象**或**黏滞现象**. 在流动的液体中也存在这种现象.

为了使问题简化,设气体中具有不同流速的各气层都平行于 $xOy$ 平面,气层的流速 $\boldsymbol{u}$ 沿 $y$ 轴正向,其大小随 $z$ 的增大而逐层增加,如图 7-14 所示. 图中 $M$ 平面是相邻两气层 A,B 间的接触平面,

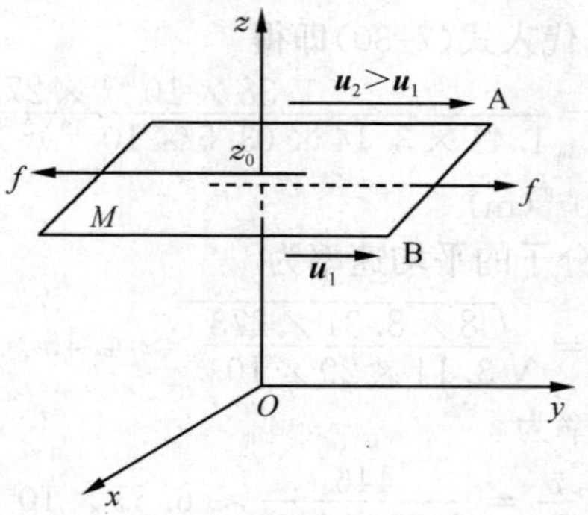


图 7-14　气体的内摩擦现象

$M$ 以上的气层 A 流速较大，$M$ 以下的气层 B 流速较小. 我们用$\frac{\mathrm{d}u}{\mathrm{d}z}$表示气层流速沿 $z$ 轴方向的变化率，称为**速度梯度**. 速度梯度的方向沿 $z$ 轴，与流速的方向(沿 $y$ 轴)垂直.

下面我们讨论相邻两气层间的内摩擦力. 气层 A 流速较大，它施于气层 B 的作用力沿 $y$ 轴正向，并使 B 加速；气层 B 流速较小，它施于气层 A 的作用力沿 $y$ 轴负向，并使 A 减速. 实验证明，内摩擦力的大小与接触面($M$ 平面)所在处速度梯度的大小$\left|\frac{\mathrm{d}u}{\mathrm{d}z}\right|$和接触面 $M$ 的面积 $\Delta S$ 成正比. 若以 $f$ 表示它们相互作用的内摩擦力，则

$$f=\eta\left|\frac{\mathrm{d}u}{\mathrm{d}z}\right|\Delta S \tag{7-31}$$

式中，比例系数 $\eta$ 称为**内摩擦系数或黏滞系数**，由气体的性质和状态决定，单位是 $\mathrm{kg\cdot m^{-1}\cdot s^{-1}}$. 由气体动理论可以导出

$$\eta=\frac{1}{3}\rho\bar{v}\bar{\lambda} \tag{7-32}$$

式中，$\rho$ 为气体的密度，$\bar{v}$ 为分子的平均速率，$\bar{\lambda}$ 为分子的平均自由程. 因气体密度 $\rho=\frac{m}{V}=\frac{Mp}{RT}$，分子平均速率 $\bar{v}\propto\sqrt{T}$，分子平均自由程 $\bar{\lambda}\propto\frac{T}{p}$，所以 $\eta\propto\sqrt{T}$，与气体压强无关. 但当压强降低到 $\bar{\lambda}$ 等于容器线度时，$\eta$ 则正比于压强而反比于$\sqrt{T}$.

气体动理论对内摩擦现象的微观解释如下：气体流动时，每个分子除了做无规则的热运动外，还有宏观的定向运动. 由于分子的热运动，A，B 两气层将不断地通过 $M$ 平面交换分子. 若设此时气体的温度和密度均匀，则在同一时间内 A，B 两气层交换的分子数是相等的. 但因它们的流速不同，相互交换的定向运动的动量是不相等的. 经过这种交换，使气层 A 的动量减小，气层 B 的动量增加. 也就是说，气体定向运动的动量从 $M$ 平面上方迁移到了下方. 根据动量定理，气层 A 单位时间内动量的减小，就等于该气层受到的阻力，其方向和 $y$ 轴方向相反；气层 B 单位时间内动量的增加，也等于作用在该气层上的力，其方向和 $y$ 轴方向相同. 这一对力，就是 $M$ 平面上、下气层之间相互作用的内摩擦力. 由此可见，**内摩擦现象的微观本质是分子定向动量的迁移，而这种迁移是通过气体分子无规则热运动和频繁的碰撞来实现的.**

### 7.9.2 热传导现象

**气体温度不均匀时，将有热量从高温处向低温处传递，气体各处的温度将渐趋均匀，这种现象称为热传导现象.**

设有某种气体，温度沿 $z$ 轴正方向逐渐升高，沿 $z$ 轴方向温度的

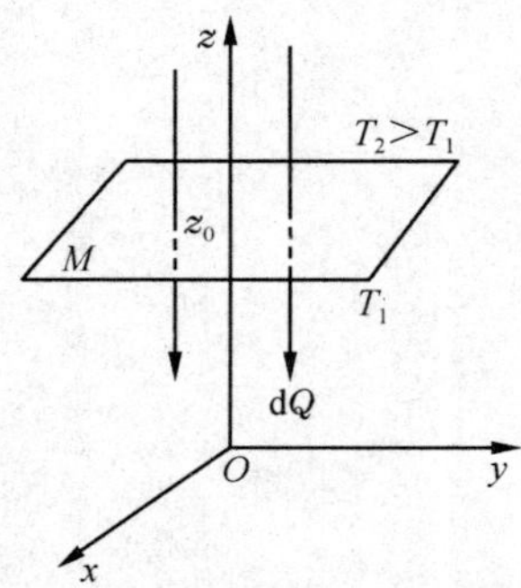


图 7-15　气体的热传导现象

变化率$\frac{dT}{dz}$称为**温度梯度**. 在气体中任取一垂直于 $z$ 轴的平面 $M$,其面积为 $\Delta S$,如图 7-15 所示. $M$ 平面上各点的温度相同,其上侧温度较下侧温度稍高. 实验表明,单位时间内,通过 $M$ 平面传递的热量$\frac{\Delta Q}{\Delta t}$与平面 $M$ 处的温度梯度$\frac{dT}{dz}$和平面 $M$ 的面积 $\Delta S$ 成正比,即

$$\frac{\Delta Q}{\Delta t}=-k\frac{dT}{dz}\Delta S \tag{7-33}$$

式(7-33)称为**傅里叶定律**(Fourier law). 负号表示热量传递的方向是从高温处传向低温处,比例系数 $k$ 称为**热传导系数**(coefficient of heat conduction),由气体性质和状态决定,单位为瓦·米$^{-1}$·开$^{-1}$(W·m$^{-1}$·K$^{-1}$). 式(7-33)对液体和固体也是适用的,由分子动理论可以导出

$$k=\frac{1}{3}\frac{C_V}{M}\rho\bar{v}\bar{\lambda} \tag{7-34}$$

式中,$C_V$ 为气体的**定容摩尔热容**(molar heat capacity at constant volume)(下一章介绍),$M$ 为气体的摩尔质量. 和内摩擦系数 $\eta$ 一样,$k$ 与$\sqrt{T}$成正比,与压强无关. 但当压强降低到 $\bar{\lambda}$ 等于容器线度时,$k$ 将随压强降低而减小. 杜瓦瓶就是利用这一原理将瓶的夹层抽成真空而起到绝热作用的. 气体的热传导系数很小,所以在无对流的情况下,气体可用作绝热材料.

根据气体动理论,**气体热传导现象的微观本质是分子热运动过程中输运能量的过程. 它是通过分子的热运动和分子间频繁的碰撞,达到上下层间分子交换能量来实现的.**

### 7.9.3　扩散现象

在混合气体内部,由于某种气体密度不均匀而使气体分子从密度较大的区域向密度较小的区域散布,使其密度渐趋均匀,这种现象称为**扩散现象**. 倘若只有一种气体,密度的不均匀将导致压强的不均匀,于是在气体内任两处形成压强差,从而形成宏观的气体运动,这不是单纯的扩散现象. 为简单起见,本节只讨论单纯的扩散现象. 我们可选择两种分子量相等或相近的气体(如 $N_2$ 和 CO),放在一个容器的两边,中间用隔板隔开,如图 7-16 所示. 设两边气体的温度、压强、密度都相同. 抽去隔板后,由于整个容器内 $N_2$ 和 CO 两种气体的密度分布都不均匀,就各自进行着单纯的扩散. 现只讨论其中一种气体(如 $N_2$)的扩散规律.

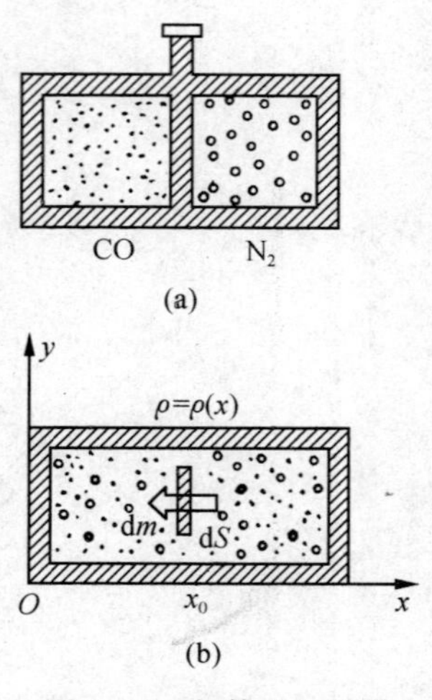


图 7-16　气体的纯扩散

设 $N_2$ 的密度 $\rho$ 沿 $x$ 方向逐渐增大,则沿 $x$ 轴方向密度的变化率$\frac{d\rho}{dx}$称为**密度梯度**. 设想在 $x=x_0$ 处取一分界面. 面积为 dS. 实验证明,在 dt 时间内通过 dS 面传递的气体质量为

$$dm = -D\frac{d\rho}{dx}dSdt \tag{7-35}$$

式(7-35)称为**菲克定律**(Fick law)或**扩散定律**,其中 $D$ 称为**扩散系数**(coefficient of diffusion),其值取决于气体的性质与状态,单位为 $m^2 \cdot s^{-1}$. 式中负号表示扩散总是沿着密度减小的方向进行.

根据气体动理论可以导出

$$D = \frac{1}{3}\bar{v}\bar{\lambda} \tag{7-36}$$

**气体扩散现象的微观本质是分子在热运动中,通过频繁的碰撞,分子间交换质量而达到输运质量的过程.**

## *7.10 真实气体 范德瓦耳斯方程

### 7.10.1 真实气体

前面我们研究了理想气体,**真实气体**(real gas)仅在温度不太低、压强不太大的条件下才能近似地看作理想气体,才可以应用理想气体的状态过程.

在一般条件下,真实气体和理想气体有什么差别呢?下面,从理想气体的等温线(isotherm)和真实气体的等温线的比较中加以说明.

已经知道,理想气体的等温过程方程是 $pV=C$,在 $p$-$V$ 图上,理想气体的等温线是等轴双曲线,如图 7-17 所示.

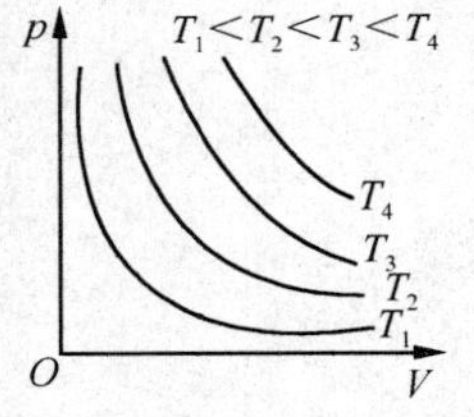


图 7-17 理想气体等温线

真实气体的等温线可从实验得出. 图 7-18 是 $CO_2$ 在不同温度

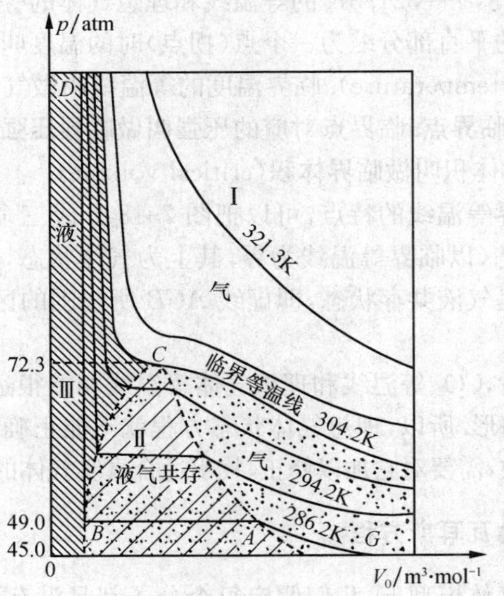


图 7-18 $CO_2$的等温线

时的实验等温线，图中纵坐标为压强 $p$(atm)，横坐标为体积 $V$($m^3 \cdot mol^{-1}$). 下面我们从下而上、从右而左来讨论这组实验曲线.

首先讨论温度 $T=286.2K$ 的等温线，如图 7-18 所示. 曲线的 $GA$ 部分与理想气体的等温线相似，在 $A$ 处即当 $p=49.0atm$ 时，$CO_2$ 气体开始液化. 曲线的 $AB$ 部分是一条平行于横坐标的直线，这是 $CO_2$ 的液化过程，在此过程中，体积虽然减少，但压强却保持不变. 到 $B$ 点，$CO_2$ 气体已全部液化. 曲线的 $BD$ 部分，是几乎和纵轴平行的直线，在这一过程中，压强虽然在直线上升，但体积却基本不变，这反映了液体不易压缩的事实. 总之，$CO_2$ 在 $T=286.2K$ 的等温线 $ABD$ 部分和理想气体等温线相差很大，在这条等温线上任一点，它的 $p,V,T$ 之间显然不满足理想气体状态方程. 还应说明，液化过程(如上面所说的 $AB$ 部分)是气液共存状态，这时的蒸气叫做**饱和蒸气**. 相应的压强叫**饱和蒸气压强**. 在一定温度下，饱和蒸气压强和蒸气的体积无关.

$CO_2$ 气体 294.2K 的等温线，形状和 $T=286.2K$ 等温线相似，只是气液共存范围(即等温线的与横坐标轴平行的直线部分)较小，饱和蒸气压强也较高.

温度再升高，等温线的平直部分更短，相应的饱和蒸气压强也更大. 可见，饱和蒸气压强和温度有关.

$CO_2$ 气体的温度升高到 $T=304.2K$ 时，等温线的平直部分缩成一个点 $C$，$C$ 点即该条等温线的拐点. 实验表明，在温度大于 $T=304.2K$ 的情况下，不论压强多大，$CO_2$ 气体也不能液化. 同时可以看出，温度高于 $T=321.3K$ 的等温线和理想气体的等温线很接近.

等温线的平直部分缩为一个点(拐点)时的温度叫做气体的**临界温度**(critical temperature). 临界温度的等温线叫做气体的**临界等温线**，拐点称为**临界点**. 临界点对应的压强叫做**临界压强**(critical pressure)，对应的体积叫做**临界体积**(critical volume).

根据临界等温线的特点，可以把图 7-18 分成三个区域：区域Ⅰ是气态和汽态(以临界等温线为界，其上为气体状态，其下为蒸气状态). 区域Ⅱ是气液共存状态，即虚线 $ACB$ 所包围的区域. 区域Ⅲ是液体状态.

从整体看，$CO_2$ 等温线和理想气体等温线相差很远，其他真实气体也有类似情形. 所以，理想气体状态方程就不能正确地反映真实气体的宏观性质，需要对它加以修正，找出适合真实气体的状态方程.

### 7.10.2　范德瓦耳斯方程

在理想气体模型下，我们假定每个分子都是没有形状和大小的质点，除碰撞瞬间外，分子之间无相互作用力. 但是实际的分子都是由电子和带正电的原子核组成，分子之间的相互作用力十分复杂，同时存在引力和斥力，统称为**分子力**. 分子力的大小随分子间距离的变化而变化.

由于真实气体必须考虑分子之间相互作用力和分子本身的大小，所以气体的状态方程将从这两方面加以修正. 这样得出的气体状态方程叫做**范德瓦耳斯方程**(van der Waals equation).

1. 考虑分子体积的修正

为简便起见，我们先讨论在 1mol 气体中，考虑了分子自身体积后所引起的状态方程的变化.

1mol 理想气体状态方程为

$$pV_{\text{mol}} = RT$$

式中，$V_{\text{mol}}$为指气体分子自由活动的空间. 对于理想气体，由于忽略了分子的大小，所以，每个分子自由活动的空间就是容器的容积，当考虑了气体分子本身体积后，每个分子自由活动的空间将比 $V_{\text{mol}}$小，应当等于 $V_{\text{mol}}$减去一个反映气体分子所占体积的修正量 $b$. 于是，1mol 理想气体状态方程修正为

$$p(V_{\text{mol}} - b) = RT \tag{7-37}$$

式中，$b$ 可用实验测定，理论计算表明，$b$ 约等于 1mol 气体分子本身体积的 4 倍，即为

$$4N_{\text{A}}\frac{4}{3}\pi\left(\frac{d}{2}\right)^3 \approx 10^{-6}(\text{m}^3)$$

2. 考虑分子引力后的修正

理想气体由于分子本身的直径比分子间的距离小得多，所以分子之间引力可忽略不计. 但当压强较大时，分子间距离变小了，分子间的引力就不能不考虑了. 先看容器中气体内部的某个分子 A，如图 7-19 所示，以 A 为中心，以分子力有效作用距离 $l$ 为半径作一球体，则中心在球体内的分子都会对 A 分子产生引力，由于平衡态下分子均匀分布，这些分子在 A 分子周围呈球对称分布，所以，它们对 A 分子的引力相互抵消.

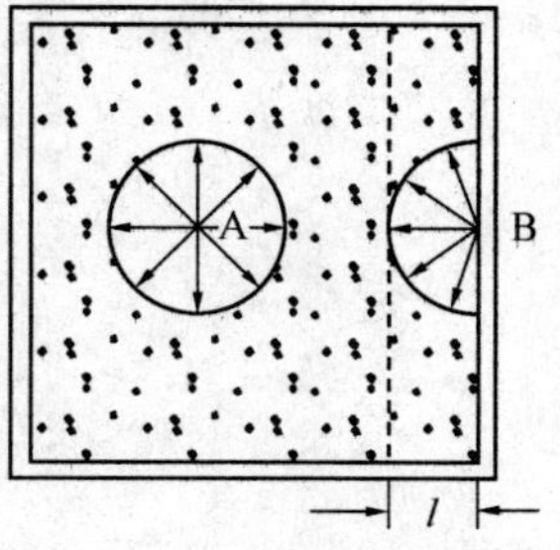

图 7-19 真空气体的压强修正

但气体分子一旦靠近器壁，情况就不同了，如处于器壁附近厚度为 $l$ 的薄层内 B 分子，以 B 为中心，半径为 $l$ 的球体只有一半在气体内，能够对 B 分子产生引力的分子不再具有球对称分布，这些分子对 B 分子的引力指向气体内部. 而分子要与器壁碰撞，必然要经过这一区域，由于受到指向气体内部拉力的影响，分子动量减少，使得碰撞器壁的冲力减少，相当于产生了一个指向气体内部的压强，叫**内压强** $p_i$. 这样，考虑了分子间的引力后，真实气体的压强 $p$ 应该是式

(7-37)中的压强减去内压强 $p_i$，即

$$p=\frac{RT}{V_{\mathrm{mol}}-b}-p_i \tag{7-38}$$

由于内压强 $p_i$ 与器壁附近单位面积上被吸引的分子数成正比，又与内部的吸引分子数成正比，而这两者均与单位体积内的分子数密度 $n$ 成正比，所以，$p_i\propto n^2$，因为 $n\propto\frac{1}{V_{\mathrm{mol}}}$，引入比例系数 $a$，则有

$$p_i=\frac{a}{V_{\mathrm{mol}}^2}$$

常数 $a$ 取决于气体的性质. 将上代入式(7-38)，得 1mol 真实气体的范德瓦耳斯方程为

$$\left(p+\frac{a}{V_{\mathrm{mol}}^2}\right)(V_{\mathrm{mol}}-b)=RT \tag{7-39}$$

对于质量为 $m$、摩尔质量为 $M$ 的真实气体，其体积为 $V=\frac{m}{M}V_{\mathrm{mol}}$，代入上式，即得质量为 $m$ 的真实气体的范德瓦耳斯方程为

$$\left(p+\frac{m^2}{M^2}\frac{a}{V^2}\right)\left(V-\frac{m}{M}b\right)=\frac{m}{M}RT \tag{7-40}$$

表 7-5 为 1mol 氮气在 0℃时的实验值与分别按理想气体方程和范德瓦耳斯方程计算所得值的比较.

**表 7-5　理想气体方程与范德瓦耳斯方程的比较**

| $p/(1.013\times10^5\mathrm{Pa})$ | $V_{\mathrm{mol}}/\mathrm{L}$ | $pV_{\mathrm{mol}}$ $/(1.013\times10^5\mathrm{Pa}\cdot\mathrm{L})$ | $\left(p+\frac{a}{V_{\mathrm{mol}}^2}\right)(V_{\mathrm{mol}}-b)$ $/(1.013\times10^5\mathrm{Pa}\cdot\mathrm{L})$ |
|---|---|---|---|
| 1 | 22.41 | 22.41 | 22.41 |
| 100 | 0.222 4 | 22.24 | 22.40 |
| 500 | 0.062 35 | 31.17 | 22.67 |
| 700 | 0.053 25 | 37.27 | 22.65 |
| 900 | 0.048 25 | 43.40 | 22.40 |
| 1 000 | 0.046 4 | 46.4 | 22.0 |

由表中可看出，当压强 $p<1.013\times10^7\mathrm{Pa}$(即 100atm)时，理想气体方程和范德瓦耳斯方程符合得较好，且都能较好地反映客观实际，但当压强增大时，两个方程的偏差也越来越大. 这说明，与理想气体状态方程相比较，范德瓦耳斯方程不仅物理意义清楚，而且还能在相当大的压强范围内反映实际气体的规律. 然而，表 7-5 说明范德瓦耳斯方程的结果并非准确地保持不变，因此，范德瓦耳斯方程也只能是近似地反映实际气体的规律，只是近似程度更高于理想气体状态方程而已.

# 习 题 7

7-1 氧气瓶的容积为 32L,瓶内充满氧气时的压强为 130atm. 若每小时需用 1atm 氧气体积为 400L. 设使用过程中保持温度不变,问当瓶内压强降到 10atm 时,使用了几个小时?

7-2 一氦氖气体激光管,工作时管内温度是 27℃. 压强是 2.4mmHg,氦气和氖气的压强是 7∶1. 求管内氦气和氖气的分子数密度.

7-3 氢分子的质量为 $3.3\times10^{-24}$ g. 如果每秒有 $10^{23}$ 个氢分子沿着与墙面的法线成 45°角的方向以 $10^5\,\mathrm{cm}\cdot\mathrm{s}^{-1}$ 的速率撞击在面积为 $2.0\mathrm{cm}^2$ 的墙面上,如果撞击是完全弹性的,试求这些氢分子作用在墙面上的压强.

7-4 一个能量为 $10^{12}$ eV 的宇宙射线粒子,射入一氖管中,氖管中含有氖气 0.10mol,如果宇宙射线粒子的能量全部被氖气分子所吸收而变为热运动能量,问氖气的温度升高了多少?

7-5 容器内储有 1mol 某种气体. 今自外界输入 $2.09\times10^2$ J 热量,测得气体温度升高 10K,求该气体分子的自由度.

7-6 2.0g 的氢气装在容积为 20L 的容器内,当容器内压强为 300mmHg 时,氢分子的平均平动动能是多少?

7-7 温度为 27℃时,1mol 氢气分子具有多少平动动能? 多少转动动能?

7-8 有 $2\times10^3\mathrm{m}^3$ 刚性双原子分子(理想气体),其内能为 $6.75\times10^2$ J.

(1) 试求气体的压强;

(2) 设分子总数为 $5.4\times10^{22}$ 个,求分子的平均平动动能及气体的温度.

7-9 容器内有 $m=2.66$kg 氧气,已知其气体分子的平均动能总和是 $E_k=4.14\times10^5$ J,求:

(1) 气体分子的平均平动动能;

(2) 气体的温度.

7-10 2L 容器中有某种双原子刚性气体,在常温 $T$,其压强为 $1.5\times10^5$ Pa,求该气体的内能.

7-11 一容器内储有氧气,测得其压强为 1atm. 温度为 300K. 试求:

(1) 单位体积内的氧分子数;

(2) 氧气的密度;

(3) 氧分子质量;

(4) 氧分子的平均平动动能.

7-12 温度为 273K 时,求:

(1) 氧分子的平均平动动能和平均转动动能;

(2) $4\times10^{-3}$ kg 氧气的内能.

7-13 在相同温度下,2mol 氢气和 1mol 氦气分别放在两个容积相同的容器中. 试求两种气体:

(1) 分子平均平动动能之比;

(2) 分子平均总动能之比;

(3) 内能之比;

(4) 方均根速率之比;

(5) 压强之比;

(6) 密度之比.

7-14 已知 $f(v)$是气体速率分布函数,$N$ 为总分子数,$n$ 为单位体积内的分子数,试说明以下各式的物理意义.

(1) $Nf(v)\mathrm{d}v$;

(2) $f(v)\mathrm{d}v$;

(3) $\int_{v_1}^{v_2} Nf(v)\mathrm{d}v$;

(4) $\int_{v_1}^{v_2} vf(v)\mathrm{d}v$;

(5) $\int_{v_1}^{v_2} v^2 f(v)\mathrm{d}v$;

(6) $\int_{v_1}^{v_2} f(v)\mathrm{d}v$.

7-15 $N$ 个粒子的系统,其速率分布函数为

$$f(v)=\frac{\mathrm{d}N}{N\mathrm{d}v}=C\quad(0<v<v_0,C\text{ 为常数}).$$

(1) 根据归一化条件定出常数 $C$;

(2) 求粒子的平均速率和方均根速率.

7-16 有 $N$ 个假想的气体分子,其速率分布如题 7-16 图所示(当 $v>2v_0$ 时,分子数为零). 试求:

(1) 纵坐标的物理意义,并由 $N$ 和 $v_0$ 求 $a$;

(2) 速率在 $1.5v_0\sim2.0v_0$ 的分子数;

(3) 分子的平均速率.

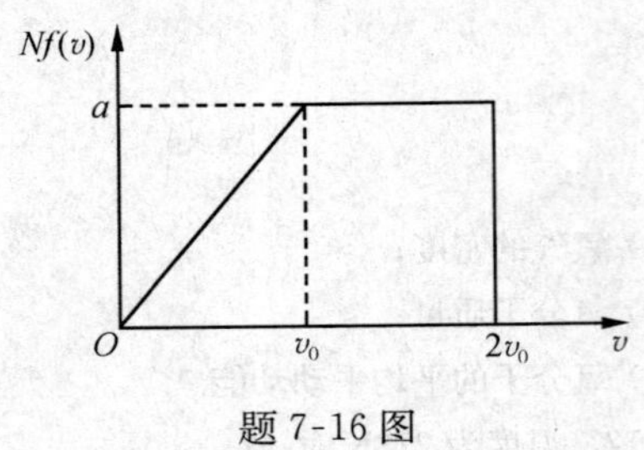


题 7-16 图

7-17　已知某种气体在温度 $T=273\text{K}$ 时，压强为 $p=1.0\times10^{-2}$ atm，密度为 $\rho=1.24\times10^{-2}\text{g}\cdot\text{L}^{-1}$，

(1) 求此气体分子的方均根速率；

(2) 求此气体的摩尔质量并确定它是什么气体.

7-18　一氧气瓶的容积为 $V$，充了气未使用时压强为 $p_1$，温度为 $T_1$；使用后瓶内氧气的质量减少为原来的一半，其压强降为 $p_2$，试求此时瓶内氧气的温度，及使用前后分子热运动的平均速率之比 $\bar{v}_1/\bar{v}_2$.

7-19　设容器内盛有质量为 $m_1$ 和质量为 $m_2$ 的两种不同单原子理想气体分子，并处于平衡态，其内能均为 $E$. 则此两种气体分子的平均速率之比为多少？

7-20　若氖气分子的有效直径为 $2.04\times10^{-10}$ m，问在温度为 600K，压强为 1mmHg 时，氖分子 1s 内的平均碰撞次数为多少？

7-21　电子管的真空度在 27℃ 时为 $1.0\times10^{-5}$ mmHg，求管内单位体积内的分子数及分子的平均自由程. 设分子的有效直径为 $d=3.0\times10^{-10}$ m.

7-22　如果气体分子的平均直径为 $3.0\times10^{-10}$ m，温度为 273K. 气体分子的平均自由程为 $\bar{\lambda}=0.20$ m，问气体在这种状态下的压强是多少？

# 第8章 热力学基础

热力学是研究热现象的宏观理论，它以实验为依据，从能量的观点分析和研究物质状态变化过程中有关热、功和内能变化的关系与条件. 热力学不考虑物质的微观结构和微观变化过程. 由热力学得到物质的宏观性质，可用分子运动论的观点揭示和阐明其微观本质；而气体分子动理论的结论，又可在热力学中得到检验.

热力学的理论基础是热力学第一定律和第二定律. 热力学第一定律是包括热现象在内的能量转换与守恒定律；热力学第二定律则讨论热功转换的条件和热力学过程的方向性.

通过本章的学习，要求明确内能、功和热量的物理意义，重点掌握热力学第一定律及其中各量的意义，并能用来计算简单的热力学问题(理想气体的四个过程)；明确循环及热机效率的意义，并能对简单循环进行计算；初步了解热力学第二定律的内容及其意义.

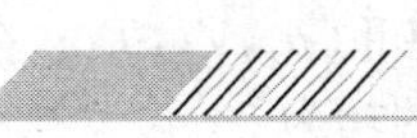

## 8.1 准静态过程　功　热量

### 8.1.1　准静态过程

当一热力学系统处于平衡态时，可以用状态方程来描述；当该系统与外界交换能量时，系统的状态发生了变化，即从一个平衡态变为另一平衡态，我们把系统状态随时间变化的过程，称为**热力学过程**(thermodynamics process)(以下简称**过程**). 系统状态发生变化时，如果过程进行得无限缓慢，则在任何时刻系统的状态都无限接近于平衡态，这种过程称为**准静态过程**(quasi-static process). 准静态过程中任一时刻的状态都可以当作平衡态来处理.

应当指出，准静态过程是一个理想过程，而实际过程往往进行得比较快，以至于在没有达到新的平衡态以前系统就已继续了下一步的变化，即在整个过程中，系统一直处于非平衡态，直至过程结束才达到平衡态，这样的过程称为**非静态过程**.

在实际问题中，只要过程进行得不是非常快(如爆炸过程)，一般情况下都可以把实际过程近似地看作准静态过程. 热力学以准静态过程的研究为基础.

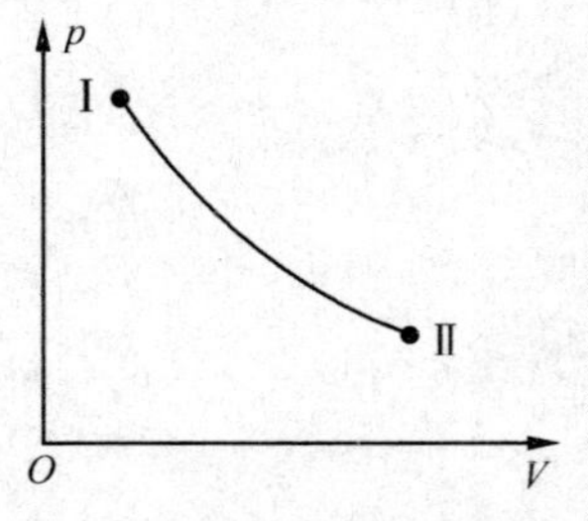


图 8-1　准静态过程 $p$-$V$ 图

准静态过程可用 $p$-$V$ 图(或 $p$-$T$ 图、$V$-$T$ 图)上的一条曲线来表示,如图 8-1 所示. 曲线上的每一个点都表示系统的一个平衡态,有确定的 $p,V$ 值,整条曲线表示由一系列平衡态组成的准静态过程,这样的曲线叫做**过程曲线**. 而非平衡态则不能用一组确定的状态参量来表示,所以也无法在状态图上表示出来.

### 8.1.2　准静态过程压力的功

在热力学中,准静态过程中压力做功具有重要的意义. 下面我们就来讨论准静态过程中,由于系统体积的变化,压力所做的功,通常称此功为体积功.

我们以气体膨胀为例,设想一气缸中封闭一定质量的气体,气体的压强为 $p$,体积为 $V$,活塞的面积为 $S$,如图 8-2 所示. 当活塞缓慢地、无摩擦地移动一微小距离 $dl$,气体体积由 $V$ 膨胀到 $V+dV$,在此微小变化过程中,可认为压强 $p$ 处处均匀且没有变化. 这样,在微小过程中,气体压力所做的功为

$$dW = pSdl = pdV \tag{8-1}$$

式中,$dV=Sdl$ 为气体体积的微小增量. 气体膨胀时,$dV$ 为正,$dW$ 也为正,即系统对外做正功;气体被压缩时,$dV$ 为负,$dW$ 也为负,即系统对外做负功,或者说外界对系统做正功.

设气体从状态Ⅰ$(p_1,V_1,T_1)$缓慢变化到状态Ⅱ$(p_2,V_2,T_2)$,在这一有限的准静态变化过程中,气体对外界所做的功为

$$W = \int_{\mathrm{I}}^{\mathrm{II}} dW = \int_{V_1}^{V_2} pdV \tag{8-2}$$

式(8-1)和式(8-2)是计算准静态过程压力做功的基本公式.

准静态过程的体积功可以用 $p$-$V$ 图直观的表示出来,如图 8-3 所示. 由式(8-1)及式(8-2)不难看出,当系统体积由 $V$ 变到 $V+dV$ 时,气体体积微小变化所做的功 $dW$ 对应的是图上画有阴影的窄条的面积,系统由状态Ⅰ到状态Ⅱ整个过程所做的总功对应的是从Ⅰ经 $a$ 到Ⅱ的曲线下的面积.

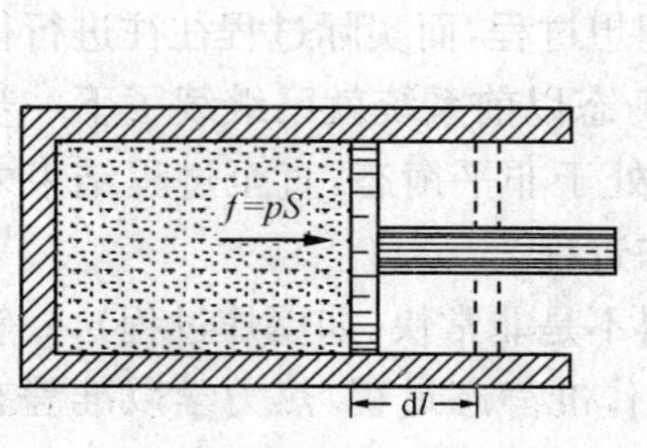


图 8-2　微小过程压力的功

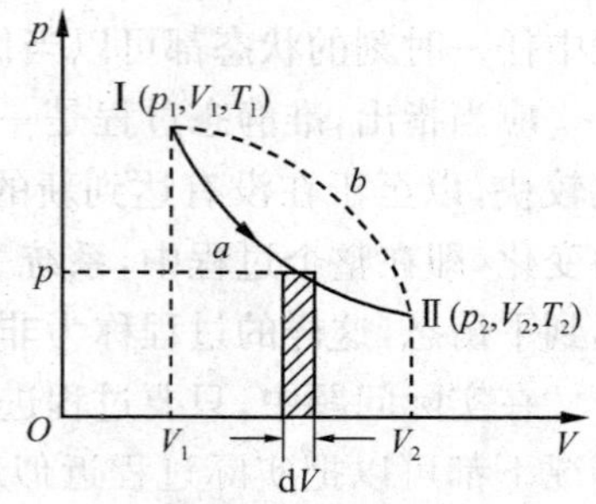


图 8-3　准静态过程的功

从图中还可以看出，如果系统从状态Ⅰ经曲线 $b$ 所示的过程到达状态Ⅱ，即如图中虚线所示过程，则在此过程中，系统所做的总功等于虚线下所包围的面积，此面积大于Ⅰ$a$Ⅱ线所包围的面积，也就是说，过程 $b$ 所做的功大于过程 $a$ 所做的功. 由此可以得出一个重要结论：**系统由一个状态变化到另一个状态时所做的功，不仅与系统的始、末状态有关，还与系统所经历的过程有关. 即功是一个过程量.**

### 8.1.3 热量和热容量

前面已指出做功可以改变系统的状态，除此之外，向系统传递能量也可以改变系统的状态，这类例子是非常多的. 例如，两个温度不同的物体接触以后，热的物体变冷，冷的物体变热，最终达到热平衡，即两者具有相同的温度. 研究表明，传热过程中所传递的是能量，这种被传递的能量就叫做**热量**(quantity of heat)，一般用 $Q$ 表示，在国际单位制(SI)中，热量的单位为焦[耳](J).

热量的传递方向用 $Q$ 的正负来表示，通常规定：$Q>0$ 表示系统从外界吸热；$Q<0$ 表示系统向外界放热.

热量与功一样，也是一个过程量.

**热容量**(heat capacity)是与热量密切相关的一个量，它的定义是：**某物质温度升高(或降低)1K 时所吸收(或放出)的热量叫该物质的热容量**(简称**热容**)，用 $C$ 表示，在国际单位制中热容量的单位为 $\mathrm{J\cdot K^{-1}}$. 设某物质温度升高 $\mathrm{d}T$ 时所吸收的热量为 $\mathrm{d}Q$，则该物质的热容量为

$$C=\lim_{\Delta T\to 0}\frac{\Delta Q}{\Delta T}=\frac{\mathrm{d}Q}{\mathrm{d}T}$$

1mol 某物质的热容量叫该物质的**摩尔热容量**(molar heat capacity).

由于热量是一过程量，所以不同的过程，物质的热容量也不同，最常用也是最重要的热容量是**定压摩尔热容量**(molar heat capacity at constant pressure)和**定体摩尔热容量**(molar heat capacity at constant volume)，分别用 $C_p$ 和 $C_V$ 表示.

$C_p$ 是在压强不变的过程中，1mol 某物质的热容量，即

$$C_p=\lim_{\Delta T\to 0}\left(\frac{\Delta Q}{\Delta T}\right)_p=\left(\frac{\mathrm{d}Q}{\mathrm{d}T}\right)_p \tag{8-3}$$

$C_V$ 是体积不变的过程中，1mol 某物质的热容量，即

$$C_V=\lim_{\Delta T\to 0}\left(\frac{\Delta Q}{\Delta T}\right)_V=\left(\frac{\mathrm{d}Q}{\mathrm{d}T}\right)_V \tag{8-4}$$

在国际单位制中，定压摩尔热容量和定体摩尔热容量的单位都为 $\mathrm{J\cdot mol^{-1}\cdot K^{-1}}$.

## 8.2　热力学第一定律

### 8.2.1　内能

实验证明,不论是做功还是热传递,都可以使系统状态发生变化,只要系统始末状态相同,系统与外界交换的能量都是相同的,这说明当系统的状态一定时,系统具有的能量也是一定的,该能量也即第 7 章所介绍过的,称为系统的**内能**(internal energy),一般用 $E$ 表示. **内能由系统的状态唯一地确定,并随状态变化而变化. 因此,内能是状态的单值函数.** 凡有此性质的物理量都称为态函数,内能就是系统的一个态函数. 例如,理想气体的内能 $E=\frac{m}{M}\frac{i}{2}RT$,仅是温度的函数,即 $E=E(T)$;对一般气体来说,其内能则是气体温度和体积的函数,即 $E=E(T,V)$.

### 8.2.2　热力学第一定律的表述

在一般热力学过程中,做功和传递热量往往同时存在,假设有一热力学系统从状态Ⅰ变化到状态Ⅱ,相应地,它的内能从 $E_1$ 变化到 $E_2$,在此过程中,如果外界对系统传递的热量为 $Q$,系统对外做功为 $W$,根据能量守恒和转换定律,应有

$$Q = E_2 - E_1 + W = \Delta E + W \tag{8-5}$$

上式称为**热力学第一定律**. 式中,$\Delta E$ 为始末两状态内能的增量. 它表明,外界传递给系统的热量,一部分用来增加系统的内能,另一部分用于系统对外界做的功,所以,热力学第一定律实质上就是包括热现象在内的能量守恒和转换定律.

在式(8-5)中规定,系统从外界吸收热量,$Q$ 为正;系统向外界放出热量,$Q$ 为负. 系统对外界做功时,$W$ 为正;外界对系统做功时,$W$ 为负. 系统的内能增加,$\Delta E=E_2-E_1$ 为正;系统的内能减少,$\Delta E=E_2-E_1$ 为负.

对于系统状态的微小变化过程,即所谓微过程,热力学第一定律的数学表达式为

$$\mathrm{d}Q = \mathrm{d}E + \mathrm{d}W \tag{8-6}$$

式中,$\mathrm{d}Q$,$\mathrm{d}E$,$\mathrm{d}W$ 的正负规定同上.

热力学第一定律是 19 世纪 40 年代在焦耳确定了热功当量以后才建立起来的. 在这之前,有人企图设计一种无需提供能量而能不断对外做功的机器,这种违反能量守恒定律的机器称为**第一类永动机**(perpetual motion machine of the first kind),但所有这种尝试都在

实践中失败了.热力学第一定律指出,第一类永动机是不可能实现的.因为要让系统对外做功,就必须向它提供热量或消耗系统的内能,热力学第一定律是自然界的普遍规律.

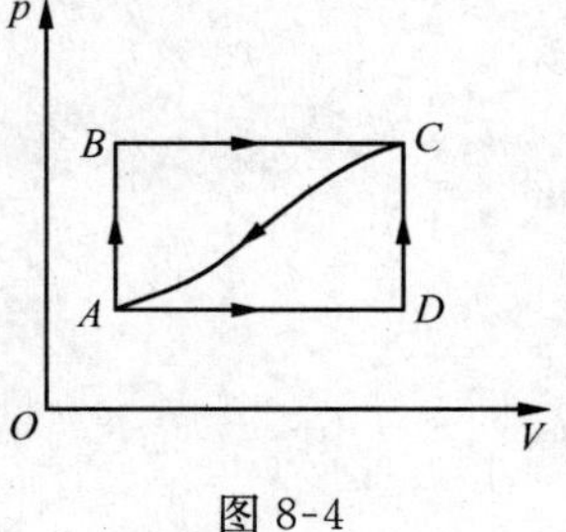

图 8-4

**例 8-1** 一系统由图 8-4 中的 $A$ 态沿 $ABC$ 到达 $C$ 态时,吸收了 350J 的热量,同时对外做 126J 的功.

(1) 如果沿 $ADC$ 进行,则系统做功 42J,问这时系统吸收了多少热量?

(2) 当系统由 $C$ 态沿曲线 $CA$ 返回 $A$ 态时,如果是外界对系统做功 84J,问这系统吸热还是放热?热量传递是多少?

**解** 依题意,系统在 $ABC$ 过程,吸热 $Q=350\text{J}$,做功 $W=126\text{J}$,据热力学第一定律,从 $A$ 到 $C$ 系统内能的变化是

$$\Delta E = E_C - E_A = Q - W = 350 - 126 = 224(\text{J})$$

(1) 如果沿 $ADC$ 进行,系统做功 $W_1=42\text{J}$,内能增量为 $\Delta E=E_C-E_A=224\text{J}$,据热力学第一定律,有

$$Q_1 = \Delta E + W_1 = 224 + 42 = 266(\text{J})$$

$Q_1>0$,表明在此过程中系统吸热 266J.

(2) 系统从 $C$ 沿曲线 $CA$ 至 $A$ 时,系统做功 $W_2=-84\text{J}$,内能增量为 $\Delta E=E_A-E_C=-224\text{J}$.据热力学第一定律,有

$$Q_2 = \Delta E + W_2 = -224 - 84 = -308(\text{J})$$

$Q_2<0$,表明在此过程中,系统放热 308J.

## 8.3 热力学第一定律对理想气体等值过程的应用

热力学第一定律的一般形式是

微小过程

$$\mathrm{d}Q = \mathrm{d}E + \mathrm{d}W$$

有限过程

$$Q = \Delta E + W$$

上式适用于始末状态确定的任何热力学系统所进行的任意过程.即不论热力学系统是气体、液体或固体,也不论所进行的是平衡过程或非平衡过程,上式都是适用的.

对于只有压力做功的气体系统(例如理想气体),而且状态变化过程又是平衡过程,则热力学第一定律的形式可具体写为

微小过程

$$\mathrm{d}Q = \mathrm{d}E + p\mathrm{d}V$$

有限过程

$$Q = E_2 - E_1 + \int_{V_1}^{V_2} p\mathrm{d}V$$

下面应用热力学第一定律研究理想气体的几个等值过程. 所谓**等值过程,就是指系统状态变化过程中,有一个状态参量保持不变的平衡过程**. 讨论这些问题的关键是正确应用热力学第一定律和理想气体的状态方程 $pV=\frac{m}{M}RT$ 或 $p\mathrm{d}V+V\mathrm{d}p=\frac{m}{M}R\mathrm{d}T$,从而得出准确结果.

## 8.3.1　等体过程

系统的体积保持不变的过程就是**等体过程**. 理想气体的等体过程的过程方程为$\frac{p}{T}=$恒量. 设有一气缸内装有理想气体,令活塞固定不动,对气体缓缓加热,则气体的温度将逐渐上升,压强也将慢慢增大,而体积保持不变,这个过程就是等体过程,我们假定这是一个平衡过程,如图 8-5(a)所示. 在 $p$-$V$ 图上,等体过程是一条与 $p$ 轴平行的线段,称为等体线,如图 8-5(b)所示.

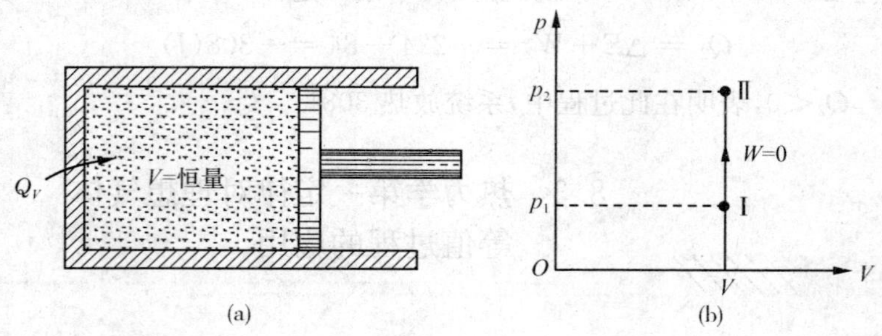


图 8-5　等体过程

等体过程的特点是体积不变,即 $V=$恒量,或 $\mathrm{d}V=0$,此时系统做功

$$W = \int \mathrm{d}W = \int p\mathrm{d}V = 0 \tag{8-7}$$

根据热力学第一定律,有

$$Q_V = E_2 - E_1 = \frac{m}{M}\frac{i}{2}R(T_2 - T_1) \tag{8-8}$$

式(8-8)中 $Q_V$ 的下标 $V$ 表示体积保持不变. 由此可见,在等体过程中,系统从外界吸收的热量全部用来增加系统的内能,系统对外不做功.

对于 1mol 的理想气体,由于其内能为

$$E = \frac{i}{2}RT$$

对上式微分得

$$\mathrm{d}E = \frac{i}{2}R\mathrm{d}T$$

$$C_V = \left(\frac{\mathrm{d}Q}{\mathrm{d}T}\right)_V = \left(\frac{\mathrm{d}E}{\mathrm{d}T}\right)_V = \frac{i}{2}R \tag{8-9}$$

所以式(8-8)可写成

$$Q_V = \frac{m}{M}C_V(T_2 - T_1) \tag{8-10}$$

根据式(8-8),得到等体过程内能变化的计算公式为

在微小过程中

$$\mathrm{d}E = \frac{m}{M}C_V\mathrm{d}T = \frac{m}{M}\frac{i}{2}R\mathrm{d}T \tag{8-11}$$

在有限过程中

$$\Delta E = E_2 - E_1 = \frac{m}{M}C_V(T_2 - T_1) = \frac{m}{M}\frac{i}{2}R(T_2 - T_1) \tag{8-12}$$

上式表示,由于理想气体的内能只是温度的函数. 可见式(8-11)和式(8-12)可用于理想气体的任意过程(如等压、等温、绝热过程)的内能计算.

### 8.3.2 等压过程

系统的压强保持不变的过程称为**等压过程**,等压过程的过程方程为$\frac{V}{T}$=恒量. 设有一气缸,内储一定质量的理想气体,开始时,气体的体积为$V_1$、温度为$T_1$、压强为$p_1$,此时,外界需要对面积为$S$的活塞施加一个作用力$f = p_1S$,才能使活塞保持不动,如图 8-6(a)所示.

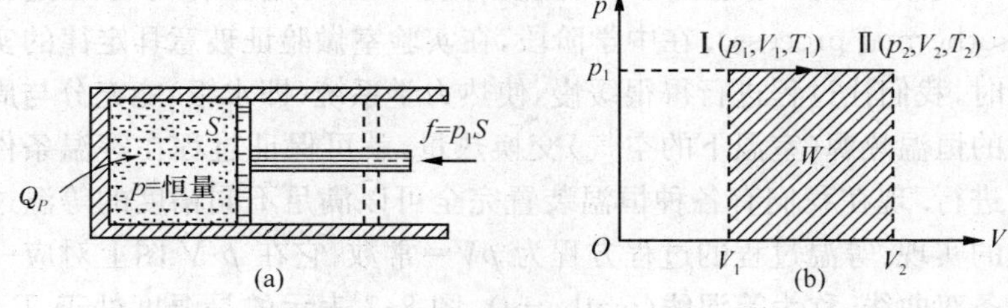


图 8-6 等压过程

现在对气体缓慢加热,并保持外界对活塞的作用力$f$不变,即气体的压强$p$保持不变,设气体从状态Ⅰ无限缓慢地变化到状态Ⅱ,并假定这是一个平衡过程. 它在$p$-$V$图上是一条与$V$轴平行的

一段直线，称为等压线，如图 8-6(b)所示.

等压过程的特点是压强不变，即 $p$=恒量，$\mathrm{d}p=0$.

等压过程中气体对外做功为

$$W=\int_{V_1}^{V_2} p\mathrm{d}V=p(V_2-V_1)=\frac{m}{M}R(T_2-T_1)$$

系统从外界吸收的热量，可以根据定压摩尔热容 $C_p$ 的定义式(8-3)求得$\frac{m}{M}$mol 时系统吸收的热量

$$Q_p=\int_{T_1}^{T_2}\frac{m}{M}C_p\mathrm{d}T=\frac{m}{M}C_p(T_2-T_1) \tag{8-13}$$

也可由热力学第一定律得出. 即考虑式(8-12)后，求得

$$Q_p=\Delta E+W=\frac{m}{M}C_V(T_2-T_1)+\frac{m}{M}R(T_2-T_1)$$

$$=\frac{m}{M}(C_V+R)(T_2-T_1) \tag{8-14}$$

比较式(8-13)和式(8-14)可知

$$C_p=C_V+R=\frac{i+2}{2}R \tag{8-15}$$

这一公式称为**迈耶公式**(Mayer formula)，它指出了定压摩尔热容与定体摩尔热容之间的关系. 引入 $\gamma$ 表示比值$\frac{C_p}{C_V}$，$\gamma$ 被称为**比热容比**.

$$\gamma=\frac{C_p}{C_V}=\frac{C_V+R}{C_V}=\frac{i+2}{i} \tag{8-16}$$

### 8.3.3　等温过程

气体状态变化过程中，其温度保持不变的过程称为**等温过程**(isothermal process). 在中学阶段，在实验室做验证玻意耳定律的实验时，我们让过程进行得很缓慢，使热力学系统(即水银)能充分与周围的恒温热源(室温下的空气)交换热量，就可保证过程在等温条件下进行. 现在我们有各种恒温装置完全可以满足不同精度的等温过程的实现. 等温过程的过程方程为 $pV$=常数，它在 $p$-$V$ 图上对应一条条双曲线，称为**等温线**(isotherm). 图 8-7 表示的是温度处于 $T_1$，$T_2$，$T_3$ 时的等温线.

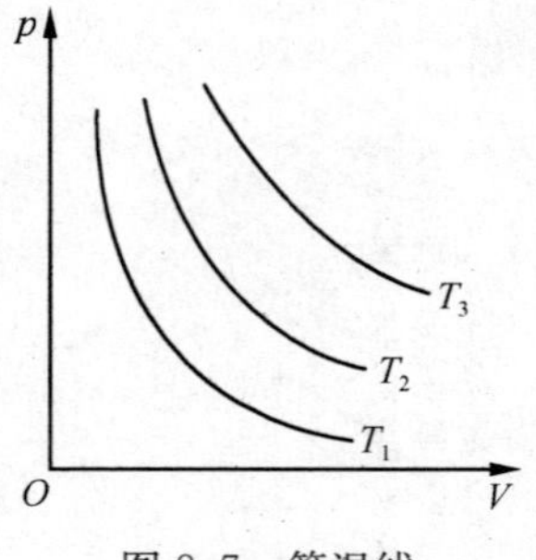

图 8-7　等温线

等温过程的特征是温度保持不变，即 $T$=恒量，或 $\mathrm{d}T=0$.

由于理想气体的内能仅是温度的单值函数，所以在等温过程中内能保持不变，即 $\Delta E=0$. 根据热力学第一定律和理想气体状态方

程有

$$Q_T = W = \int_{V_1}^{V_2} p\mathrm{d}V = \int_{V_1}^{V_2} \frac{m}{M}RT\frac{\mathrm{d}V}{V}$$

$$= \frac{m}{M}RT\ln\frac{V_2}{V_1}$$

由过程方程 $p_1V_1 = p_2V_2$，上式也可写成

$$Q_T = W = \frac{m}{M}RT\ln\frac{p_1}{p_2}$$

上式表明，在等温膨胀过程中，理想气体从恒温热源吸收的热量全部用来对外做功.

**例 8-2** 将 500J 的热量传送给标准状态下的 2mol 的氢气，问：

(1) 若体积不变，这热量变成了什么？氢气的温度变为多少？

(2) 若温度不变，这热量转变成了什么？氢的压强和体积各变为多少？

(3) 若压强不变. 这热量转变成了什么？氢的温度及体积各变为多少？

**解** (1) 将 500J 的热量传给 2mol 的氢气. 在体积不变的情况下，氢气吸收的热量全部变为内能 $Q=\Delta E=\frac{m}{M}C_V(T_2-T_1)$，而

$$\Delta T = \frac{Q}{\frac{m}{M}C_V} = \frac{500}{2\times\frac{5}{2}\times 8.31} \approx 12(\mathrm{K})$$

从而

$$T_2 = 273\mathrm{K} + 12\mathrm{K} = 285\mathrm{K}$$

(2) 在温度不变的情况下，氢吸收的热量转变成气体对外做的功 $Q=W=\frac{m}{M}RT\ln\frac{V_2}{V_1}$，而

$$\ln\frac{V_2}{V_1} = \frac{Q}{\frac{m}{M}RT} = \frac{500}{2\times 8.31\times 273} \approx 0.11$$

则

$$V_2 = V_1\mathrm{e}^{0.11} = 2\times 22.4\times 10^{-3}\times \mathrm{e}^{0.11} \approx 5.0\times 10^{-2}(\mathrm{m}^3) = 50(\mathrm{L})$$

$$p_2 = \frac{p_1V_1}{V_2} = \frac{1.0\times 2\times 22.4}{50} \approx 0.9(\mathrm{atm})$$

(3) 在压强不变的情况下，吸取的热量一部分转变为内能的增量，一部分转变成气体对外所做的功，即

$$Q = \Delta E + W = \frac{m}{M}C_V(T_2 - T_1) + \frac{m}{M}R(T_2 - T_1) = \frac{m}{M}C_p(T_2 - T_1)$$

又

$$T_2 - T_1 = \frac{Q}{\frac{m}{M}C_p} = \frac{Q}{2\times\frac{i+2}{2}R} = \frac{500}{7\times 8.31} \approx 8.6(\mathrm{K})$$

$$T_2 = 273\mathrm{K} + 8.6\mathrm{K} = 281.6\mathrm{K}$$

因此

$$V_2 = \frac{T_2}{T_1}V_1 = \frac{281.6}{273}\times 2\times 22.4 \approx 0.046(\mathrm{m}^3) = 46(\mathrm{L})$$

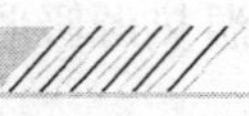

## 8.4 绝热过程 *多方过程

如果气体在状态变化过程中，始终和外界没有热量的交换，即 $\mathrm{d}Q=0$，$Q=0$，则这种过程叫做**绝热过程**(adiabatic process). 如果气缸绝对不导热，则气缸内的气体的膨胀或压缩过程便是绝热过程.

实际上，在自然界中找不到完全隔热的材料，绝对的绝热过程是不存在的. 但某些过程可近似地看作绝热过程. 例如，气体在杜瓦瓶内(热水瓶)或在石棉、毛绒毯等隔热性能很好的材料内所经历的变化过程. 又如，内燃机气缸内混合气体的爆炸，声波在传播中引起的空气迅速压缩和急剧膨胀过程，由于过程进行的速度很快，使气体来不及和外界交换热量，都可近似地看成绝热过程. 实际的绝热过程都不是平衡过程. 我们只讨论理想气体的绝热过程，即准静态的绝热过程.

### 8.4.1 热力学第一定律在绝热过程中的应用

绝热过程中 $\mathrm{d}Q=0$，$Q=0$，因此，对于微小的绝热过程，有

$$0 = \mathrm{d}E + p\mathrm{d}V$$

或

$$p\mathrm{d}V = -\mathrm{d}E = -\frac{m}{M}C_V\mathrm{d}T \tag{8-17}$$

对有限变化过程，有

$$0 = E_2 - E_1 + \int_{V_1}^{V_2} p\mathrm{d}V$$

或

$$W = \int\mathrm{d}W = \int_{V_1}^{V_2} p\mathrm{d}V = -\Delta E = -\frac{m}{M}C_V\Delta T \tag{8-18}$$

上式表明，气体在绝热膨胀过程中对外所做的功，是靠它的内能的减少来完成的，因而气体的温度降低. 在绝热压缩过程中，外界对气体所做的功，完全用于使气体的内能增加，因而温度升高.

上述结论在许多实际问题中得到了验证和应用. 在柴油机中,气缸中的空气和柴油雾的混合物被活塞急速压缩后,温度可升高到柴油的燃点以上(500~600℃),使柴油立即燃烧,形成高温高压气体,推动活塞做功. 用气筒给轮胎打气时,筒壁会发热. 储气钢筒内的高压二氧化碳气体由阀门放出而急剧膨胀时,可使温度骤然下降到195K 以下,以致变成固态(干冰). 在制冷技术中,特别是在低温技术中,绝热过程有重要的应用.

### 8.4.2 绝热方程

绝热过程与等值过程的区别是,$p,V,T$ 三个状态参量都在变,为了得出绝热过程的过程方程,对理想气体状态方程两边微分,可得

$$p\mathrm{d}V + V\mathrm{d}p = \frac{m}{M}R\mathrm{d}T \tag{8-19}$$

由式(8-17)和式(8-19)消去 $\mathrm{d}T$,得

$$(C_V + R)p\mathrm{d}V = -C_V V\mathrm{d}p$$

利用 $C_p = C_V + R$ 和 $\gamma = \dfrac{C_p}{C_V}$,则有

$$\frac{\mathrm{d}p}{p} + \gamma\frac{\mathrm{d}V}{V} = 0$$

对上式两边积分,即得

$$\ln p + \gamma \ln V = \text{恒量}$$

或

$$pV^{\gamma} = \text{恒量} \tag{8-20}$$

利用理想气体状态方程消去上式中的 $V$ 或 $p$ 可得

$$V^{\gamma-1}T = \text{恒量} \tag{8-21}$$

$$p^{\gamma-1}T^{-\gamma} = \text{恒量} \tag{8-22}$$

上述三式统称为**理想气体绝热方程**(adiabatic equation of ideal gas). 它们反映了理想气体在绝热过程中三个变化参量中任两个的变化关系.

如果理想气体从状态Ⅰ($p_1,V_1,T_1$)经历准静态绝热过程到状态Ⅱ($p_2,V_2,T_2$),根据绝热过程方程,有

$$\begin{aligned} p_1V_1^{\gamma} &= p_2V_2^{\gamma} \\ V_1^{\gamma-1}T_1 &= V_2^{\gamma-1}T_2 \\ p_1^{\gamma-1}T_1^{-\gamma} &= p_2^{\gamma-1}T_2^{-\gamma} \end{aligned} \tag{8-23}$$

在具体的问题里,我们可以在三个方程中任取一个比较方便的方程来应用.

绝热过程中功的计算除用式(8-18)计算外,还可以应用绝热过程方程推出另一个重要的功的计算式.

因为对于过程中的任意中间态，总有 $pV^{\gamma}=p_1V_1^{\gamma}=$常量，解出

$$p=\frac{p_1V_1^{\gamma}}{V^{\gamma}}$$

代入 $W=\int_{V_1}^{V_2}p\mathrm{d}V$ 得

$$\begin{aligned}W&=\int_{V_1}^{V_2}p\mathrm{d}V=p_1V_1^{\gamma}\int_{V_1}^{V_2}\frac{\mathrm{d}V}{V^{\gamma}}\\&=\frac{p_1V_1^{\gamma}}{\gamma-1}\left(\frac{1}{V_1^{\gamma-1}}-\frac{1}{V_2^{\gamma-1}}\right)\\&=\frac{p_1V_1-p_2V_2}{\gamma-1}\end{aligned}\tag{8-24}$$

上式也可以通过式(8-18)推导而得，请读者自己推导.

### 8.4.3　绝热线和等温线的比较

当气体做绝热变化时，在 $p$-$V$ 图上，按式(8-20)所画出的曲线叫做**绝热曲线**(adiabatics)，通常简称**绝热线**. 如图 8-8 所示，图中的实线表示一条绝热线，虚线表示一条等温线，两线相交于 $A$ 点. 可以看出，绝热线比等温线陡. 这是很容易理解的. 我们可以分别求出等温线和绝热线在 $A$ 点上的斜率. 对等温过程方程两边求微分可知等温线的斜率为

$$\left(\frac{\mathrm{d}p}{\mathrm{d}V}\right)_T=-\frac{p}{V}$$

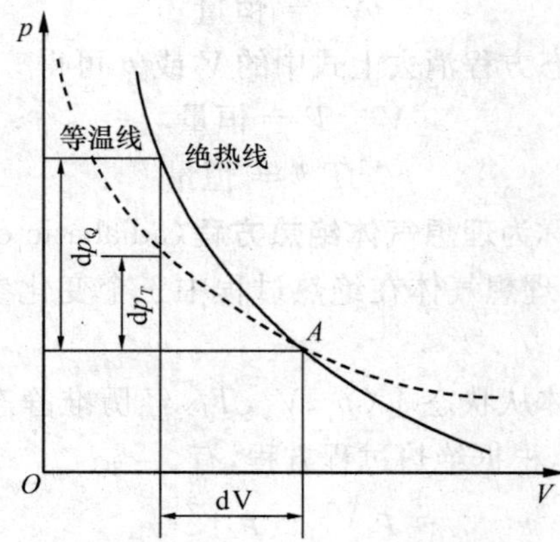


图 8-8　绝热线与等温线比较

同理，对绝热过程方程两边求微分可得绝热线斜率为

$$\left(\frac{\mathrm{d}p}{\mathrm{d}V}\right)_Q=-\gamma\frac{p}{V}$$

由于 $\gamma>1$，可见，在两线的交点 $A$ 处，绝热线的斜率的绝对值比等温

线的斜率的绝对值大，所以，绝热线比等温线要陡些. 图 8-8 清楚地表明同一理想气体从同一初态 $A$ 出发做同样的体积压缩 $dV$ 时，压强的升高在绝热过程中比在等温过程中多. 这是因为理想气体的压强 $p=nkT$，它不仅与温度有关，也与分子数密度有关. 因此，在等温压缩过程中，由于温度不变，压强的升高仅由气体分子数密度的增加引起；而在绝热压缩过程中，压强的升高，除气体的分子数密度增加这个因素外，还由于外界对系统做功，系统的内能增加，致使温度 $T$ 升高，因此，由这两个因素引起的压强增加自然要多一些. 所以，气体压缩相同的体积时，在绝热过程中压强的升高比在等温过程中多. 同理，当气体膨胀相同的体积时，在绝热过程中的压强的降低要比等温过程中多.

**例 8-3** 如图 8-9 所示，设有 5mol 的氢气，最初的压强为 $1.013\times 10^5$ Pa，温度为 20℃，求在下列过程中，把氢气体积压缩为原来的 $\frac{1}{10}$ 需要做的功：

(1) 等温过程；

(2) 绝热过程.

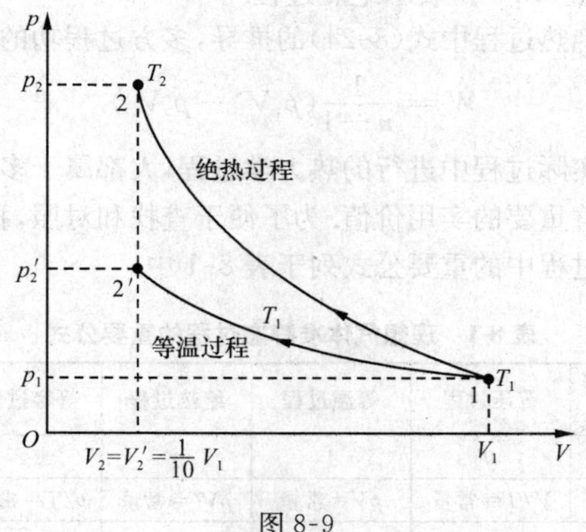


图 8-9

**解** (1) 对于等温过程，根据 $W=\frac{m}{M}RT\ln\frac{V_2}{V_1}$ 可得氢气由点 1 等温压缩到点 2′所做的功为

$$W=\frac{m}{M}RT\ln\frac{V_2}{V_1}=5\times 8.31\times 293\ln\frac{1}{10}\approx -2.80\times 10^4\,(\mathrm{J})$$

式中的负号表示外界对系统做功.

(2) 因为氢气是双原子分子，根据 $\gamma$ 的定义，可近似求得 $\gamma=1.40$，所以对于绝热过程，根据 $TV^{\gamma-1}=$ 常量，可以求得点 2 的温度为

$$T_2 = T_1\left(\frac{V_1}{V_2}\right)^{\gamma-1} = 293 \times 10^{0.40} \approx 753(\mathrm{K})$$

再由式(8-18)可求氢气点 1 到点 2 所做的功为

$$W = -\frac{m}{M}C_V\Delta T = -\frac{m}{M}C_V(T_2 - T_1)$$

考虑氢气的定容摩尔热容量 $C_V = 20.44\mathrm{J \cdot mol \cdot K^{-1}}$,把数据代入上式得

$$W = -5 \times 20.44 \times (753 - 293) \approx -4.7 \times 10^4(\mathrm{J})$$

## *8.4.4 多方过程

实际上,在气体中进行的过程,往往既不是等温又不是绝热过程,而是介于两者之间的过程. 实用上,常用**多方过程**(polytropic process)方程进行描述. 即

$$pV^n = 常量 \tag{8-25}$$

式中,$n$ 为一常数,称为**多方指数**. 前面讨论的等值过程和绝热过程都可以看作多方过程的特例. $n=0$,表示等压过程;$n=1$,表示等温过程;$n=\infty$,表示等容过程(因为 $pV^n=$常量,即 $p^{\frac{1}{n}}V=$常量,当 $n\to\infty$时,$V=$常量);$n=\gamma$,表示绝热过程.

类似于绝热过程中式(8-24)的推导,多方过程功的计算公式为

$$W = \frac{1}{n-1}(p_1V_1 - p_2V_2) \tag{8-26}$$

在热工实际过程中进行的热力学过程,大都属于多方过程,因此多方过程有着重要的实用价值. 为了便于查找和对照,我们将理想气体的准静态过程中的重要公式列于表 8-1 中.

**表 8-1 理想气体准静态过程的重要公式**

| 项目 \ 过程名称 | 等压过程 | 等温过程 | 绝热过程 | 等容过程 | 多方过程 |
|---|---|---|---|---|---|
| 多方指数 $n$ | 0 | 1 | $\gamma$ | $\pm\infty$ | $n$ |
| 过程方程 | $V/T=$常量 | $pV=$常量 | $pV^\gamma=$常量 | $p/T=$常量 | $pV^n=$常量 |
| 吸收热量 $Q$ | $\frac{m}{M}C_p\Delta T$ | $\frac{m}{M}RT\ln\frac{V_2}{V_1}$ | 0 | $\frac{m}{M}C_V\Delta T$ | $\frac{m}{M}C_n\Delta T$ |
| 对外做功 $W$ | $p\Delta V$ 或$\frac{m}{M}R\Delta T$ | $\frac{m}{M}RT\ln\frac{V_2}{V_1}$ | $-\frac{m}{M}C_V\Delta T$ | 0 | $\frac{\Delta(pV)}{1-n}$ |
| 内能增量 $\Delta E$ | $\frac{m}{M}C_V\Delta T$ | 0 | $\frac{m}{M}C_V\Delta T$ | $\frac{m}{M}C_V\Delta T$ | $\frac{m}{M}C_V\Delta T$ |

**例 8-4** 1mol 氦气,由状态$A(p_1,V_1)$先等压加热至体积增大 1 倍,再等体加热至压强增大 1 倍,最后再经绝热膨胀,使其温度降至初始温度,如图 8-10 所示,其中,$p_1=1\mathrm{atm}$,$V_1=1\mathrm{L}$. 试求:

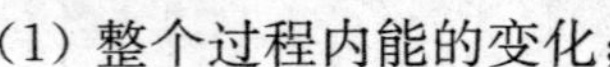

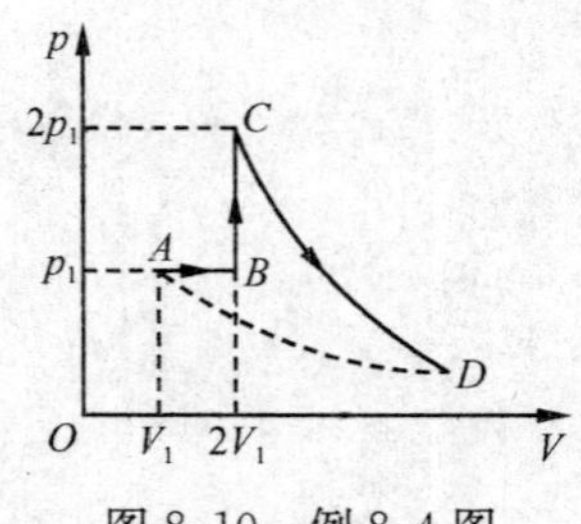

图 8-10 例 8-4 图

(1) 整个过程内能的变化;

(2) 整个过程对外所做的功；

(3) 整个过程吸收的热量.

**解** 已知

$p_A=p_B=1\text{atm}$， $p_C=2\text{atm}$， $V_A=1\text{L}$， $V_B=V_C=2V_A=2\text{L}$， $C_V=\dfrac{3R}{2}$， $C_p=\dfrac{5R}{2}$， $\gamma=\dfrac{i+2}{i}=\dfrac{5}{3}$. 因 $A,D$ 在同一等温线上，应有 $p_AV_A=p_DV_D$.

(1) 内能的变化 $\Delta E=E_D-E_A=C_V(T_D-T_A)=0$.

(2) 系统对外做的功

$$W=W_{AB}+W_{BC}+W_{CD}$$

由于

$$W_{AB}=p_A(V_B-V_A)=1\times(2-1)=1(\text{atm}\cdot\text{L})$$

$$W_{CD}=\frac{p_CV_C-p_DV_D}{\gamma-1}=\frac{p_CV_C-p_AV_A}{\gamma-1}$$

$$=\frac{2\times2-1\times1}{\frac{5}{3}-1}=4.5(\text{atm}\cdot\text{L})$$

$$W_{BC}=0$$

所以

$$W=W_{AB}+W_{BC}+W_{CD}=5.5\text{atm}\cdot\text{L}$$

$$=5.5\times1.013\times10^5\times10^{-3}\text{J}\approx5.57\times10^2\text{J}$$

(3) 整个过程中吸收的热量

$$Q=Q_{AB}+Q_{BC}+Q_{CD}$$

由于

$$Q_{AB}=C_P(T_B-T_A)=\frac{5}{2}R(T_B-T_A)$$

$$=\frac{5}{2}(p_BV_B-p_AV_A)=\frac{5}{2}(1\times2-1\times1)=2.5(\text{atm}\cdot\text{L})$$

$$Q_{BC}=C_V(T_C-T_B)=\frac{3}{2}R(T_C-T_B)$$

$$=\frac{2}{3}(p_CV_C-p_BV_B)=\frac{3}{2}(2\times2-1\times2)=3(\text{atm}\cdot\text{L})$$

$$Q_{CD}=0$$

所以

$$Q=Q_{AB}+Q_{BC}+Q_{CD}=5.5\text{atm}\cdot\text{L}\approx5.57\times10^2\text{J}$$

整个过程吸收的热量也可由热力学第一定律求得

$$Q=\Delta E+W=0+W=5.57\times10^2\text{J}$$

**例 8-5** 设有一绝热容器用隔板分成体积都等于 $V_0$ 的两部分，左半部充满压强为 $p_0$、温度为 $T_0$ 的理想气体，右半部分为真空，如图 8-11 所示，抽去隔板，气体自由膨胀而充满整个容器，问：当恢复平衡后，气体的压强是多少？

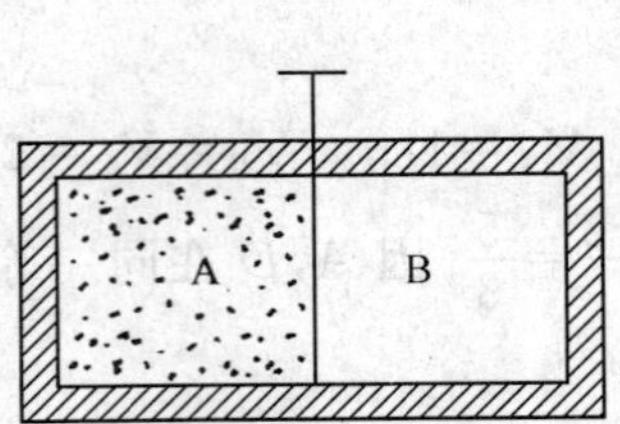

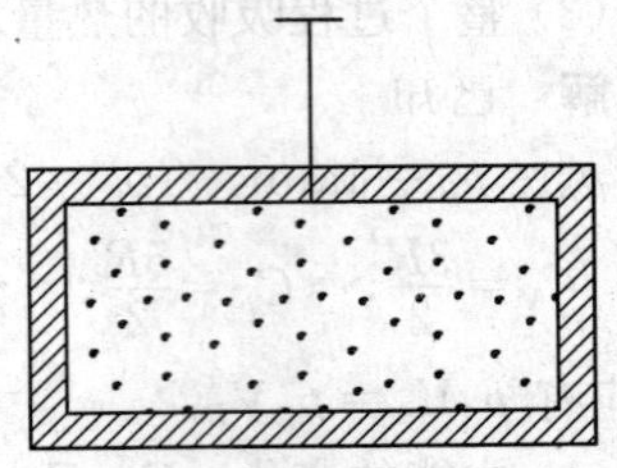

图 8-11　绝热自由膨胀过程

**解**　自由膨胀是非静态过程，但仍满足热力学第一定律，因为是绝热过程，即 $Q=0$. 所以有

$$E-E_0+W=0$$

由于气体向真空膨胀，对外不做功，即 $W=0$. 故

$$E-E_0=0$$

即气体经过绝热自由膨胀，内能保持不变. 对于理想气体，内能是温度的函数，所以

$$T=T_0$$

据状态方程，对于始、末两态满足

$$\frac{p_0V_0}{T_0}=\frac{2pV_0}{T}$$

得出

$$p=\frac{1}{2}p_0$$

必须指出，绝热自由膨胀虽然是绝热过程，但这个过程是非静态过程，即中间状态都不是平衡态. 因此，绝热过程方程不再适用，因为它们仅适用准静态绝热过程，同理，也不能认为是等温过程.

## 8.5　循环过程　卡诺循环

### 8.5.1　循环过程

研究循环过程的意义在于实际应用的需要. 如在生产技术中，要想将热与功之间的转换持续不断地进行下去，靠单一过程显然是不行的. 例如，等温膨胀过程虽然能把吸收的热量完全转化为对外做功，但随着气体膨胀过程中体积逐渐变大，压强不断减小，当气体压强与外界压强相同时，显然膨胀过程就无法再持续下去了. 因此想到把几个不同的过程组合起来，使系统重复这几个过程，以达到持续对外做功的目的，从而引出循环过程. **系统由某一状态出发，经过一系**

**列变化过程又回到初始状态的整个过程**叫做**循环过程**，简称**循环**.

由于循环过程的始末状态相同，而内能是状态的单值函数，所以，**系统经历一个循环过程后，其内能不变**，即 $\Delta E=0$，这是循环过程的一个重要特征. 在 $p$-$V$ 图上，一个准静态循环过程可用一个闭合曲线来表示.

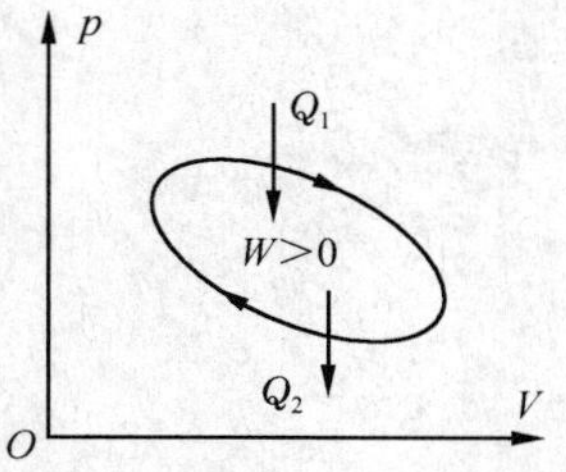


图 8-12 正循环(热机循环)

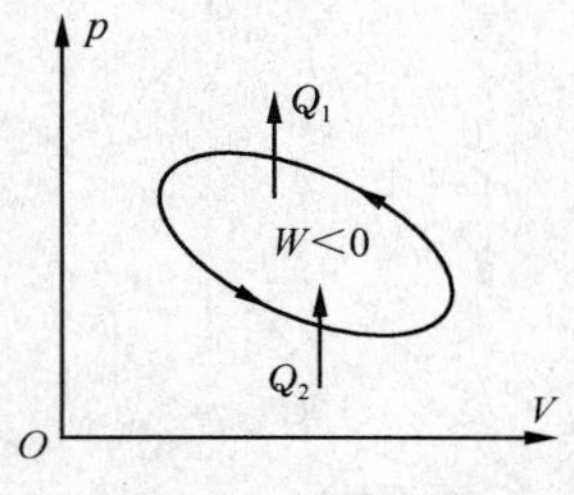


图 8-13 逆循环(制冷机循环)

如果循环沿顺时针方向进行，叫做**正循环(热机循环)**，如图8-12所示. 在正循环中，系统膨胀过程对外界做的功，大于系统压缩过程外界对系统做的功. 整个正循环中，系统对外所做的净功 $W>0$，在数值上等于循环曲线包围的面积. 由于循环过程 $\Delta E=0$，则由热力学第一定律可知，系统从外界吸收的热量 $Q_1$ 大于放出的热量 $Q_2$，其差值等于系统对外做的净功，即

$$Q_1-Q_2=W \tag{8-27}$$

式中，$Q_1$，$Q_2$ 表示在循环过程中吸收和放出的热量的绝对值.

如果循环沿逆时针方向进行，则叫做**逆循环(制冷机循环)**，如图8-13 所示. 在逆循环中，系统膨胀过程对外界做的功，小于系统压缩过程外界对系统做的功. 整个逆循环中，系统对外界做的净功 $W<0$，在数值上也等于循环曲线包围的面积.

### 8.5.2 热机和热机循环

所谓**热机**就是指**通过正循环过程，把热量持续地转化为功的机器**. 蒸汽机、内燃机、汽轮机、喷气发动机等都是热机. 现以蒸汽机为例来说明热机的工作过程.

**在热机中被用来吸收热量并对外做功的物质叫做工作物质**. 简称**工质**. 图 8-14 表示蒸汽机的工作示意图. 水从锅炉吸收热量，变成高温高压的蒸汽，然后通过管道进入气缸，推动活塞对外做功，当蒸汽对外做功后其温度和压强相继降低后变成废气，便进入冷凝器放热从而凝结为水，然后再用水泵打入锅炉开始下一个循环.

从能量转化的角度来看，工作物质(蒸汽)从高温热源(锅炉)吸收热量 $Q_1$，其内能增加，然后一部分内能通过对外做功 $W$ 转化为机械能，另一部分内能在低温热源(冷凝器)放热 $Q_2$ 而传给外界. 图8-15表示热机中发生的能量转化关系，不难看出，它满足

$$Q_1=Q_2+W_{净} \tag{8-28}$$

在实际问题中，我们更关心的是从高温热源吸收的热量中有多大比例转化为对外做功. 因此，我们把一次循环中工作物质对外做的净功占它从高温热源吸收热量的比值定义为**热机效率**(efficiency of heat engine)，用 $\eta$ 表示为

$$\eta=\frac{W_{净}}{Q_1}=\frac{Q_1-Q_2}{Q_1}=1-\frac{Q_2}{Q_1} \tag{8-29}$$

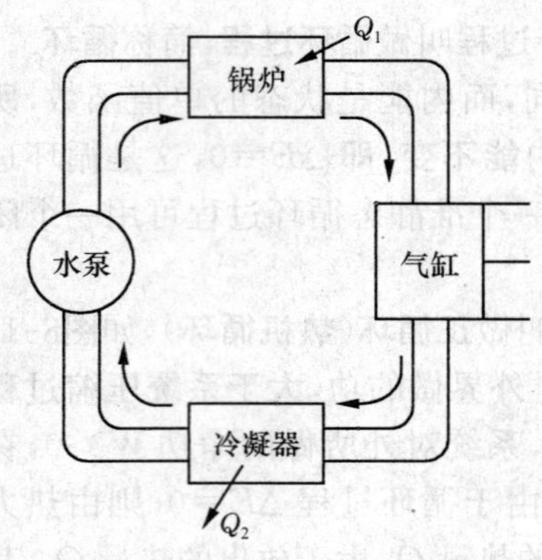

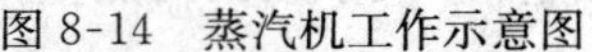

图 8-14　蒸汽机工作示意图

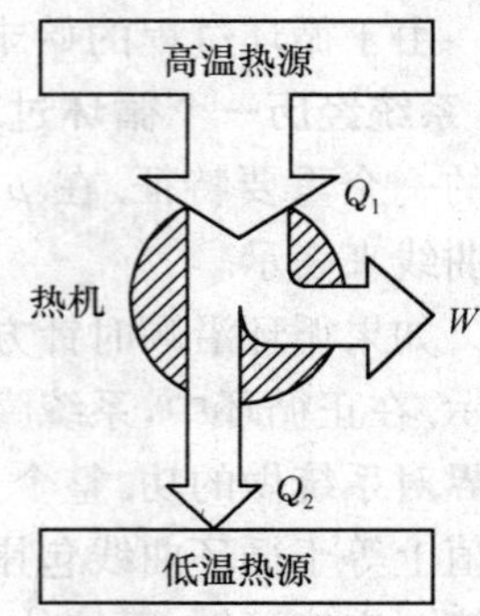


图 8-15　热机的能量关系

式中，$Q_1$ 为整个循环过程中吸收的热量的总和，$Q_2$ 为放出热量总和的绝对值，$W_{净}$ 为系统对外做的净功. 显然，当工作物质吸收相同的热量时，对外做的功越多，热机效率就越高.

### 8.5.3　制冷机和制冷系数

所谓**制冷机**就是**通过逆循环过程，利用外界对工作物质做功，使从低温热源吸收的热量不断地传递给高温热源的机器.**

家用电冰箱就是一种制冷机，它的工作物质称为制冷剂，常用的制冷剂有氨、氟里昂等. 图 8-16 表示电冰箱的工作示意图. 液化后的制冷剂从蒸发器（低温热源）中吸热蒸发，经压缩机急速压缩为高温高压气体，然后通过冷凝器向大气（高温热源）放热并凝结为液体，经节流阀的小口通道，进一步降温降压后再进入蒸发器，然后进行下一个循环.

制冷机的能量转化关系如图 8-17 所示. 工作物质从低温热源吸热 $Q_2$，向高温热源放热 $Q_1$，要实现这一点，外界必须对工作物质做功 $W(W<0)$. 由于循环过程 $\Delta E=0$，因此，热力学第一定律可写成

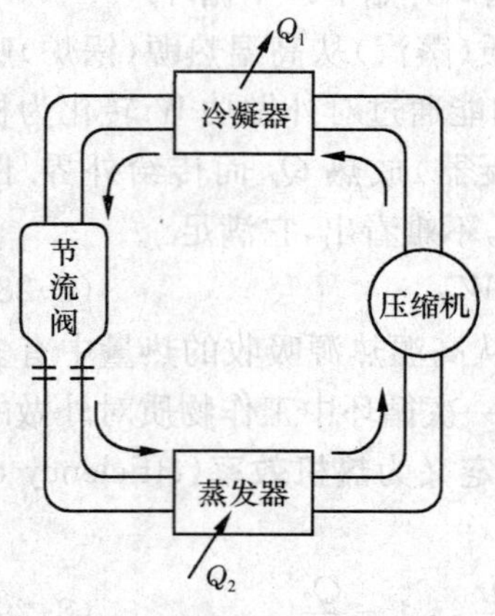


图 8-16　电冰箱工作示意图

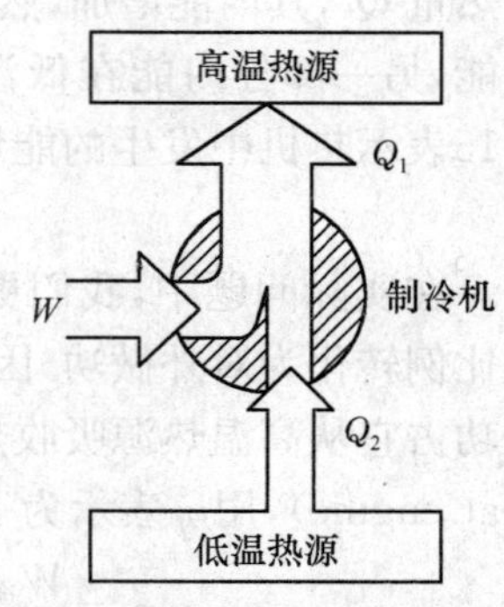


图 8-17　制冷机的能量关系

$$Q_2 - Q_1 = -W$$

或

$$Q_1 = Q_2 + W$$

上式说明,工作物质向高温热源传递的热量 $Q_1$,来自两部分,一部分是从低温热源吸收的热量 $Q_2$,另一部分是外界对工作物质做的功 $W$. 换句话说,工作物质从低温热源吸收热量传递到高温热源,是以外界对工作物质做功为代价的. 从低温热源吸热越多,外界对工作物质做功越少,则制冷效果越好. 因此,定义

$$\varepsilon = \frac{Q_2}{W} = \frac{Q_2}{Q_1 - Q_2} \tag{8-30}$$

式中,$\varepsilon$ 为制冷机的**制冷系数**.

利用制冷装置降低温度达到制冷的目的是不言而喻的,实际应用中还可利用制冷装置来升高温度,以此目的设计的制冷机叫热泵. 例如,冬天可将室外大气作为低温热源,以室内为高温热源,热泵从室外吸热,连同外界的功一起向室内供热,使室内升温变暖. 在夏天以室内为低温热源,以室外大气作为高温热源,则可使室内降温. 利用同一装置达到既能降温又可供热的机器就是空调器.

**例 8-6** 1mol 单原子分子理想气体,自状态 $A$ 起作如图 8-18 所示的循环. 其中 $AB$,$CD$ 为等体过程,$BC$,$DA$ 是等压过程. 有关数据已在图上注明. 求:

(1) 循环过程中吸收和放出的热量和所做的净功;

(2) 循环的效率 $\eta$.

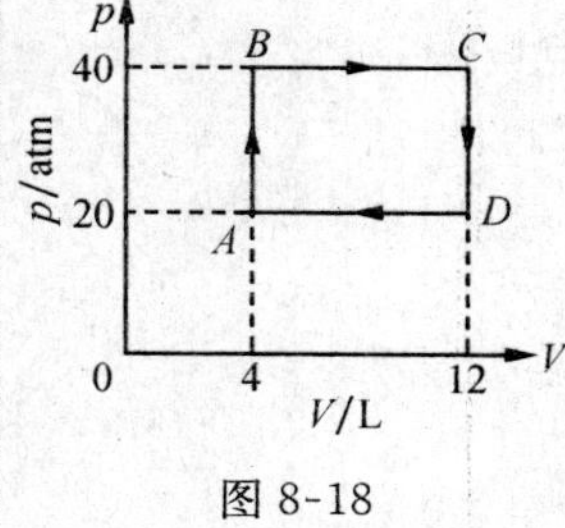

图 8-18

**解** 先求各过程的吸热或放热.

$A \to B$ 等体升温过程(吸热):

$$Q_{AB} = C_V(T_B - T_A) = \frac{i}{2}R(T_B - T_A)$$
$$= \frac{i}{2}(p_B V_B - p_A V_A)$$
$$= \frac{3}{2}(40 \times 4 - 20 \times 4)$$
$$= 120(\text{atm} \cdot \text{L}) \approx 1.22 \times 10^4(\text{J})$$

$B \to C$ 等压膨胀过程(吸热):

$$Q_{BC} = C_p(T_C - T_B) = \frac{i+2}{2}R(T_C - T_B) = \frac{i+2}{2}(p_C V_C - p_B V_B)$$
$$= \frac{5}{2}(40 \times 12 - 40 \times 4) = 800(\text{atm} \cdot \text{L}) \approx 8.10 \times 10^4(\text{J})$$

$C \to D$ 等体降温过程(放热):

$$Q_{CD} = |C_V(T_D - T_C)| = \frac{i}{2}R(T_C - T_D) = \frac{3}{2}(p_C V_C - p_D V_D)$$
$$= \frac{3}{2}(40 \times 12 - 20 \times 12) = 360(\text{atm} \cdot \text{L}) \approx 3.65 \times 10^4(\text{J})$$

$D \to A$ 等压压缩过程(放热):

$$Q_{DA} = |C_p(T_A - T_D)| = \frac{i+2}{2}R(T_D - T_A) = \frac{5}{2}(p_D V_D - p_A V_A)$$

$$= \frac{5}{2}(20 \times 12 - 20 \times 4) = 400(\text{atm} \cdot \text{L}) \approx 4.05 \times 10^4(\text{J})$$

循环过程吸收的热量为

$$Q_1 = Q_{AB} + Q_{BC} = (8.10 + 1.22) \times 10^4 = 9.32 \times 10^4(\text{J})$$

循环过程放出的热量为

$$Q_2 = Q_{CD} + Q_{DA} = (3.65 + 4.05) \times 10^4 = 7.70 \times 10^4(\text{J})$$

循环过程所做的净功为

$$W_{净} = Q_1 - Q_2 = 1.62 \times 10^4(\text{J})$$

(2) 循环效率为

$$\eta = \frac{W_{净}}{Q_1} = \frac{Q_1 - |Q_2|}{Q_1} = \frac{(9.32 - 7.70) \times 10^4}{9.32 \times 10^4} \times 100\% \approx 17.4\%$$

### 8.5.4　卡诺循环

19 世纪初期,蒸汽机的使用已经相当广泛,但效率很低,只有 3%~5%,大部分热量都没有得到利用,许多人都为提高热机的效率而努力. 1824 年,年轻的法国工程师卡诺(N. L. S. Carnot)从水通过落差产生动力得到启发,提出了一种理想热机——**卡诺热机**,并从理论上得出了这种热机效率的极限. 卡诺的研究不仅为提高热机效率指出了方向和极限,而且对热力学第二定律的建立起了重要的作用.

卡诺热机的循环过程称为卡诺循环. **卡诺循环是在两个温度恒定的热源(一个高温热源,一个低温热源)之间工作的准静态循环过程.** 整个循环由等温膨胀、绝热膨胀、等温压缩和绝热压缩四个分过程组成. 由卡诺循环构成的热机或制冷机称为卡诺机.

下面研究理想气体的卡诺循环的效率. 图 8-19 是卡诺循环的 $p$-$V$ 图,图中曲线 $A \to B$, $C \to D$ 是温度分别为 $T_1$ 和 $T_2$ 的两条等温线,曲线 $B \to C$, $D \to A$ 是两条绝热线. 在正循环中能量转化情况如图 8-20 所示.

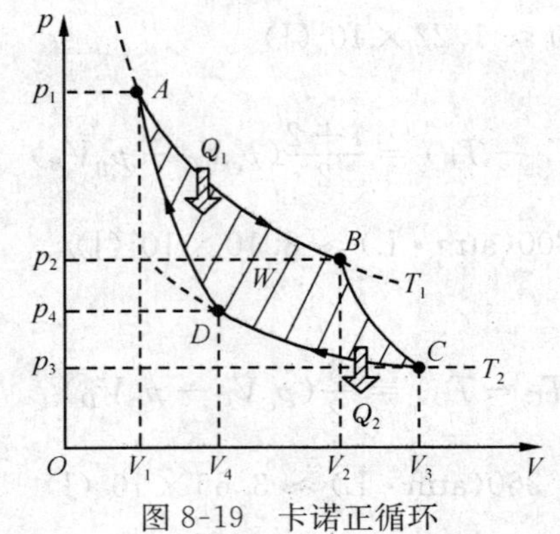

图 8-19　卡诺正循环

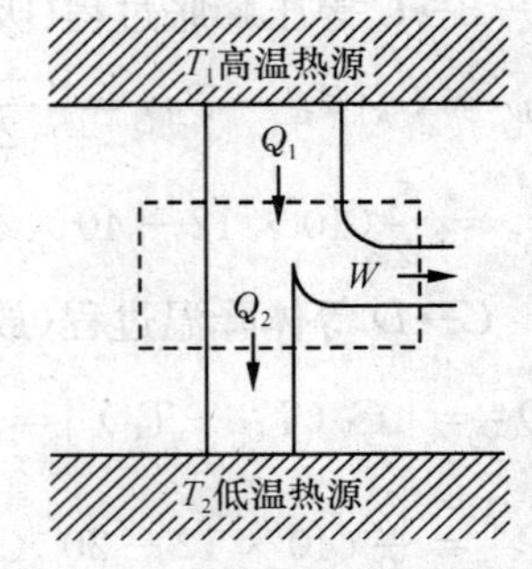

图 8-20　卡诺正循环能量关系

由图可知，$A\to B$ 为等温膨胀过程，$B\to C$ 为绝热膨胀过程，$C\to D$ 为等温压缩过程，$D\to A$ 为绝热压缩过程. 整个循环过程中，只有 $A\to B$ 和 $C\to D$ 有热量交换，气体从温度为 $T_1$ 的高温热源吸热为

$$Q_1=\frac{m}{M}RT_1\ln\frac{V_2}{V_1} \tag{8-31}$$

向温度为 $T_2$ 的低温热源放热为

$$Q_2=\frac{m}{M}RT_2\ln\frac{V_3}{V_4} \tag{8-32}$$

而 $B\to C$，$D\to A$ 没有热量的交换. 但满足绝热过程的状态方程，即

$$V_2^{\gamma-1}T_1=V_3^{\gamma-1}T_2 \tag{8-33}$$

$$V_1^{\gamma-1}T_1=V_4^{\gamma-1}T_2 \tag{8-34}$$

整个循环过程，气体内能不变，工作物质对外做的净功为循环曲线包围的面积，其值为

$$W_{净}=Q_1-Q_2$$

由热机循环效率的定义，可得

$$\eta=\frac{W_{净}}{Q_1}=1-\frac{Q_2}{Q_1}=1-\frac{T_2\ln\dfrac{V_3}{V_4}}{T_1\ln\dfrac{V_2}{V_1}} \tag{8-35}$$

由式(8-33)和式(8-34)两式相除，可得

$$\frac{V_2}{V_1}=\frac{V_3}{V_4}$$

代入式(8-35)后，可得卡诺循环的效率为

$$\eta=1-\frac{T_2}{T_1} \tag{8-36}$$

由此可见，**理想气体准静态过程的卡诺循环效率只由两个热源的温度决定**. 它指出提高热机效率的方法之一是提高高温热源的温度，例如，当冷却器的温度为 30℃时，若蒸汽温度由 300℃提高到 600℃时，按式(8-36)计算的效率将由 47%提高到 65%. 当然，实际的蒸汽机循环效率只有 15%～30%，这是因为卡诺循环是理想的循环，而实际循环中热源并不是恒温的，工作物质离开热源后完全绝热也是不可能的，而且实际进行的过程也仅近似为准静态的.

式(8-36)还表明降低低温热源的温度也可以提高效率，但这只有理论上的意义，因为实际上要降低冷却器的温度既很困难又不经济.

如果卡诺循环逆向进行，就构成了卡诺制冷机. 逆向卡诺循环的能量转化情况由图 8-21 给出，其过程曲线如图 8-22 所示. 在整个循环中，外界必须对系统做功 $W$，工作物质才可能从低温热源 $T_2$ 中吸收热量 $Q_2$，向高温热源 $T_1$ 中放热 $Q_1$，其分析方法与卡诺正循环类

似，不难得出卡诺制冷机的制冷系数为

$$\varepsilon = \frac{Q_2}{W} = \frac{Q_2}{Q_1 - Q_2} = \frac{T_2}{T_1 - T_2} \tag{8-37}$$

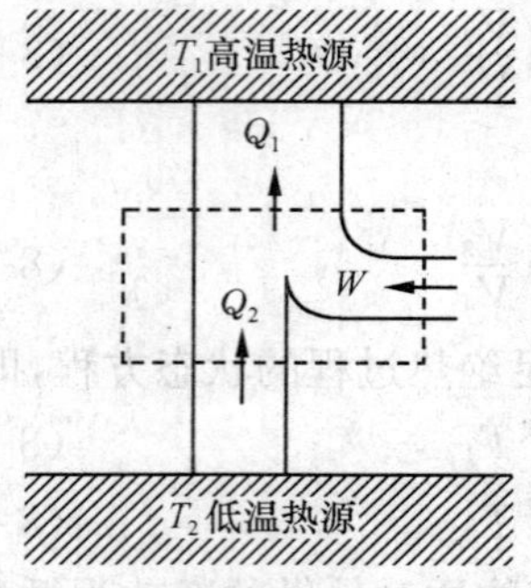


图 8-21 卡诺逆循环能量关系

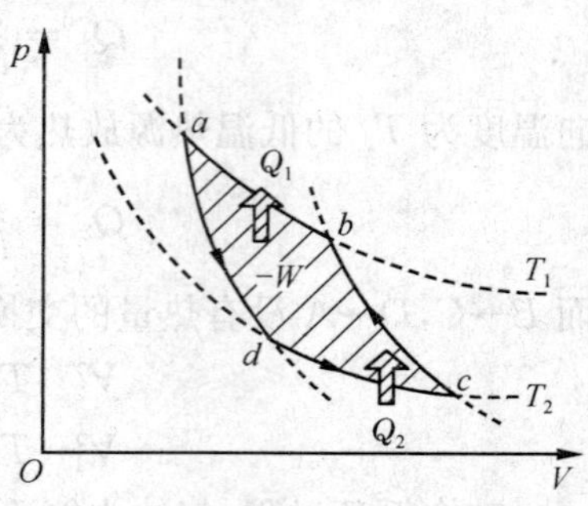


图 8-22 卡诺制冷循环过程曲线

在一般的制冷机中，高温热源就是大气环境的温度 $T_1$，所以卡诺制冷机的制冷系数 $\varepsilon$ 取决于希望达到的制冷温度 $T_2$. 假如，家用电冰箱冷冻室的温度 $T_2 = -13℃$，室温为 27℃，由式(8-37)可计算出

$$\varepsilon = \frac{T_2}{T_1 - T_2} = \frac{273 - 13}{(273 + 27) - (273 - 13)} = 6.5$$

假定室温 $T_1$ 不变，显然，希望值 $T_2$ 越低，则制冷系数就越小，如果仍然要从冷库吸取相等的热量，压缩机就必须做更多的功.

**例 8-7** 一卡诺制冷机，从 0℃的水中吸收热量，向 27℃的房间放热. 假定将 50kg 的 0℃的水变成 0℃的冰. 试问：

(1) 释放于房间的热量有多少？使制冷机运转所需要的机械功是多少？

(2) 如用此制冷机从 −10℃的冷藏库中吸收相等的热量，需多做多少机械功？

**解** (1) 卡诺制冷机从 $T_2 = 273\text{K}$(即 0℃)的低温热源吸收热量 $Q_2$，向高温热源 $T_1 = 300\text{K}$(即 27℃)的房间放热，需对卡诺制冷机输入机械功 $W$，此时对高温热源实际放出的热量为 $Q_1 = Q_2 + W$. 冰的溶解热为 $3.35 \times 10^5 \text{J} \cdot \text{kg}^{-1}$，使 50kg 的水变成冰，需卡诺制冷机吸收热量为

$$Q_2 = 3.35 \times 10^5 \times 50 = 1.675 \times 10^7 (\text{J})$$

该卡诺制冷机的制冷系数

$$\varepsilon = \frac{T_2}{T_1 - T_2} = \frac{273}{300 - 273} \approx 10.1$$

再由式(8-37)算得

$$W_1 = \frac{Q_2}{\varepsilon} = \frac{1.675 \times 10^7}{10.1} \approx 1.66 \times 10^6 (\text{J})$$

$$Q_1 = W_1 + Q_2 \approx 1.84 \times 10^7 \text{J}$$

(2) 如从 $T_2 = 263\text{K}$(即 $-10℃$)的冷库中吸收相等的热量 $Q_2$,则这时制冷系数为

$$\varepsilon = \frac{T_2}{T_1 - T_2} = \frac{263}{300 - 263} \approx 7.11$$

所需的功为

$$W_2 = \frac{Q_2}{\varepsilon} = \frac{1.675 \times 10^7}{7.11} \approx 2.36 \times 10^6 (\text{J})$$

由此,可知需多做的功为

$$\Delta W = W_2 - W_1 = 7.0 \times 10^5 \text{J}$$

**例 8-8** 一定质量的理想气体,进行如图 8-23 所示的循环过程.其中,1→2 为绝热压缩,2→3 为等体升压,3→4 为绝热膨胀,4→1 为等体降压,试用压缩比$\frac{V_1}{V_2}$表示这个循环的效率.

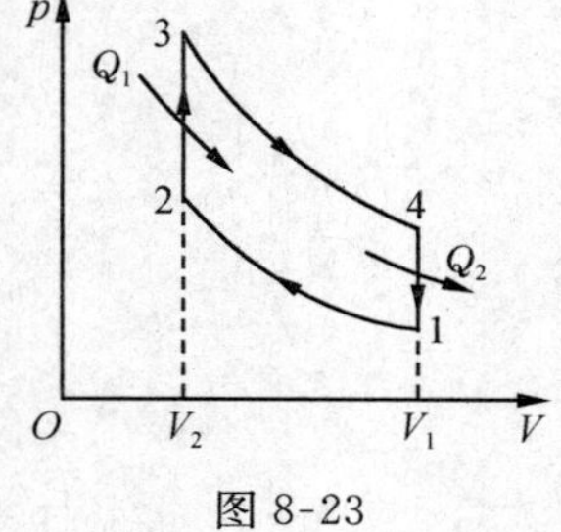

图 8-23

**解** 求出整个循环过程的吸热 $Q_1$ 和放热 $Q_2$,便可求出循环的效率.该循环只在等体过程有吸热和放热.

2→3 为等体升压过程(吸热):

$$Q_1 = \frac{m}{M} C_V (T_3 - T_2)$$

4→1 为等体降压过程(放热):

$$Q_2 = \left| \frac{m}{M} C_V (T_1 - T_4) \right| = \frac{m}{M} C_V (T_4 - T_1)$$

循环的效率:

$$\eta = 1 - \frac{Q_2}{Q_1} = 1 - \frac{\frac{m}{M} C_V (T_4 - T_1)}{\frac{m}{M} C_V (T_3 - T_2)} = 1 - \frac{T_4 - T_1}{T_3 - T_2}$$

从 1→2,3→4 两个绝热过程可得

$$\frac{T_2}{T_1} = \frac{T_3}{T_4} = \frac{T_3 - T_2}{T_4 - T_1} = \left(\frac{V_1}{V_2}\right)^{\gamma-1}$$

代入效率公式,有

$$\eta = 1 - \frac{Q_2}{Q_1} = 1 - \frac{T_4 - T_1}{T_3 - T_2} = 1 - \frac{1}{\frac{T_3 - T_2}{T_4 - T_1}} = 1 - \frac{1}{\frac{T_2}{T_1}} = 1 - \frac{1}{\left(\frac{V_1}{V_2}\right)^{\gamma-1}}$$

令 $R = \frac{V_1}{V_2}$(压缩比),则效率公式可写为

$$\eta = 1 - \frac{1}{R^{\gamma-1}}$$

由此可见,这一循环的效率完全由压缩比 $R$ 决定.压缩比越大,

则效率越高.

上述循环是四冲程汽油内燃机的工作循环,称为**奥托循环**. 实际的压缩比不能太大,否则,汽油蒸汽与空气的混合气体在尚未压缩到 $V_2$ 时,温度已升高到混合气体自燃,反而使循环效率降低,并产生震动. 一般汽油内燃机的压缩比为 4.5～7,设 $R=7$,若混合气体的自由度 $i=5$,则其效率

$$\eta = 1 - \frac{1}{7^{0.4}} \approx 54\%$$

汽油内燃机的实际效率一般只有 25%左右.

## 8.6　热力学第二定律　卡诺定理

我们已经知道,热力学第一定律是包含热现象在内的能量守恒定律,一切违反热力学第一定律的过程是不能发生的. 但是,不违背热力学第一定律的过程是否就一定能发生呢? 答案是:不一定. 例如,将一定量的热在不引起其他变化的条件下转变为等量的机械功,并不违背热力学第一定律,但实验表明,这样的过程是不可能发生的. 这说明,有必要在热力学第一定律之外建立另一条独立的定律,这就是热力学第二定律.

首先,我们介绍可逆过程与不可逆过程的概念.

### 8.6.1　可逆过程与不可逆过程

我们定义,**一个系统从状态 $A$ 出发,经过一过程 $A \to B$ 达到另一状态 $B$,如果系统从状态 $B$ 回复到状态 $A$ 时,外界也同时恢复原状(即系统回到原来的状态,同时消除了原来过程 $A \to B$ 对外界引起的一切影响),则我们称 $A \to B$ 过程为可逆过程**(reversible process). **反之,如果用任何方法都不可能使系统和外界完全复原,则 $A \to B$ 过程称为不可逆过程**(irreversible process).

大量观察表明,自然现象大多是不可逆的,破镜不能重圆,覆水不可收回,光阴荏苒,时间流逝,落花流水. 这样的例子不胜枚举. 我们指出,**一切与热现象有关的宏观过程都具有不可逆性**. 下面讨论一些典型的实际热力学过程.

1. 热传导过程

温度不同的两个物体相接触后,热量总是自动地由高温物体传向低温物体,从而使两物体温度相同而达到平衡. 而热传导的逆过程,即热量自发地从低温物体传向高温物体的过程,是不可能发生

的.也就是说,热量由高温物体传向低温物体的过程是不可逆的,即**热传递具有不可逆性**.

2. 功热转换过程

通过做功的方式,可以使机械能或电能自发地转换为物体内分子热运动的内能.例如,具有一定初动能的物体沿着粗糙地面滑动时,不断克服地面的摩擦力和空气的阻力做功而消耗其动能,并自发地将其消耗的动能转换成物体、地面和空气的分子热运动的内能.但是,功变热的逆过程,即热变功过程中,如果使热全部自动变为功而不产生其他影响,这种过程是不可能实现的,所以**功热转换过程具有方向性,是不可逆过程**.

3. 气体的绝热自由膨胀过程

一隔板将容器分成A,B两部分,如例8-5,其中A室盛有理想气体,B室为真空,如果将隔板抽掉,则A室气体便会在没有阻碍的情况下迅速膨胀,最后充满整个容器,在这个过程中,气体既不与外界交换热量,也不对外界做功.但我们从没观察到相反的过程,即膨胀后的气体又自动收缩回A室,使B室为真空.这说明,**理想气体的自由膨胀过程也是不可逆的**.

必须指出,一个过程不可逆,并不是说,该过程的逆过程不可以进行.我们可以将自由膨胀的气体压缩回去,但压缩气体时外界需要对系统做功.同理,空调可以将热量从室内(低温热源)抽到室外(高温热源),但空调制冷要耗电.可见,上述原过程是自发进行的,而逆过程则要外界付出代价,不能自发地进行.

什么样的过程才是可逆的?只有**无耗散或能量损失(摩擦是耗散的一类)的准静态过程才是可逆的**.这是一种理想化的过程,与质点、刚体一样是一种理想的模型.实际过程中,如果摩擦可以忽略不计,过程进行得足够缓慢就可以近似地当作可逆过程来处理.例如,无摩擦的准静态过程就是可逆过程.

### 8.6.2 热力学第二定律

从上面对热力学过程的讨论中可以看出,自然界中的过程是有方向的,沿某些方向可以自发地进行,反过来则不能.虽然两者都不违反热力学第一定律.1850年,克劳修斯(Clausius)提出,有必要在热力学第一定律的基础上建立一条独立的定律,来概括自然界中的这种规律,这就是**热力学第二定律**(second law of thermodynamics).1850年他提出了热力学第二定律的一种描述.之后,开尔文于1851年又提出了另一种描述,可以证明,这两种描述是等价的.

热力学第二定律的开尔文描述为：**不可能从单一热源吸收热量，使之完全变为有用功而不产生其他的影响.**

应当注意，在开尔文描述中的“单一热源”是指温度均匀并且恒定不变的热源. 若热源温度不均匀，就有高、低温不同的温区，则可以把高、低温不同的温区作为热机的高温热源和低温热源，即该热源不是单一热源. 此时，可以利用热机使这一温度不均匀的热源中的热量变成有用的功. 因此，热力学第二定律的开尔文描述实际上就是“功变热”的逆过程，即“热变功”过程一定会引起系统或外界发生变化. 如果热力学第二定律的开尔文描述不成立的话，原则上就可以用一个单一热源构成一个热机，这种热机从单一热源吸收热量 $Q$，并全部转化为对外所做的功 $W$，则 $W=Q$，这并不违背热力学第一定律，此时热机的效率为 $\eta=\frac{W}{Q}=100\%$，这种热机叫**第二类永动机**(perpetual motion machine of the second kind)或**单热源热机**. 假如这种热机能够制造成功，人类就不会再出现能源危机了，因为海洋中的水、地球周围的大气及地球本身等，都是储存着极大能量的热源，所以，只要将它们中任何一个作为单一热源，人类就有几乎用之不尽的能源了. 有人曾经估算过，只要使海水的温度下降 0.01K，就能使全世界的机器开动 1 000 多年，然而人们经过长期的实践认识到，第二类永动机是不能实现的. 所以热力学第二定律的开尔文描述又可以说成：**第二类永动机是不可能造成的.**

热力学第二定律的克劳修斯描述为：**热量不可能从低温物体自动传向高温物体而不引起其他的变化.**

克劳修斯关于热力学第二定律的描述，实际上就是说，使热量从低温物体传向高温物体，一定会引起系统或外界发生变化，并不能自动完成，或者说热传导是不可逆过程. 例如，通过制冷机，热量可以从低温物体传向高温物体，但此时外界必须做功，如果外界不对系统做功，即 $W=0$，由制冷机的制冷系数 $\varepsilon=\frac{Q_2}{W}$ 可知，$\varepsilon\to\infty$ 时热量 $Q_2$ 就能自动从低温热源传到高温热源，而不需要外界做功，这就成了一台不需要压缩机的自动制冷机了，实际上这也是绝对不可能的. 因为它违反了热力学第二定律.

热力学第二定律的开尔文和克劳修斯两种描述，实际上是从不同角度来论述**实际的热力学过程都是不可逆过程**这一规律，这两种描述表面上看起来各自独立，其实二者是统一的，我们可以证明，克劳修斯和开尔文关于热力学第二定律的两种表述是完全等价的.

### 8.6.3　卡诺定理

18 世纪产业革命后，蒸汽机获得了广泛的应用，但是最突出的问题就是效率极其低下，还不超过 5%. 由于当时对蒸汽机的理论了解甚少，仅仅凭着运气和经验来提高其效率，因此收效不大. 早在热力学第一定律和热力学第二定律建立之前，卡诺就在 1824 年提出有关热机效率的重要定理——**卡诺定理**(Carnot theorem).

(1) **在相同的高温热源 $T_1$ 和相同的低温热源 $T_2$ 之间工作的一切可逆热机(其循环过程是可逆过程)，其效率都相等，与工作物质无关，且**

$$\eta = 1 - \frac{T_2}{T_1}$$

(2) **在相同的高温热源 $T_1$ 和相同低温热源 $T_2$ 之间工作的一切不可逆机，其效率 $\eta_{不}$ 都小于可逆机的效率，即**

$$\eta_{不} < 1 - \frac{T_2}{T_1}$$

卡诺定理提出了提高热机效率的途径，其一是使热循环尽可能可逆，其二是尽可能地提高高温热源的温度 $T_1$，降低低温热源的温度 $T_2$，实际上由于热机低温热源(冷凝器)的温度比周围环境温度只略高一些，因此，只有提高高温热源的温度才是可行的. 现代热电厂中汽轮机中的工作物质(水蒸气)的温度达 580℃，冷凝器的温度约为 30℃，卡诺可逆热机的效率为 $\eta=64.5\%$，由于不可避免的摩擦、散热等因素，实际汽轮机的效率只有 36%左右.

卡诺定理可以运用热力学第一定律和热力学第二定律加以证明，这里从略.

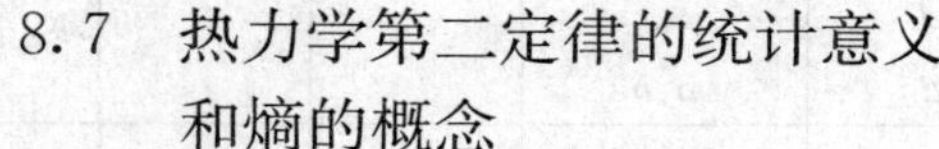

## 8.7 热力学第二定律的统计意义和熵的概念

### 8.7.1 热力学第二定律的统计意义

热力学第二定律指出，一切与热现象有关的实际过程都是不可逆的. 从分子动理论的观点上看，热力学过程的不可逆性是由大量分子的无规则运动决定的，而大量分子的无规则运动遵循着统计规律，据此，我们可以从微观上，用统计概念说明其微观本质，揭示热力学第二定律的统计意义.

现以气体的自由膨胀为例来说明. 设有一容器，用隔板分成容积相等的 A、B 两部分，A 室充满气体，B 室为真空(图 8-24). 现在讨论抽去隔板后，容器中气体分子的位置分布. 为简单起见，设 A 室中只有 $a$、$b$、$c$、$d$ 四个分子，今将隔板抽掉后，气体分子就可在整个容器的 A、B 两室中随机的运动，就单个分子而言，它在 A、B 两室的机会是相等的，处于 A 室或 B 室的概率各是$\frac{1}{2}$，这样它们可能的分布如表 8-2 所示.

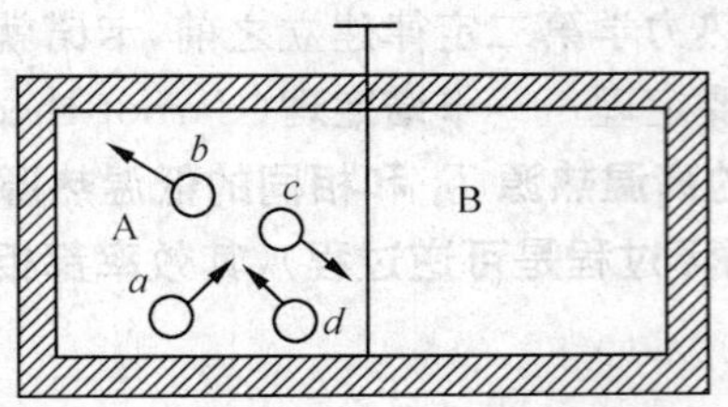


图 8-24　气体自由膨胀过程

**表 8-2　四个分子在容器中的分布情况**

| 分子各种可能分布的微观状态 | | 每个宏观状态所包含的微观状态数目 | | 宏观态对应的微观态数 $\Omega$ | 宏观态出现的概率 |
|---|---|---|---|---|---|
| A 室 | B 室 | A 室 $N_A$ | B 室 $N_B$ | | |
| $a$、$b$、$c$、$d$ | 无 | 4 | 0 | 1 | $\frac{1}{16}$ |
| $a$、$b$、$c$<br>$b$、$c$、$d$<br>$c$、$d$、$a$<br>$d$、$a$、$b$ | $d$<br>$a$<br>$b$<br>$c$ | 3 | 1 | 4 | $\frac{4}{16}$ |
| $a$、$b$<br>$a$、$c$<br>$a$、$d$<br>$b$、$c$<br>$b$、$d$<br>$c$、$d$ | $c$、$d$<br>$b$、$d$<br>$b$、$c$<br>$a$、$d$<br>$a$、$c$<br>$a$、$b$ | 2 | 2 | 6 | $\frac{6}{16}$ |
| $a$<br>$b$<br>$c$<br>$d$ | $b$、$c$、$d$<br>$c$、$d$、$a$<br>$d$、$a$、$b$<br>$a$、$b$、$c$ | 1 | 3 | 4 | $\frac{4}{16}$ |
| 无 | $a$、$b$、$c$、$d$ | 0 | 4 | 1 | $\frac{1}{16}$ |

由表 8-2 可知，四个分子所处位置的分布情况有 16 种，也就是说有 16 个微观态，这 16 个微观态分属 5 个不同的宏观态，每种宏观态都有不同数目的微观态与之对应，而且，四个分子均匀分布（$N_A = N_B$）的宏观态出现的概率最大（6/16），而四个分子同时处于 A 室或 B 室的概率最小，只有 $1/2^4$. 推广到气体分子总数为 $N$ 的情况，原来在 A 室的 $N$ 个分子在自由膨胀后全部收缩回 A 室的概率应为 $1/2^N$. $N$ 越大，这一概率越小. 例如，对于 1mol 的气体，这一概率只有 $1/2^{6\times10^{23}}$，这意味着，气体向真空自由膨胀后，全部分子很难自动退

回去，即退回 A 室的概率几乎为零. 我们实际观察到的是气体分子基本均匀分布在 A、B 两室，即概率最大的宏观态. 由此可以得出结论：气体自由膨胀过程的实质是，它是从概率较小的宏观态向概率较大的宏观态进行的，而相反的过程没有外界的影响是不可能实现的，这也就是气体向真空自由膨胀的不可逆性的统计意义.

功转换为热的过程是宏观物体（大量分子）的规则运动转换为大量分子无规则运动的过程. 因大量分子无规则运动状态出现的概率比大量分子规则运动状态出现的概率大. 这一转换过程也是由概率小的宏观态向概率大的宏观态进行的. 相反的过程概率极小，以致实际上不可能实现. 这是热功转换不可逆性的统计意义.

对于热传导，温度不同（分子平均平动动能不等）的两物体接触时，通过分子间的频繁碰撞，两物体分子平均平动动能相等的宏观态出现的概率大于分子平均平动动能不相等的宏观态出现的概率，所以，热量由高温物体传向低温物体，使两物体温度趋于相等的过程是由概率小的宏观态向概率大的宏观态进行的. 而热量自动地由低温物体传向高温物体，使两物体平均平动动能差值增大的过程概率太小，实际上不可能发生. 这就是热传导不可逆性的统计意义.

总结以上讨论，可以看出，在**孤立系统（不受外界影响的系统）内发生的一切实际过程，总是从概率小（包含微观态数少）的宏观态向概率大（包含微观态数多）的宏观态进行的**. 这就是热力学第二定律的统计意义.

需要说明的是，作为统计规律，热力学第二定律也有它自己的适用范围. 它是从大量分子无规则热运动中总结出来的，自然只适用于大量微观粒子组成的宏观系统. 对于粒子数很少的系统，其过程进行的方向是没有规律性的. 另外，热力学第二定律是在有限时空中总结出来的规律，不能无原则地推广到我们尚知之不多的宇宙.

### 8.7.2 熵和熵增加原理

综上所述，系统宏观态对应的微观态数目 $\Omega$ 增大的趋势，决定了孤立系统内实际过程的不可逆性和过程进行的方向. **任一宏观态所对应的微观态数目** $\Omega$ 我们称为该宏观态的**热力学概率**（thermodynamic probability）. 例如，表 8-2 中，宏观态对应的微观态数为 1 的，其热力学概率 $\Omega$ 最小，宏观态对应的微观态数为 6 的，其热力学概率 $\Omega$ 最大. 为了定量表示这种由于状态上的差异引起的过程进行的方向问题，需要引入一个新的物理量称为**熵**（entropy），用 $S$ 表示，**熵是一个反映系统状态的物理量**.

由热力学第二定律的统计解释，系统的不可逆过程是由微观态数小（热力学概率小）的宏观态向微观态数大（热力学概率大）的宏观态进行的，显然，热力学概率 $\Omega$ 与描述系统状态的物理量——熵 $S$——二者之间必定存在某种函数关系.

1877 年玻尔兹曼采用统计方法建立了这种函数关系，即

$$S = k\ln\Omega \tag{8-38}$$

式中，$k$ 为玻尔兹曼常量，上式称为**玻尔兹曼公式**，后人为纪念玻尔兹曼，将这个公式刻在了玻尔兹曼的墓碑上.

玻尔兹曼公式解释了熵的统计意义：热力学概率越大，即某一宏观态所对应的微观态数目越多，系统内分子热运动的无序性（无规则性）越大，熵就越大，所以，**熵是系统微观粒子的无序性的量度**. 还以气体自由膨胀为例（参照表 8-2），当气体分子分别处于 A 室或 B 室时，其宏观态所对应的微观态数目最少（热力学概率最小），显然，这两种状态是分子运动相对有序的状态，由式(8-38)得到的熵值就小；气体逐渐膨胀，分子运动的无序程度逐渐增大，微观态数目增多（热力学概率增大），熵增加，即**熵的增加表示系统无序程度的增加**. 当气体分子均匀分布于整个容器，即系统达到平衡态时，热力学概率最大，熵增加到最大，此时，系统处于最无序的状态. 熵的这一物理含义，使其内涵十分丰富，以致熵的概念和理论已被广泛应用于物理学、化学、生物学、工程技术乃至社会科学.

熵同内能相似，具有重要意义的并非某一平衡态熵的数值，而是始、末状态的熵的增量（称为**熵变**）. 显然，熵变仅由始、末状态决定，而与过程无关. 由式(8-38)，有

$$\Delta S = S_2 - S_1 = k\ln\Omega_2 - k\ln\Omega_1 = k\ln\frac{\Omega_2}{\Omega_1} \tag{8-39}$$

根据热力学第二定律的统计意义，**孤立系统**内的一切实际过程（不可逆过程），末状态包含的微观态数比始态多，即 $\Omega_2 > \Omega_1$，所以，$\Delta S > 0$.

如果孤立系统中进行的是可逆过程，则意味着过程中任意两个状态的热力学概率都相等，因而，熵保持不变，即 $\Delta S = 0$.

由此得出结论：**在孤立系统中发生的任何不可逆过程都将导致系统熵的增加，而发生的一切可逆过程，其熵不变. 或者说一个孤立系统的熵永不减少. 即**

$$\Delta S \geqslant 0 \tag{8-40}$$

式中，等号仅适用于可逆过程. 这一结论称为**熵增加原理**. 它给出了热力学第二定律的数学表述，为判断过程进行的方向提供了可靠的依据.

应当指出，熵增加原理仅适用于孤立系统. 对于非孤立系统，熵是可增可减的. 如在系统向外放热的过程中熵就是减少的.

### 8.7.3　熵的热力学表示

由熵的统计表示式(8-38)出发，可以导出熵的热力学表示. 设想

$\frac{m}{M}$mol 理想气体经绝热自由膨胀过程，体积由 $V_1$ 增大到 $V_2$. 因过程始、末态温度相等，分子速度分布相同，在确定始、末态包含的微观态数时，只需考虑分子的位置分布.

设想将 $V_1$ 和 $V_2$ 分割成若干大小相等的体积元，则每个分子在任一体积元中出现的机会均等. 若 $V_1$ 含有 $n$ 个体积元，则 $V_2$ 含有 $\frac{V_2}{V_1}n$ 个体积元. 任一分子在 $V_1$ 和 $V_2$ 中分别有 $n$ 个和 $\left(\frac{V_2}{V_1}n\right)$ 个不同的位置. 因每个分子的任一可能位置都对应一个可能的微观态，所以 $N$ 个分子在 $V_1$ 中可能的微观态数 $\Omega_1 = n^N$；在 $V_2$ 中可能的微观态数 $\Omega_2 = \left(\frac{V_2}{V_1}n\right)^N$. 根据式(8-39)，若 $\frac{m}{M}$ mol 气体经绝热自由膨胀过程，体积由 $V_1$ 增大到 $V_2$，其熵变为

$$\Delta S = S_2 - S_1 = k\ln\frac{\Omega_2}{\Omega_1} = kN\ln\frac{V_2}{V_1}$$

$$= \frac{N}{N_A}R\ln\frac{V_2}{V_1} = \frac{\mu N}{\mu N_A}R\ln\frac{V_2}{V_1} = \frac{m}{M}R\ln\frac{V_2}{V_1} \tag{8-41}$$

因熵变仅由始、末态决定，而与过程无关，所以上式对以状态 $(T,V_1)$ 和 $(T,V_2)$ 为始、末态的任何过程（可逆的或不可逆的）都适用. 因此，也可视式(8-41)为 $\frac{m}{M}$mol 气体由状态 $(T,V_1)$ 经可逆等温过程膨胀至状态 $(T,V_2)$ 的熵变. 考虑到等温膨胀过程气体从外界吸收的热量为

$$\Delta Q = \frac{m}{M}RT\ln\frac{V_2}{V_1}$$

则可将式(8-41)变换为

$$\Delta S = \frac{m}{M}R\ln\frac{V_2}{V_1} = \frac{\Delta Q}{T} \tag{8-42}$$

式(8-42)表明，可逆等温过程中系统的熵变等于它从外界吸收的热量与系统温度之比（称为**热温比**）. 显然，等温吸热过程中，$\Delta S > 0$，系统的熵不断增加；等温放热过程中，必有 $\Delta S < 0$，系统的熵不断减小. 式(8-42)即为可逆等温过程熵变的热力学表示.

根据式(8-42)，对微小的可逆等温过程有

$$\mathrm{d}S = \frac{\mathrm{d}Q}{T} \tag{8-43}$$

可以证明，上式具有普遍意义，对任何系统的任一微小可逆过程都适用. 式中 $\mathrm{d}S$ 为微小可逆过程的熵变，$\mathrm{d}Q$ 为系统在此微小过程中从外界吸收的热量，$T$ 为系统温度. 若系统经任一有限的可逆过程由状态Ⅰ变至状态Ⅱ，则系统的熵变应为

$$\Delta S = S_2 - S_1 = \int_{\mathrm{I}}^{\mathrm{II}} \frac{\mathrm{d}Q}{T} \tag{8-44}$$

式(8-43)和式(8-44)即为熵的热力学表示. 若选定状态Ⅰ的熵 $S_1=0$,则可在状态Ⅰ和状态Ⅱ间任选一可逆过程,由式(8-44)可以计算任一状态的熵.

应当指出,式(8-44)只适用于可逆过程. 但因熵变与过程无关,所以,只要在始、末态之间任选一可逆过程,就可以利用式(8-44)计算系统在始、末态间经历不可逆过程时的熵变.

### 8.7.4 熵的计算

关于熵的计算,我们要注意以下几点:

(1) 熵是系统的状态函数. 当系统的状态确定后,熵就唯一地确定了,与通过什么路径到达这一平衡态无关;

(2) 为了方便起见,常选定一个参考态并规定在该参考态的熵值为零,从而定出其他态的熵值;

(3) 在计算始、末两态熵的改变量 $\Delta S$ 时,其积分路线代表连接始、末两态的任意可逆过程,若是计算不可逆过程的熵变,可以设计一个连接同样始、末状态的任一可逆过程,然后用式(8-44)计算;

(4) 熵值具有可加性,系统总的熵变等于各组成部分熵变的和.

由式(8-44)不难计算出理想气体可逆等值过程和可逆绝热过程的熵变.

可逆等容过程

$$\Delta S=\int_{\mathrm{I}}^{\mathrm{II}}\frac{\mathrm{d}Q_V}{T}=\int_{T_1}^{T_2}\frac{\frac{m}{M}C_V\mathrm{d}T}{T}=\frac{m}{M}C_V\ln\frac{T_2}{T_1} \tag{8-45}$$

可逆等压过程

$$\Delta S=\int_{\mathrm{I}}^{\mathrm{II}}\frac{\mathrm{d}Q_p}{T}=\int_{T_1}^{T_2}\frac{\frac{m}{M}C_p\mathrm{d}T}{T}=\frac{m}{M}C_p\ln\frac{T_2}{T_1} \tag{8-46}$$

可逆等温过程

$$\Delta S=\int_{\mathrm{I}}^{\mathrm{II}}\frac{\mathrm{d}Q_T}{T}=\frac{1}{T}\left(\frac{m}{M}RT\ln\frac{V_2}{V_1}\right)=\frac{m}{M}R\ln\frac{V_2}{V_1} \tag{8-47}$$

可逆绝热过程

$$\Delta S=\int_{\mathrm{I}}^{\mathrm{II}}\frac{\mathrm{d}Q_Q}{T}=0 \tag{8-48}$$

对可逆绝热过程中 $\Delta S=0$,其结果并不意外,因为 $\mathrm{d}Q=0$,热温比为 0,即可逆的绝热过程是等熵过程,但注意,此结论不适用于不可逆绝热过程.

**例 8-9** 有一绝热容器,用一隔板把容器发为两部分,其体积分别为 $V_1$ 和 $V_2$,$V_1$ 内有 $N$ 个分子的理想气体,$V_2$ 为真空. 若把隔板抽掉,试求气体重新平衡后熵增加多少?

**解** 气体自由膨胀过程显然是一个不可逆过程，为了计算熵变，必须设想一个可逆过程，因为过程是绝热的，且与外界没有功交换，因此系统内能不变即 $dE=0$，所以，可以设想由状态 $V_1$ 膨胀到 $V_1+V_2$ 的过程是经过可逆的等温膨胀过程，它吸收的热量为

$$dQ_{可逆}=p\mathrm{d}V$$

根据熵变公式

$$S_2-S_1=\int\frac{dQ_{可逆}}{T}=\int\frac{p\mathrm{d}V}{T}$$

又根据

$$p=nkT=\frac{NkT}{V}$$

代入上式得

$$S_2-S_1=Nk\int_{V_1}^{V_1+V_2}\frac{\mathrm{d}V}{V}=Nk\ln\frac{V_1+V_2}{V_1}$$

由于 $V_1+V_2>V_1$，所以 $S_2-S_1>0$，因此，自由膨胀过程是沿着熵增加的方向进行的.

**例 8-10** 求 1kg 的水在恒压下由 0℃的水变到 100℃水蒸气的熵变(水的比热为 $4.18\mathrm{kJ\cdot kg^{-1}\cdot K^{-1}}$；汽化热为 $\lambda=2\,253\mathrm{kJ\cdot kg^{-1}}$).

**解** 根据熵值具有可加性，所以，总的熵变等于由 0℃的水变到 100℃的水和由 100℃的水变到 100℃水蒸气两者熵值增加之和.

先计算由 0℃水加热到 100℃的水的熵变. 先设想该过程是一个可逆等压过程，它是利用从 $T_1=273\mathrm{K}$ 到 $T_2=373\mathrm{K}$ 之间一系列温度相差无限小的恒温热源对系统无限缓慢地供热来完成的，则系统的熵变为

$$\begin{aligned}S_B-S_A&=\int_A^B\frac{dQ_p}{T}=\int_{T_1}^{T_2}\frac{mC\mathrm{d}T}{T}\\&=mC\ln\frac{T_2}{T_1}=1\times4.18\ln\frac{373}{273}\approx1.30(\mathrm{kJ\cdot K^{-1}})\end{aligned}$$

再计算由 100℃的水变到 100℃水蒸气的熵变，由于汽化过程温度不变，可设想为一个可逆等温过程，其熵变为

$$S_C-S_B=\int_B^C\frac{dQ_T}{T}=\frac{m\lambda}{T}$$

式中，$\lambda$ 为水的汽化热，其值为 $\lambda=2\,253\mathrm{kJ\cdot K^{-1}}$，代入上式得

$$S_C-S_B=\frac{1\times2\,253}{373}\approx6.04(\mathrm{kJ\cdot K^{-1}})$$

所以，由 0℃的水变为 100℃的水蒸气的熵变为

$$\begin{aligned}\Delta S_{AC}&=S_C-S_A=(S_C-S_B)+(S_B-S_A)\\&=1.30+6.04=7.34(\mathrm{kJ\cdot K^{-1}})\end{aligned}$$

说明水升温汽化过程熵是增加的.

## 习　题　8

8-1　如果理想气体在某过程中依照 $V=\frac{a}{\sqrt{p}}$ 的规律变化.

(1) 求气体从 $V_1$ 膨胀到 $V_2$ 对外所做的功；

(2) 在此过程中气体温度是升高还是降低？

8-2　在等压过程中，0.28kg 氮气从温度 293K 膨胀到 373K，问对外做功和吸热多少？内能改变多少？

8-3　一摩尔的单原子理想气体，温度从 300K 加热到 350K，其过程分别为体积保持不变和压强保持不变. 在这两种过程中：

(1) 各吸取了多少热量？

(2) 气体内能增加了多少？

(3) 对外界做了多少功？

8-4　一气体系统如题 8-4 图所示，由状态 $A$ 沿 $ACB$ 过程到达 $B$ 状态. 有 336J 热量传入系统，而系统做功 126J，试问：

(1) 若系统经由 $ADB$ 过程到 $B$ 做功 42J，则有多少热量传入系统？

(2) 若已知 $E_D-E_A=168\text{J}$，则过程 $AD$ 及 $DB$ 中，系统各吸收多少热量？

(3) 若系统由 $B$ 状态经曲线 $BEA$ 过程返回状态 $A$，外界对系统做功 84J，则系统与外界交换多少热量？是吸热还是放热？

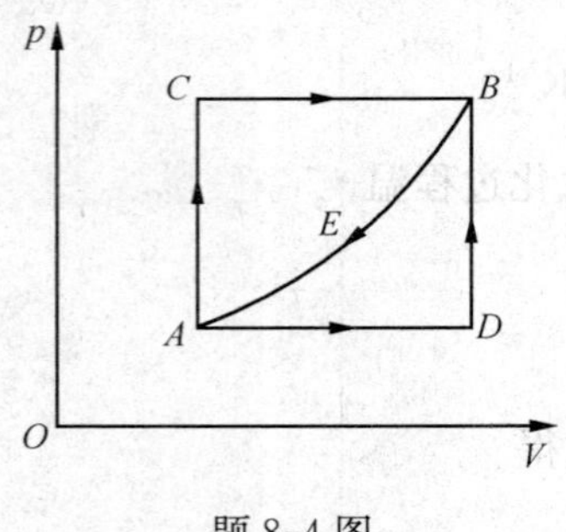


题 8-4 图

8-5　如题 8-5 图所示，压强随体积按线性变化，若已知某种单原子理想气体在 $A$，$B$ 两状态的压强和体积，问：

(1) 从状态 $A$ 到状态 $B$ 的过程中，气体做功多少？

(2) 内能增加多少？

(3) 传递的热量是多少？

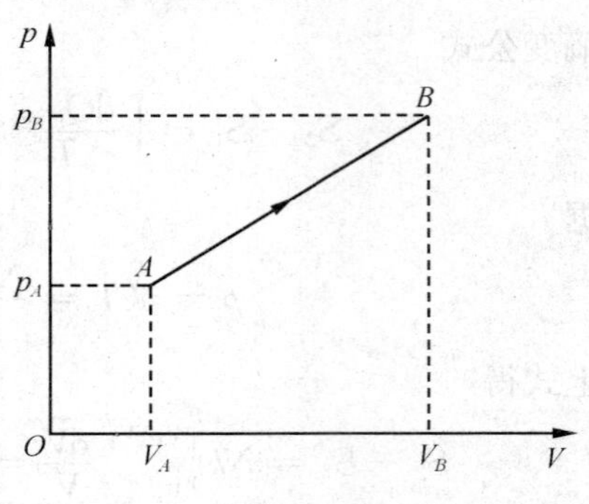


题 8-5 图

8-6　一气缸内储有 10mol 的单原子理想气体，在压缩过程中，外力做功 200J，气体温度升高 1℃，试计算：

(1) 气体内能的增量；

(2) 气体所吸收的热量；

(3) 气体在此过程中的摩尔热容量是多少？

8-7　一定量的理想气体，从 $A$ 态出发，经题 8-7 图所示过程经 $C$ 再经 $D$ 到达 $B$ 态，试求在该过程中，气体吸收的热量.

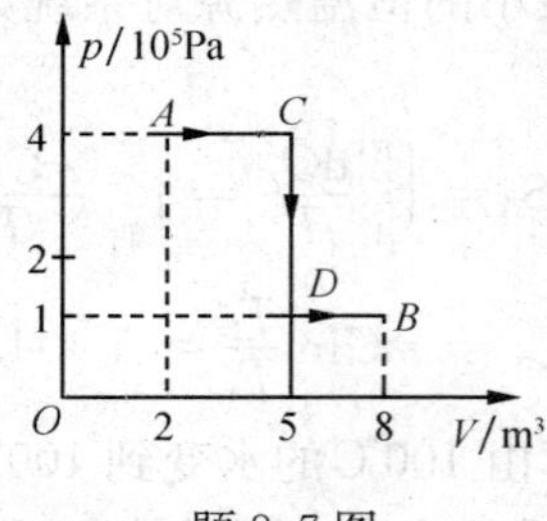


题 8-7 图

8-8　一定量的理想气体，由状态 $A$ 经 $B$ 到达 $C$，如题 8-8 图所示，$ABC$ 为一直线，求此过程中：

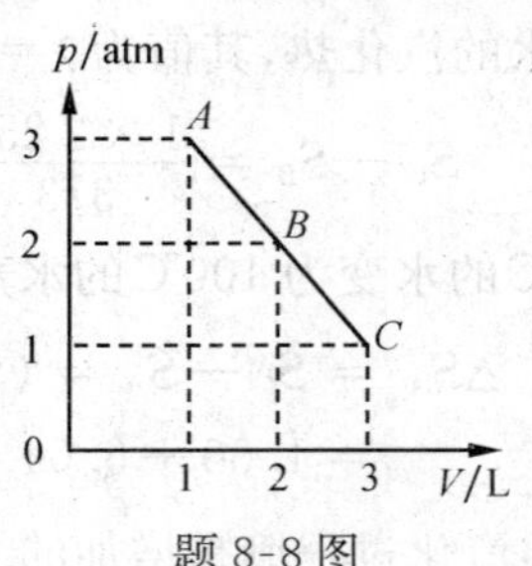


题 8-8 图

(1) 气体对外做的功；

(2) 气体内能的增量；

(3) 气体吸收的热量.

8-9 2mol 氢气(视为理想气体)开始时处于标准状态,后经等温过程从外界吸取了 400J 的热量达到末态,求末态的压强($R=8.31\text{J}\cdot\text{mol}^{-2}\cdot\text{K}^{-1}$).

8-10 为了使刚体双原子分子理想气体在等压膨胀过程中对外做功 2J,必须传给气体多少热量?

8-11 一定量的刚性理想气体在标准状态下体积为 $1.0\times10^2\text{m}^3$,如题 8-11 图所示求在下列过程中气体吸收的热量:

(1) 等温膨胀到体积 $2.0\times10^2\text{m}^3$;

(2) 先等体冷却,再等压膨胀到(1)中所达的终态.

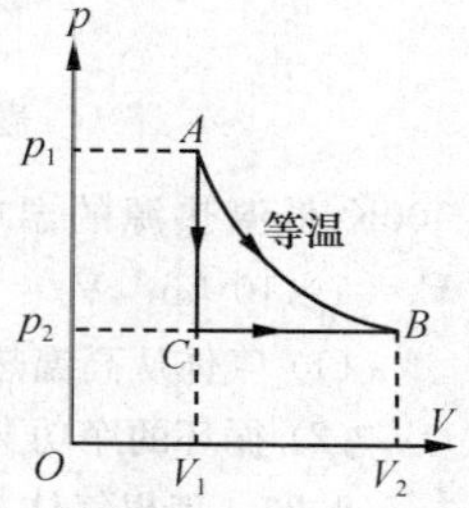

题 8-11 图

8-12 质量为 100g 的氧气,温度由 10℃ 升到 60℃,若温度升高是在下面三种不同情况下发生的:

(1) 体积不变;

(2) 压强不变;

(3) 绝热过程.

求在这些过程中,它的内能各改变多少?

8-13 质量为 0.014kg 的氮气在标准状态下经下列过程压缩为原体积的一半:

(1) 等温过程;

(2) 等压过程;

(3) 绝热过程.

试计算在这些过程中气体内能的改变,传递的热量和外界对气体所做的功(设氮气为理想气体).

8-14 有 1mol 刚性多原子分子的理想气体,原来的压强为 1.0atm,温度为 27℃,若经过一绝热过程,使其压强增加到 16atm,试求:

(1) 气体内能的增量;

(2) 在该过程中气体所做的功;

(3) 终态时,气体的分子数密度.

8-15 氮气(视为理想气体)进行如题 8-15 图所示的循环,状态 $A\to B\to C\to A$. $A$、$B$、$C$ 的压强、体积的数值已在图上注明,状态 $A$ 的温度为1 000K,求:

(1) 状态 $B$ 和 $C$ 的温度;

(2) 各分过程气体所吸收的热量、所做的功和内能的增量;

(3) 循环效率.

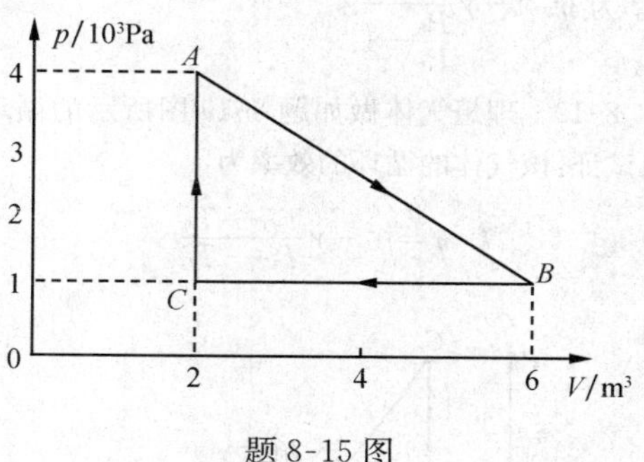


题 8-15 图

8-16 如题 8-16 图所示,$AB$、$DC$ 是绝热过程,$CEA$ 是等温过程,$BED$ 是任意过程.组成一个循环.若图中 $EDCE$ 包围的面积为 70J,$EABE$ 包围的面积为 30J,$CEA$ 过程中系统放热 100J,求 $BED$ 过程中系统吸收的热量.

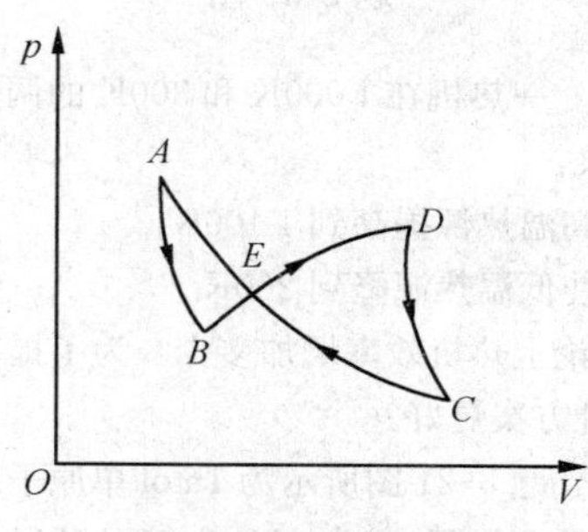


题 8-16 图

8-17 以氢(视为刚性分子理想气体)为工作物质进行卡诺循环,如果在绝热膨胀时末态的压强 $p_2$ 是初态压强 $p_1$ 的一半,求循环的效率.

8-18 以理想气体为工作物质的某热机,它的循环过程如题 8-18 图所示($BC$ 为绝热线).证明:其

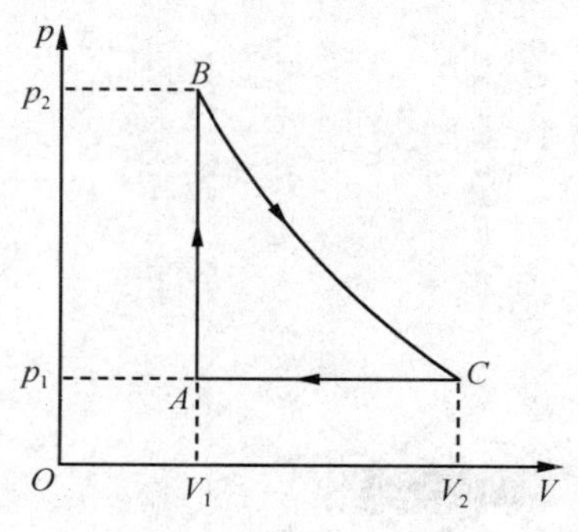


题 8-18 图

效率为 $\eta=1-\gamma\frac{\frac{V_2}{V_1}-1}{\frac{P_2}{P_1}-1}$.

8-19　理想气体做如题8-19图所示的循环过程,试证:该气体的循环的效率为

$$\eta=1-\gamma\frac{T_D-T_A}{T_C-T_B}$$

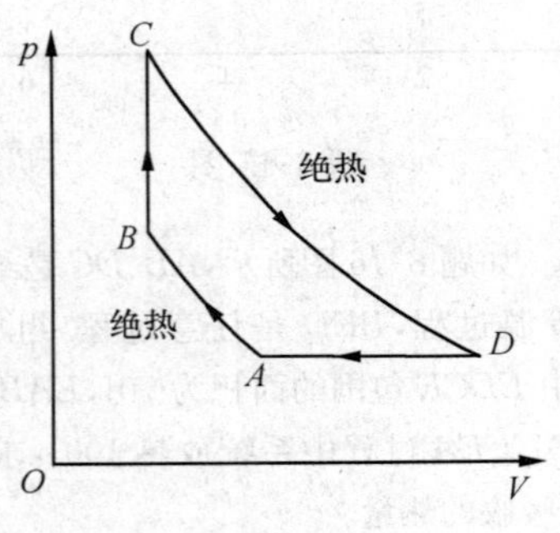


题8-19图

8-20　一热机在1 000K和300K的两热源之间工作,如果:

(1) 高温热源提高到1 100K;

(2) 使低温热源降到200K.

求理论上热机效率增加多少?为了提高热机效率,哪一种方案更好?

8-21　题8-21图所示为1mol单原子理想气体所经历的循环过程,其中,$AB$为等温过程,$BC$为等压过程,$CA$为等体过程,已知$V_A=3.00\text{L}$,$V_B=6.00\text{L}$,求此循环的效率.

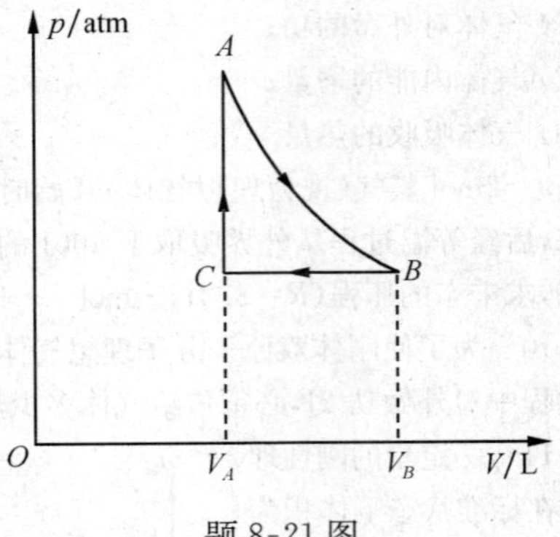


题8-21图

8-22　气体做卡诺循环,高温热源温度为$T_1=400\text{K}$,低温热源的温度$T_2=280\text{K}$,设$p_1=1\text{atm}$,$V_1=1\times10^{-2}\text{m}^3$,$V_2=2\times10^{-2}\text{m}^3$,求:

(1) 气体从高温热源吸收的热量$Q_1$;

(2) 循环的净功$W$.

8-23　理想气体准静态卡诺循环,当热源温度为100℃,冷却器温度为0℃时,做净功为800J,今若维持冷却器温度不变,提高热源的温度,使净功增加为$1.6\times10^3$J,并设该两个循环都工作于相同的两条绝热线之间,求:

(1) 热源的温度是多少?

(2) 效率增大到多少?

8-24　$1.00\times10^{-6}\text{m}^3$的100℃的纯水.在1atm下加热,变为$1.671\times10^{-3}\text{m}^3$的水蒸气.水的汽化热是$2.26\times10^6\text{J}\cdot\text{kg}^{-1}$.试求水变成汽后内能的增量和熵的增量.

8-25　$1.0\times10^{-3}$kg氮气做真空自由膨胀,膨胀后的体积是原来体积的2倍,求熵的增量(氮气可视为理想气体).

# 参考答案

## 习题 1

1-1 $\boldsymbol{v}=-a\omega\sin(\omega t)\boldsymbol{i}+a\omega\cos(\omega t)\boldsymbol{j}+b\boldsymbol{k}$， $\boldsymbol{a}=-a\omega^2[\cos(\omega t)\boldsymbol{i}+\sin(\omega t)\boldsymbol{j}]$

1-2 （略）

1-3 (1) $y=x^2-8$； (2) 位置：$2\boldsymbol{i}-4\boldsymbol{j}$，$4\boldsymbol{i}+8\boldsymbol{j}$；速度：$2\boldsymbol{i}+8\boldsymbol{j}$，$2\boldsymbol{i}+16\boldsymbol{j}$； 加速度：$8\boldsymbol{j}$，$8\boldsymbol{j}$

1-4 (1) $\sqrt{y}=\sqrt{x}-1$； (2) $4\boldsymbol{i}+2\boldsymbol{j}$，$2\boldsymbol{i}+2\boldsymbol{j}$

1-5 (1) $\sqrt{b^2+\left[\frac{(v_0-bt)^2}{R}\right]^2}$，$\tan\theta=-\frac{(v_0-bt)^2}{bR}$；(2) $\frac{v_0}{b}$； (3) $\frac{v_0^2}{4\pi bR}$

1-6 (1) 27.4km； (2) 166s

1-7 (1) 14°41′，−35°41′； (2) 经过 0.75s，高度 $h=10$m； (3) 10.2m； (4) 82m

1-8 $v=\frac{n}{2}\sqrt{2gh}$

1-9 $0.25\text{m}\cdot\text{s}^{-2}$；$0.32\text{m}\cdot\text{s}^{-2}$，与速度夹角为 128°40′

1-10 $a_t=g\sin\alpha$，$a_n=g\cos\alpha$，$\rho=\frac{v_0^2}{g\cos\alpha}$

1-11 $t=\frac{s}{v}+\frac{1}{2}v\left(\frac{1}{a_1}+\frac{1}{a_2}\right)$

1-12 $H/2$

1-13 $v=v_0\frac{\sqrt{h^2+s^2}}{s}$， $a=\frac{v_0^2h^2}{s^3}$

1-14 $54.1\text{km}\cdot\text{h}^{-1}$， 方向西偏北 56.3°

1-15 $36\text{km}\cdot\text{h}^{-1}$， 竖直向下偏西 30°

1-16 $v_2\left(\frac{l\cos\theta}{h}-\sin\theta\right)$

1-17 $5\text{km}\cdot\text{h}^{-1}$

1-18 0.37s，与参考系的选取无关

## 习题 2

2-1 $\frac{FM}{M+m}$， 变为$\frac{Fm}{M+m}$

2-2 $\frac{8}{9}mg$， 变为$\frac{10}{9}mg$

2-3 $\frac{m(a+g)}{M+m}$

2-4 245N

2-5 $F_{\min}=\frac{(\mu\cos\theta-\sin\theta)mg}{\sqrt{\mu^2+1}}$， 方向与斜面的夹角 $\theta=\arctan\mu$

2-6 $s=\frac{v_0^2}{4g\sin\theta}$，不再下滑

2-7 14.08N

2-8 （略）

2-9 （略）

2-10 $9.4\text{m}\cdot\text{s}^{-2}$

2-11 (1) $v=\sqrt{gh}$；

(2) $\sqrt{gh\frac{1-\mu\tan\frac{\theta}{2}}{1+\mu\cot\frac{\theta}{2}}}\leqslant v\leqslant\sqrt{gh\frac{1+\mu\tan\frac{\theta}{2}}{1-\mu\cot\frac{\theta}{2}}}$

2-12 7.2N

2-13 $\sqrt{\frac{2g\cos\alpha}{r}}$， $-3mg\cos\alpha$

2-14 $t=\frac{mv_m}{2F}\ln3$， $x=\frac{mv_m^2}{2F}\ln\frac{4}{3}\approx0.144\frac{mv_m^2}{F}$

2-15 (1) $a_1=1.96\text{m}\cdot\text{s}^{-2}$，向下； $a_2=1.96\text{m}\cdot\text{s}^{-2}$，向下； $a_3=5.88\text{m}\cdot\text{s}^{-2}$，向上；(2) 1.57N，0.784N

2-16 19.4N

2-17 (1) $t=\sqrt{\frac{2L}{g\cos\alpha(\sin\alpha-\mu\cos\alpha)}}$； (2) 0.27

2-18 $\frac{v^2}{r}=\frac{Mg}{m}$

2-19 624N，方向与原方向成 155°

2-20 $mgBt+mB\sqrt{2gh}$

2-21 （略）

2-22 $600\text{m}\cdot\text{s}^{-1}$

2-23 （略）

2-24 (1) $\sqrt{2gH}$，沿 AC 方向；

(2) $\sqrt{2gH}\cos\theta$，方向沿 CD 方向；

(3) $\Delta p=m\sqrt{2gH}\sin\theta$，方向竖直向下

2-25 (1) $-mv_0\sin\alpha$；

(2) $-2mv_0\sin\alpha$，方向均为竖直向下

2-26　2 500N，方向沿直角平分线指向弯管外侧

2-27　1.41N·s

2-28　11.6N

2-29　0.857kg·m·s$^{-1}$

2-30　(1) $\frac{mv_0}{M+m}$, $\frac{Mmv_0}{M+m}$；(2) $\frac{m^2v_0}{M+m}$；(3) $\frac{Mmv_0}{M+m}$

2-31　(1) $\frac{v}{\mu g}$；(2) $\frac{v^2}{2\mu g}$

2-32　$\frac{p}{P+p}u\frac{v_0\sin\varphi}{g}$

2-33　$s=s_0-\frac{M}{M+m}l$

2-34　(1) 18J　(2) 30W

2-35　12.5m·s$^{-1}$

2-36　(1) $Pr$, $\sqrt{2}\mu Nr$；(2) $Pr$, $\frac{1}{2}\pi\mu Nr$；

(3) $Pr$, $2\mu Nr$

2-37　$4.23\times10^6$J

2-38　$l=\frac{\mu mg}{k}\left(\sqrt{1+\frac{kv_0^2}{\mu^2mg^2}}-1\right)$

2-39　$\frac{3}{8}mgl$

2-40　(1) $-300$kJ；(2) 7kW

2-41　(1) 528J；(2) 12W

2-42　0.41cm

2-43　$v_0=\sqrt{2gR_e\left(1-\frac{1}{2}\frac{R_e}{r}\right)}$

2-44　0.20

2-45　$\sqrt{3.1g}$m·s$^{-1}$

2-46　证略

2-47　1.40m·s$^{-1}$

2-48　980J

2-49　$L=2.68\times10^{40}$kg·m$^2$·s$^{-1}$

2-50　1.28

2-51　$\boldsymbol{M}=-40\boldsymbol{k}$N·m,　$\boldsymbol{L}=-16\boldsymbol{k}$kg·m$^2$·s$^{-1}$

2-52　$\boldsymbol{L}=m\boldsymbol{r}\times\boldsymbol{v}=m(xv_y-yv_x)\boldsymbol{k}$, $\boldsymbol{M}=\boldsymbol{r}\times\boldsymbol{f}=-yf\boldsymbol{k}$

2-53　$\omega=\frac{1}{mr^2}\frac{h}{2\pi}\approx4.13\times10^{16}$rad·s$^{-1}$

2-54　(1) $\frac{E_k}{E_{k0}}=\frac{b^2}{l^2}<1$，其他能量转变为绳子的弹性势能，以后转化为分子内能；

(2) 绳子断后，质点将按速度 $v=v_0\frac{b}{l}$ 沿切线方向飞出，做匀速直线运动；质点对 $O$ 点的角动量 $L=mv_2b=$恒量

2-55　$a_1=m_2\omega^2(L_1+L_2)/m_1$,　$a_2=\omega^2(L_1+L_2)$

2-56　(1) $p=0$, $L=420$kg·m$^2$·s$^{-1}$；

(2) $\omega=5.33$rad·s$^{-1}$

2-57　(略)

## 习　题　3

3-1　$\frac{13}{32}MR^2$

3-2　$\frac{1}{32}ML^2$, $\frac{5}{96}ML^2$, $\frac{1}{12}ML^2$

3-3　4.12N·m

3-4　314N

3-5　$J=mr^2\left(\frac{gt^2}{2s}-1\right)$

3-6　(1) $\beta=81.7$rad·s$^{-2}$；(2) $h=6.12\times10^{-2}$m；

(3) $\omega=10.0$rad·s$^{-1}$.

3-7　(1) 4.9$t$m·s$^{-1}$；(2) 39.2m；(3) 4.9N

3-8　(1) $a_1=0.6125$m·s$^{-2}$，方向向上；

(2) $a_2=1.225$m·s$^{-2}$，方向向下

3-9　(1) $\frac{g}{4}$；(2) $\frac{g}{2(2+k)}$

3-10　(1) $1.26\times10^2$rad·s$^{-1}$，2.5 转；

(2) 47.1N，111J；

(3) $1.26\times10^3$rad·s$^{-1}$，$1.88\times10^2$m·s$^{-1}$，$2.37\times10^5$m·s$^{-2}$，1.88m·s$^{-2}$

3-11　(1) $\sqrt{\frac{(3M+6m)gl}{3m+M}}$；(2) $\frac{15m+7M}{3m+M}mg$

3-12　(1) 15$\boldsymbol{j}$kg·m·s$^{-1}$；(2) 82.5$\boldsymbol{k}$kg·m$^2$·s$^{-1}$

3-13　(1) $\frac{3v}{8L}$；(2) $\frac{1}{3}k\omega l^3$；(3) $\frac{m}{lk}\ln2$

3-14　(1) 840kg·m$^2$·s$^{-1}$；(2) $\omega=10$rad·s$^{-1}$；

(3) $E_{k0}=4275$J, $E_k=4200$J

3-15　$v=\frac{M-3m}{M+3m}u$,　$\omega=\frac{6mn}{(M+3m)l}$

3-16　(1) $\frac{3g}{2L}$, 0；(2) $\sqrt{\frac{3g\sin\theta}{L}}$

3-17　(1) 3gm, 9$g^2$J；(2) 2.0m·s$^{-1}$

3-18　$t=J\ln2/K$

3-19　$\omega=\frac{2mv_0}{2mR+m_0R}$

3-20　(1) $\omega=\frac{40}{19}$rad·s$^{-1}$；(2) $\theta=0.56$rad

## 习　题　4

4-1　7.2cm$^2$

4-2 (1) $0.816c$; (2) $0.707\text{m}$

4-3 $7.2\text{m}$

4-4 $6\sqrt{5}\times10^{8}\text{m}$

4-5 (1) $-1.5\times10^{-8}\text{s}$; (2) $5.2\times10^{4}\text{m}$

4-6 (1) $0.93c$; (2) $0.86c$

4-7 与 $x$ 轴夹角为 $98.2°$

4-8 724.5 倍

4-9 9.1%

4-10 $2.044\times10^{4}\text{V}$, $0.275c$

4-11 $\dfrac{\sqrt{n^2+2n}}{n+1}c$

4-12 3.1Mev

4-13 $\dfrac{\dfrac{Ft}{m_0}}{\sqrt{1+\left(\dfrac{Ft}{m_0c}\right)^2}}$, $\left[\sqrt{1+\left(\dfrac{Ft}{m_0c}\right)^2}-1\right]\dfrac{m_0c^2}{F}$;

$\dfrac{Ft}{m_0}$, $\dfrac{Ft^2}{2m_0}$; $c$, $ct$

4-14 (1) $0.0448\times10^{-27}\text{kg}$; (2) $4.03\times10^{-12}\text{J}$;
(3) $2.48\times10^{11}$

4-15 $\dfrac{\sqrt{3}}{2}c$, $0.9999969c$

4-16 (1) $2.71\times10^{3}\text{Mev}$; (2) $9.216\times10^{-13}\text{J}$

4-17 $0.005m_0c^2$, $4.896m_0c^2$

4-18 $\dfrac{4\sqrt{3}}{3}m_0$

## 习 题 5

5-1 $x=0.02\cos\left(2\pi t+\dfrac{3\pi}{4}\right)$, $v=-0.04\pi\sin\left(2\pi t+\dfrac{3}{4}\pi\right)$, $a=0.08\pi^2\cos\left(2\pi t+\dfrac{3}{4}\pi\right)$

5-2 (1) 振幅 $A=0.1\text{m}$, 角频率 $\omega=20\pi\,\text{rad}\cdot\text{s}^{-1}$, 频率 $\nu=\dfrac{\omega}{2\pi}=10\text{s}^{-1}$, 周期 $T=\dfrac{1}{\nu}=0.1\text{s}$, $\varphi=\dfrac{\pi}{4}\text{rad}$; (2) $x=0.0707\text{m}$, $v=-4.44\text{m}\cdot\text{s}^{-1}$, $a=-279\text{m}\cdot\text{s}^{-2}$

5-3 (1) $f=5.0\text{N}$;
(2) $f=10.0\text{N}$, $x=-A=-0.2\text{m}$

5-4 4m

5-5 $x=A\cos\left(\dfrac{2\pi}{T}t+\varphi\right)=0.02\cos(4\pi t+\varphi)$

(1) $\varphi_1=0$; (2) $\varphi_2=\dfrac{\pi}{2}$; (3) $\varphi_3=\dfrac{\pi}{3}$;

(4) $\varphi_4=\dfrac{2\pi}{3}$

5-6 $x=0.05\cos(7t+0.64)\text{m}$

5-7 (1) $x=0.1\cos\left(\dfrac{5}{6}\pi t-\dfrac{\pi}{3}\right)\text{m}$; (2) $t_P=0.4\text{s}$

5-8 (1) $x_1=0.08\cos(10t+\pi)$;

(2) $x_2=0.06\cos\left(10t+\dfrac{\pi}{2}\right)$

5-9 $\Delta t=\dfrac{1}{2}\text{s}$

5-10 $\Delta\phi=\varphi_1-\varphi_2=\dfrac{\pi}{2}$

5-11 $x=0.1\cos\left(\dfrac{5}{12}\pi t+\dfrac{2}{3}\pi\right)$

5-12 (1) $A'=\sqrt{\dfrac{m}{m+m'}}A$, $T=2\pi\sqrt{\dfrac{m+m'}{k}}$;

(2) $A'=A$, $T=2\pi\sqrt{\dfrac{m+m'}{k}}$

5-13 $T=2\pi\sqrt{\dfrac{2R}{g}}$

5-14 (1) 不会离开; (2) $x=0.1\cos(7.07t)$ (SI);
(3) $f=29.2\text{N}$; (4) $\Delta t=0.074\text{s}$;
(5) 在 19.6cm 上方开始离, $A=19.6\text{cm}$

5-15 (1) 12.96N; (2) 0.062m; (3) 3.52Hz

5-16 (1) $x=0.052\text{m}$, $v=-0.094\text{m}\cdot\text{s}^{-1}$, $a=-0.513\text{m}\cdot\text{s}^{-2}$; (2) $\Delta t=\dfrac{\Delta\phi}{\omega}=0.833\text{s}$

5-17 (1) $3.13\text{rad}\cdot\text{s}^{-1}$, 2.01s;

(2) $\theta=\dfrac{\pi}{36}\cos3.13t$;

(3) $-0.218\text{rad}\cdot\text{s}^{-1}$, $0.218\text{m}\cdot\text{s}^{-1}$

5-18 $x=0.2\cos(5t+\pi)$ [SI]

5-19 (1) $x=5\sqrt{2}\times10^{-2}\cos\left(\dfrac{\pi t}{4}-\dfrac{3\pi}{4}\right)$ [SI];

(2) $v_A=3.93\times10^{-2}\text{m}\cdot\text{s}^{-1}$

5-20 0.031m

5-21 (1) $N=-19.6-1.28\pi^2\cos(4\pi t+\varphi)$;
(2) 0.062m

5-22 (1) $6.28\times10^{3}\text{m}\cdot\text{s}^{-1}$; (2) $3.31\times10^{-20}\text{J}$

5-23 (1) 0.08m; (2) $x=\pm\dfrac{A}{\sqrt{2}}\approx\pm0.0566\text{m}$;

(3) $\pm0.8\text{m}\cdot\text{s}^{-1}$

5-24 $\omega=\sqrt{\dfrac{k}{(J/R^2)+m}}=\sqrt{\dfrac{kR^2}{J+mR^2}}$

5-25 (1) $6.48\times10^{-2}\text{m}$, 1.12rad;

(2) $\varphi=2k\pi+\frac{\pi}{4}$，$\varphi=2k\pi+\frac{3}{2}\pi$

5-26　0.1m，　$\theta=\frac{\pi}{2}$

5-27　$x=2\times10^{-2}\cos\left(4t+\frac{\pi}{3}\right)$

5-28　351Hz

5-29　(1) $4.81\times10^{-3}\,\mathrm{s}^{-1}$；　(2) 144s

5-30　(1) $30\mathrm{rad\cdot s^{-1}}$；　(2) $26.5\mathrm{rad\cdot s^{-1}}$，0.177m

## 习　题　6

6-1　0.4m

6-2　(1) 0.04m，$2.5\mathrm{m\cdot s^{-1}}$，1.25Hz，2.0m；

(2) $0.314\mathrm{m\cdot s^{-1}}$；　(3) 略

6-3　π，　$\frac{\pi}{2}$，　0，　$-\frac{\pi}{2}$

6-4　(a) $y=A\cos\left(\omega t-\frac{2\pi}{\lambda}x+\varphi\right)$；

(b) $y=A\cos\left(\omega t+\frac{2\pi}{\lambda}x+\varphi\right)$；

(c) $y=A\cos\left[\omega t-\frac{2\pi}{\lambda}(x-l)+\varphi\right]$，

(d) $y=A\cos\left[\omega t+\frac{2\pi}{\lambda}(x-l)+\varphi\right]$，$y_b=A\cos\left(\omega t-\frac{2\pi}{\lambda}b+\varphi\right)$

6-5　(1) $y=A\cos\left[2\pi v(t-t')+\frac{1}{2}\pi\right]$；

(2) $y=A\cos\left[2\pi v\left(t-t'-\frac{x}{u}\right)+\frac{1}{2}\pi\right]$

6-6　$y=0.1\cos\left(7\pi t-\frac{\pi x}{0.12}+\frac{1}{3}\pi\right)$

6-7　(1) $y|_{x=10}=0.25\cos(125t-3.7)$，$y|_{x=25}=0.25\cos(125t-9.25)$；　(2) $-5.55$rad；

(3) 0.249m

6-8　(1) $y=3\times10^{-2}\cos4\pi\left(t+\frac{x}{20}\right)$；

(2) $y=3\times10^{-2}\cos\left[4\pi\left(t+\frac{x}{20}\right)-\pi\right]$

6-9　(1) $y=0.30\cos\left(2\pi t-\frac{2\pi}{100}x\right)$；

(2) $y=0.30\cos\left(2\pi t-\pi+\frac{2\pi}{100}x\right)$

6-10　(1) $y_P=A\cos\left(\frac{\pi}{2}t+\pi\right)$ (SI)；

(2) $y=A\cos\left[\frac{\pi}{2}\left(t+\frac{x-d}{\lambda}\right)+\pi\right]$；

(3) $y_0=A\cos\left(\frac{\pi}{2}t+\frac{3}{4}\pi\right)$

6-11　$\overline{w}=6.41\times10^{-6}\,\mathrm{J\cdot m^{-3}}$，$I=2.18\times10^{-3}\,\mathrm{W\cdot m^{-2}}$

6-12　(1) $\overline{w}=3\times10^{-5}\,\mathrm{J\cdot m^{-3}}$，$w_{\max}=6\times10^{-5}\,\mathrm{J\cdot m^{-3}}$；　(2) $w=4.62\times10^{-7}$J

6-13　$x=\pm\frac{1}{2}k\lambda$ 振幅最大，$x=\pm\frac{2k+1}{4}\lambda$ 振幅最小

6-14　$x=2k+7$，　$-3\leqslant k\leqslant2$

6-15　$\theta=6°$

6-16　0.464m

6-17　$\lambda_{\max}=10$cm

6-18　$y=6\times10^{-3}\cos\left(2\pi t-\frac{1}{2}\pi\right)$

6-19　$100\mathrm{m\cdot s^{-1}}$；　0.1m

6-20　(1) $\nu=4$Hz，$\lambda=1.50$m，波速 $u=\lambda\nu=6.00\mathrm{m\cdot s^{-1}}$；

(2) $x=\pm\frac{3}{4}\left(n+\frac{1}{2}\right)$m，$n=0,1,2,\cdots$；

(3) $x=\pm\frac{3n}{4}$m，$n=0,1,2,\cdots$

6-21　$y=0.01\cos\left(4t+\pi x+\frac{\pi}{2}\right)$

6-22　(1) $y=A\cos\left(2\pi\nu t-\frac{\pi}{2}\right)$ (SI)；

(2) $v=2\pi\nu A\cos(2\pi\nu t)$ (SI)

6-23　(1) 9；　(2) 9.45dB

6-24　(1) 火车迎面而来：713Hz，火车背离而去：597Hz；

(2) 汽车在前：687Hz；火车在前：619Hz

## 习　题　7

7-1　9.6h

7-2　$n_{氦}=6.76\times10^{22}\,\mathrm{m^{-3}}$，$n_{氮}=9.66\times10^{21}\,\mathrm{m^{-3}}$

7-3　2 300Pa

7-4　$1.28\times10^{-7}$K

7-5　$i=5$

7-6　$2\times10^{-21}$J

7-7　$3.74\times10^{3}$J，$2.49\times10^{3}$J

7-8　(1) $p=1.35\times10^{5}$Pa；

(2) $\bar{\varepsilon}_{kt}=7.5\times10^{-21}$J，$T=362$K

7-9　(1) $8.27\times10^{-21}$J；　(2) $T=400$K

7-10　$E=750$J

7-11　(1) $2.45\times10^{23}\,\mathrm{m^{-3}}$；　(2) $1.30\mathrm{g\cdot L^{-1}}$；

(3) $5.3\times10^{-24}$g；　(4) $6.21\times10^{-21}$J

7-12 (1) $5.65\times10^{-2}$J, $3.77\times10^{-21}$J;
(2) $7.09\times10^{2}$J

7-13 (1) 1∶1; (2) 5∶3; (3) 10∶3; (4) $2:\sqrt{2}$;
(5) 2∶1; (6) 1∶1

7-14 (1) $Nf(v)\mathrm{d}v$表示分布在$\mathrm{d}v$范围内的分子数;
(2) $f(v)\mathrm{d}v$表示$\mathrm{d}v$范围内的分子数占总分子数的百分比;
(3) $\int_{v_1}^{v_2}Nf(v)\mathrm{d}v$表示速率在$v_1\sim v_2$的分子数;
(4) $\int_{v_1}^{v_2}vf(v)\mathrm{d}v$表示速率在$v_1\sim v_2$的分子平均速率;
(5) $\int_{v_1}^{v_2}v^2f(v)\mathrm{d}v$表示速率在$v_1\sim v_2$的分子速率平方的平均值;
(6) $\int_{v_1}^{v_2}f(v)\mathrm{d}v$表示分布在$v_1\sim v_2$内的分子数占总分子数的百分比

7-15 (1) $C=\frac{1}{v_0}$; (2) $\sqrt{\overline{v^2}}=\frac{1}{\sqrt{3}}v_0=\frac{\sqrt{3}}{3}v_0$

7-16 (1) $Nf(v)$的物理意义为在某速率附近单位速率间隔中的分子, $a=\frac{2N}{3v_0}$;
(2) $\Delta N=\frac{N}{3}$;
(3) $\bar{v}=\frac{11}{9}v_0$

7-17 (1) $\sqrt{\overline{v^2}}=4.95\times10^{2}\mathrm{m\cdot s^{-1}}$;
(2) $M=2.8\times10^{-2}\mathrm{kg\cdot mol^{-1}}$, $N_2$或CO

7-18 $T_2=2\frac{p_2T_1}{p_1}$, $\frac{\bar{v}_1}{\bar{v}_2}=\sqrt{\frac{p_1}{2p_2}}$

7-19 $\frac{\bar{v}_1}{\bar{v}_2}=\sqrt{\frac{m_2}{m_1}}$

7-20 $2.38\times10^{6}\mathrm{s^{-1}}$

7-21 $3.22\times10^{17}\mathrm{m^{-3}}$, 7.8m, 此结果无意义, 因为它已超过真空管的限度

7-22 $4.71\times10^{-2}$Pa

## 习 题 8

8-1 (1) $W=a^2\left(\frac{1}{V_1}-\frac{1}{V_2}\right)$; (2) 降低

8-2 $W=6.65\times10^{3}$J, $Q=2.33\times10^{4}$J, $\Delta E=1.66\times10^{4}$J

8-3 (1) $Q_V=623.25$J, $Q_p=1\,038.75$J;
(2) $\Delta E_V=623.25$J, $\Delta E_p=623.25$J;
(3) $W_V=0$, $W_p=415.5$J

8-4 (1) $Q=252$J; (2) $Q_{ad}=210$J, $Q_{db}=42$J;
(3) $Q=-294$J, 系统放热

8-5 (1) $W=\frac{1}{2}(P_A+P_B)(V_B-V_A)$;
(2) $\Delta E=\frac{3}{2}(P_BV_B-P_AV_A)$;
(3) $Q=\frac{1}{2}(P_A+P_B)(V_B-V_A)+\frac{3}{2}(P_BV_B-P_AV_A)$

8-6 (1) $\Delta E=124.65$J; (2) $Q=-75.35$J;
(3) $C=-7.535\mathrm{J\cdot mol^{-1}\cdot K^{-1}}$

8-7 $Q=1.5\times10^{6}$J

8-8 (1) $W=405.2$J; (2) $\Delta E=0$; (3) 405.2J

8-9 $p_2=0.92$atm

8-10 $Q=7$J

8-11 (1) $Q_T=7.02\times10^{2}$J; (2) $Q_{ACB}=5.07\times10^{2}$J

8-12 均为$\Delta E=3\,246$J

8-13 (1) $\Delta E=0$, $Q=-7.86\times10^{2}$J, $W=-7.86\times10^{2}$J;
(2) $\Delta E=-1.42\times10^{3}$J, $Q=-1.99\times10^{3}$J, $W=-5.7\times10^{2}$J;
(3) $\Delta E=906.10$J, $Q=0$, $W=-906.10$J

8-14 (1) $\Delta E=7.48\times10^{3}$J; (2) $W=-7.48\times10^{3}$J;
(3) $n=1.96\times10^{26}\mathrm{m^{-3}}$

8-15 (1) $T_c=250$K, $T_b=750$K;
(2) $Q_{ca}=1.5\times10^{4}$J, $Q_{bc}=-1.4\times10^{4}$J, $Q_{ab}=5\times10^{3}$J, $W_{ca}=0$, $W_{bc}=-4.0\times10^{3}$J, $W_{ab}=1.4\times10^{4}$J, $\Delta E_{ca}=1.5\times10^{4}$J, $\Delta E_{ab}=-5\times10^{3}$J, $\Delta E_{bc}=-1.0\times10^{4}$J;
(3) $\eta=30\%$

8-16 $Q=140$J

8-17 $\eta=18\%$

8-18 (略)

8-19 (略)

8-20 (1) $\frac{\eta_1-\eta_0}{\eta}=3.85\%$; (2) $\frac{\eta_2-\eta_0}{\eta_0}=14.3\%$
提高高温热源的温度来获得更高的热机效率是更为有效的途径

8-21 $\eta=13.4\%$

8-22 (1) $Q_1=7\times10^{2}$J; (2) $W=2.1\times10^{2}$J

8-23 (1) 473K; (2) $\eta=42.3\%$

8-24 $\Delta E=2.09\times10^{3}$J, $\Delta S=6.06\mathrm{J\cdot K^{-1}}$

8-25 $\Delta S=2.1\mathrm{J\cdot K^{-1}}$

# 参 考 文 献

戴坚舟等. 大学物理学. 第 2 版. 上海:华东理工大学出版社,2002

教育部高等学校物理学与天文学教学指导委员会物理基础课程教学指导分委会. 理工科类大学物理课程教学基本要求、理工科类大学物理实验课程教学基本要求(2008 年版). 北京:高等教育出版社,2008

陆果. 基础物理学教程(上卷). 北京:高等教育出版社,1998

马文蔚. 物理学(上册). 第 4 版. 北京:高等教育出版社,1999

王少杰,顾牡. 大学物理学. 第 3 版. 上海:同济大学出版社,2006

王少杰,顾牡. 基础物理学. 上海:同济大学出版社,2005

吴百诗. 大学物理(上册). 北京:科学出版社,2001

张三慧. 大学物理学. 第 2 版. 北京:清华大学出版社,1999

赵凯华等. 新概念物理教程. 北京:高等教育出版社,1998

郑永令,贾起民,方小敏. 力学. 北京:高等教育出版社,2002

# 附　录

## 附录一　希腊字母表

| 字母 | | 读音 | 字母 | | 读音 |
|---|---|---|---|---|---|
| 大写 | 小写 | | 大写 | 小写 | |
| Α | α | [ˈaːlfə] | Ν | ν | [njuː] |
| Β | β | [ˈbeitə] | Ξ | ξ | [ksɑi] |
| Γ | γ | [ˈgaːmə] | Ο | ο | [ouˈmaikrən] |
| Δ | δ | [deltə] | Π | π | [pai] |
| Ε | ε | [ˈepsilən] | Ρ | ρ | [rou] |
| Ζ | ζ | [ˈzeitə] | Σ | σ | [sigmə] |
| Η | η | [ˈeitə] | Τ | τ | [tɑu] |
| Θ | θ | [ˈθitə] | Υ | υ | [juːpˈsailən] |
| Ι | ι | [ɑiˈoutə] | Φ | φ | [fai] |
| Κ | κ | [ˈkæpə] | Χ | χ | [kai] |
| Λ | λ | [ˈlæmdə] | Ψ | ψ | [psai] |
| Μ | μ | [mjuː] | Ω | ω | [ˈoumigə] |

## 附录二　常用天文量

| | |
|---|---|
| 地球的平均半径 | $6.37\times10^{6}$ m |
| 地球的质量 | $5.977\times10^{24}$ kg |
| 太阳的直径 | $1.39\times10^{9}$ m |
| 太阳的质量 | $1.99\times10^{30}$ m |
| 由太阳至地球的平均距离 | $1.49\times10^{11}$ m |
| 月球半径与地球半径的比 | 3∶11 |
| 月球质量 | $7.35\times10^{22}$ kg |
| 地球到月球距离与地球半径的比 | 60∶1 |

# 附录三　常用物理常量表

| 名　称 | 符　号 | 1986年国际科技数据委员会推荐值 | 计算用值 |
|---|---|---|---|
| 真空中的光速 | $c$ | $299\,792\,458 \mathrm{m \cdot s^{-1}}$ | $3.0\times10^{8} \mathrm{m \cdot s^{-1}}$ |
| 阿伏伽德罗常量 | $N_A$ | $6.022\,136\,7(36)\times10^{23} \mathrm{mol^{-1}}$ | $6.02\times10^{23} \mathrm{mol^{-1}}$ |
| 牛顿引力常量 | $G$ | $6.672\,59(85)\times10^{-11} \mathrm{m^3 \cdot kg^{-1} \cdot s^{-2}}$ | $6.67\times10^{-11} \mathrm{m^3 \cdot kg^{-1} \cdot s^{-2}}$ |
| 摩尔气体常量 | $R$ | $8.314\,510(70) \mathrm{J \cdot mol^{-1} \cdot K^{-1}}$ | $8.31 \mathrm{J \cdot mol \cdot K^{-1}}$ |
| 玻尔兹曼常量 | $k$ | $1.380\,658(12)\times10^{-23} \mathrm{J \cdot K^{-1}}$ | $1.38\times10^{-23} \mathrm{J \cdot K^{-1}}$ |
| 理想气体的摩尔体积 ($T$=273.16K, $p$=101 325Pa) | $V_{mol}$ | $22.414\,10(19)\times10^{-3} \mathrm{m^3 \cdot mol^{-1}}$ | $22.4\times10^{-3} \mathrm{m^3 \cdot mol^{-1}}$ |
| 基本电荷 | $e$ | $1.602\,177\,33(49)\times10^{-19} \mathrm{C}$ | $1.60\times10^{-19} \mathrm{C}$ |
| 电子质量 | $m_e$ | $0.910\,938\,93(54)\times10^{-30} \mathrm{kg}$ | $9.11\times10^{-31} \mathrm{kg}$ |
| 电子比荷(又称荷质比) | $-e/m_e$ | $-1.758\,819\,62(53)\times10^{11} \mathrm{C \cdot kg^{-1}}$ | $-1.76\times10^{11} \mathrm{C \cdot kg^{-1}}$ |
| 质子质量 | $m_p$ | $1.672\,623\,1(10)\times10^{-27} \mathrm{kg}$ | $1.67\times10^{-27} \mathrm{kg}$ |
| 中子质量 | $m_n$ | $1.674\,928\,6(10)\times10^{-27} \mathrm{kg}$ | $1.67\times10^{-27} \mathrm{kg}$ |
| 原子质量单位 | $m_u$ | $1.660\,540\,2(10)\times10^{-27} \mathrm{kg}$ | $1.66\times10^{-27} \mathrm{kg}$ |
| 真空磁导率 | $\mu_0$ | $4\pi\times10^{-7} \mathrm{N \cdot A^{-2}}$<br>$\mathrm{H \cdot m^{-1}}$ | $4\pi\times10^{-7} \mathrm{H \cdot m^{-1}}$ |
| 真空电容率 | $\varepsilon_0$ | $(8.854\,187\,818\cdots)\times10^{-12} \mathrm{F \cdot m^{-1}}$ | $8.85\times10^{-12} \mathrm{F \cdot m^{-1}}$ |
| 电子磁矩 | $\mu_e$ | $9.284\,770\,1(31)\times10^{-24} \mathrm{J \cdot T^{-1}}$ | $9.28\times10^{-24} \mathrm{J \cdot T^{-1}}$ |
| 质子磁矩 | $\mu_p$ | $1.410\,607\,61(47)\times10^{-26} \mathrm{J \cdot T^{-1}}$ | $1.41\times10^{-26} \mathrm{J \cdot T^{-1}}$ |
| 中子磁矩 | $\mu_n$ | $0.966\,237\,07(40)\times10^{-26} \mathrm{J \cdot T^{-1}}$ | $9.66\times10^{-27} \mathrm{J \cdot T^{-1}}$ |
| 核子磁矩 | $\mu_N$ | $5.050\,786\,6(17)\times10^{-27} \mathrm{J \cdot T^{-1}}$ | $5.05\times10^{-27} \mathrm{J \cdot T^{-1}}$ |
| 玻尔磁矩 | $\mu_B$ | $9.274\,015\,4(31)\times10^{-24} \mathrm{J \cdot T^{-1}}$ | $9.27\times10^{-24} \mathrm{J \cdot T^{-1}}$ |
| 玻尔半径 | $a_0$ | $0.529\,177\,249(24)\times10^{-10} \mathrm{m}$ | $5.29\times10^{-11} \mathrm{m}$ |
| 普朗克常量 | $h$ | $6.626\,075\,5(40)\times10^{-34} \mathrm{J \cdot s}$ | $6.63\times10^{-34} \mathrm{J \cdot s}$ |

注:表内括号中数字表示绝对误差,用相应于常量值的最后两数的百分误差表示. 例如,$6.625\,075\,5(40)\times10^{-34}=(6.625\,075\,5\pm0.000\,004\,0)\times10^{-34}$.

# 附录四　书中物理量的符号及单位

| 量的名称 | 符　号 | 单位名称 | 单位代号 | | 用国际制基本单位表示的关系式 | 备　注 |
|---|---|---|---|---|---|---|
| | | | 中　文 | 国　际 | | |
| 长度 | $l,s$ | 米 | 米 | m | m | |
| 面积 | $S$ | 平方米 | 米$^2$ | $m^2$ | $m^2$ | |
| 体积 | $V$ | 立方米 | 米$^3$ | $m^3$ | $m^3$ | 1升＝$10^{-3}$米$^3$ |
| 时间 | $t,\tau$ | 秒 | 秒 | s | s | |
| 位移 | $\Delta s,\Delta r$ | 米 | 米 | m | m | |
| 速度 | $v,u$ | 米每秒 | 米·秒$^{-1}$ | $m\cdot s^{-1}$ | $m\cdot s^{-1}$ | |
| 加速度 | $a$ | 米每秒平方 | 米·秒$^{-2}$ | $m\cdot s^{-2}$ | $m\cdot s^{-2}$ | |
| 角位移 | $\theta$ | 弧度 | 弧度 | rad | rad | |
| 角速度 | $\omega$ | 弧度每秒 | 弧度·秒$^{-1}$ | $rad\cdot s^{-1}$ | $rad\cdot s^{-1}$ | |
| 角加速度 | $\beta$ | 弧度每秒平方 | 弧度·秒$^{-2}$ | $rad\cdot s^{-2}$ | $rad\cdot s^{-2}$ | |
| 质量 | $m$ | 千克 | 千克 | kg | kg | |
| 力 | $F,f$ | 牛顿 | 牛 | N | $m\cdot kg\cdot s^{-2}$ | 1牛＝1千克·米·秒$^{-2}$ |
| 重力 | $G$ | 牛顿 | 牛 | N | $m\cdot kg\cdot s^{-2}$ | |
| 正压力 | $F_N$ | 牛顿 | 牛 | N | $m\cdot kg\cdot s^{-2}$ | |
| 摩擦力 | $F_f$ | 牛顿 | 牛 | N | $m\cdot kg\cdot s^{-2}$ | |
| 张力 | $F_T$ | 牛顿 | 牛 | N | $m\cdot kg\cdot s^{-2}$ | |
| 功 | $W$ | 焦耳 | 焦 | J | $m^2\cdot kg\cdot s^{-2}$ | 1焦＝1牛·米 |
| 能量 | $E$ | 焦耳 | 焦 | J | $m^2\cdot kg\cdot s^{-2}$ | |
| 动能 | $E_k$ | 焦耳 | 焦 | J | $m^2\cdot kg\cdot s^{-2}$ | |
| 势能 | $E_p$ | 焦耳 | 焦 | J | $m^2\cdot kg\cdot s^{-2}$ | |
| 功率 | $P$ | 瓦特 | 瓦 | W | $m^2\cdot kg\cdot s^{-3}$ | 1瓦＝1焦·秒$^{-1}$ |
| 摩擦系数 | $\mu$ | — | — | — | — | |
| 动量 | $P$ | 千克米每秒 | 千克·米·秒$^{-1}$ | $kg\cdot m\cdot s^{-1}$ | $m\cdot kg\cdot s^{-1}$ | |
| 冲量 | $I$ | 牛顿秒 | 牛·秒 | $N\cdot s$ | $m\cdot kg\cdot s^{-1}$ | |
| 力矩 | $M$ | 牛顿米 | 牛·米 | $N\cdot m$ | $m^2\cdot kg\cdot s^{-2}$ | |
| 转动惯量 | $J$ | 千克米平方 | 千克·米$^2$ | $kg\cdot m^2$ | $m^2\cdot kg$ | |
| 角动量（动量矩） | $L$ | 千克米平方每秒 | 千克·米$^2$·秒$^{-1}$ | $kg\cdot m^2\cdot s^{-1}$ | $m^2\cdot kg\cdot s^{-1}$ | |

续表

| 量的名称 | 符 号 | 单位名称 | 单位代号 | | 用国际制基本单位表示的关系式 | 备 注 |
|---|---|---|---|---|---|---|
| | | | 中 文 | 国 际 | | |
| 冲量矩 | | 牛顿米秒 | 牛顿·米·秒 | N·m·s | $m^2\cdot kg\cdot s^{-1}$ | |
| 压强 | $p$ | 帕斯卡 | 帕 | Pa | $m^{-1}\cdot kg\cdot s^{-2}$ | 1帕＝1牛·米$^{-2}$<br>1标准大气压＝$1.013\times10^5$帕 |
| 热力学温度 | $T$ | 开尔文 | 开 | K | K | |
| 摄氏温度 | $t$ | 摄氏度 | | ℃ | K | $t$℃＝($T$－273.15)K |
| 摩尔质量 | $M$ | 千克每摩尔 | 千克·摩尔$^{-1}$ | $kg\cdot mol^{-1}$ | $kg\cdot mol^{-1}$ | |
| 分子质量 | $\mu$ | 千克 | 千克 | kg | kg | |
| 分子有效直径 | $d$ | 米 | 米 | m | m | |
| 分子平均自由程 | $\lambda$ | 米 | 米 | m | m | |
| 分子平均碰撞次数 | $\bar{z}$ | 次每秒 | 秒$^{-1}$ | $s^{-1}$ | $s^{-1}$ | |
| 分子平均平动动能 | $\bar{\varepsilon}_{kt}$ | 焦耳 | 焦 | J | $m^2\cdot kg\cdot s^{-2}$ | |
| 碰撞截面 | $\sigma$ | 靶恩 | 靶恩 | b | $m^2$ | 1靶恩＝$10^{-28}$米$^2$ |
| 相位 | $\phi$ | — | — | — | — | |
| 波长 | $\lambda$ | 米 | 米 | m | m | |
| 波数 | $\bar{\nu}$ | 1每米 | 米$^{-1}$ | $m^{-1}$ | $m^{-1}$ | |
| 波速 | $u,c$ | 米每秒 | 米·秒$^{-1}$ | $m\cdot s^{-1}$ | $ms^{-1}$ | |
| 折射率 | $n$ | — | — | — | — | |
| 波的强度 | $I$ | 瓦特每平方米 | 瓦·米$^{-2}$ | $W\cdot m^{-2}$ | $kg\cdot s^{-3}$ | |
| 坡印延矢量 | $S$ | 瓦特每平方米 | 瓦·米$^{-2}$ | $W\cdot m^{-2}$ | $kg\cdot s^{-3}$ | |
| 声压 | $p$ | 帕斯卡 | 帕 | Pa | $kg\cdot m^{-1}\cdot s^{-2}$ | |
| 声强级 | $L_I$ | — | — | — | — | |

# 名 词 索 引

## G



## H



## J



## K



## L

## W



## X



## Y



## Z

科学出版社 高等教育出版中心

www.sciencep.com

# 教学支持说明

科学出版社高等教育出版中心为了对教师的教学提供支持，特对教师免费提供本教材的电子课件，以方便教师教学。

获取电子课件的教师需要填写如下情况的调查表，以确保本电子课件仅为任课教师获得，并保证只能用于教学，不得复制传播用于商业用途。否则，科学出版社保留诉诸法律的权利。

地址：北京市东黄城根北街 16 号，100717

科学出版社 高等教育出版中心数理出版分社 昌盛（收）

联系方式：010-64015178 010-64033787(传真)mph@mail. sciencep. com

登陆科学出版社网站：www. sciencep. com“教材天地”栏目可下载本表。

**请将本证明签字盖章后，传真或者邮寄到我社，我们确认销售记录后立即赠送。**

**如果您对本书有任何意见和建议，也欢迎您告诉我们。意见一旦被采纳，我们将赠送书目，教师可以免费赠书一本。**

---

## 证 明

兹证明＿＿＿＿＿＿＿＿＿＿大学＿＿＿＿＿＿＿＿＿＿学院/＿＿＿＿＿系第＿＿＿＿＿学年□上□下学期开设的课程，采用科学出版社出版的＿＿＿＿＿＿＿＿＿＿＿＿/＿＿＿＿＿＿（书名/作者）作为上课教材。任课老师为＿＿＿＿＿＿＿＿＿＿共＿＿＿＿人，学生＿＿＿＿个班共＿＿＿＿人。

任课教师需要与本教材配套的电子教案。

电 话：＿＿＿＿＿＿＿＿＿＿＿＿＿＿＿＿

传 真：＿＿＿＿＿＿＿＿＿＿＿＿＿＿＿＿

E-mail：＿＿＿＿＿＿＿＿＿＿＿＿＿＿＿＿

地 址：＿＿＿＿＿＿＿＿＿＿＿＿＿＿＿＿

邮 编：＿＿＿＿＿＿＿＿＿＿＿＿＿＿＿＿

学院/系主任：＿＿＿＿＿＿ （签字）

（学院/系办公室章）

＿＿＿年＿＿＿月＿＿＿日

科学出版社 高等教育出版中心

# 教学支持说明

地址：北京市东城区东黄城根北街16号，100717

联系方式：010-64015178；010-64033787（传真）；mphc@mail.sciencep.com

请将本证明签字盖章后，传真或者邮寄到我社，我们确认销售记录后立即赠送。

如果您对本书有任何意见和建议，也欢迎您告诉我们。意见一旦被采纳，我们将赠送书目，教师可以免费赠书一本。

## 证　明

兹证明______大学______学院/______系第______学年□上□下学期开设的课程，采用科学出版社出版的______/______（书名/作者）作为上课教材。任课教师为______共______人，学生______个班共______人。

任课教师需要与本教材配套的电子教案。

电　话：______

传　真：______

E-mail：______

地　址：______

邮　编：______

院长/系主任：______（签字）

（学院/系办公室章）

______年______月______日